钢结构工程施工

主　编　高福聚　申成军
副主编　王永新　王士奇
参　编　文朝辉　李鹏举
主　审　牟培超

北京理工大学出版社
BEIJING INSTITUTE OF TECHNOLOGY PRESS

内 容 提 要

本书是按照高等院校土建类专业的教学要求，根据现行规范、规程、标准编写而成。

全书共11个教学单元，主要内容包括钢结构初步认识、钢结构材料及材料选用、轴心受力构件、受弯构件计算、拉弯和压弯构件计算、钢结构连接计算、钢结构施工图识读、钢结构工厂制作、钢结构安装施工、网架结构的制作与安装、压型金属板工程。

本书可作为高等院校土建类专业及相关专业的教材，也可作为建筑工程技术人员的参考书。

版权专有　侵权必究

图书在版编目(CIP)数据

钢结构工程施工/高福聚，申成军主编. —北京：北京理工大学出版社，2015.2

ISBN 978-7-5682-0306-7

Ⅰ.①钢…　Ⅱ.①高…　②申…　Ⅲ.①钢结构－建筑工程－工程施工－高等学校－教材
Ⅳ.①TU758.11

中国版本图书馆CIP数据核字(2015)第036113号

出版发行 / 北京理工大学出版社有限责任公司

社　　　址 / 北京市海淀区中关村南大街5号

邮　　　编 / 100081

电　　　话 / (010)68914775(总编室)
　　　　　　82562903(教材售后服务热线)
　　　　　　68948351(其他图书服务热线)

网　　　址 / http://www.bitpress.com.cn

经　　　销 / 全国各地新华书店

印　　　刷 / 北京紫瑞利印刷有限公司

开　　　本 / 787毫米×1092毫米　1/16

印　　　张 / 21　　　　　　　　　　　　　　　　责任编辑 / 多海鹏

字　　　数 / 524千字　　　　　　　　　　　　　　文案编辑 / 多海鹏

版　　　次 / 2015年2月第1版　2015年2月第1次印刷　　责任校对 / 周瑞红

定　　　价 / 58.00元　　　　　　　　　　　　　　责任印制 / 边心超

图书出现印装质量问题，请拨打售后服务热线，本社负责调换

前 言 FOREWORD

为适应高等院校课程改革的需要，原有的教材体系需要加以改革，本书就是在这种背景下编写的。"基于工作过程"的教学方法是一种适合实践教学的方法，而土建类课程的特点又注定了这类课程的实训是困难的，甚至是不现实的，本书并没有刻意用实训的架构来包装理论知识，而是保持了本课程应有的完整性和系统性。

本书前半部分讲解了钢结构基本构件和连接的计算方法，是这门课程的基础，后半部分识图及施工的内容则是这门课程的应用。全书共11个单元，参加本书编写的既有本科院校的教师，也有来自施工单位的工程师。其中单元1～单元6、单元10由高福聚教授编写，单元7由王士奇高工编写，单元8由文朝辉高工编写，单元9由王永新高工、李鹏举高工编写，单元11由申成军老师编写。全书由高福聚、申成军定稿，牟培超教授审核。

本书编写过程中参阅了同行的大量书籍，得到了牟培超教授、苏强博士的大力支持，在此表示衷心的感谢。

由于编者水平有限，书中不足之处在所难免，恳请读者批评指正。

对于广大教师同行来说，教材不是课程，希望本书能对课程的教学带来帮助，能对知识的传播带来便利。

编 者

目 录 CONTENTS

单元1 钢结构初步认识

知 识 点

钢结构的特点，钢结构的应用范围。

1.1 我国钢结构发展概况

钢结构是由生铁结构逐步发展起来的，中国是较早发明炼铁技术的国家之一，也是最早用铁制造承重结构的国家。早在战国时期，我国的炼铁技术已经很盛行了。公元65年(汉明帝永平八年)，我国已成功地以锻铁为环，相扣成链，建成了世界上最早的铁链悬桥——兰津桥。1705年(清康熙四十四年)建成的四川泸定大渡河桥，桥宽2.8 m，跨长100 m，由9根桥面铁链和4根桥栏铁链构成，两端系于直径20 cm、长4 m的生铁铸成的锚桩上。该桥比美洲1801年(清嘉庆六年)才建造的跨长23 m的铁索桥早近百年，比号称世界最早的英格兰跨长30 m的铸铁拱桥也早74年。除铁链悬桥外，我国古代还建有许多铁建筑物，如1061年(宋仁宗嘉祐六年)在湖北荆州玉泉寺建成的13层铁塔，目前依然存在。所有这些都表明，我们中华民族对铁结构的应用，曾经居于世界领先地位。

英国直到1840年以前还只是采用铸铁来建造拱桥。随着铆钉连接和锻铁技术的发展，铸铁结构逐渐被锻铁结构取代。1855年英国人发明贝氏转炉炼钢法、1865年法国人发明平炉炼钢法，以及1870年成功轧制出工字钢之后，欧美各国形成了工业化大批量生产钢材的能力，强度高且韧性好的钢材才开始在建筑领域逐渐取代锻铁材料，自1890年以后成为金属结构的主要材料。20世纪初焊接技术以及1934年高强度螺栓连接方式的出现，极大地促进了钢结构的发展，使其逐渐发展成为全世界所接受的重要结构体系。

中国古代在金属结构方面虽有卓越的成就，但在近现代铁结构方面的技术优势早已丧失殆尽。1907年才建成了汉阳钢铁厂，年产钢只有8 500吨。1943年是我国历史上钢铁产量最高的一年，生产生铁180万吨、钢90万吨，但这些钢铁很少用于建设，大部分被日本用于侵华战争。即使这样，我国工程师和工人仍有不少优秀设计和创造，如1927年建成的沈阳皇姑屯机车厂钢结构厂房、1928—1931年建成的广州中心纪念堂圆屋顶、1934—1937年建成的杭州钱塘江大桥等。

新中国成立后，随着经济建设的发展，钢结构曾起过重要作用，但由于受到钢产量的制约，很长一段时期内，钢结构被限制使用在其他结构不能代替的重大工程项目中，一定程度上影响了钢结构的发展。

20世纪50年代后，我国钢结构的设计、制造、安装水平有了很大提高，建成了大量钢结构工程，有些在规模上和技术上已达到世界先进水平。如采用大跨度网架结构的首都体育馆、上海体育馆、深圳体育馆，大跨度三角拱形式的西安秦始皇陵兵马俑陈列馆，悬索结构的北京工人体育馆、浙江体育馆，高耸结构中的200 m高的广州广播电视塔、210 m高的上海广播电视塔、194 m高的南京跨江线路塔、325 m高的北京气象桅杆等，板壳结构中有效容积达54 000 m³的湿式储气柜等。

中国的钢产量自1996年突破1亿吨以来，逐步改变了钢材供不应求的局面，到2010年全国钢产量达6.27亿吨，钢结构产量约2 600万吨，产业规模名列世界第一位。钢结构技术政策，也从"限制使用"改为积极合理地推广应用发展到鼓励使用钢结构。《钢结构设计规范》（GB 50017—2003）、《门式刚架轻型房屋钢结构技术规程》（CECS 102—2002）（2012年版）、《冷弯薄壁型钢结构技术规范》（GB 50018—2002）等系列规范规程的发布实施，为钢结构在我国的快速发展创造了条件。预计到"十二五"期末，我国钢结构产量将达5 000万～6 500万吨，整个产业前景乐观。随着钢结构设计理论、制造、安装等方面技术的迅猛发展，各地建成了大量的轻钢结构、大跨度钢结构、高层钢结构、高耸结构、市政设施等。以"鸟巢""水立方"为代表的大中城市体育项目（图1-1）；以"国家大剧院"为代表的文化设施；以北京首都机场T3航站楼为代表的航站楼工程；以上海金贸大厦、上海中心大厦为代表的高层钢结构（图1-2）；以上海"东方明珠"电视塔、广州电视塔为代表的高耸钢结构；等等，展示出了我国钢结构发展的水平。

图1-1　国家体育场"鸟巢"

图1-2　上海中心大厦

尽管我国钢结构发展迅猛，但主要集中于工业厂房、大跨度或超高层建筑中，钢结构建筑在全部建筑中的应用比例还很低，不到5%，与发达国家钢结构建筑面积比例占总建筑面积的40%相比有很大差距。我国建筑用钢在钢材产量中的比例也很低，为20%～30%，低于发达国家的45%～55%，而且我国绝大多数建筑用钢是用于钢筋混凝土结构中的钢筋，钢结构用钢还不到建筑用钢的2%。因此，我国钢结构还是一个很年轻的行业，总体水平与西方发达国家相比，仍有较大的差距，这个差距是钢结构发展的潜力，也是钢结构发展的空间。

就建筑结构来讲，土木工程的结构类型从最初的砖石结构、木结构，发展到钢筋混凝土结构，再到钢结构，是科学技术发展的必然，也是土木工程本身的进步，在建筑结构领域，21世纪将是钢结构的世纪。

1.2 钢结构的特点

1.2.1 钢结构的优点

钢结构主要是指由钢板、热轧型钢、薄壁型钢和钢管等构件组合而成的结构，它是土木工程的主要结构形式之一。目前，钢结构在房屋建筑、地下建筑、桥梁、塔桅和海洋平台中都得到了广泛采用，这是由于钢结构与其他材料的结构相比，具有以下优点。

(1)建筑钢材强度高，塑性和韧性好。强度高是指钢与混凝土、木材相比，虽然密度较大，但其强度较混凝土和木材要高得多，其密度与强度的比值一般比混凝土和木材小，因此在同样受力的情况下，钢结构与钢筋混凝土结构和木结构相比，构件较小，质量较轻，适用于建造跨度大、高度高和承载重的结构。

塑性好是指钢结构在一般的条件下不会因超载而突然断裂，只会增大变形，故容易被发现。此外，还能将局部高峰应力重分配，使应力变化趋于平缓。

韧性好是指钢结构适宜在动力荷载下工作，因此在地震区采用钢结构较为有利。

(2)钢结构的质量轻。钢材密度大，强度高，但做成的结构却相对较轻。结构的轻质性可用材料的密度 ρ 和强度 f 的比值 α 来衡量，α 值越小，结构相对越轻。建筑钢材的 α 值为 $(1.7\sim3.7)\times10^{-4}/\mathrm{m}$；木材的 α 值为 $5.4\times10^{-4}/\mathrm{m}$；钢筋混凝土的 α 值约为 $18\times10^{-4}/\mathrm{m}$。因而以同样的跨度承受同样的荷载，钢屋架的质量最多为钢筋混凝土屋架的 $1/4\sim1/3$。

(3)材质均匀，和力学计算的假定比较符合。钢材内部组织比较均匀，接近各向同性，可视为理想的弹塑性体材料，因此，钢结构的实际受力情况和工程力学的计算结果比较符合，在计算中采用的经验公式不多，从而计算的不确定性较小，计算结果比较可靠。

(4)工业化程度高，工期短。钢结构所用材料皆可由专业化的金属结构厂轧制成各种型材，加工制作简便，准确度和精密度都较高。制成的构件可运到现场拼装，采用焊接或螺栓连接。因构件较轻，故安装方便，施工机械化程度高，工期短，为降低造价、发挥投资的经济效益创造了条件。

(5)密封性好。钢结构采用焊接连接后可以做到安全密封，能够满足一些要求气密性和水密性好的高压容器、大型油库、气柜油罐和管道等的要求。

(6)抗震性能好。钢结构由于自重轻和结构体系相对较柔，所以受到的地震作用较小，钢材又具有较高的抗拉和抗压强度以及较好的塑性和韧性，因此在国内外的历次地震中，钢结构是损坏最轻的结构，已公认为是抗震设防地区特别是强震区的最合适结构。

(7)耐热性较好。温度在 200 ℃ 以内，钢材性质变化很小；当温度达到 300 ℃ 以上时，强度逐渐下降；600 ℃ 时，强度几乎为零。因此，钢结构可用于温度不高于 200 ℃ 的场合。在有特殊防火要求的建筑中，钢结构必须采取保护措施。

1.2.2 钢结构的缺点

钢结构的下列缺点有时会影响钢结构的应用。

(1)耐腐蚀性差。钢材在潮湿环境中，特别是在处于有腐蚀性介质的环境中容易锈蚀。因此，新建造的钢结构应定期刷涂料加以保护，维护费用较高。目前国内外正在发展各种高性能的涂料和不易锈蚀的耐候钢，钢结构耐锈蚀性差的问题有望得到解决。

（2）耐火性差。钢结构耐火性较差，在火灾中，未加防护的钢结构一般只能维持20分钟左右。因此在需要防火时，应采取防火措施，如在钢结构外面包混凝土或其他防火材料，或在构件表面喷涂防火涂料等。

（3）钢结构在低温条件下可能发生脆性断裂。钢结构在低温和某些条件下，可能发生脆性断裂，还有厚板的层状撕裂等，这些都应引起设计者的特别注意。

现在钢材已经被认为是可以持续发展的材料，因此从长远发展的观点看，钢结构将有很好的应用发展前景。

1.3　钢结构的应用

随着我国国民经济的不断发展和科学技术的进步，钢结构在我国的应用范围也在不断扩大。目前钢结构的应用范围大致如下。

1.3.1　大跨度结构

结构跨度越大，自重在荷载中所占的比例就越大，减轻结构的自重会带来明显的经济效益。钢材强度高、结构重量轻的优势正好适合于大跨结构，因此钢结构在大跨空间结构和大跨桥梁结构中得到了广泛的应用（图1-3）。所采用的结构形式有空间桁架、网架、网壳、悬索（包括斜拉体系）、张弦梁、实腹或格构式拱架和框架等。

1.3.2　工业厂房

吊车起重量较大或者其工作较繁重的车间的主要承重骨架多采用钢结构。另外，有强烈辐射热的车间，也经常采用钢结构。结构形式多为由钢屋架和阶形柱组成的门式刚架或排架，也有采用网架做屋盖的结构形式。近年来，随着压型钢板等轻型屋面材料的采用，轻钢结构工业厂房得到了迅速的发展，其结构形式主要为实腹式门式刚架（图1-4）。

图1-3　大跨度干煤棚

图1-4　钢结构厂房

1.3.3　受动力荷载影响的结构

由于钢材具有良好的韧性，设有较大锻锤或产生动力作用的其他设备的厂房，即使屋架跨度不大，也往往由钢制成。对于抗震能力要求高的结构，采用钢结构也是比较适宜的。

1.3.4 多层和高层建筑

由于钢结构的综合效益指标优良，故其近年来在多层、高层民用建筑中也得到了广泛的应用。其结构形式主要有多层框架、框架-支承结构、框筒、悬挂、巨型框架等。

1.3.5 高耸结构

高耸结构包括塔架和桅杆结构，如高压输电线路的塔架，广播、通信和电视发射用的塔架和桅杆，火箭（卫星）发射塔架等也常采用钢结构。

1.3.6 可拆卸的结构

钢结构不仅重量轻，还可以用螺栓或其他便于拆装的手段来连接，因此非常适用于需要搬迁的结构，如建筑工地、油田和需野外作业的生产和生活用房的骨架等。钢筋混凝土结构施工用的模板和支架，以及建筑施工用的脚手架等也大量采用钢材制作。

1.3.7 容器和其他构筑物

冶金、石油、化工企业中大量采用钢板做成的容器结构包括油罐、煤气罐、高炉、热风炉等。此外，经常使用的还有皮带通廊栈桥、管道支架、锅炉支架等其他钢构筑物，海上采油平台也大都采用钢结构。

1.3.8 轻型钢结构

钢结构重量轻不仅对大跨结构有利，对屋面活荷载特别轻的小跨结构也有优越性。冷弯薄壁型钢屋架在一定条件下的用钢量可比钢筋混凝土屋架的用钢量还少。轻钢结构的结构形式有实腹变截面门式刚架、冷弯薄壁型钢结构（包括金属拱形波纹屋盖）以及钢管结构等。

1.3.9 钢和混凝土的组合结构

钢构件和板件受压时必须满足稳定性要求，往往不能充分发挥其强度高的优势，而混凝土则最适于受压，不适于受拉，将钢材和混凝土并用，使两种材料都充分发挥它的长处，是一种很合理的结构。近年来这种结构在我国获得了长足的发展，广泛应用于高层建筑（如深圳的赛格广场）、大跨桥梁、工业厂房和地铁站台柱等。其主要构件形式有钢与混凝土组合梁和钢管混凝土柱等。

1.3.10 景观钢结构

在建筑思想观念开放、市场经济十分发达、人民生活越来越好的今天，景观钢结构建筑越来越多地出现在我们身边，如景观塔、景观桥、城市标志性钢结构雕塑、住宅小区大门、大楼入口钢雨篷、大楼顶飘架飘板等。

➤ 习 题

1. 根据你所知道的钢结构工程，试述其特点。
2. 钢结构有哪些特点？结合这些特点，你认为应怎样合理选择其应用范围？

单元 2 钢结构材料及材料选用

知 识 点

钢材的力学性能，钢材的选用。

2.1 钢材的力学性能

2.1.1 钢材的单向拉伸试验

低碳钢在常温、静载条件下的单向拉伸应力-应变曲线见图 2-1，共分为四个阶段：弹性阶段（OA）、弹塑性阶段（AB）、屈服阶段（BC）和应变硬化阶段（CD）。在 A 点以前，钢材处于弹性阶段，卸载后变形完全恢复；到达 A 点后，钢材进入弹塑性阶段，变形包含弹性变形和塑性变形两部分，卸载后塑性变形不再恢复，称为残余变形或永久变形；到达 B 点后，钢材全部屈服，荷载不再增加，但变形持续增大，形成水平线段即屈服平台，

图 2-1 钢材的单向拉伸应力-应变曲线

由于 A 点与 B 点比较接近，为简化计算模型，假设在 B 点以前钢材处于弹性状态；经历屈服阶段后，由于钢材内部晶粒重新排列，强度有所提高，进入硬化阶段，但变形增加非常快；到达 D 点时，钢材达到强度极限值，之后截面快速收缩，强度迅速降低，直至断裂。低合金钢的单向拉伸应力-应变曲线与低碳钢类似，只是强度提高了。

2.1.2 钢材的力学性能

钢材的力学性能是指标准条件下钢材的屈服强度、抗拉强度、伸长率、冷弯性能和冲击韧性，以及厚钢板的 Z 向（厚度方向）性能等，也称机械性能。

1. 屈服强度

图 2-1 中屈服平台 BC 段所对应的强度称为屈服强度，用符号 f_y 表示，也称屈服点，是建筑钢材的一个重要力学特征。屈服点是弹性变形的终点，而且在较大变形范围内应力不会增加，形成理想的弹塑性模型，因此将其作为弹性计算时强度的标准值。低碳钢和低合金钢都具有明显的屈服平台，而热处理钢材和高碳钢则没有。

2. 抗拉强度

单向拉伸应力-应变曲线中最高点，如图 2-1 中 D 点所对应的强度，称为抗拉强度，用符号 f_u 表示，它是钢材所能承受的最大应力值。由于钢材屈服后具有较大的残余变形，已超出结构正常使用范畴，因此抗拉强度只能作为结构的安全储备。

3. 伸长率

伸长率是试件断裂时的永久变形与原标定长度的百分比。取圆形试件直径的 5 倍或 10 倍为标定长度，对应的伸长率分别记作 δ_5、δ_{10}。伸长率代表钢材断裂前具有的塑性变形能力，这种能力使得结构制造时，钢材即使经受剪切、冲压、弯曲及锤击作用产生局部屈服也无明显破坏。伸长率越大，钢材的塑性和延性越好。

屈服强度、抗拉强度、伸长率是钢材的三个重要力学性能指标，钢结构中所有钢材都应满足规范对这三个指标的规定。

4. 冷弯性能

根据试样厚度，在常温条件下按照规定的弯心直径将试样弯曲 180°，见图 2-2，其表面无裂纹和分层即为冷弯合格。冷弯性能是一项综合指标，冷弯合格一方面表示钢材的塑性变形能力符合要求，另一方面也表示钢材的冶金质量（颗粒结晶及非金属夹杂等）符合要求。重要结构中需要钢材有良好的冷、热加工工艺性能时，应有冷弯试验合格保证。

5. 冲击韧性

冲击韧性是钢材抵抗冲击荷载的能力，它用钢材断裂时所吸收的总能量来衡量。单向拉伸试验所表现的钢材性能都是静力性能，韧性则是动力性能。韧性是钢材强度、塑性的综合指标，韧性低则发生脆性破坏的可能性大。冲击韧性通过带有夏比缺口的夏比试验法测量，如图 2-3 所示，用 A_{KV} 表示，其值为试件折断时所需要的功，单位为 J。缺口韧性值受温度影响很大，当温度低于某一值时将急剧下降，因此应根据相应温度提出要求。

图 2-2　冷弯试验　　　　　　　图 2-3　冲击试验

2.2　影响钢材性能的因素

2.2.1　化学成分的影响

碳素结构钢由纯铁、碳及多种杂质元素组成，其中纯铁约占 99%。低合金结构钢中，还加入合金元素，但总量通常不超过 5%。钢材的化学成分对其性能有着重要的影响。

碳（C）是形成钢材强度的主要成分。纯铁较软，而化合物渗碳体（Fe_3C）及渗碳体与纯铁的混合物珠光体则十分坚硬，钢的强度来自渗碳体和珠光体。碳含量提高，钢材强度提高，但塑性、韧性、冷弯性能、可焊性及抗锈蚀性能下降，因此不能采用碳含量高的钢材。含碳量低于0.25%时为低碳钢、0.25%～0.6%时为中碳钢、高于0.6%时为高碳钢，结构用钢材的含碳量一般不高于0.22%，对于焊接结构，以不大于0.2%为好。

锰（Mn）是有益元素，能显著提高钢材强度但又不过多降低塑性和韧性。锰是弱脱氧剂，且还能消除硫对钢的热脆影响。在低合金钢中，锰是合金元素，含量为1.0%～1.7%，因锰过多时会降低可焊性，故对其含量有所限制。

硅（Si）是有益元素，有较强的脱氧作用，同时可使钢材颗粒变细，控制适量时可以提高强度而不显著影响塑性、韧性、冷弯性能及可焊性，过量则会恶化可焊性和抗锈蚀性能，碳素镇静钢中一般为0.12%～0.3%，低合金钢中一般为0.2%～0.55%。

钒（V）、铌（Nb）、钛（Ti）的作用都是使钢材晶粒细化。我国低合金钢都含有这三种元素，作为锰以外的合金元素，既可以提高钢材的强度，又可以保持良好的塑性、韧性。

铝（Al）、铬（Cr）、镍（Ni），铝不但是强脱氧剂，而且能细化晶粒，低合金钢的C、D、E级都规定铝含量不低于0.015%，以保证必要的低温韧性。铬和镍是提高钢材强度的合金元素，用于Q390钢和Q420钢。

硫（S）、磷（P）、氧（O）、氮（N）都是有害元素。硫容易使钢材在高温时出现裂纹（称为热脆），还会降低钢材的韧性、抗疲劳性能和抗腐蚀性能，必须严格控制含量。磷在低温下会使钢材变脆（称为冷脆），但也有有益的一面，其可以提高钢的强度和抗锈蚀能力，有时也作为合金元素。氧能使钢材热脆，其作用比硫剧烈。氮能使钢材冷脆，也必须严格控制。

2.2.2 生产过程的影响

钢生产过程的影响包括冶炼时的炉种、浇铸前的脱氧和热轧等的影响。

(1)钢的炉种。炼钢主要是将生铁或铁水中的碳和其他杂质如锰、硅、硫、磷等元素氧化成炉气和炉渣后而得到符合要求的钢液的过程。炼钢时采用的炉种有电炉、平炉和转炉等。电炉钢质量最佳，但耗电量很大，费用较贵，建筑用钢材不大采用电炉钢。平炉钢是利用平炉拱形炉顶的反射原理由燃烧煤气供给热能，使炉中含碳量少的废钢和含碳量高的生铁（或铁水）炼成含碳量适中的钢液，其在氧化过程中还可以把杂质除去。平炉钢的冶炼工艺容易控制，钢产量高，质量均匀，过去都认为是建筑结构用钢中质量最好的钢，多用于各种重要的结构。转炉钢的钢液含杂质较多，质量较差，因而在过去也只能用于次要构件中。氧气转炉钢所含有害元素及夹杂物少，钢材的质量和加工性能都不低于平炉钢，某些性能如含氮量低和冲击韧性较高等还优于平炉钢，且生产效率高、成本低，可用于制造各种结构。氧气转炉可用于生产低碳钢，也可生产普通低合金钢。

(2)钢的脱氧。钢液中残留氧，将使钢材晶粒粗细不均并发生热脆。因此浇铸钢锭时在炉中或盛钢桶中加入脱氧剂以消除氧，可大大改善钢材的质量。因脱氧程度不同，钢可分成沸腾钢、镇静钢和特殊镇静钢三类。

沸腾钢生产周期短，消耗脱氧剂少，冷却凝固后钢锭顶面无缩孔，轧制钢材时钢锭的切头率小，成本较低，但钢内形成许多小气泡，组织不够致密，有较多的氧化铁夹杂，化学成分不够均匀（称为偏析）。通过辊轧，沸腾钢的强度和塑性并不比镇静钢低多少，但冲击韧性较低和脆性转变温度较高，抵抗冷脆性能差，抗疲劳性能也较镇静钢差。

镇静钢的化学成分较均匀，晶粒细而均匀，组织密实，含气泡和有害氧化物等夹杂少，冲击韧性较高，特别是低温时的韧性大大高于沸腾钢，抗低温冷脆能力和抗疲劳性能都较强，它是质量较好的钢材。普通低合金钢则大多为镇静钢。

如用硅脱氧后再用更强的脱氧剂铝补充脱氧，则可得特殊镇静钢，冲击韧性特别是低温冲击韧性都较高。

(3)钢的轧制。我国的钢材大都是热轧型钢和热轧钢板。将钢锭加热至塑性状态通过轧钢机将其轧成钢坯，然后再令其通过一系列不同形状和孔径的轧机，最后轧成所需形状和尺寸的钢材，称为热轧。钢材热轧成型，同时也可细化钢的晶粒使其组织紧密，原存在于钢锭内的一些微观缺陷如小气泡和裂纹等经过多次辊轧而弥合，改进了钢的质量。辊轧次数较多的薄型材和薄钢板，轧制后的压缩比大于辊轧次数较小的厚材。因而薄型材和薄钢板的屈服点和伸长率等就大于厚材。

(4)热处理。一般钢材以热轧状态交货，某些高强度钢材则在轧制后经热处理才出厂。热处理的目的在于取得高强度的同时能够保持良好的塑性和韧性。轧制后的钢材若再经过热处理可得到调质钢。热处理常采用下列方式。

淬火：把钢材加热到 900 ℃以上，放入水或油中快速冷却，硬度和强度提高，但塑性和韧性降低。

正火：把钢材加热至 850 ℃～900 ℃，并保持一段时间，在空气中缓慢冷却。可改善组织，细化晶粒，相当于热轧状态。

回火：把淬火后的钢材加热至 500 ℃～600 ℃，在空气中缓慢冷却，可降低脆性，提高综合性能。我国结构用钢按照热轧状态交付使用，高强度螺栓要热处理，轨道表面要热处理。

2.2.3 影响钢材性能的其他因素

1. 冷加工硬化

钢结构在弹性阶段卸载后，不产生残余变形，也不影响工作性能，但是在弹塑性阶段或塑性阶段卸载再重复加载时，其屈服点将提高，而塑性和韧性降低，这种现象称为冷加工硬化。

钢结构在加工过程中一般要经过辊压、冲孔、剪切、冷弯等工序，这些工序通常会使钢材产生很大的塑性变形，对强度而言，提高了钢材的屈服点，甚至抗拉强度，但是降低了塑性和韧性，增加了脆性破坏的危险，对直接承受动力荷载的构件尤其不利。

2. 时效硬化

冶炼时留在纯铁体中少量的氮和碳的固熔体，随着时间的增长将逐渐析出，并形成自由的氮化物或碳化物微粒，约束纯铁体的塑性变形，从而使钢材的强度提高，塑性和韧性下降，这种现象称为时效硬化。

时效硬化的时间有长有短，可从几天到几十年，但在材料经过塑性变形（约 10%）后加热到 250 ℃，可使时效硬化加速发展，只需几个小时即可完成，称为人工时效。对特别重要的结构，为了评定时效对钢材性能的影响，可经人工时效后测定其冲击韧性。

3. 温度的影响

钢材在常温下工作性能变化不大，当温度升高至约 100 ℃时，钢材的强度降低，塑性增大，但数值不大。当温度达到 250 ℃附近时，钢材的抗拉强度略有提高，而塑性和韧性均下降，此时加工有可能产生裂缝，因钢材表面氧化膜呈蓝色，称为"蓝脆现象"。当温度超过 300 ℃以后，屈服点和极限强度明显下降，达到 600 ℃时强度几乎为零。

当钢材温度从常温下降到一定值时，钢材的冲击韧性急剧降低，试件断口属脆性破坏，这种现象称为"冷脆现象"。

4. 应力集中

钢结构中的构件，常因为构造而产生的空洞、槽口、凹角、裂缝、厚度变化、形状变化、内部缺陷等使一些区域产生局部高峰应力，称为应力集中现象。应力集中越严重，钢材塑性越差。

冲击韧性试验试件带有 V 形缺口，就是为了使构件受荷时产生应力集中，由此测得的冲击韧性值就能反映材料对应力集中的敏感性，从而能够全面反映材料的综合品质。

5. 残余应力

型钢和钢板热轧成材后，一般放置堆场自然冷却，在冷却过程中截面各部分散热速度不同，导致冷却不均匀。残余应力是钢材在冶炼、轧制、焊接、冷加工等过程中，由于不均匀的冷却、组织构造的变化而在钢材内部产生的不均匀应力。

钢材中残余应力的特点是应力在构件内部自相平衡，而与外力无关。残余应力的存在易使钢材发生脆性破坏。

对钢材进行"退火"热处理，在一定程度上可以消除一些残余应力。

2.3　钢结构对材料性能的要求

钢结构对材料性能的要求是多方面的，使用时必须全面衡量，慎重地选择合适的材料。在工程使用中，对钢材材料性能的要求主要有：强度、塑性、韧性、可焊性、冷弯性、耐久性和 Z 向伸缩率等。

2.3.1　钢材的强度

强度体现了材料的承载能力，主要指标有屈服点 f_y、抗拉强度 f_u 和伸长率 δ，通过静力拉伸试验得到。它们是钢结构设计中对钢材力学性能要求的三项重要指标。

钢结构设计中常把屈服点 f_y 定为构件应力的限值，这是因为当 $\sigma \geqslant f_y$ 时，钢材暂时失去了继续承载的能力并伴随产生很大的不适宜继续受力或使用的变形。

钢材的抗拉强度 f_u 是钢材塑性变形很大且即将破坏时的强度，是钢材抗破坏能力的极限，此时已无安全储备，只能作为衡量钢材强度的一个指标。

钢材的屈服点与抗拉强度之比（f_y/f_u）称为屈强比，它是表明设计强度储备的一项重要指标，f_y/f_u 越大，强度储备越小，结构越不安全，在设计中要选用合适的屈强比。

2.3.2　钢材的塑性

钢材的塑性是指钢材应力超过屈服点后，能产生显著的残余变形（塑性变形）而不立即断裂的性质。塑性好坏可用伸长率 δ 和断面收缩率 φ 表示，通过静力拉伸试验得到。

伸长率 δ 或断面收缩率 φ 越大，则塑性越好。结构或构件在受力时（尤其是承受动力荷载时）材料塑性好坏往往决定了结构是否安全可靠，因此钢材塑性指标比强度指标更为重要。

2.3.3 钢材的韧性

钢材的韧性是钢材在塑性变形和断裂的过程中吸收能量的能力，也是表示钢材抵抗冲击荷载的能力，它是强度与塑性的综合表现。钢材韧性通过冲击试验测定冲击功来表示。

钢材的冲击韧性与钢材的质量、缺口形状、加载速度、时间厚度和温度有关，其中温度的影响最大。试验表明，钢材的冲击韧性值随温度的降低而降低，但不同牌号和质量等级的钢材其降低规律又有很大的不同。因此，在寒冷地区承受动力荷载作用的重要承重结构，应根据工作温度和所用的钢材牌号，对钢材提出相当温度下的冲击韧性指标要求，以防脆性破坏的发生。

钢结构设计规范对钢材的冲击韧性 α_k 有常温和负温要求的规定。选用钢材时，应根据结构的使用情况和要求提出相应温度的冲击韧性指标要求。

在负温范围内 f_y 与 f_u 都增高，但塑性变形能力减小，因而材料转脆，对冲击韧性的影响十分突出。材料由韧性破坏转到脆性破坏叫作该种钢材的转变温度，在结构设计中要求避免完全脆性破坏，所以结构所处温度应大于脆性转变温度。

2.3.4 钢材的可焊性

钢材的可焊性是指在一定工艺和结构条件下，钢材经过焊接能够获得良好的焊接接头的性能。可焊性分为施工上的可焊性和使用性能上的可焊性。施工上的可焊性是指焊缝金属产生裂纹的敏感性；使用性能上的可焊性是指焊接接头和焊缝的缺口韧性（冲击韧性）和热影响区的延伸性（塑性）。焊接过程中要求焊缝及焊缝附近金属不产生热裂纹或冷却收缩裂纹；在使用过程中焊缝处的冲击韧性和热影响区内塑性良好。除了 Q235—A 不能保证作为焊接构件外，其他牌号钢材均具有良好的焊接性能。在高强度低合金钢中低合金元素大多对可焊性有不利影响，《钢结构焊接规范》（GB 50661—2011）推荐使用碳当量来衡量低合金钢的可焊性，计算公式如下：

$$C_E = C + \frac{Mn}{6} + \frac{Cr + Mo + V}{5} + \frac{Ni + Cu}{15}$$

式中　C、Mn、Cr、Mo、V、Ni、Cu——分别为碳、锰、铬、钼、钒、镍和铜的百分含量。

当 $C_E \leqslant 0.38\%$ 时，钢材的可焊性很好，可以不采取措施直接施焊；当 $C_E = 0.38\% \sim 0.45\%$ 时，钢材呈现淬硬倾向，施焊时要控制焊接工艺、采用预热措施并使热影响区缓慢冷却，以免发生淬硬开裂；当 $C_E > 0.45\%$ 时，钢材的淬硬倾向更加明显，需严格控制焊接工艺和预热温度才能获得合格的焊缝。

钢材焊接性能的优劣除了与钢材的碳当量有直接关系外，还与母材的厚度、焊接的方法、焊接工艺参数以及结构形式等条件有关。

2.3.5 钢材的冷弯性能

冷弯性能是指钢材在冷加工（常温下加工）产生塑性变形时，对产生裂缝的抵抗能力。钢材的冷弯性能是衡量钢材在常温下弯曲加工产生塑性变形时，产生裂缝抵抗能力的一项指标。钢材的冷弯性能由冷弯试验确定。试验时根据钢材牌号和板厚，按国家相关标准规定弯心直径，在试验机上把试件弯曲 180°，以试件内、外表面与侧面不出现裂缝和分层为合格，冷弯试验不仅能检验材料承受规定的弯曲变形能力的大小，还能显示其内部的冶金缺陷，因此它是判断钢材塑性变形能力和冶金质量的综合指标。焊接承重结构以及重要的非焊接承重结构采用的钢材还应具有冷弯试验的合格保证。

2.3.6 钢材的耐久性

钢材的耐久性需要考虑耐腐蚀性、"时效"现象、疲劳现象等。

时效：随着时间的增长，钢材的力学性能有所改变。

疲劳：多次反复荷载作用下，钢材强度低于屈服点 f_y 发生的破坏。

2.3.7 Z 向伸缩率

当钢材较厚或承受沿厚度方向的拉力时，要求钢材具有板厚方向的收缩率要求，以防厚度方向的分层、撕裂。

2.3.8 钢材的破坏形式

钢材有两种性质完全不同的破坏形式，即塑性破坏和脆性破坏。钢结构所用钢材在正常使用的条件下，虽然有较高的塑性和韧性，但在某些条件下仍然存在发生脆性破坏的可能性。

塑性破坏也称延性破坏，在构件应力达到抗拉极限强度后，构件会产生明显的变形并断裂。破坏后的断口呈纤维状，色泽发暗。由于塑性破坏前总有较大的塑性变形发生，且变形持续时间较长，故容易被发现和抢修加固，不至于发生严重后果。

脆性破坏在破坏前无明显塑性变形，或根本就没有塑性变形，而突然发生断裂。破坏后的断口平直，呈有光泽的晶粒状。由于破坏前没有任何预兆，破坏速度又极快，无法及时察觉和采取补救措施，具有较大的危险性，因此在钢结构的设计、施工和使用过程中，要特别注意这种破坏的发生。

2.4 钢材的种类、选用及规格

2.4.1 钢材的种类

钢结构用的钢材主要有两种，即碳素结构钢和低合金高强度结构钢。后者因含有锰、钒等合金元素而具有较高的强度。此外处在腐蚀介质中的结构，则采用高耐候性结构钢，这种钢因含铜、磷、铬、镍等合金元素而具有较高的抗锈能力。

1. 碳素结构钢

碳素结构钢的牌号(简称钢号)有 Q195、Q215、Q235、Q255 及 Q275。其中 Q215 包含有 Q215—A、Q215—B；Q235 包含有 Q235—A、Q235—B、Q235—C、Q235—D；Q255 包含有 Q255—A、Q255—B。

碳素结构钢的钢号由代表屈服点的字母 Q、屈服点数值(单位为 N/mm²)、质量等级符号(如 A、B、C、D)、脱氧方法符号(如 F、b)这四个部分组成。前面已经提及，在浇铸过程中由于脱氧程度的不同钢材有镇静钢与沸腾钢之分，以符号 Z、F 来表示。此外还有用铝补充脱氧的特殊镇静钢，用 TZ 表示。按国家标准规定，符号 Z、TZ 在表示牌号时予以省略。以 Q235 钢来说，A、B 两级钢的脱氧方法可以是 Z、F，C 级钢的只能为 Z，D 级钢的只能为 TZ。其钢号的表示法和代表的意义如下：

(1) Q235—A——屈服强度为 235 N/mm²，A 级，镇静钢。

(2) Q235—AF——屈服强度为 235 N/mm²，A 级，沸腾钢。

(3) Q235—B——屈服强度为 235 N/mm²，B 级，镇静钢。

(4) Q235—C——屈服强度为 235 N/mm²，C 级，镇静钢。

(5) Q235—D——屈服强度为 235 N/mm²，D 级，特殊镇静钢。

从 Q195 到 Q275，是按强度由低到高排列的。Q195、Q215 的强度比较低，而 Q255 和 Q275 的含碳量都超出了低碳钢的范围，所以建筑结构在碳素结构钢中主要应用 Q235 这一钢号。

2. 低合金高强度结构钢

低合金高强度结构钢是在钢的冶炼过程中添加少量的几种合金元素(含碳量均不大于 0.02%，合金元素总量不大于 0.05%)，使钢的强度明显提高，故称为低合金高强度结构钢。国家标准《低合金高强度结构钢》(GB/T 1591—2008)规定，低合金高强度结构钢分为 Q295、Q345、Q390、Q420、Q460 这五种，其符号的含义和碳素结构钢牌号的含义相同。其中 Q345、Q390、Q420 是钢结构设计规范中规定采用的钢种。这三种钢都包含有 A、B、C、D、E 五个质量等级，和碳素钢一样，不同的质量等级是按对冲击韧性(夏比 V 形缺口试验)的要求来区分的。低合金高强度结构钢的 A、B 级属于镇静钢，C、D、E 级属于特殊镇静钢。

3. 优质碳素结构钢

低质碳素结构钢以不热处理或热处理(正火、淬火、回火)状态交货，用作压力加工用钢和切削加工用钢。由于价格较高，故钢结构中使用较少，仅用经热处理的优质碳素结构钢冷拔为高强度钢丝或制作高强螺栓、自攻螺钉等。

2.4.2 选用原则

正确合理地选用钢材，是保证结构安全可靠和用材经济合理所必需的。钢材质量等级越高，钢材的价格也越高，因此应根据实际需要来选用合适的钢材质量等级。一般情况下，选用钢材时应考虑下述四个因素：

(1) 结构的重要性。重要性是因结构损坏带来的后果的严重性(如危及人的生命、造成经济损失以及产生的社会影响等)而定的。重要的结构应采用质量较高的钢材。

(2) 结构所受的荷载特征。一般情况下，经常承受动力荷载的结构要求钢材具有较高的质量等级；承受静力荷载的结构可采用一般质量等级的钢材。

(3) 结构的连接方法。当结构采用焊缝连接时，为了保证连接质量，应采用质量等级较高的钢材；采用螺栓连接时，可采用一般要求的钢材。

(4) 结构所处工作环境的温度情况。低温地区易产生钢材的冷脆。有腐蚀介质的环境，要求钢材质量较高。

在 Q235—A 钢的保证项目中，碳含量、冷弯试验合格和冲击韧性值并未作为必要的保证条件，所以只宜用于不直接承受动力作用的结构中。当用于焊接结构时，其质量证明书中应注明碳含量不超过 0.2%。对于需要验算疲劳强度的焊接结构，应采用具有常温冲击韧性合格保证的 B 级钢。当这类结构在冬季处于温度较低的环境时，若工作温度为 −20 ℃～0 ℃，Q235 和 Q345 应选用具有 0 ℃ 冲击韧性合格的 C 级钢，Q390 和 Q420 则应选用 −20 ℃

冲击韧性合格的 D 级钢；若工作温度等于或低于－20 ℃时，则钢材的质量级别还要提高一级，Q235 和 Q345 选用 D 级钢，而 Q390 和 Q420 选用 E 级钢。非焊接的构件发生脆性断裂的危险性比焊接结构小些，对材质的要求可比焊接结构适当放宽，但需要验算疲劳强度的构件仍需选用有常温冲击韧性保证的 B 级钢。当工作温度等于或低于－20 ℃时，Q235 和 Q345 应选用 C 级钢，Q390 和 Q420 则应选用 D 级钢。

由于沸腾钢的性能不如镇静钢，故《钢结构设计规范》(GB 50017—2003)对它的应用提出了一些限制，包括不能用于需要验算疲劳强度的焊接结构、处于低温的焊接结构和需要验算疲劳强度并且处于低温的非焊接结构。

连接所用钢材，如焊条、自动或半自动焊的焊丝及螺栓的钢材应与主体金属的强度相适应。

2.4.3 钢材的规格

钢结构构件一般宜直接选用型钢，这样可减少制造工作量，降低造价。型钢尺寸合适或构件很大时则用钢板制作。构件间或直接连接或附以连接钢板进行连接，所以钢结构中的元件是型钢及钢板。型钢有热轧及冷成型两种(图 2-4、图 2-5)，现分别介绍如下。

图 2-4 常用热轧型钢

(a)钢板；(b)等边角钢；(c)不等边角钢；(d)钢管

(e)槽钢；(f)工字钢；(g)宽翼缘工字钢；(h)T 字钢

图 2-5 冷弯薄壁型钢

(a)等边角钢；(b)卷边等边角钢；(c)Z 型钢；(d)卷边 Z 型钢；(e)槽钢

(f)卷边槽钢；(g)向外卷边槽钢(帽型钢)；(h)方管；(i)圆管；(j)压型板

1. 热轧钢板

热轧钢板分厚板及薄板两种，厚板的厚度为 4.5～60 mm，薄板厚度为 0.35～4 mm。前者广泛用来组成焊接构件和连接钢板，后者是冷弯薄壁型钢的原料。在图样中钢板用"厚×宽×长(单位为 mm)"前面附加钢板横断面的方法表示，如：－12×800×2 100 等。

2. 热轧型钢

（1）角钢：有等边和不等边两种。等边角钢（也叫等肢角钢），以边宽和厚度表示，如∟100×10为肢宽100 mm、厚10 mm的等边角钢。不等边角钢（也叫不等肢角钢）则以两边宽度和厚度表示，如∟100×80×8等。我国目前生产的等边角钢，其肢宽为20～200 mm，不等边角钢的肢宽为25 mm×16 mm～200 mm×125 mm。

（2）槽钢：我国槽钢有两种尺寸系列，即热轧普通槽钢与热轧轻型槽钢。前者的表示法如[30a，指槽钢外廓高度为30 cm且腹板厚度为最薄的一种；后者的表示方法如[25Q，表示外廓高度为25 cm，Q是汉语拼音"轻"的拼音字首。同样号数时，轻型槽钢由于腹板薄及翼缘宽而薄，因而截面面积小（但回转半径大），能节约钢材、减少自重。不过轻型系列的实际产品较少。

（3）工字钢：与槽钢相同，也分成上述的两个尺寸系列：普通型和轻型。与槽钢一样，工字钢外轮廓高度的厘米数即为型号，普通型工字钢当型号较大时腹板厚度分a、b、c三种，轻型工字钢由于壁厚薄故不再按厚度划分。两种工字钢表示法如：工32c、工32Q等。

（4）H型钢：热轧H型钢分为三类，即宽翼缘H型钢（HW）、中翼缘H型钢（HM）和窄翼缘H型钢（HN）。H型钢型号的表示方法是先用符号HW、HM和HN表示H型钢的类别，后面加"高度（mm）×宽度（mm）"，例如HW300×300，即截面高度为300 mm、翼缘宽度为300 mm的宽翼缘H型钢。

（5）剖分T型钢：剖分T型钢也分为三类，即宽翼缘剖分T型钢（TW）、中翼缘剖分T型钢（TM）和窄翼缘剖分T型钢（TN）。剖分T型钢是由对应的H型钢沿腹板中部对等剖分而成。其表示方法与H型钢类同，如TN225×200即表示截面高度为225 mm、翼缘宽度为200 mm的窄翼缘剖分T型钢。

3. 冷弯薄壁型钢

冷弯薄壁型钢是用2～6 mm厚的薄钢板经冷弯或模压而成型的。在国外，冷弯型钢所用钢板的厚度有加大范围的趋势，如美国可用到1英寸（1 inch≈25.4 mm）厚的钢板。

4. 压型钢板

压型钢板由热轧薄钢板经冷压或冷轧成型，具有较大的宽度及曲折外形，从而增加了惯性矩和刚度，是近年来开始使用的薄壁型材，所用钢板厚度为0.4～2 mm，用作轻型屋面等构件。

热轧型钢的型号及截面几何特性见书后附表。薄壁型钢的常用型号及截面几何特性见《冷弯薄壁型钢结构技术规范》（GB 50018—2002）（2012年版）的附录。

▷ 习　题

1. 简述Q235钢应力-应变曲线图中的各个阶段及各个工作阶段的典型特征。
2. 在钢结构设计中，衡量钢材力学性能好坏的三项重要指标及其作用是什么？
3. 什么叫塑性破坏？什么叫脆性破坏？如何防止脆性破坏的发生？
4. 影响钢材性能的因素主要有哪些？
5. 选择钢材时应考虑哪些因素？

单元 3 轴心受力构件

知识点

强度、刚度、整体稳定性、局部稳定性、构造要求、柱的设计。

3.1 轴心受力构件概述

在钢结构中，轴心受力构件的应用十分广泛，例如桁架、塔架和网架、网壳等杆件体系。这类结构的节点通常假设为铰接，当无节间荷载作用时，杆件只受轴向力（轴向拉力或轴向压力）的作用，称为轴心受力构件（轴心受拉构件或轴心受压构件）。图 3-1 所示为轴心受力构件在工程上应用的一些实例。

图 3-1 轴心受力构件在工程中的应用

(a)桁架；(b)塔架；(c)网架

轴心受力构件常用的截面形式可分为实腹式和格构式两大类。

实腹式构件制作简单，与其他构件的连接也比较方便，常用截面形式很多，可直接选用单个型钢截面，如圆钢、钢管、角钢、工字钢、H 型钢、T 型钢等[图 3-2(a)]；也可选用由型钢或钢板组成的组合截面[图 3-2(b)]；在轻型结构中则可采用冷弯薄壁型钢截面[图 3-2(c)]。以上这些截面中，截面紧凑（如圆钢）或对两主轴刚度相差悬殊者（如单槽钢、工字钢），一般适用于轴心受拉构件，而受压构件通常采用较为开展、组成板件宽而薄的截面。

格构式构件[图 3-2(d)]容易使压杆实现两主轴方向的稳定性，刚度大、抗扭性好，用料较省。截面一般由两个或多个型钢肢件组成，肢件间采用缀条或缀板连成整体，缀条和缀板统称为缀材。

图 3-2 轴心受力杆件的截面形式

(a)轧制型钢截面；(b)焊接实腹式组合截面；(c)冷弯薄壁型钢截面；(d)格构式截面

3.2 轴心受力构件的强度及刚度

轴心受拉构件的设计除了根据结构用途、构件受力大小和材料供应情况选用合理的截面形式外，还要对所选截面进行强度和刚度验算。强度要求就是使构件截面上的最大正应力不超过钢材的强度设计值；刚度要求就是使构件的长细比不超过容许长细比。

轴心受压构件设计时，除了使所选截面满足强度和刚度要求外，还应当使其满足构件整体稳定性和局部稳定性的要求。整体稳定性要求是使构件在设计荷载作用下不致发生屈曲而丧失承载能力；局部稳定性要求一般是使组成构件的板件宽厚比不超过规定限值，以保证板件不会屈曲，或者使格构式构件的分肢不发生屈曲。

3.2.1 轴心受力构件的强度计算

在力的作用下，当轴心受力构件截面的平均应力达到钢材的屈服应力时，构件的强度承载能力达到极限状态。

对于无孔洞等削弱的轴心受力构件，轴心力作用使截面内产生均匀的受拉或受压正应力，以全截面刚达到屈服应力为强度极限状态。即

$$\sigma = N/A \leqslant f \tag{3-1}$$

对于有孔洞等削弱的轴心受力构件(图 3-3)，仍以其净截面的平均应力达到其强度极限值作为设计时的控制值，这就要求设计时应选用具有良好塑性性能的材料。此时，构件内力设计值 N 除以净截面面积 A_n 得到的应力 σ 不应超过钢材的抗拉或抗压强度设计值 f，即

$$\sigma = N/A_n \leqslant f \tag{3-2}$$

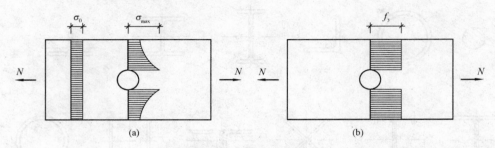

图 3-3　有孔洞轴心受力构件的截面应力分布

(a)弹性状态应力；(b)极限状态应力

当轴心受力构件采用普通螺栓连接时，A_n 应取 Ⅰ—Ⅰ 和 Ⅱ—Ⅱ 截面的较小面积计算（图 3-4）。

图 3-4　净截面面积计算

对于 Ⅰ—Ⅰ 截面：

$$A_n = A - n_1 d_0 t \tag{3-3}$$

对于 Ⅱ—Ⅱ 截面：

$$A_n = \left[2e_1 + (n_2 - 1)\sqrt{a^2 + e^2} - n_2 d_0 \right] t \tag{3-4}$$

式中　n_1——连接一侧的第一排的螺栓数目；

　　　n_2——连接一侧的前两排的螺栓总数目；

　　　e_1——连接一侧螺栓的边距；

　　a、e——连接一侧螺栓的中距。

对于单面连接的角钢轴心受力构件，连接偏心引起弯矩，使角钢受附加应力，因此《钢结构设计规范》(GB 50017—2003)规定：单面连接的单角钢按轴心受力计算强度时，钢材强度的设计值 f 应乘以折减系数 0.85。

3.2.2　轴心受力构件的刚度计算

为满足结构的正常使用要求，避免杆件在制作、运输、安装和使用过程中出现刚度不足的现象，轴心受力构件不应做得过细，而应具有一定的刚度，以保证构件不会产生过度的变形。当构件的长细比过大时，会产生以下不利影响。

(1)在运输和安装过程中产生弯曲或过大的变形；

（2）使用期间因自重明显下挠；

（3）在动力荷载作用下发生较大的振动；

（4）当压杆的长细比过大时，除具有上述各种不利因素外，还会使得构件的极限承载能力显著降低。同时，初弯曲和自重产生的挠度也将对构件的整体稳定性带来不利影响。

轴心受力构件的刚度通常用长细比来衡量，长细比是构件计算长度 l_0 与构件截面回转半径 i 的比值，即 $\lambda = l_0/i$。λ 越小，表示构件的刚度越大，柔度越小；反之，λ 越大，表示构件的刚度越小，柔度越大。计算构件的长细比时，应分别考虑围绕截面两个主轴即 x 轴和 y 轴的长细比 λ_x 和 λ_y，都应不超过《钢结构设计规范》（GB 50017—2003）规定的容许长细比 $[\lambda]$：

$$\left.\begin{array}{l} \lambda_x = l_{0x}/i_x \leqslant [\lambda] \\ \lambda_y = l_{0y}/i_y \leqslant [\lambda] \end{array}\right\} \tag{3-5}$$

式中　l_{0x}、l_{0y}——围绕截面主轴即 x 轴和 y 轴的构件计算长度；

　　　i_x、i_y——围绕截面主轴即 x 轴和 y 轴的构件截面回转半径。

当截面主轴在倾斜方向时，如图 3-2 所示单角钢截面和双角钢十字形截面，其主轴常标志为 x_0 轴和 y_0 轴，此时应计算 $\lambda_{x0} = l_0/i_{x0}$ 和 $\lambda_{y0} = l_0/i_{y0}$，或只计算其中的最大长细比 $\lambda_{\max} = l_0/i_{\min}$。构件的计算长度 l_0 取决于其两端的支撑情况。例如，两端铰接时 l_0 等于构件的几何长度 l，即 $l_0 = l$；一端铰接一端固定时，$l_0 = 0.707l$；两端固定时，$l_0 = 0.5l$。

《钢结构设计规范》（GB 50017—2003）在总结了钢结构长期使用经验的基础上，根据构件的重要性和荷载情况，对受拉构件的容许长细比规定了不同的要求和数值，见表 3-1。

表 3-1　受拉构件的容许长细比

项次	构件名称	承受静力荷载或间接承受动力荷载的结构		直接承受动力荷载
		一般建筑结构	有重级工作制吊车的厂房	
1	桁架的杆件	350	250	250
2	吊车梁或吊车桁架以下的柱间支撑	300	200	—
3	其他拉杆、支撑、系杆等（张紧的圆钢除外）	400	350	—

注：1. 承受静力荷载的结构中，可仅计算受拉构件在竖向平面内的长细比。

2. 在直接或间接承受动力荷载的结构中，单角钢受拉构件长细比的计算方法与《钢结构设计规范》（GB 50017—2003）附表 1.16 注 2 相同。

3. 中、重级工作制吊车桁架下弦杆的长细比不宜超过 200。

4. 在设有夹钳或刚性料耙等硬钩吊车的厂房中，支撑（表中第 2 项除外）的长细比不宜超过 300。

5. 受拉构件在永久荷载与风荷载组合作用下受压时，其长细比不宜超过 250。

6. 跨度等于或大于 60 m 的桁架，其受拉弦杆和腹杆的长细比不宜超过 300（承受静力荷载或间接承受动力荷载）或 250（直接承受动力荷载）。

对于受压构件，长细比更为重要。长细比 λ 过大，会使其稳定承载能力降低很多，在较小荷载下就会丧失整体稳定性，因而其容许长细比 $[\lambda]$ 限制得更加严格，见表 3-2。

表 3-2 受压构件的容许长细比

项 次	构件名称	容许长细比
1	柱、桁架和天窗架中的杆件	150
	柱的缀条、吊车梁或吊车桁架以下的柱间支撑	
2	支撑(吊车梁或吊车桁架以下的柱间支撑除外)	200
	用以减小受压构件长细比的杆件	

注:1. 桁架(包括空间桁架)的受压腹杆,当其内力等于或小于承载能力的 50%时,容许长细比值可取为 200。
　　2. 计算单角钢受压构件的长细比时,应采用角钢的最小回转半径,但在计算在交叉点相互连接的交叉杆件平面外的长细比时,可采用与角钢肢边平行轴的回转半径。
　　3. 跨度等于或大于 60 m 的桁架,其受压弦杆和端压杆的容许长细比值宜取为 100,其他受压腹杆可取为 150(承受静力荷载或间接承受动力荷载)或 120(直接承受动力荷载)。
　　4. 由容许长细比控制截面的杆件,在计算其长细比时,可不考虑扭转效应。

3.2.3 轴心受拉杆件的验算

轴心受拉杆件没有整体稳定性和局部稳定性的问题,极限承载能力一般由强度控制,所以设计时只需考虑强度和刚度。

钢材比其他材料更适合于受拉,所以钢拉杆不仅用于钢结构,还用于钢与钢筋混凝土或木材的组合结构中。该种组合结构的受压构件用钢筋混凝土或木材制作,而受拉杆件用钢材制作。

【例 3-1】 如图 3-5 所示,中级工作制吊车厂房屋架的双角钢拉杆,截面为 2∟100×10,角钢上有交错排列的普通螺栓孔,孔径 $d_0 = 20$ mm。试计算该拉杆所能承受的最大拉力及容许达到的最大计算长度。

图 3-5 双角钢拉杆截面

【解】 查型钢表,2∟100×10,$i_x = 30.5$ mm,$i_y = 45.2$ mm,$f = 215$ N/mm²,角钢厚度为 10 mm,$[\lambda] = 350$。确定危险截面之前先将其按中面展开,如图 3-5(b)所示。

正交净截面的面积为

$$A_n = 2 \times (45 + 100 + 45 - 20) \times 10 = 3\ 400 (\text{mm}^2)$$

齿状净截面的面积为

$$A_n = 2 \times (45 + \sqrt{100^2 + 40^2} + 45 - 2 \times 20) \times 10 = 3\ 160 (\text{mm}^2)$$

危险截面是齿状截面，该拉杆所能承受的最大拉力为

$$N = A_n f = 3\ 160 \times 215 = 679\ 400 (\text{N}) = 679.4\ \text{kN}$$

容许的最大计算长度为

对于 x 轴：
$$l_{0x} = [\lambda] \cdot i_x = 350 \times 30.5 = 10\ 675 (\text{mm})$$

对于 y 轴：
$$l_{0y} = [\lambda] \cdot i_y = 350 \times 45.2 = 15\ 820 (\text{mm})$$

3.3 轴心受压实腹构件的整体稳定验算

3.3.1 整体稳定的概念

对轴心受压构件，除了构件很短及有孔洞等削弱时可能发生强度破坏以外，通常是由整体稳定性控制其承载能力。轴心受压构件丧失整体稳定性常常是突发性的，容易造成严重后果，应予以特别重视。

直杆由稳定平衡过渡到不稳定平衡的分界标志是临界状态。临界状态下的轴心压力称为临界力 N_{cr}，N_{cr} 除以毛截面面积 A 所得到的应力称为临界应力 σ_{cr}。σ_{cr} 常低于钢材的屈服应力，即构件在到达强度极限状态前就会丧失整体稳定。

当轴心受压构件截面为双轴对称，如 I 形、箱形、十字形，通常可能发生绕主轴，即 x 轴或 y 轴的弯曲屈曲[图 3-6(a)]；当构件的截面为极点对称、扭转刚度较小的截面，如 Z 形、十字形截面时，常发生扭转屈曲[图 3-6(b)]。对称截面的两种弯曲是互不相关的，究竟发生哪种变形形态的屈曲，取决于截面绕 x 轴或 y 轴的抗弯刚度、抗扭刚度、构件长度、构件支撑约束条件等情况。每个屈曲形态都可求出相应的临界力，其中最小的将起控制作用。

图3-6 轴心受压构件的屈曲形态（两端铰接）

(a)弯曲屈曲；(b)扭转屈曲；(c)弯扭屈曲

截面为单轴对称，如 T 形、Π 形、Λ 形的轴心受压构件，可能发生围绕非对称轴(不妨假设为 x 轴)弯曲屈曲，也可能发生绕对称轴(假设为 y 轴)弯曲变形并同时伴随有扭转变形的屈曲，称为弯曲扭转屈曲或失稳，简称弯扭屈曲或失稳[图 3-6(c)]。这是因为轴心压力所通过的截面形心与截面剪切中心(简称剪心，或称扭转中心或弯曲中心，即构件弯曲时截面剪应力合力作用点通过的位置)不重合。所以围绕对称轴的弯曲变形总是伴随着扭转变形，应求出每个屈曲形态的临界力，取其最小者作为控制值。

截面没有对称轴的轴心受压构件很少采用，其屈曲形态都属于弯扭屈曲。

实践表明，一般钢结构中常用截面的轴心受压构件，由于构件厚度较大，其抗扭刚度也相对较大，失稳时主要发生弯曲屈曲。所以，《钢结构设计规范》(GB 50017—2003)中，对轴心受压构件整体稳定计算所用的稳定系数 $\varphi = \sigma_u / f_y$ 主要是根据弯曲屈曲给出的。这里，σ_u 为轴心受压构件的极限承载力 N_u(综合考虑构件缺陷求得的稳定承载力)除以毛截面

面积 A 得到的应力；f_y 为钢材的屈服应力；比值 φ 称为稳定系数。对单轴对称截面的构件绕对称轴弯扭屈曲的情况，则采用按弯曲屈曲而适当调整降低其稳定系数的办法来简化计算。

在普通钢结构构件中，起主要作用的是弯曲屈曲；当发生弯扭屈曲时，其临界力将比按弯曲屈曲计算时有所降低。在冷弯薄壁型钢构件中，则还需要考虑扭转失稳和弯扭失稳。

3.3.2 整体稳定计算

轴心受压构件所受应力应不大于整体稳定的临界应力，在考虑抗力分项系数 γ_R 后，即：

$$\sigma=\frac{N}{A}\leqslant\frac{\sigma_{cr}}{\gamma_R}=\frac{\sigma_{cr}}{f_y}\frac{f_y}{\gamma_R}=\varphi f \qquad (3\text{-}6)$$

《钢结构设计规范》(GB 50017—2003)对轴心受压构件的整体稳定计算采用下列形式：

$$\frac{N}{\varphi A}\leqslant f \qquad (3\text{-}7)$$

式中　$\varphi=\sigma_{cr}/f_y$——轴心受压构件的整体稳定系数。

整体稳定系数 φ 应根据表 3-3 和表 3-4 的截面分类和构件的长细比，按照附录附表 1.12～1.15 查出。

表 3-3　轴心受压构件的截面分类(板厚 $t<40$ mm)

截面形式			对 x 轴	对 y 轴
轧制			a 类	a 类
轧制，$b/h\leqslant0.8$			a 类	b 类
轧制，$b/h>0.8$	焊接，翼缘为焰切边	焊接	b 类	b 类
轧制		轧制等边角钢		
轧制，焊接(板件宽厚比大于20)	轧制或焊接			

截面形式		对 x 轴	对 y 轴
焊接	轧制截面和翼缘为焰切边的焊接截面	b 类	b 类
格构式	焊接，板件边缘焰切		
	焊接，翼缘为轧制或剪切边	b 类	c 类
焊接，板件边缘轧制或剪切	焊接，板件宽厚比 $\leqslant 20$	c 类	c 类

表 3-4　轴心受压构件的截面分类(板厚 $t \geqslant 40$ mm)

截面形式		对 x 轴	对 y 轴
轧制 I 形或 H 形截面	$t<80$ mm	b 类	c 类
	$t \geqslant 80$ mm	c 类	d 类
焊接 I 形截面	翼缘为焰切边	b 类	b 类
	翼缘为轧制或剪切边	c 类	d 类
焊接箱形截面	板件宽厚比 >20	b 类	b 类
	板件宽厚比 $\leqslant 20$	c 类	c 类

3.4 轴心受压实腹构件的局部稳定验算

轴心受压构件不仅有丧失整体稳定的可能性，而且也有丧失局部稳定的可能性。组成构件的板件，如 H 形截面构件的翼缘和腹板，它们的厚度与板件其他两个尺寸比较都较小，在均匀压力的作用下，当压力达到某一数值时，板件不能继续维持平面平衡状态而产生凸曲现象，如图 3-7 所示，因为板件只是构件的一部分，所以把这种屈曲现象称为丧失局部稳定。丧失局部稳定的构件还可能继续维持着整体稳定的平衡状态，但是因为有部分板件已经屈曲，所以会降低构件的承载力。

图 3-7 轴心受压构件局部屈曲

轴心受压构件中板件的局部屈曲，实际上是薄板在轴心压力作用下的屈曲问题，相连板件互为支承。比如 I 形截面柱的翼缘相当于单向均匀受压的三边支承、一边自由的矩形薄板。在钢结构设计中，一般仍多以理想受压平板屈曲的临界应力为准，根据试验或经验综合考虑各种有利和不利因素的影响，以限制板件的宽厚比来防止发生局部屈曲。本节内容对板件宽厚比的规定是基于局部屈曲不先于整体屈曲考虑的，根据板件临界应力和构件临界应力相等的原则，来确定板件的宽厚比。

3.4.1 翼缘的宽厚比

轴心受压构件中板件尺寸见图 3-8。

板件的翼缘为三边简支、一边自由；腹板对翼缘嵌固作用很小，规范采用：

$$\frac{b_1}{t} \leq (10 + 0.1\lambda)\sqrt{\frac{235}{f_y}} \qquad (3-8)$$

式中，λ 取构件两个方向长细比的较大者，而当 $\lambda < 30$ 时，取 $\lambda = 30$；当 $\lambda \geq 100$ 时，取 $\lambda = 100$。

图 3-8 板件尺寸

3.4.2 腹板的高厚比

I 形截面的腹板为两边简支、两边弹性嵌固；翼缘对腹板的嵌固作用较大，规范采用了下式：

$$\frac{h_0}{t_w} \leq (25 + 0.5\lambda)\sqrt{\frac{235}{f_y}} \qquad (3-9)$$

式中 λ——构件中长细比的较大者，而当 $\lambda < 30$ 时，取 $\lambda = 30$；当 $\lambda \geq 100$ 时，取 $\lambda = 100$。

【例 3-2】 如图 3-9 所示，Q235 钢的热轧普通工字钢 I20a 用于上下端均为铰接的带支撑的支柱，支柱长度为 9.0 m，在两个三分点处均有侧向支撑，以阻止柱在弱轴方向过早失稳。构件承受的最大设计压力 $N = 250$ kN，容许长细比取 $[\lambda] = 150$。试验算该柱是否符合要求。

图 3-9 【例 3-2】图

【解】 (1)已知 $l_x=9.0$ m，$l_y=3.0$ m，$f=215$ N/mm²。从附表 2.1 查得：
$A=35.5$ cm²，$i_x=8.16$ cm，$i_y=2.11$ cm。

(2)验算支柱的整体稳定、刚度和局部稳定。

先计算长细比，得：$\lambda_x=900/8.16=110.3<[\lambda]$，$\lambda_y=300/2.11=142.2<[\lambda]$

由表 3-3 知该截面对 x 轴为 a 类截面，对 y 轴为 b 类截面，分别查附表 1.12 和附表 1.13，得：

$\varphi_x=0.561$，$\varphi_y=0.340$

取 $\varphi=\min\{\varphi_x,\ \varphi_y\}=0.340$，则：

$$\frac{N}{\varphi A}=\frac{250\times10^3}{0.340\times35.5\times10^2}\approx207.1<215 \text{ N/mm}^2$$

截面符合对柱的整体稳定和容许长细比要求。因为轧制型钢的翼缘和腹板一般都较厚，故都能满足局部稳定的要求。

【例 3-3】 图 3-10 所示为一根上端铰接、下端固定的轴心受压柱，所承受的轴心压力设计值 $N=900$ kN，柱的长度 $l=5.25$ m，柱截面采用焊接 H 型钢，翼缘为剪切边，翼缘宽度 $b=25$ cm，厚度 $t=1.0$ cm；腹板高度 $h_w=20$ cm，厚度 $t_w=0.6$ cm，钢材为 Q235，焊条为 E43 型。试验算该柱截面是否符合要求。如果柱的长度改为 $l=7.0$ m，试计算原截面能够承受多大设计力。

图 3-10 【例 3-3】图

【解】 柱的计算长度系数 $\varphi=0.707$，则 $l_x=l_y=0.707\times5.25\approx3.712$（m），$f=215$ N/mm²。

(1)截面特性计算。

$A = 2 \times 25 \times 1 + 20 \times 0.6 = 62 (\text{cm}^2)$

$I_x = 0.6 \times 20^3/12 + 50 \times 10.5^2 = 5\,913 (\text{cm}^4)$

$i_x = \sqrt{I_x/A} = \sqrt{5\,913/62} = 9.77 (\text{cm})$

$I_y = 2 \times 1 \times 25^3/12 = 2\,604 (\text{cm}^4)$

$i_y = \sqrt{I_y/A} = \sqrt{2\,604/62} = 6.48 (\text{cm})$

$\lambda_x = 371.2/9.77 \approx 38.0$，$\lambda_y = 371.2/6.48 \approx 57.3$

(2)验算柱的整体稳定、刚度和局部稳定。截面绕 x 和 y 轴由表 3-3 可知分别属于 b 类和 c 类截面，查附表 1.13 得 $\varphi_x = 0.906$，查附表 1.14 得 $\varphi_y = 0.727$。

比较这两个值后取 $\varphi = \min\{\varphi_x, \varphi_y\} = 0.727$

$\dfrac{N}{\varphi A} = \dfrac{900 \times 10^3}{0.727 \times 62 \times 10^2} \approx 199.7 (\text{N/mm}) < 215 \text{ N/mm}^2$

$\lambda_x \approx 38.0 < [\lambda] = 150$，$\lambda_y \approx 57.3 < [\lambda] = 150$

翼缘的宽厚比 $b_1/t = 122/10 = 12.2 < 10 + 0.1 \times 57.3 = 15.73$

腹板的高厚比 $h_0/t_w = 200/6 = 33.3 < 25 + 0.5 \times 57.3 = 53.65$

因为截面无削弱，所以该截面对强度、刚度、整体稳定和局部稳定都满足要求。

(3)确定柱长度 $l = 7.0$ m 的设计承载力。

$l_{0x} = 0.707 \times 700 = 494.9 (\text{cm})$，$\lambda_x = 494.9/9.77 \approx 50.7$

查附表 1.13 得 $\varphi_x = 0.853$

$l_{0y} = 0.707 \times 700 = 494.9 (\text{cm})$，$\lambda_y = 494.9/6.48 \approx 76.4$

查附表 1.14 得 $\varphi_y = 0.601$

$\varphi = \min\{\varphi_x, \varphi_y\} = 0.601$

设计力　$N = \varphi A f = 0.601 \times 62 \times 10^2 \times 215 = 801\,133 (\text{N}) \approx 801.1 \text{ kN}$

柱的长度为原长度的 1.33 倍，承载能力降低了。

$\dfrac{0.727 - 0.601}{0.727} \times 100\% \approx 17.3\%$

习　题

1. 如图 3-11 所示，请验算由 2∟63×5 组成的水平放置轴心拉杆的强度和长细比。轴心拉力设计值为 270 kN，只承受重力作用，计算长度为 3.0 m。杆端有一排直径为 20 mm 的孔眼。钢材为 Q235 钢。如果截面尺寸不够，应该改用什么角钢？（注：计算时忽略连接偏心和杆件自重的影响。）

图 3-11　习题 1 图

2. 有一水平两端铰接的 Q345 钢做成的轴心受拉构件，长 9.0 m，截面为由 2∟90×8 组成的肢件向下的 T 形截面，问能否承受轴心力设计值 870 kN？

3. 有一工作平台柱高 6.0 m，两端铰接，截面为焊接 I 形，翼缘为轧制边，柱的轴心压力设计值为 5 000 kN，钢材为 Q235B，焊条为 E43 型，采用自动焊。试设计该柱的截面。

4. 如图 3-12 所示，两种截面(焰切边缘)的截面面积相等，钢材均为 Q235 钢。当作用长度为 10 m 的两端铰接轴心受压柱时，是否能安全承受设计荷载 3 200 kN？

图 3-12　习题 4 图

单元 4　受弯构件计算

强度(正应力、剪应力、局部压应力、折算应力)、刚度(挠度)，整体稳定性、局部稳定性，塑性发展系数，加劲肋、支撑加劲肋，构造要求，梁的设计。

4.1　梁的类型和应用

钢梁在建筑结构中应用广泛，主要用于承受横向荷载。在工业和民用建筑中最常见的是楼盖梁、墙架梁、工作平台梁、吊车梁、檩条等。

钢梁按制作方法的不同，可以分为型钢梁和组合梁两大类，如图 4-1 所示。型钢梁又分为热轧型钢梁和冷弯薄壁型钢梁，前者常用工字钢、槽钢、H 型钢制成，如图 4-1(a)、(b)、(c)所示，应用比较广泛，成本比较低廉，其中 H 型钢截面最为合理，翼缘内外边缘平行，与其他构件连接方便。当荷载较小、跨度不大时可用冷弯薄壁 C 型钢[图 4-1(d)、(e)]或 Z 型钢[图 4-1(f)]，可以有效节约钢材，例如用作屋面檩条或墙面墙梁。

受到尺寸和规格的限制，当荷载或跨度较大时，型钢梁往往不能满足承载力或刚度的要求，这时需要用组合梁。最常见的是用三块钢板焊接而成的 I 形截面组合梁[图 4-1(g)]，俗称焊接 H 型钢，其构造简单，加工方便，当所需翼缘板较厚时，可采用双层翼缘板[图 4-1(h)]。荷载很大而截面高度受到限制或对抗扭刚度要求较高时，可采用箱形截面梁[图 4-1(i)]。当梁要承受动力荷载时，由于对疲劳性能要求较高，需要采用高强度螺栓连接的 I 形截面梁[图 4-1(j)]。混凝土适于受压，钢材适于受拉，钢与混凝土组合梁[图 4-1(k)]可以充分发挥两种材料的优势，经济效果较明显。

图 4-1　梁的截面形式

(a)工字钢；(b)槽钢；(c)H 型钢；(d)，(e)C 型钢；(f)Z 型钢；(g)I 形截面组合梁
(h)双层翼缘板组合梁；(i)箱形截面梁；(j)高强度螺栓连接的 I 形截面梁；(k)钢与混凝土组合梁

为了更好地发挥材料的性能，钢材可以做成截面沿梁长度方向变化的变截面梁。常用的有楔形梁，这种梁仅改变腹板高度，而翼缘的厚度、宽度及腹板的厚度均不改变，其加工方便，经济性能较好，目前已经广泛用于轻型门式刚架房屋中。简支梁可以在支座附近降低截面高度，除节约材料外，还可节省净空，已广泛应用于大跨度吊车梁中，另外，还可以做成改变翼缘板的宽度或厚度的变截面梁。

根据梁的支承情况，梁可分为简支梁、悬臂梁和连续梁。简支梁较费钢材，但制造简单、安装方便，还可避免支座沉降的不利影响，从而得到了广泛的应用。

按受力情况的不同，梁可以分为单向受弯梁和双向受弯梁，如吊车梁、檩条等。

4.2 梁的强度和刚度

受弯构件在横向荷载作用下，截面上将产生弯矩 M 和剪力 V。梁在荷载作用下将产生弯曲应力和切应力，在集中荷载作用处还有局部承压应力，故梁的强度应包括抗弯强度、抗剪强度和局部承压强度，在弯曲正应力、剪切应力及局部压应力共同作用处还应验算折算应力。

4.2.1 梁截面上的正应力

梁在纯弯曲时的弯矩-挠度曲线与材料拉伸试验的应力-应变曲线类似，屈服点也相差不多，分析时可采用理想弹塑性模型，在荷载作用下大致可以分为四个工作阶段（图 4-2）。现以 I 形截面为例说明如下。

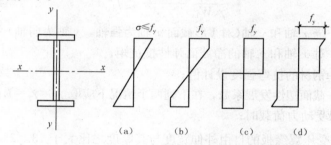

图 4-2 梁的正应力分布
（a）弹性工作阶段；（b）弹塑性工作阶段；（c）塑性工作阶段；（d）应变硬化工作阶段

1. 弹性工作阶段

钢梁受力最大部分的应力未超过钢材屈服强度的加载过程属于弹性工作阶段，如图 4-2（a）所示。对于直接承受动力荷载的梁，以受力最大部分的应力达到钢材屈服强度作为承载能力的极限状态。

2. 弹塑性工作阶段

随着荷载的继续增加，梁的翼缘板逐渐屈服，随后腹板的两侧也逐渐屈服，此时梁的截面部分处于弹性、部分处于塑性，如图 4-2（b）所示。对于承受静力荷载或间接承受动力荷载的梁，国家相关规范适当考虑了截面的塑性发展。

3. 塑性工作阶段

荷载进一步增大，梁截面将出现塑性铰，如图 4-2（c）所示，梁将发生较大塑性变形。

塑性设计的超静定梁允许出现塑性铰，直至形成几何可变体系。

4. 应变硬化工作阶段

实际材料的应力-应变关系并不是理想弹塑性，在应变进入硬化阶段后，梁在变形增加时，应力也继续有所增加，此时梁截面的应力分布图形如图 4-2(d)所示。

弹性工作阶段，梁的最大弯矩为：

$$M_e = W_n f_y \qquad (4\text{-}1)$$

塑性工作阶段，梁的塑性铰弯矩为：

$$M_p = W_{pn} f_y \qquad (4\text{-}2)$$

式中　f_y——钢材的屈服强度；

　　W_n——净截面模量；

　　W_{pn}——净截面塑性截面模量；

$$W_{pn} = S_{1n} + S_{2n}$$

　　S_{1n}——中和轴以上净截面面积对中和轴的面积矩；

　　S_{2n}——中和轴以下净截面面积对中和轴的面积矩。

为避免梁有过大的非弹性变形，承受静力荷载或间接承受动力荷载的梁，允许考虑截面有一定程度的塑性发展，并用截面的塑性发展系数来衡量其可以塑性发展的程度。

国家规范规定梁的正应力设计公式如下：

单向受弯时：
$$\frac{M}{\gamma W_n} \leqslant f \qquad (4\text{-}3)$$

双向受弯时：
$$\frac{M_x}{\gamma_x W_{nx}} + \frac{M_y}{\gamma_y W_{ny}} \leqslant f \qquad (4\text{-}4)$$

式中　M_x、M_y——绕 x 轴和 y 轴(对 I 形截面 x 轴为强轴，y 轴为弱轴)弯矩设计值；

　　W_{nx}、W_{ny}——对 x 轴和 y 轴的净截面弹性抵抗矩；

　　　　f——钢材的抗弯强度设计值；

　　γ_x、γ_y——截面塑性发展系数，在下列两个情况下应取 $\gamma_x = \gamma_y = 1.0$：

(1)当梁直接承受动力荷载时；

(2)当 I 形截面受压翼缘板的自由外伸宽度与其厚度之比大于 $13\sqrt{235/f_y}$ 时(f_y 为钢材的屈服点，以 N/mm² 计)。

4.2.2　梁截面上的剪应力

在横向荷载作用下，梁在受弯的同时又承受剪力。对于 I 形截面和槽形截面，其最大剪应力在腹板上，剪应力的分布如图 4-3 所示，其计算公式为：

$$\tau = \frac{VS_x}{I_x t_w} \leqslant f_v \qquad (4\text{-}5)$$

式中　　V——所计算截面沿腹板方向作用的剪力；

　　　　I_x——所计算截面对主轴 x 的毛截面惯性矩；

$S_x = \int_0^\theta yt\,ds$——所计算剪应力处以上或以下毛截面对中性轴 x 的面积矩(当计算腹板上任一点的竖向剪应力时)和以左或右毛截面对中性轴 x 的面积矩(当计算翼缘板上任一点的水平剪应力时)；

t_w——所计算剪应力处的截面厚度；

f_v——钢材抗剪强度设计值。

图 4-3 I形截面和槽形截面上的剪应力流

4.2.3 腹板计算高度边缘的局部承压强度

当梁的翼缘承受较大的固定集中荷载（包括支座）且又未设支承加劲肋［图 4-4（a）］或受移动的集中荷载（如吊车轮压）［图 4-4（b）］时，应计算腹板高度边缘的局部承压强度。假定集中荷载从作用处在 h_y 高度范围内以 1∶2.5 扩散，在 h_R 高度范围内以 1∶1 扩散，均匀分布于腹板高度计算边缘，这样得到的 σ_c 与理论的局部压应力的最大值十分接近。局部承压强度可按下式计算：

图 4-4 梁腹板局部压应力
（a）受固定集中荷载且未设支承加劲肋；（b）受移动的集中荷载

$$\sigma_c = \frac{\psi F}{t_w l_z} \leqslant f \tag{4-6}$$

式中 F——集中荷载，对动荷载应考虑动力系数；

ψ——集中荷载增大系数（考虑吊车轮压分配不均匀），对重级工作制吊车梁取 $\psi =$ 1.35，其他取 $\psi = 1.0$；

l_z——集中荷载在腹板计算高度处的假定分布长度，对于跨中集中荷载有 $l_z = a + 5h_y + 2h_R$，对于梁端支反力有 $l_z = a + 2.5h_y + a_1$；

a——集中荷载沿跨度方向的支承长度，对吊车轮压，无资料时可取 50 mm；

h_y——自梁顶至腹板计算高度处的距离；

h_R——轨道高度，梁顶无轨道时取 0；

a_1——梁端至支座板外边缘的距离，取值不得大于 $2.5h_y$。

当计算不能满足时，对承受固定集中荷载或支座处，可通过设置横向加劲肋予以加强，也可修改截面尺寸；当承受移动集中荷载时，则只能修改截面尺寸。

4.2.4 折算应力

当腹板计算高度处同时承受较大的正应力、剪应力或局部压应力时，需计算该处的折算应力(图 4-5)。

图 4-5 折算应力的验算截面

$$\sigma_{eq} = \sqrt{\sigma^2 + \sigma_c^2 - \sigma\sigma_c + 3\tau^2} \leqslant \beta_1 f \tag{4-7}$$

式中 σ、τ、σ_c——腹板计算高度边缘同一点上同时产生的正应力、剪应力和局部压应力，以拉应力为正、压应力为负，其中，$\sigma = \dfrac{My_1}{I_n}$，$\tau = \dfrac{VS_1}{I \cdot t_w}$，$\sigma_c = \dfrac{\psi F}{t_w l_z}$；

I_n——梁净截面惯性矩；

y_1——所计算点至梁中和轴的距离；

β_1——局部承压强度设计值增大系数，当 σ 与 σ_c 同号或 $\sigma_c = 0$ 时；$\beta_1 = 1.1$，当 σ 与 σ_c 异号时，$\beta_1 = 1.2$。

4.2.5 梁的刚度

梁的刚度指梁在使用荷载下的挠度，属正常使用极限状态。为了不影响结构或构件的正常使用和观感，规范规定，在荷载标准值的作用下，梁的挠度不应超过规范容许值。

$$\upsilon \leqslant [\upsilon] \tag{4-8}$$

式中 υ——由荷载标准值(不考虑动力系数)求得的梁的最大挠度；

$[\upsilon]$——梁的容许挠度，见表 4-1。

表 4-1 受弯构件挠度容许值

项次	构件类别	挠度容许值	
		$[\upsilon_T]$	$[\upsilon_Q]$
1	吊车梁和吊车桁架(按自重和起重量最大的一台吊车计算挠度)		
	(1)手动吊车和单梁吊车(含悬挂吊车)；	$l/500$	
	(2)轻级工作制桥式吊车；	$l/800$	
	(3)中级工作制桥式吊车；	$l/1\,000$	
	(4)重级工作制桥式吊车	$l/1\,200$	

项次	构件类别	挠度容许值	
		$[\upsilon_T]$	$[\upsilon_Q]$
2	手动或电动葫芦的轨道梁	$l/400$	
3	有重轨(重量等于或大于 38 kg/m)轨道的工作平台梁 有轻轨(重量等于或小于 24 kg/m)轨道的工作平台梁	$l/600$ $l/400$	
4	楼(屋)盖梁或桁架,工作平台梁[第(3)项除外]和平台板: 　(1)主梁或桁架(包括设有悬挂起重设备的梁和桁架); 　(2)抹灰顶棚的次梁; 　(3)除(1)、(2)款外的其他梁(包括楼梯梁); 　(4)屋盖檩条: 　　支承无积灰的瓦楞铁和石棉瓦屋面者 　　支承压型金属板、有积灰的瓦楞铁和石棉瓦等屋面者 　　支承其他屋面材料者 　(5)平台板	$l/400$ $l/250$ $l/250$ $l/150$ $l/200$ $l/200$ $l/150$	$l/500$ $l/350$ $l/300$
5	墙架构件(风荷载不考虑阵风系数) 　(1)支柱; 　(2)抗风桁架(作为连续支柱的支承时); 　(3)砌体墙的横梁(水平方向); 　(4)支承压型金属板、瓦楞铁和石棉瓦墙面的横梁(水平方向); 　(5)带有玻璃窗的横梁(竖直和水平方向)	 $l/200$	$l/400$ $l/1\,000$ $l/300$ $l/200$ $l/200$

注：1. l 为受弯构件的跨度(对悬臂梁和伸臂梁为悬伸长度的 2 倍)。

　　2. $[\upsilon_T]$ 为永久和可变荷载标准值产生的挠度(如有起拱应减去拱度)的容许值;

　　　 $[\upsilon_Q]$ 为可变荷载标准值产生的挠度的容许值。

在计算梁的挠度值时,采用的荷载标准值必须与表 4-1 中计算的挠度相对应。由于截面削弱对梁的整体刚度影响不大,习惯上用毛截面特性按结构力学方法确定梁的最大挠度,表 4-2 给出了几种常用等截面简支梁的最大挠度计算公式。

表 4-2　几种常用等截面简支梁的最大挠度计算公式

荷载情况				
计算公式	$\dfrac{5}{384}\cdot\dfrac{ql^4}{EI}$	$\dfrac{1}{48}\cdot\dfrac{Fl^3}{EI}$	$\dfrac{23}{1\,296}\cdot\dfrac{Fl^3}{EI}$	$\dfrac{19}{1\,152}\cdot\dfrac{Fl^3}{EI}$

4.3 受弯构件的整体稳定性验算

4.3.1 梁的整体失稳现象

在一个主平面内弯曲的梁，其截面常设计成窄而高的面，这样可以更有效地发挥材料的性能。图 4-6 所示的 I 形截面钢梁，在梁的两端作用有弯矩 M_x，M_x 为绕梁惯性矩较大主轴即 x 轴（强轴）的弯矩。当 M_x 较小时，梁仅在弯矩作用平面内弯曲，但当 M_x 逐渐增加，达到某一数值时，梁会突然发生侧向弯曲（绕弱轴的弯曲）和扭转，并丧失继续承载的能力，这种现象称为梁丧失整体稳定或梁的弯曲扭转屈曲。

图 4-6 梁的整体失稳

4.3.2 《钢结构设计规范》关于钢梁整体稳定性验算的规定

1. 梁不需计算整体稳定性的情况

梁丧失整体稳定时必然同时发生侧向弯曲和扭转变形，因此，《钢结构设计规范》(GB 50017—2003)中规定：当梁上有铺板（钢筋混凝土板和钢板）密铺在梁的受压翼缘上并与其牢固相连、能阻止梁受压翼缘的侧向位移时，可不计算梁的整体稳定性。这里必须注意的是要达到铺板能阻止梁受压翼缘发生侧向位移：其一，铺板自身必须具有一定的刚度；其二，铺板必须与钢梁牢固相连，否则就达不到预期的目的。

当梁在跨中设有中间侧向支承，使梁的整体稳定临界弯矩高于或接近梁的屈服弯矩时，在验算了梁的抗弯强度后也就不需再验算梁的整体稳定。设计规范中规定了 I 形截面简支梁不需计算整体稳定性的最大 l_1/b_1 值，可供设计时应用（l_1 是梁侧向支承点间的距离，当无中间侧向支承点时，l_1 为梁的跨度；b_1 是梁受压翼缘的宽度）。当梁的 l_1/b_1 值超过表 4-3 中的规定值时，就需计算梁的整体稳定。

表 4-3 H 型钢或 I 形等截面简支梁不需计算整体稳定性的最大 l_1/b_1 值

钢号	跨中无侧向支承点的梁		跨中受压翼缘有侧向支承点的梁，不论荷载作用于何处
	荷载作用在上翼缘	荷载作用在下翼缘	
Q235	13.0	20.0	16.0
Q345	10.5	16.5	13.0
Q390	10.0	15.5	12.5
Q420	9.5	15.0	12.0

注：其他钢号的梁无须计算整体稳定性的最大 l_1/b_1 值，应取 Q235 钢的数值乘以 $\sqrt{235/f_y}$。

2. 梁整体稳定性的验算公式

梁整体稳定性的验算公式为

$$\frac{M_x}{\varphi_b W_x} \leqslant f \tag{4-9}$$

在两个主平面内受弯的 I 形截面构件的整体稳定性验算公式如下：

$$\frac{M_x}{\varphi_b W_x} + \frac{M_y}{\gamma_y W_y} \leqslant f \tag{4-10}$$

绕 I 形截面弱轴 y 弯曲时因不会有稳定问题而只需验算其抗弯强度。把对 x 轴的稳定和对 y 轴的强度两个验算公式相加即得式(4-10)，因此，式(4-10)不是一个理论公式，试验证明此式是可用的。

3. 焊接 I 形等截面简支梁的整体稳定性系数

《钢结构设计规范》(GB 50017—2003)采用如下的简化公式，用于焊接 I 形等截面梁整体稳定系数的计算：

$$\varphi_b = \beta_y \frac{4\ 320}{\lambda_y^2} \cdot \frac{Ah}{W_x} \left[\sqrt{1 + \left(\frac{\lambda_y t_1}{4.4h}\right)^2} + \eta_b \right] \frac{235}{f_y} \tag{4-11}$$

式中　λ_y——梁在侧向支承点间对截面弱轴 y 的长细比，即 $\lambda_y = l_1/i_y$。l_1 是梁受压翼缘侧向支承点间的距离，i_y 为梁毛截面对 y 轴的回转半径；

　　　A——梁的毛截面面积；

　　　h——梁截面的全高；

　　　t_1——受压翼缘的厚度；

　　　η_b——截面不对称影响系数：

对双轴对称 I 形截面　$\eta_b = 0$；

对单轴对称 I 形截面：

加强受压翼缘时　$\eta_b = 0.8(2\alpha_b - 1)$，

加强受拉翼缘时　$\eta_b = 2\alpha_b - 1$。

其中，$\alpha_b = I_1/(I_1 + I_2)$；$I_1$ 和 I_2 分别为受压翼缘和受拉翼缘对 y 轴的惯性矩；当为双轴对称时 $\alpha_b = 0.5$，加强受压翼缘时 $\alpha_b > 0.5$，加强受拉翼缘时 $\alpha_b < 0.5$，α_b 的范围为 $0 < \alpha_b < 1$。

上面说明的所有物理量，从 λ_y 直到 η_b 都只随梁的侧向无支撑长度和截面的形状、尺寸等的变化而变化，可根据所给数据直接计算，与荷载无关。与荷载状况有关的只是 β_b，称为梁整体稳定的等效弯矩系数，附表 1.6 给出了求 β_b 的表格。

4. $\varphi_b > 0.6$ 时须修正

《钢结构设计规范》(GB 50017—2003)考虑了残余应力对稳定的影响，对钢梁的非弹性屈曲进行了分析研究，规范中又提出了如下规定：

当按前述式(4-11)计算的 φ_b 值大于 0.6 时，应按下式计算出相应的 φ_b' 代替 φ_b 值。

$$\varphi_b' = 1.07 - \frac{0.282}{\varphi_b} \leqslant 1.0 \tag{4-12}$$

在具体计算梁的整体稳定性时，必须注意这个规定，否则将对 $\varphi_b > 0.6$ 的梁过高估计其稳定性而造成不安全。

4.3.3 我国规范中有关钢梁整体稳定性计算的其他规定

1. 轧制普通工字钢简支梁的整体稳定性系数 φ_b

轧制工字钢的截面虽然也是 I 形，但其翼缘厚度是变化的，不能把其翼缘板简化为矩形截面。此外，翼缘板与腹板交接处具有加厚的圆角。轧制 I 形钢简支梁的 φ_b 如简单地套用焊接 I 形截面简支梁的 φ_b 公式计算，将引起较大的误差。为此，《钢结构设计规范》(GB 50017—2003)对轧制工字钢简支梁的 φ_b 直接给出了附表 1.7，可按工字钢型号、荷载类型与作用点高度以及梁的侧向自由长度直接查表得到 φ_b。当查得的 $\varphi_b > 0.6$ 时，也需按式(4-12)换算成 φ_b'。

2. 轧制槽钢简支梁的整体稳定性系数 φ_b

《钢结构设计规范》(GB 50017—2003)对轧制槽钢简支梁的整体稳定性系数 φ_b，不论荷载形式及荷载作用点高度如何，规定均按下式计算：

$$\varphi_b = \frac{570bt}{l_1 h} \cdot \frac{235}{f_y} \tag{4-13}$$

式中 h、b、t——由槽钢型钢表上查得的截面高度、翼缘宽度和平均厚度。

当根据式(4-13)求得的 $\varphi_b > 0.6$ 时，也需按式(4-12)换算成 φ_b'。

3. 双轴对称 I 形截面(含 H 型钢)悬臂梁的整体稳定性系数 φ_b

双轴对称 I 形截面(含 H 型钢)悬臂梁的整体稳定性系数 φ_b，可按式(4-11)计算，但式中系数 β_b 应按附表 1.8 查得($\lambda_y = l_1/i_y$，l_1 为悬臂梁的悬伸长度)。当计算得到的 $\varphi_b > 0.6$ 时，也需按式(4-12)换算成 φ_b'。

钢结构中真正的悬臂梁是较少的，用得较多的是由邻跨延伸出来的伸臂梁，两者在支座处的边界条件是不相同的。因此当应用适用于悬臂梁的计算时，必须在构造上采取措施加强伸臂梁在支承处的抗扭能力，否则其承载能力将有较大的降低。图 4-7 所示为加强伸臂梁在支承处抗扭能力的一种构造措施，可供参考。

图 4-7 加强伸臂梁在支承处的抗扭措施

此外，如在伸臂梁自由端有条件设置侧移约束或扭转约束时，伸臂梁的稳定承载力也将有所提高。

4. 整体稳定性系数 φ_b 的近似计算

受弯构件整体稳定性系数 φ_b 主要用于梁的整体稳定计算，但也用于压弯构件弯矩作用平面外的稳定计算公式中。用于前者时，φ_b 必须按上面介绍的规范规定的公式计算；用于后者时，《钢结构设计规范》(GB 50017—2003)特别给出了近似计算公式。

均匀弯曲的受弯构件，当 $\lambda_y \leqslant 120\sqrt{235/f_y}$ 时，其整体稳定性系数 φ_b 可按下列近似公式计算：

(1)I 形截面。

双轴对称时

$$\varphi_b = 1.07 - \frac{\lambda_y^2}{44\ 000} \cdot \frac{f_y}{235} \tag{4-14}$$

单轴对称时

$$\varphi_b = 1.07 - \frac{W_{ix}}{(2\alpha_b + 0.1)Ah} \cdot \frac{\lambda_y^2}{14\ 000} \cdot \frac{f_y}{235} \tag{4-15}$$

(2)T 形截面(弯矩作用在对称轴平面，绕 x 轴)。

1)弯矩使翼缘受压时：

双角钢 T 形截面

$$\varphi_b = 1 - 0.001\ 7\lambda_y\sqrt{f_y/235} \tag{4-16}$$

两板组合 T 形截面

$$\varphi_b = 1 - 0.002\ 2\lambda_y\sqrt{f_y/235} \tag{4-17}$$

2)弯矩使翼缘受拉时

$$\varphi_b = 1.0$$

按上述五个公式算得的 $\varphi_b > 0.6$ 时，无须按表换算成 φ_b' 值，因在导出上述公式时，已考虑这种换算；但当算得的 $\varphi_b > 1.0$ 时，取 $\varphi_b = 1.0$。

钢梁简支端的抗扭构造措施见图 4-8。

图 4-8 钢梁简支端的抗扭构造措施示意图

4.4 受弯构件的局部稳定性

4.4.1 受弯构件的局部失稳

设计焊接 I 形梁时，为了获得经济的截面尺寸，常常采用宽而薄的翼缘板和高而薄的腹板，梁的受压翼缘在荷载作用下有可能出现图 4-9 所示的局部屈曲。梁中段的腹板承受较大的纵向压应力，梁端部的腹板承受剪力引起的斜向压应力，也都有可能出现局部屈曲。板件丧失局部稳定性会对梁的承载能力有所影响。

图 4-9 梁的局部屈曲

4.4.2 翼缘板的局部稳定

梁的翼缘板远离截面的形心，强度一般能够得到比较充分的利用。同时，翼缘板发生局部屈曲，会很快导致梁丧失继续承载的能力。因此，常采用限制翼缘宽厚比的方法，即保证必要厚度的方法，来防止其局部失稳。

规范规定：梁受压翼缘的自由外伸宽度 b 与其厚度 t 之比，即宽厚比应满足：

$$\frac{b}{t} \leqslant 15\sqrt{\frac{235}{f_y}} \tag{4-18}$$

当超静定梁采用塑性设计方法，即允许截面上出现塑性铰并要求有一定的转动能力时，翼缘的应变发展较大，甚至达到应变硬化的程度，对其翼缘的宽厚比要求比较严格，而应满足：

$$\frac{b}{t} \leqslant 9\sqrt{\frac{235}{f_y}} \tag{4-19}$$

当简支梁截面允许出现部分塑性时，翼缘宽厚比应满足：

$$\frac{b}{t} \leqslant 13\sqrt{\frac{235}{f_y}} \tag{4-20}$$

4.4.3 腹板的局部稳定

为了提高梁腹板的局部屈曲荷载，常采用构造措施，即如图 4-10 所示设置加劲肋来予以加强。加劲肋主要分为横向加劲肋、纵向加劲肋、短加劲肋和支承加劲肋等几种，设计中按照不同情况采用。如果不设置加劲肋，腹板厚度必须很大，而大部分应力很低，不够经济。

图 4-10 梁的加劲肋
1—横向加劲肋；2—纵向加劲肋；3—短加劲肋；4—支承加劲肋

1. 腹板加劲肋的配置

（1）对于 $h_0/t_w \leqslant 80\sqrt{235/f_y}$ 的梁，如果有局部压应力（$\sigma_c \neq 0$），则应按构造要求在腹板上配置横向加劲肋；但对无局部压应力（$\sigma_c = 0$）的梁，一般可不配置横向加劲肋。

（2）对于 $h_0/t_w > 80\sqrt{235/f_y}$ 的梁，一般应配置横向加劲肋，并按本节的要求计算局部稳定。

（3）当梁的受压翼缘扭转未受到约束且 $h_0/t_w > 170\sqrt{235/f_y}$ 时；或受压翼缘扭转受到约束，如连有刚性铺板、制动板或焊有钢轨，且 $h_0/t_w > 150\sqrt{235/f_y}$ 时；或按计算需要时，应在弯曲应力较大区格的受压区增加配置纵向加劲肋。局部压应力很大的梁，必要时应在受压区配置短加劲肋。

任何情况下，h_0/t_w 均不应超过 250。

此处，h_0 为腹板的计算高度（对单轴对称梁，当确定是否要配置纵向加劲肋时，h_0 应取腹板受压区高度 h_c 的 2 倍），t_w 为腹板的厚度。

（4）梁的支座处和上翼缘受有较大固定集中荷载处，宜设置支承加劲肋。

对于按塑性设计方法设计的超静定梁，为了保证塑性变形的充分发展，其腹板的高厚比应满足 $h_0/t_w \leqslant 72\sqrt{235/f_y}$，比一般梁更为严格。

2. 腹板加劲肋配置的计算

配置腹板加劲肋时，一般需先进行加劲肋的布置，然后进行验算，并做必要的调整。验算局部稳定的公式是以相关方程表达的，限于篇幅，在此不再赘述，可参阅其他教材。

3. 腹板加劲肋的构造要求

加劲肋常在腹板两侧成对配置[图 4-11(a)]，为了节省钢材和减轻制作工作量，其横向和纵向加劲肋亦可考虑单侧配置[图 4-11(b)]。支承加劲肋、重级工作制吊车梁的加劲肋不应单侧配置。

图 4-11　加劲肋的形式
(a)双侧成对配置；(b)单侧配置

加劲肋可以用钢板或型钢做成，焊接梁一般常用钢板做加劲肋。

为了保证梁腹板的局部稳定，加劲肋应具有一定的刚度，为此要求：

（1）横向加劲肋的最小间距应为 $0.5h_0$，最大间距应为 $2h_0$（对无局部压应力的梁，当 $h_0/t_w \leqslant 100$ 时，可采用 $2.5h_0$）。纵向加劲肋至腹板计算高度受压边缘的距离应为 $h_c/2.5 \sim h_c/2$。

（2）在腹板两侧成对配置的钢板横向加劲肋，其截面尺寸按下列公式要求：

外伸宽度：
$$b_s \geqslant \frac{h_0}{30} + 40 \text{ mm} \tag{4-21}$$

厚度：
$$t_s \geqslant \frac{b_s}{15} \tag{4-22}$$

（3）在腹板一侧配置的钢板横向加劲肋，其外伸宽度应大于计算值的 1.2 倍，厚度不应小于其外伸宽度的 1/15。

（4）在同时用横向加劲肋和纵向加劲肋加强的腹板中，应在其相交处将纵向加劲肋断开、横向加劲肋保持连续。横向加劲肋的截面尺寸除应符合上述规定外，其截面惯性矩 I_z 还应符合下式要求：

$$I_z \geqslant 3h_0 t_w^3 \tag{4-23}$$

纵向加劲肋的截面惯性矩 I_y，应符合下列公式要求：

当 $a/h_0 \leqslant 0.85$ 时，
$$I_y \geqslant 1.5 h_0 t_w^3 \qquad (4\text{-}24)$$

当 $a/h_0 > 0.85$ 时，
$$I_y \geqslant \left(2.5 - 4.5 \frac{a}{h_0}\right)\left(\frac{a}{h_0}\right)^2 h_0 t_w^3 \qquad (4\text{-}25)$$

（5）短加劲肋的最小间距为 $0.75h_1$。短加劲肋外伸宽度应取横向加劲肋外伸宽度的 0.7～1.0，厚度不应小于短加劲肋外伸宽度的 1/15。

（6）用型钢（H 型钢、工字钢、槽钢、肢尖焊于腹板的角钢）做成的加劲肋，其截面惯性矩不得小于相应钢板加劲肋的惯性矩。

（7）在腹板两侧成对配置的加劲肋，其截面惯性矩应按梁腹板中心线为轴线进行计算[图 4-12（a）]；在腹板一侧配置的加劲肋，其截面惯性矩按与加劲肋相连的腹板边缘为轴线进行计算[图 4-12（b）]。

（8）为了减少焊接应力，避免焊缝的过分集中，横向加劲肋的端部应切去宽约 $b_s/3$（但不大于 40 mm）、高约 $b_s/2$（但不大于 60 mm）的斜角[图 4-12（a）]，以使梁的翼缘焊缝连续通过。在纵向加劲肋与横向加劲肋相交处，应将纵向加劲肋两端切去相应的斜角，使横向加劲肋与腹板连接的焊缝连续通过[图 4-12（b）]。

吊车梁横向加劲肋的上端应与上翼缘刨平顶紧，当为焊接吊车梁时，尚宜焊接；中间横向加劲肋的下端一般在距受拉翼缘 50～100 mm 处断开[图 4-12（c）]，不应与受拉翼缘焊接，以改善梁的抗疲劳性能。

图 4-12　加劲肋的构造及计算尺寸

（a）双侧加劲肋；（b）单侧加劲肋；（c）中间横向加劲肋

4. 支承加劲肋的计算

支承加劲肋是指承受固定集中荷载或梁支座反力的横向加劲肋，这种加劲肋应在腹板两侧成对配置，其截面常较一般中间横向加劲肋的截面大，并需要进行计算。

（1）支承加劲肋的稳定性计算。支承加劲肋按承受固定集中荷载或梁支座反力的轴心受压构件，计算其在腹板平面外的稳定性。此受压构件的截面面积 A 包括加劲肋和加劲肋每侧 $15t_w$ 范围内的腹板面积，计算长度近似地取 h_0。

（2）承压强度计算。梁支承加劲肋的端部应按所承受的固定集中荷载或支座反力计算 [图 4-13（a）]，当加劲肋的端部刨平顶紧时，应用下式计算其端面承压应力：

$$\sigma = \frac{N}{A_b} \leqslant f_{ce} \tag{4-26}$$

式中　f_{ce}——钢材端面承压的强度设计值；

　　　A_b——支承加劲肋与翼缘板或柱顶相接触的面积。

对于图 4-13（b）所示的凸缘支座，也可应用式（4-26）按端面承压验算，必须保证支承加劲肋向下的伸出长度不大于 $2t$。当梁支承加劲肋的端部为刨平顶紧时，应按其所承受的支座反力或固定集中荷载计算其端向承压应力；当端部为焊接时，应按传力情况计算其焊缝应力。支承加劲肋与腹板的连接焊缝，应按传力需要进行计算。

图 4-13　支承加劲肋

（a）端面承压；（b）凸缘支座承压

4.5　型钢梁的截面设计

型钢梁的截面设计通常采用的设计步骤是先根据抗弯强度或整体稳定性需要的截面弹性抵抗矩 W_x 和刚度需要的截面惯性矩 I_x 由型钢表选择合适的型钢梁截面，然后进行强度、整体稳定性和挠度验算（当能肯定由哪一个条件控制截面时，也可只由此条件试选截面）。

抗弯强度需要的截面抵抗矩为 $$W_x = \frac{M_x}{\gamma_x f} \tag{4-27}$$

整体稳定性需要的截面抵抗矩为 $$W_x = \frac{M_x}{\varphi_b f} \tag{4-28}$$

两者中选其较大值，两式中的 M_x 是梁所承受的最大弯矩设计值。式（4-28）中的整体稳定性系数 φ_b 需预先假定，因而由其求出的 W_x 是一个估算值，不是一个确切的需要值。

梁的刚度要求就是限制其在荷载标准值作用下的挠度不超过容许值。《钢结构设计规范》(GB 50017—2003)中对各种用途的钢梁规定了容许挠度，见表 4-2。梁的挠度可按材料力学公式计算。

4.6 焊接梁的截面设计

焊接 H 型钢梁的截面设计与轧制型钢梁的设计方法类似，可以先根据抗弯强度或整体稳定性需要的截面抵抗矩 W_x 和刚度需要的截面惯性矩 I_x 参照轧制 H 型钢的型钢表确定一个截面，然后进行试算，直到得到一个满意的截面。由于计算机软件的发展，也可以根据经验和所承受的荷载直接进行试算而得到满足要求并经济的截面。传统的截面设计方法可以参考相关教材，在此不再赘述。

【例 4-1】 某工作平台的布置如图 4-14 所示。平台板为预制钢筋混凝土板，焊接于次梁。已知平台恒荷载标准值（包括平台板自重）$q_{Gk}=4.0\ \text{kN/m}^2$，平台活荷载标准值 $q_{Qk}=8.0\ \text{kN/m}^2$（为静力荷载），钢材为 Q235—B·F 钢。试设计此工作平台次梁的截面。

图 4-14 工作平台的布置

【解】 次梁为跨度 $l=6.0\ \text{m}$ 的两端简支梁。

(1)荷载及内力（暂不计次梁自重）。

荷载标准值 $\quad q_k=(q_{Gk}+q_{Qk})a=(4+8)\times3=36(\text{kN/m})$

荷载设计值 $\quad q=(\gamma_{Gk}q_{Gk}+\gamma_{Qk}q_{Qk})a=(1.2\times4+1.4\times8)\times3=48(\text{kN/m})$

最大弯矩标准值 $\quad M_{xk}=\dfrac{1}{8}q_kl^2=\dfrac{1}{8}\times36\times6^2=162(\text{kN}\cdot\text{m})$

最大弯矩设计值 $\quad M_x=\dfrac{1}{8}ql^2=\dfrac{1}{8}\times48\times6^2=216(\text{kN}\cdot\text{m})$

最大剪力设计值 $\quad V=\dfrac{1}{2}ql=\dfrac{1}{2}\times48\times6=144(\text{kN})$

(2)试选截面。设次梁自重引起的弯矩为 $0.02M_x$（估计值）。因次梁上铺钢筋混凝土平台板并与之相焊接，故对次梁不必计算整体稳定性。截面将由抗弯强度确定，需要的截面抵抗矩为

$$W_x\geqslant\frac{1.02M_x}{\gamma_xf}=\frac{1.02\times216\times10^6}{1.05\times215}=9.76\times10^5(\text{mm}^3)$$

均布荷载下简支梁的挠度条件为

$$v = \frac{5}{48} \frac{M_{xk} l^2}{EI_x} \leqslant [v] = \frac{l}{250}$$

需要的截面惯性矩为

$$I_x \geqslant \frac{5 \times 250}{48} \frac{M_{xk} l^2}{EI_x} = \frac{5 \times 250}{48 \times 206 \times 10^3} \times (1.02 \times 162 \times 10^6) \times 6\ 000^2$$

$$= 1.253\ 3 \times 10^8 (\text{mm}^4)$$

按需要的 W_x 和 I_x 查附表 2.1，得最轻的热轧普通工字钢为 I40a，其截面特征如下：

$W_x = 1.090 \times 10^6 \text{ mm}^3$　　　　　　$I_x = 2.17 \times 10^8 \text{ mm}^4 > 1.253\ 3 \times 10^8 \text{ mm}^4$

$S_x = 6.36 \times 10^5 \text{ mm}^3$　　　　　　$t_w = 11.5 \text{ mm}$　　　　　　$t = 16.5 \text{ mm}$

自重　$g = 67.60 \times 9.81 = 663 (\text{N/m}) = 0.663 \text{ kN/m}$

(3)截面验算(计入次梁自重)。

弯矩设计值　$M_x = 216 + \frac{1}{8} \times 1.2 \times 0.663 \times 6^2 = 219.6 (\text{kN} \cdot \text{m})$

剪力设计值　$V = 144 + \frac{1}{2} \times 1.2 \times 0.663 \times 6 = 146.4 (\text{kN})$

抗弯强度　$\sigma = \frac{M_x}{\gamma_x W_x} = \frac{219.6 \times 10^6}{1.05 \times 1.090 \times 10^6} = 191.9 (\text{N/mm}^2) < f = 205 \text{ N/mm}^2$

抗剪强度　$\tau = \frac{V S_x}{I_x t_w} = \frac{146.4 \times 10^3 \times 6.36 \times 10^5}{10.5 \times 2.17 \times 10^8} = 40.9 (\text{N/mm}^2) < f_v = 120 \text{ N/mm}^2$

说明在型钢梁的设计中，抗剪强度常可不计算。

因供给的 $I_x = 2.17 \times 10^8 \text{ mm}^4 \gg 1.2533 \times 10^8 \text{ mm}^4$(需要值)，挠度条件必然满足，不再验算。

【例 4-2】 某电动葫芦的轨道梁，悬挂于间距 6.0 m 的屋架上，承受 1 台起重量为 5 t 的电动葫芦。电动葫芦质量为 469 kg，中级工作制。轨道梁为热轧工字钢，无须焊接，故可采用 Q235—A·F 钢。试求此轨道梁的截面。

【解】　电动葫芦轨道梁设计时常按两端简支考虑，$l = 6.0$ m。电动葫芦的荷载可简化为一个移动的集中荷载，作用于轨道梁的下翼缘。根据我国《建筑结构荷载规范》(GB 50009—2012)的规定，对电动葫芦可不考虑水平荷载，竖向荷载的动力系数采用 1.05。

(1)荷载及弯矩的计算。

电动葫芦自重　　　　　　　　$469 \times 9.81 \times 10^{-3} = 4.60 (\text{kN})$

电动葫芦起重量　　　　　$+\quad 5\ 000 \times 9.81 \times 10^{-3} = 49.05 (\text{kN})$

轨道梁集中荷载标准值　　　　$P_k = 53.65 (\text{kN})$

轨道梁集中荷载设计值为　$P = 1.4 \times 1.05 \times 53.65 = 78.87 (\text{kN})$

式中，1.4 为活荷载分项系数，1.05 为动力系数。

轨道梁最大弯矩设计值为

$$M_x = 1.03 \times \frac{Pl}{4} = 1.03 \times \frac{1}{4} \times 78.87 \times 6 = 121.9 (\text{kN} \cdot \text{m})$$

式中，系数 1.03 是估计轨道梁自重引起的弯矩增大系数。最大弯矩发生在集中荷载置于跨度中点时，故 $M_x = \frac{Pl}{4}$。

(2)试选截面。

轨道梁的截面将由整体稳定性条件所控制。当集中荷载作用于梁的下翼缘，$l_1 = 6.0$ m 和工字钢截面型号为 22~40 时，整体稳定性系数 $\varphi_b = 1.07$。因 $\varphi_b > 0.6$，需换算成 φ_b'：

$$\varphi'_b = 1.07 - \frac{0.282}{\varphi_b} = 1.07 - \frac{0.282}{1.07} = 0.806$$

考虑轨道梁易磨损，对 W_x 和 I_x 引进磨损系数0.9，估计需要的截面抵抗矩为

$$W_x \geqslant \frac{1}{0.9\varphi'_b f} M_x = \frac{121.9 \times 10^6}{0.9 \times 0.806 \times 215} = 7.82 \times 10^5 (\text{mm}^3)$$

由型钢表附表2.1，查得最轻的截面为 I36a

$W_x = 8.75 \times 10^5 \text{ mm}^3 > 7.82 \times 10^5 \text{ mm}^3$ $I_x = 1.58 \times 10^8 \text{ mm}^4$

$S_x = 5.15 \times 10^5 \text{ mm}^3$ $t_w = 10.0 \text{ mm}$ $t = 15.8 \text{ mm}$

自重 $g = 60.04 \times 9.81 \times 10^{-3} = 0.589 (\text{kN/m})$

（3）截面验算。

1）考虑轨道梁自重后的截面最大内力。

轨道梁自重设计值为

$$1.2 \times 0.589 = 0.707 (\text{kN/m})$$

最大弯矩设计值（集中荷载在跨度中点）为

$$M_x = \frac{1}{8} \times 0.707 \times 6^2 + \frac{1}{4} \times 78.87 \times 6 = 3.18 + 118.31 = 121.5 (\text{kN} \cdot \text{m})$$

考虑自重后弯矩增大系数为

$$121.5 / 118.31 = 1.027 \approx 1.03$$

最大剪力设计值（集中荷载在梁端）为

$$V = 78.87 + \frac{1}{2} \times 0.707 \times 6 = 80.99 (\text{kN}) \approx 81 \text{ kN}$$

2）整体稳定性。

$\varphi'_b = 0.808$（试选截面时估计无误）。

$$\sigma = \frac{M_x}{0.9\varphi'_b W_x} = \frac{121.5 \times 10^6}{0.9 \times 0.806 \times 875 \times 10^3} = 191.4 (\text{N/mm})^2 < f = 215 \text{ N/mm}^2$$

3）抗弯强度。

$$\sigma = \frac{M_x}{0.9\gamma_x W_x} = \frac{121.5 \times 10^6}{0.9 \times 1.0 \times 875 \times 10^3} = 154.3 (\text{N/mm}^2) < f = 215 \text{ N/mm}^2$$

4）抗剪强度。

$$\tau = \frac{VS_x}{I_x t_w} = \frac{81 \times 10^3 \times 5.15 \times 10^5}{1.58 \times 10^8 \times 10} = 26.4 (\text{N/mm}^2) < f_v = 125 \text{ N/mm}^2$$

这再次说明在型钢梁的设计中，抗剪强度不是控制条件，一般可以不计算。

5）挠度。

$$\frac{\upsilon}{l} = \frac{P_k l^2}{48E(0.9I_x)} + \frac{5q_k l^3}{384E(0.9I_x)} = \frac{l^2}{48E(0.9I_x)}\left(P_k + \frac{5}{8}q_k l\right)$$

$$= \frac{6\ 000^2}{48 \times 206 \times 10^3 \times 0.9 \times 1.58 \times 10^8} \times \left(53.65 + \frac{5}{8} \times 0.589 \times 6\right) \times 10^3$$

$$= \frac{1}{699} < \left[\frac{\upsilon}{l}\right] = \frac{1}{400}$$

满足要求。

验算结果全部符合要求，所选截面合适。

➤ 习题

1. 某简支梁，跨度 $l=6$ m，截面为热轧槽钢 [36a，在跨度中点承受一斜向集中力与 y 轴呈 $30°$，并通过槽钢截面的剪力中心，如图 4-15 所示，其标准值 $F_k=12$ kN，为静力活荷载。钢材为 Q235 钢。试计算此梁的抗弯强度、抗剪强度和挠度。

2. 如图 4-15 所示，梁截面为热轧普通工字钢 I50a，梁的上翼缘顶面承受一固定集中荷载，其设计值 $F=400$ kN，钢材为 Q235—A 钢。问该固定集中荷载下的垫板沿梁跨度方向需多宽，在集中荷载下梁腹板处可不设支承加劲肋？

图 4-15 习题 1 图

3. 某简支梁，跨度 $l=6$ m，截面为普通热轧工字钢 I56a。求下列情况下此梁的整体稳定系数各为多大？

(1)上翼缘承受满跨均布荷载，跨度中间无侧向支承点，Q235 钢；

(2)上翼缘承受满跨均布荷载，跨度中间无侧向支承点，Q345 钢；

(3)集中荷载作用于跨度中点的下翼缘，跨度中点有一侧向支承点，Q345 钢；

(4)集中荷载作用于跨度中点的下翼缘，跨中无侧向支承点，Q345 钢。

4. 一平台的梁格布置如图 4-16 所示，铺板为预制钢筋混凝土板，焊于次梁上。设平台恒荷载的标准值(不包括梁自重)为 20.0 kN/m²，活荷载标准值为 3.22 kN/m²。试选择次梁截面，钢材为 Q345 钢。

5. 选择一悬挂电动葫芦的简支轨道梁的截面。跨度 $l=6$ m；电动葫芦的自重为 6.0 kN 起重能力为 30 kN(均为标准值)。钢材用 Q235—B 钢。(注：悬吊重和

图 4-16 习题 4 图

葫芦自重可作为集中荷载考虑。另外，考虑葫芦轮子对轨道梁下翼缘的磨损，梁截面模量和惯性矩应乘以折减系数。)

6. 设计习题 4 中的中间主梁(焊接组合梁)，包括选择截面、计算翼缘焊缝、确定腹板加劲肋的间距。钢材为 Q345 钢，E50 型焊条(手工焊)。

7. 根据习题 4 和习题 6 中所给定的条件和所选定的主、次梁截面，设计次梁与主梁的连接(用等高平接)，并按 1：10 的比例尺绘制连接构造图。

8. 图 4-17 所示为 I 形焊接组合截面简支梁，上面密铺刚性板以阻止弯曲平面外的变形。梁上均布荷载(包括梁自重)$q=4.0$ kN/m，跨中已有一集中荷载 $F_0=90$ kN，现需在距

右端4.0 m处设一集中荷载F_1。问：根据边缘屈服准则，F_1最大可达到多少？设各集中荷载的作用位置距梁顶面为120 mm，分布长度为120 mm。钢材的设计强度取300 N/mm^2。另外在所有的已知荷载和所有的未知荷载中，都已经包含了有关荷载的分项系数。

图4-17 习题8图

单元5 拉弯和压弯构件计算

知 识 点

强度、刚度、整体稳定性、局部稳定性。

5.1 抗弯和压弯构件概述

同时承受弯矩和轴心拉力或轴心压力的构件称为拉弯构件或压弯构件（图5-1）。承受节间荷载的简支桁架下弦杆是拉弯构件的典型例子；压弯构件的应用则更为广泛，例如承受节间荷载的桁架上弦杆（图5-2）、轻型厂房的刚架柱、多层和高层建筑的框架柱等。

拉弯、压弯构件的设计和其他构件的设计一样，要同时满足承载能力和刚度两方面的要求。拉弯构件的设计需要考虑强度要求和刚度要求两方面，而压弯构件的设计除要考虑强度要求和刚度要求外，还需要考虑稳定性的要求。

图5-1 拉弯与压弯构件   图5-2 承受节间荷载的桁架上弦杆

压弯构件常采用单轴对称或双轴对称的截面。当弯矩只作用在构件的最大刚度平面内时称为单向压弯构件，在两个主平面内都有弯矩作用的构件称为双向压弯构件。工程结构中大多数压弯构件可按单向压弯构件考虑（图5-3）。

图5-3 单向压弯构件的常用截面形式（ * ——轴心压力的作用点或弯矩产生的受压侧）

拉弯、压弯构件的截面形式很多，一般可分为型钢截面和组合截面两类，而组合截面又分为实腹式和格构式两类（图5-4）。如承受的弯矩很小而轴力很大时，其截面一般与轴心受力构件相似；但是当构件承受弯矩相对很大时，除采用截面高度较大的双轴对称截面外，还可以采用图5-4所示的单轴对称截面以获得较好的经济效果。

图5-4　拉弯、压弯构件的截面形式

5.2　拉弯、压弯构件的强度和刚度

5.2.1　拉弯、压弯构件的强度

拉弯构件和不致整体及局部失稳的压弯构件，其最不利截面（最大弯矩截面或有严重削弱的截面）最终将形成塑性铰而达到承载能力极限。

以简单的矩形截面构件来讨论这一问题。图5-5所示为一受轴力 N 和弯矩 M 共同作用的矩形截面构件。设 N 为定值而逐渐增加 M。当截面边缘纤维最大应力 $\dfrac{N}{A_n} \pm \dfrac{M}{W_n} = f_y$ 时，截面达到边缘屈服状态。当 M 继续增加，最大应力一侧的塑性区将向截面内部发展，随后另一侧边缘达到屈服并向截面内部发展，最终以整个截面屈服形成塑性铰而达到强度承载能力极限。

图5-5　拉弯、压弯构件截面的应力状态

由于拉弯、压弯构件的截面形式和工作条件不同，故其强度计算方法所依据的应力状态亦分为如下两种：

（1）对承受静力荷载或间接动力荷载的实腹式拉弯、压弯构件以及弯矩绕实轴作用（图5-6中的 M_y）的格构式拉弯、压弯构件，应以截面形成塑性铰为其强度承载能力的极限。

对于其他形式的截面也可以用上述类似的

图5-6　格构式拉弯、压弯构件截面上的弯矩方向

方法得到净截面形成塑性铰时的相关公式，截面形式不同，相应的公式也不尽相同，且同一截面(如I形)绕强轴和弱轴弯曲的相关公式亦有差别，各自的数值还因翼缘与腹板的面积比不同而在一定范围内变动。图5-7中的两个阴影区分别表示I形截面对强轴和弱轴的相关曲线的区域。

图 5-7 拉弯、压弯构件按塑性铰计算强度的相关曲线

《钢结构设计规范》(GB 50017—2003)中的计算公式：

$$\frac{N}{A_n}+\frac{M}{\gamma W_n}\leqslant f \tag{5-1}$$

(2)对于直接承受动力荷载的实腹式拉弯、压弯构件，截面塑性发展后的性能研究还不够成熟，因此《钢结构设计规范》(GB 50017—2003)规定以截面边缘屈服状态作为强度极限状态。对于格构式拉弯、压弯构件，当弯矩绕虚轴作用时(图5-6中的 M_x)，由于截面腹部空虚，塑性发展的潜力不大，故也以边缘屈服作为它的计算准则。

《钢结构设计规范》(GB 50017—2003)中的计算公式：

$$\frac{N}{A_n}\pm\frac{M}{W_n}\leqslant f \tag{5-2}$$

式中　A_n、W_n——构件净截面的面积和抵抗矩。

对于双向拉弯、压弯构件，采用与式(5-2)相衔接的类似公式：

$$\frac{N}{A_n}\pm\frac{M_x}{\gamma_x W_{nx}}\pm\frac{M_y}{\gamma_y W_{ny}}\leqslant f \tag{5-3}$$

式中　M_x、M_y——作用在两个主平面内(绕 x、y 轴)的计算弯矩；

　　　γ_x、γ_y——截面在两个主平面内的塑性发展系数，和梁一样按规范规定采用。

还需注意，在确定塑性发展系数 γ_x、γ_y 时，为保证受压翼缘在截面发展塑性时不发生局部失稳，对压应力较大翼缘的自由外伸宽度 b 与其厚度之比限制较严，$\frac{b}{t}\leqslant 13\sqrt{235/f_y}$；

当 $13\sqrt{235/f_y}\leqslant\frac{b}{t}\leqslant 15\sqrt{235/f_y}$ 时，不应考虑塑性发展，取 $\gamma=1.0$。

5.2.2 拉弯、压弯构件的刚度

拉弯、压弯构件的刚度除个别情况(如作为墙架构件的支柱、厂房柱等)需做变形验算

外，一般与轴心受力构件相同，拉弯和压弯构件的刚度也是通过限制长细比来保证的。《钢结构设计规范》(GB 50017—2003)规定拉弯和压弯构件的容许长细比取轴心受拉或轴心受压构件的容许长细比值，即：

$$\lambda \leqslant [\lambda]$$

式中　λ——拉弯和压弯构件绕对应主轴的长细比；

　　　$[\lambda]$——受拉或受压构件的容许长细比。

【例 5-1】　试验算图 5-8 所示拉弯构件的强度和刚度。轴心拉力设计 $N=210$ kN；杆中点横向集中荷载 $F=30.0$ kN，均为静力荷载。钢材为 Q235 钢。杆中点螺栓孔直径 $d_0=21.5$ mm。

【解】　查附表，一个角钢∟$140\times90\times8$ 的截面特征为

$A_1=18.0$ cm^2＝1 800 mm^2，$q=14.2$ kg/m＝0.139 N/mm，$i_y=4.5$ cm＝45 mm，

$z_y=45$ mm，$I_y=366$ cm^4＝3.66×10^6 mm^4

图 5-8　拉弯构件

(1)强度验算。

1)内力计算(杆中点为最不利截面)。

轴力　　　　　　$N=2.1\times10^5$ N

最大弯矩(计入杆件自重)

$$M_{max}=\frac{Fl}{4}+\frac{ql^2}{8}=\frac{30.0\times10^3\times3\,000}{4}+\frac{2\times0.139\times3\,000^2}{8}=2.28\times10^7\,(\text{N}\cdot\text{mm})$$

2)截面几何特性。

净截面面积　　　$A_n=2\times(1\,800-21.5\times8)=3.26\times10^3\,(\text{mm}^2)$

净截面抵抗矩(假定中性轴位置与毛截面相同)

肢背处　$W_{n1}=\dfrac{I_{ny}}{y_1}=\dfrac{2\times[3.66\times10^6-21.5\times8\times(45-4)^2]}{45}=1.50\times10^5\,(\text{N}\cdot\text{mm})$

肢尖处　$W_{n2}=\dfrac{I_{ny}}{y_2}=\dfrac{2\times[3.66\times10^6-21.5\times8\times(45-4)^2]}{140-45}=7.10\times10^4\,(\text{N}\cdot\text{mm})$

3)截面强度。查附表，$\gamma_{x1}=1.05$，$\gamma_{x2}=1.20$

肢背处　$\dfrac{N}{A_n}+\dfrac{M_{max}}{\gamma_{x1}W_{n1}}=\dfrac{2.1\times10^5}{3.26\times10^3}+\dfrac{2.28\times10^7}{1.05\times1.5\times10^5}=64.4+144.8=209.2\,(\text{N/mm}^2)$

$$<f=215\ \text{N/mm}^2$$

肢尖处　$\dfrac{N}{A_n}-\dfrac{M_{max}}{\gamma_{x2}W_{n2}}=\dfrac{2.1\times10^5}{3.26\times10^3}-\dfrac{2.28\times10^7}{1.20\times7.1\times10^4}=64.4-267.6=-203.2\,(\text{N/mm}^2)$

$$<f=215\ \text{N/mm}^2$$

(2)刚度验算。承受静力荷载，仅需计算竖向平面长细比　$\lambda_x=\dfrac{l}{i_x}=\dfrac{3\,000}{45}=66.7<[\lambda]=350$

5.3 实腹式压弯构件的整体稳定性

对于压弯构件来说，弯矩和轴力都是主要荷载。轴压力的弯曲失稳是在两个主轴方向中长细比较大的方向发生的，而压弯杆件由于弯矩通常绕截面强轴作用，故构件可能在弯矩作用平面内发生弯曲失稳，称为平面内失稳[图 5-9(a)]，也可能像梁一样由于垂直于弯矩作用平面内的刚度不足，而发生由侧向弯曲和扭转引起的弯扭失稳，即通常所称的弯矩作用平面外失稳[图 5-9(b)]，或平面外失稳。因此，压弯构件要分别计算弯矩作用平面内和弯矩作用平面外的整体稳定。

图 5-9 压弯构件整体失稳

(a)平面内失稳；(b)平面外失稳

5.3.1 压弯构件在弯矩作用平面内的稳定性

实腹式压弯构件在弯矩作用平面外的抗弯刚度较大，或截面抗扭刚度较大，或有足够的侧向支承可以阻止弯矩作用平面外的弯扭变形时，将发生弯矩作用平面内的失稳破坏。确定压弯构件弯矩作用平面内稳定承载能力的方法很多，可分为两类：一类是边缘屈服准则的计算方法，一类是极限承载能力准则的计算方法。

经过大量相关曲线分析，发现借用边缘屈服准则得出的相关公式的形式可以较好描述上述规律，即：

$$\frac{N}{\varphi_x A} + \frac{M_x}{W_{px}\left(1-\beta\dfrac{N}{N_{Ex}}\right)} = f_y \tag{5-4}$$

经大量计算比较，发现当括号内 $\beta=0.8$ 时，式(5-4)计算结果与各种截面的理论计算结果误差最小，两条曲线拟合最好，如图 5-10 中的虚线所示。

图 5-10　焊接 I 形截面压弯构件的 N-M 相关曲线

对于实腹式单向压弯构件，按边缘纤维屈服准则得出的相关公式(5-4)考虑了压弯构件二阶效应和构件缺陷的影响，而按照极限承载力准则进行的理论分析计算考虑了塑性变形的发展。由于式(5-4)是在端弯矩相等的两端铰支压弯构件条件下得出的，所以，《钢结构设计规范》(GB 50017—2003)采用等效弯矩 $\beta_{mx}M_x$(M_x 为最大弯矩，$\beta_{mx}\leqslant1$)代替 M_x，考虑截面部分塑性发展，采用 $W_{px}=\gamma_x W_{1x}$，并引入抗力分项系数，对式(5-4)取 $\beta=0.8$，即得到规范所采用的实腹式压弯构件弯矩作用平面内的稳定计算公式。

$$\frac{N}{\varphi_x A}+\frac{\beta_{mx}M_x}{\gamma_x W_{1x}\left(1-0.8\dfrac{N}{N'_{Ex}}\right)}\leqslant f \tag{5-5}$$

式中　N——所计算构件段范围内的轴心压力；

　　　M_x——所计算构件段范围内的最大弯矩；

　　　φ_x——弯矩作用平面内的轴心受压构件的稳定系数；

　　W_{1x}——弯矩作用平面内受压最大纤维的毛截面抵抗矩；

　　N'_{Ex}——考虑抗力分项系数的欧拉临界力，$N'_{Ex}=\pi^2 EA/(r_R\lambda_x^2)$；

　　　r_R——抗力分项系数，取 Q235、Q345、Q390、Q420 钢的平均值，$r_R=1.1$；

　　β_{mx}——等效弯矩系数，应按下列情况取值。

(1)框架柱和两端支承的构件。

1)无横向荷载作用时：$\beta_{mx}=0.65+0.35M_2/M_1$，$M_1$ 和 M_2 为端弯矩，使构件产生同向曲率(无反弯点)时取同号，使构件产生反向曲率(有反弯点)时取异号，$|M_1|\geqslant|M_2|$。

2)有端弯矩和横向荷载同时作用时：使构件产生同向曲率时，$\beta_{mx}=1.0$；使构件产生反向曲率时，$\beta_{mx}=0.85$。

3)无端弯矩但有横向荷载作用时：$\beta_{mx}=1.0$。

(2)悬臂构件，$\beta_{mx}=1.0$。

对于 T 型钢、双角钢组成的 T 形等单轴对称截面压弯构件，当弯矩作用于对称轴平面使较大翼缘受压且构件失稳时出现的塑性区除存在前述受压区屈服和受压、受拉区同时屈服两种情况外，还可能在受拉区首先出现屈服而导致构件失去承载能力，故除了按式(5-5)计算外，还应按下式计算：

$$\left| \frac{N}{A} - \frac{\beta_{mx}M_x}{\gamma_x W_{2x}\left(1-1.25\frac{N}{N'_{Ex}}\right)} \right| \leqslant f \tag{5-6}$$

式中　W_{2x}——受拉侧最外纤维的毛截面抵抗矩；

　　　γ_x——与 W_{2x} 相应的截面塑性发展系数。

其余符号及式(5-5)、式(5-6)第二项分母中的 1.25 也是经过与理论计算结果比较后引进的修正系数。

5.3.2　单向压弯构件弯矩作用平面外的整体稳定性

当实腹式压弯构件在弯矩作用平面外的抗弯刚度较小，或截面抗扭刚度较小，或侧向支承不足以阻止弯矩作用平面外的弯扭变形时，将在弯矩作用平面内弯曲失稳之前发生弯矩作用平面外的弯扭失稳破坏。

规范规定的压弯构件在弯矩作用平面外稳定计算的相关公式：

$$\frac{N}{\varphi_y A} + \eta\frac{\beta_{tx}M_x}{\varphi_b W_{1x}} \leqslant f \tag{5-7}$$

式中　η——截面影响系数，箱形截面 $\eta=0.7$，其他截面 $\eta=1.0$；

　N、M_x——轴力和绕强轴 x—x 的弯矩；

　　　A——构件毛截面面积；

　　W_{1x}——x 方向最大受压纤维的毛截面抵抗矩；

　　β_{tx}——构件 x 方向弯矩作用平面外的等效弯矩系数；

　　φ_y——对弱轴的轴心受压稳定系数；

　　φ_b——均匀弯曲的受弯构件整体稳定系数。

5.4　实腹式压弯构件的局部稳定性

实腹式压弯构件的截面组成与轴心受压构件和受弯构件相似，板件在均匀压应力或不均匀压应力和剪应力作用下，可能发生波形凸曲，偏离其原来所在的平面而屈曲，从而丧失局部稳定性，因此，应保证其翼缘和腹板的局部稳定性。通常采用与轴心受压构件相同的方法，限制板件的宽(高)厚比来保证局部稳定性。

5.4.1　实腹式压弯构件翼缘的宽厚比限值

实腹式压弯构件(图 5-11)翼缘受力情况与轴心受压构件及受弯构件的受压翼缘基本相同，因而采用受弯构件受压翼缘局部稳定性的控制方法。《钢结构设计规范》(GB 50017—2003)规定如下：

I 形和 T 形截面翼缘外伸宽度与厚度之比：

$$\frac{b}{t} \leqslant 13\sqrt{\frac{235}{f_y}} \tag{5-8}$$

当构件按弹性设计，即强度和稳定计算中取 $\gamma_x=1.0$ 时，可放宽到 $b/t\leqslant 15\sqrt{235/f_y}$。

图 5-11　实腹式压弯构件的截面

5.4.2　实腹式压弯构件腹板的高厚比限值

实腹式压弯构件的腹板受压、弯、剪共同作用，其截面可能是弹性状态，也可能是弹塑性状态，因此，其稳定性计算较复杂。

腹板的压应力与弯曲正应力叠加后的应力沿截面高度方向线性分布。最大压应力和最小拉应力(最小压应力或最大拉应力)分别为

$$\sigma_{\max}=\sigma_N+\sigma_{\max}^M \tag{5-9}$$
$$\sigma_{\min}=\sigma_N+\sigma_{\min}^M \tag{5-10}$$

式中　　σ_N——轴心压力引起的压应力，取正值；

$\sigma_{\max}^M$、$\sigma_{\min}^M$——弯矩引起的腹板最大压应力和最小压应力或最大拉应力，压应力取正值，拉应力取负值。

腹板的稳定与其压应力不均匀分布的梯度 $\alpha_0=(\sigma_{\max}-\sigma_{\min})/\sigma_{\max}$ 有关。$\alpha_0=0$ 为轴心受压，$\alpha_0=2$ 为纯弯曲，$\alpha_0=1$ 为三角形分布受压，腹板的剪应力可认为是均匀分布的。

《钢结构设计规范》(GB 50017—2003)规定 I 形截面压弯构件腹板高厚比 h_0/t_w 限值应符合：

当 $0\leqslant\alpha_0\leqslant1.6$ 时　　　　$h_0/t_w\leqslant(16\alpha_0+0.5\lambda_x+25)\sqrt{\dfrac{235}{f_y}}$ $\qquad$ (5-11)

当 $1.6<\alpha_0\leqslant2.0$ 时　　$h_0/t_w\leqslant(48\alpha_0+0.5\lambda_x-26.2)\sqrt{\dfrac{235}{f_y}}$ $\qquad$ (5-12)

式中　λ_x——构件在弯矩作用平面内的长细比。当 $\lambda_x<30$ 时，取 $\lambda_x=30$；当 $\lambda_x>100$ 时，取 $\lambda_x=100$。

如果压弯构件腹板高厚比 h_0/t_w 不满足要求时，可以调整腹板的厚度或高度，也可以采用纵向加劲肋加强腹板，这时应验算纵向加劲肋与翼缘间腹板高厚比，特别是受压较大翼缘与纵向加劲肋之间的高厚比应符合上述要求，还可以在计算构件的强度和稳定性时仅考虑腹板截面计算高度边缘范围内两侧宽度各为 $20t_w\sqrt{235/f_y}$ 的部分(计算构件的稳定系数时，仍用全截面)。

5.4.3　实腹式压弯构件的构造要求

实腹式压弯构件的构造要求与实腹式轴心受压构件相似。当腹板的 $h_0/t_w>80$ 时，为防止腹板在施工和运输中发生变形，应设置间距不大于 $3h_0$ 的横向加劲肋。另外，设置纵向加劲肋的同时也应设置横向加劲肋。为保持截面形状不变，提高构件抗扭刚度，防止施工

和运输过程中发生变形，实腹式柱在受有较大水平力处和运输单元的端部应设置横隔，构件较长时应设置中间横隔，横隔的间距不得大于柱截面较大宽度的 9 倍或 8 m。压弯构件设置侧向支承，当截面高度较小时，可在腹板加横肋或横隔连接支承；当截面高度较大或受力较大时，则应在两个翼缘平面内同时设置支承。

【例 5-2】 如图 5-12 所示，Q235 钢焊接 I 形截面压弯构件，翼缘为火焰切割边，承受的轴线压力设计值为 $N=900$ kN，构件一端承受 $M=490$ kN·m 的弯矩，另一端弯矩为零。构件两端铰接，并在三分点处各有一侧向支承点。验算此构件是否满足要求。

图 5-12 【例 5-2】图

【解】 (1)截面几何特性：$A=151.2$ cm²，$I_x=133\,295.2$ cm⁴，$W_x=3\,400.4$ cm³，$i_x=29.69$ cm，$I_y=3\,125.0$ cm⁴，$i_y=4.55$ cm$=45.5$ mm

(2)强度验算。

$$\frac{N}{A_n}+\frac{M_x}{\gamma_x W_{nx}}=\frac{900\times1\,000}{151.2\times100}+\frac{490\times10^6}{1.05\times3\,400.4\times10^3}=59.5+137.2=196.7(\text{N/mm}^2)$$
$$<f=215 \text{ N/mm}^2$$

(3)弯矩作用平面内稳定验算。

$\lambda_x=\dfrac{l_x}{i_x}=1\,000/29.69=33.7$，按 b 类截面查规范附表得 $\varphi_x=0.924$

$N'_{Ex}=\dfrac{\pi^2 EA}{1.1\lambda_x^2}=\dfrac{\pi^2\times206\times10^3\times15\,120}{1.1\times33.7^2\times10^{-3}}=24\,607.4(\text{kN})$，$\beta_{min}=0.65$

$$\frac{N}{\varphi_x A}+\frac{\beta_{mx}M_x}{\gamma_x W_{1x}(1-0.8N/N'_{Ex})}=\frac{900}{0.942\times151.2}\times10+\frac{0.65\times490\times10^3}{1.05\times3\,400.4\times(1-0.8\times900/24\,607.4)}=$$
$64.4+92.0=156.4(\text{N/mm}^2)<f=215 \text{ N/mm}^2$

(4)弯矩作用平面外稳定验算。

$\lambda_y=\dfrac{l_y}{i_y}=3\,333/45.5=73.3<[\lambda]=150$，按 b 类截面查规范附表得 $\varphi_y=0.730$

因最大弯矩在左端，而左边第一段 β_{tx} 又最大，故只需验算该段。

$\beta_{tx}=0.65+0.35\times326.7/490=0.833$

因　$\lambda_x=73.3<120\sqrt{235/f_y}=120$，故

$$\varphi_b = 1.07 - \lambda_y^2/44\,000 = 1.07 - 73.3^2/44\,000 = 0.948$$

$$\frac{N}{\varphi_y A} + \eta \frac{\beta_{tx} M_x}{\varphi_b W_{1x}} = \frac{900}{0.730 \times 151.2} \times 10 + 1.0 \times \frac{0.883 \times 490}{0.948 \times 3\,400.4} \times 10^3 = 215.8 \approx f = 215\ \text{N/mm}^2$$

(5)局部稳定验算。

翼缘板局部稳定：$b/t = (250/2 - 6)/12 = 9.9 < 13$，满足要求，且 γ_x 可取 1.05。

腹板局部稳定：

$$\sigma_{\max} = \frac{N}{A} + \frac{M_x}{W_{1x}} = \frac{900}{151.2} \times 10 + \frac{490}{3\,400.4} \times 1\,000 = 59.5 + 144.1 = 203.6$$

$$\sigma_{\min} = \frac{N}{A} - \frac{M_x}{W_{1x}} = \frac{900}{151.2} \times 10 - \frac{490}{3\,400.4} \times 1\,000 = 59.5 - 144.1 = -84.6$$

$$\sigma_0 = \frac{\sigma_{\max} - \sigma_{\min}}{\sigma_{\min}} = \frac{203.6 - (-84.6)}{203.6} = 1.416 < 1.6，故$$

$$h_0/t_w = 760/12 = 63.3 < 16\alpha_0 + 15\lambda + 25 = 16 \times 1.416 + 0.5 \times 33.7 + 25 = 64.5$$

故该压弯构件的强度、整体稳定和局部稳定均满足要求。

习　题

1. 拉弯和压弯构件采用什么截面形式比较合理？

2. 怎样提高压弯构件的整体稳定性？

3. 什么是实腹式压弯杆件的临界力？

4. 说明实腹式偏心受压构件弯矩作用内的稳定验算公式 $\dfrac{N}{\varphi_x A} + \dfrac{\beta_{mx} M_x}{W_{1x}\left(1 - 0.8\dfrac{N}{N'_{Ex}}\right)} \leqslant f$ 中

φ_x、A、β_{mx}、N'_{Ex}、W_{1x} 的意义。

5. 有一两端铰接长度为 4m 的偏心受压柱，用 Q235 钢的 HN400×200×8×13 做成，压力的设计值为 490 kN，两端偏心距相同，都为 200 mm。试验算其承载力。

6. 图 5-13 所示的悬臂柱，承受偏心距为 250 mm 的设计压力 1 600 kN。在弯矩作用平面外有支承体对柱上端形成支点，要求选定热轧 H 型钢活焊接工字型截面，材料为 Q235 钢（注：当选用焊接 I 形截面时，可试用翼缘 2－400×20，焰切边，腹板－460×12）。

图 5-13　习题 6 图

7. 用轧制工字钢 I36a（材料为 Q235 钢）做成的 10.0 m 长两端铰接柱，轴心压力的设计值为 650 kN，在腹板平面承受均布荷载设计值 6.24 kN/m。试验算此压弯柱在弯矩作用平面内的稳定有无保证？为保证弯矩作用平面外的稳定，需设置几个侧向中间支承点？

8. 一压弯构件长 15.0 m，两端在截面两主轴方向均为铰接，承受轴心压力 $N=1\,000$ kN，中央截面有集中力 $F=150$ kN。构件二分点处有两个平面外支承点（图 5-14）。钢材强度设计值为 310 N/mm²。按所给荷载，试设计截面尺寸（按 I 形截面考虑）。

9. 在习题 8 的条件中，将横向力 F 改为作用在高度 10.0 m 处，沿构件轴线方向，有 750 mm 偏心距，如图 5-15 所示，试设计截面尺寸。

图 5-14　习题 8 图　　　　图 5-15　习题 9 图

10. 某下端铰支的单跨对称刚架如图 5-16 所示，跨度 $L=18$ m，高度 $h=8$ m。在刚架平面外，柱子中点和上、下两端均有侧向支承。刚架的横梁上作用有均布荷载标准值 $q_k=50$ kN/m，其中恒荷载（包括梁自重）为 30%、静力活荷载为 70%。已知钢材为 Q235 钢，横梁与柱子的线刚度之比为 5:1。柱子为焊接 I 形截面。不计柱自重，试验算此柱截面是否足够（提示：应先按一阶弹性分析求出柱中的内力设计值 M 和 N，然后进行各种验算，包括平面内、外的整体稳定和板件的局部稳定等）。

图 5-16　习题 10 图

单元6 钢结构连接计算

识点

对接焊缝的构造与计算、角焊缝的构造与计算、普通螺栓的构造与计算、高强度螺栓的的构造与计算。

6.1 钢结构的连接方法

连接在钢结构中占有很重要的地位。钢结构中所用的连接方法主要有焊缝连接、螺栓连接、铆钉连接。进行连接的设计时，必须遵循安全可靠、传力明确、构造简单、制造方便和节约钢材的原则。

焊缝连接是现代钢结构最主要的连接方式，优点是对任何形状的结构都适用，构造简单。焊缝连接一般不需拼接材料，省钢省工，且能实现自动化操作，生产效率较高。

铆钉连接刚度大，传力可靠，韧性和塑性较好，易于检查，用于经常受动力荷载作用且荷载较大和跨度较大的结构。但是铆钉连接费钢费工，现在已经很少采用。

螺栓连接分普通螺栓连接和高强度螺栓连接两种。普通螺栓分为 C 级螺栓和 A、B 级螺栓两种：C 级螺栓为粗制螺栓；A、B 级螺栓为精制螺栓，栓杆与栓孔加工严格，受力性能较好，但费用较高，建筑钢结构中所用普通螺栓一般为 C 级螺栓。高强度螺栓连接分为摩擦型、承压型两种。摩擦型连接的高强度螺栓剪切变形小，弹性性能好，施工简单，可拆卸，耐疲劳，特别适用于承受动力荷载的结构。承压型连接的高强度螺栓承载力高于摩擦型，连接紧凑，但是剪切变形大，故不得用于承受动力荷载的结构中。除上述常用连接方式外，在轻钢结构中还经常采用射钉、自攻螺钉等连接方式。

6.2 焊缝连接

6.2.1 常用焊接方法

钢结构中一般采用的焊接方法有电弧焊、电渣焊、气体保护焊、电阻焊和气焊等。

6.2.2 焊缝连接的优缺点

焊缝连接与螺栓连接、铆钉连接比较有下列优点：

（1）不需要在钢材上制孔，既省工，又不减损钢材截面，可以充分利用材料；

（2）任何形状的构件都可以直接相连，不需要辅助零件，构造简单；

（3）焊缝连接的密封性好，结构刚度大。

焊缝连接也存在下列缺点：

（1）施焊时的高温作用，在焊缝附近形成热影响区，使钢材金属组织和机械性能发生变化，材质变脆；

（2）焊接残余应力使焊接结构发生脆性破坏可能性增大，残余变形使其尺寸和形状发生变化，矫正费工；

（3）焊接结构局部裂缝一经发生便容易扩展到整体，对整体不利，低温冷脆问题比较突出。

6.2.3 焊缝连接形式

焊缝连接形式可按板件相对位置、构造及施焊位置进行划分。

1. 按被连接构件的相对位置划分

焊缝连接形式按被连接板件的相互位置可以分为平接、搭接、T形连接和角接四种，如图 6-1 所示。

图 6-1　焊缝连接形式
（a）平接；（b）搭接；（c）T形连接；（d）角接

2. 按焊缝构造划分

焊缝按构造可分为对接焊缝和角焊缝两种。对接焊缝位于被连接板件或其中一个板件的平面内；角焊缝位于两个被连接板件的边缘位置。

对接焊缝按作用力的方向与焊缝长度的相对位置可分为对接正焊缝和对接斜焊缝，如图 6-2 所示。

图 6-2　焊缝方向与受力方向的关系
1—对接正焊缝；2—对接斜焊缝；3—端面角焊缝；4—侧面角焊缝；5—斜向角焊缝

角焊缝根据焊缝轴线与焊件受力方向的关系可分为端面角焊缝与侧面角焊缝和斜向角焊缝，如图 6-2 所示。角焊缝根据沿长度方向是否连续可以分为连续角焊缝和断续角焊缝，连续角焊缝受力情况较好，断续角焊缝容易引起应力集中现象，重要结构应避免采用，但可以用于一些次要的连接中。

3. 按施焊位置划分

焊缝按施焊位置可分为平焊、横焊、立焊及仰焊等几种(图 6-3)。平焊也称为俯焊，施焊条件最好，质量易保证；仰焊的施工条件最差，质量不易保证，在设计、制作和安装时应尽量避免。

图 6-3　焊缝施焊位置

(a)平焊；(b)横焊；(c)立焊；(d)仰焊

6.2.4　焊接残余应力和焊接残余变形

1. 焊接残余应力和焊接残余变形的成因与分类

钢结构在施焊的过程中，焊缝及附近的温度可达 1 500 ℃以上，并由焊缝中心向周围区域急剧递降。这样，施焊完毕冷却过程中，焊缝各部分之间热胀冷缩的不同步及不均匀，将使结构在受外力作用之前就在局部形成应力和变形，称为焊接残余应力和焊接残余变形。

焊接残余应力简称焊接应力，有沿焊缝长度方向的纵向焊接应力，垂直于焊缝长度方向的横向焊接应力和沿厚度方向的焊接应力。

焊接残余变形包括纵、横向收缩，弯曲变形，角变形和扭曲变形等(图 6-4)，且通常是几种变形的组合。任一焊接变形超过验收规范的规定时，必须进行校正，以免影响构件在正常使用条件下的承载能力。

图 6-4　焊接残余变形

2. 焊接残余应力和焊接残余变形的危害及预防措施

焊接残余应力虽然不会影响结构在静力荷载作用下的承载力，但是它会使结构的刚度和稳定性下降，引起低温冷脆和抗疲劳强度的降低。因此，在设计和制作过程中必须考虑焊接残余应力对结构的不利影响。

焊接残余变形会使钢构件不能保持原来的设计尺寸及位置,影响结构的正常工作,严重时还会使构件无法正常安装就位。

减少焊接残余应力和残余变形的方法有:

(1)采取合理的施焊次序,例如对厚焊缝分层施焊,I形截面施焊时采用对称跳焊,钢板对接焊接时可采用分段施焊等方法。

(2)尽可能采用对称焊缝,焊缝厚度在满足计算和构造要求的基础上不宜太大。

(3)施焊前给构件施加一个和焊接残余变形相反的预变形,使构件在焊接后产生的变形正好与之抵消。

(4)对于小构件,焊前预热和焊后回火,可消除焊接残余应力,减少焊接残余变形。

6.3 对接焊缝的构造与计算

6.3.1 对接焊缝的构造

对接焊缝的焊件常需做成坡口,故又叫坡口焊缝。坡口形式(图 6-5)与焊件的厚度有关,焊件厚度较薄($\leqslant$10 mm)时,可不做坡口,采用 I 形对接焊缝直接焊接;焊件厚度为 10~20 mm 时,可采用有坡口的 V 形、U 形焊缝;板件厚度再大时,可采用 K 形、X 形焊缝。图 6-5 中 c 为根部间隙,p 为钝边。坡口和根部间隙共同组成一个焊条能够运转的施焊空间,钝边有拖住熔化金属的作用。对于 V 形、U 形焊缝,需要对焊缝根部进行补焊。

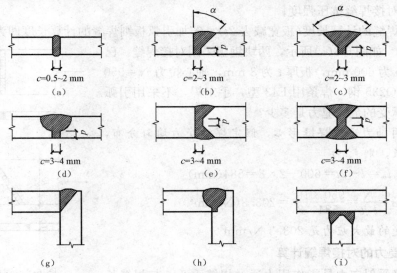

图 6-5 对接焊缝的坡口形式
(a)I形;(b),(g)单边 V 形;(c)双边 V 形;(d),(h)双边 U 形;(e),(i)K形;(f)X 形

对接焊缝用料经济,传力平顺均匀,没有明显的应力集中,承受动力荷载作用时采用对接焊缝最为有利。但对接焊缝的焊件边缘需要进行坡口加工,焊件长度必须精确,施焊时焊件要保持一定的间隙。对接焊缝的起点和终点时,常因不能熔透而出现凹形的焊口,

在受力后易出现裂缝及应力集中。为此，施焊时常采用引弧板(图 6-6)。

在对接焊缝的拼接中，当焊件的宽度不同或厚度相差 4 mm 以上时，应分别在宽度或厚度方向从一侧或两侧做成坡度不大于 1∶2.5 的斜角(图 6-7)，以使截面过渡和缓，减小应力集中。

图 6-6　引弧板　　　　　　　　　图 6-7　不同厚度及宽度的钢板连接

6.3.2　对接焊缝的计算

1. 轴心受力的对接焊缝计算

对接焊缝轴心受力是指作用力通过焊件截面形心，且垂直焊缝长度方向[图 6-8(a)]，其计算公式为

$$\sigma=\frac{N}{l_w t}\leqslant f_t^w \text{ 或 } f_c^w \tag{6-1}$$

式中　t——对接连接中连接件较小的厚度，在 T 形接头中为腹板厚度；

f_t^w——对接焊缝抗拉强度；

f_c^w——对接焊缝抗压强度；

l_w——焊缝的计算长度(板宽减去 $2t$)，若加引弧板则焊缝的计算长度即为板宽。

【例 6-1】　如图 6-8(a)所示，两块钢板采用对接焊缝。已知钢板宽度 b 为 600 mm，板厚 t 为 8 mm，轴心拉力 $N=950$ kN，钢材为 Q235 钢，焊条用 E43 型，手工焊，不采用引弧板。问焊缝承受的最大应力是多少？

【解】　因轴力通过焊缝形心，假定焊缝受力均匀分布，不采用引弧板，则 l_w 为

$$l_w=l-2t=600-2\times 8=584(\text{mm})$$

$$\sigma=\frac{N}{l_w t}=\frac{950\times 10^3}{584\times 8}=203.3(\text{N/mm}^2)$$

焊缝承受的最大应力是 203.3 N/mm²。

2. 斜向受力的对接焊缝计算

对接焊缝受斜向力是指作用力通过焊缝重心，与焊缝长度方向呈 θ 夹角，其计算公式为

图 6-8　对接焊缝
(a)垂直焊缝；(b)斜对接焊缝

$$\begin{cases}\sigma=\dfrac{N\sin\theta}{l_w t}\leqslant f_t^w(\text{或 } f_c^w)\\[2mm]\tau=\dfrac{N\cos\theta}{l_w t}\leqslant f_v^w\end{cases} \tag{6-2}$$

式中 θ——焊缝长度方向与作用力方向间的夹角。

  l_w——斜向焊缝计算长度,即 $l_w=b/\sin\theta-2t$(无引弧板);$l_w=b/\sin\theta$(有引弧板)。

  b——焊件的宽度。

由于一、二级检验的焊缝与母材强度相等,故只有三级检验的焊缝才需按式(6-2)进行抗拉强度验算。如果用直缝不能满足强度需要时,可采用如图 6-8(b)所示的斜对接焊缝。计算证明:焊缝与作用力间的夹角 θ 满足 $\tan\theta\leqslant1.5$ 时,斜焊缝的强度不低于母材强度,可不再进行验算。

3. 弯矩和剪力共同作用的对接焊缝计算

在弯矩和剪力作用下,矩形截面的对接焊缝,其正应力和剪应力的分布分别为三角形与抛物线形(图 6-9),应分别计算正应力与剪应力。

图 6-9 弯矩和剪力共同作用下矩形截面的对接焊缝

$$\sigma_{max}=\frac{M}{W_x}\leqslant f_t^w(f_c^w) \tag{6-3}$$

式中 W_x——焊缝截面抵抗矩。

剪力作用下焊缝截面上中性轴处切应力最大,其计算公式为

$$\tau_{max}=\frac{VS_w}{I_w t_w}\leqslant f_v^w \tag{6-4}$$

式中 S_w——焊缝截面上计算点处以上(以下)截面对中和轴的面积矩。

对于I形截面,对于腹板和翼缘的交界点,正应力、剪应力虽不是最大,但都比较大(图 6-10),所以除了分别验算最大正应力、最大剪应力外,还需验算此处的折算应力,即:

$$\sigma_{zs}=\sqrt{\sigma_1^2+3\tau_1^2}\leqslant1.1f_t^w \tag{6-5}$$

式中 σ_1、τ_1——腹板与翼缘交界点处的正应力和剪应力;

  1.1——考虑到最大折算应力只在部分截面的部分点出现,而将强度设计值适当提高。

图 6-10 I形截面的正应力和剪应力分布

6.4 角焊缝的构造与计算

6.4.1 角焊缝的形式和构造要求

1. 角焊缝的形式

角焊缝按其与作用力的关系可分为端面角焊缝、侧面角焊缝和斜边角焊缝(图 6-11)。端面角焊缝的焊缝长度方向与作用力垂直;侧面角焊缝的焊缝长度方向与作用力平行;斜边角焊缝的焊缝长度方向与作用力方向斜交。

图 6-11 端面角焊缝、侧面角焊缝和斜边角焊缝示意图
(a)端面角焊缝;(b)侧面角焊缝;(c)斜边角焊缝

角焊缝按其截面形式可分为直角角焊缝和斜角角焊缝。直角角焊缝按截面形式可分为普通型、平坦型和凹面型三种,一般情况下采用前者,后两者只有在焊缝承受直接动力荷载时采用(图 6-12)。

图 6-12 角焊缝截面图

大量实验结果表明,侧面角焊缝主要承受剪应力,塑性较好,弹性模量低,强度也较低。传力线通过侧面角焊缝时产生弯折,应力沿焊缝长度方向的分布不均匀,呈两端大而中间小的状态。焊缝越长,应力分布越不均匀,但在进入塑性工作阶段时产生应力重分布,可使应力分布的不均匀现象渐趋缓和。

试验表明,端面角焊缝的静力强度高于侧面角焊缝,Q235 钢和 E43 型焊条焊成的端面角焊缝的平均破坏强度比侧面角焊缝要高出 35%以上。低合金钢的试验结果也有类似情况。

2. 角焊缝的构造要求

(1)最小焊脚尺寸。角焊缝的焊脚尺寸不能过小,否则焊接时产生的热量较小,而焊件厚度较大，致使施焊时冷却速度过快，产生淬硬组织，导致母材开裂。《钢结构设计规范》(GB 50017—2003)规定：

$$h_f \geq 1.5\sqrt{t_2} \tag{6-6}$$

式中　t_2——较厚焊件厚度(mm)，取 mm 的整数，小数点以后都进 1。

(2)最大焊脚尺寸。为了避免焊缝收缩时产生较大的焊接残余应力和残余变形，热影响区扩大，容易产生热脆，较薄焊件容易烧穿，《钢结构设计规范》(GB 50017—2003)规定，除钢管结构外，角焊缝的焊脚尺寸如图 6-13 所示，应满足：

$$h_f \leq 1.2t_1 \tag{6-7}$$

式中　t_1——较薄焊件厚度(mm)。

①当 $t_2 > 6$ mm 时，$h \leq t_2 - (1\sim2)$mm；
当 $t_2 \leq 6$ mm 时，$h \leq t_2$；
②$h_f \leq 1.2t_1$

$h_f \leq 1.2t_1$　　　　　　　　　　　　　　　　　　　　　$h_f \leq t_2$(或 $1.2t_1$)

(a)　　　　　　　　　　　　　(b)　　　　　　　　　　　　　(c)

图 6-13　最大焊脚尺寸

(a)T形连接；(b)搭接；(c)十字形连接

(3)角焊缝的最小计算长度。对搭接的侧面角焊缝而言，如果焊缝长度过小，由于力线弯折大，也会造成严重的应力集中。为了使焊缝能够具有一定的承载能力，根据使用经验，侧面角焊缝或端面角焊缝的计算长度不得小于 $8h_f$ 和 40 mm。

(4)侧面角焊缝的最大计算长度。侧面角焊缝在弹性阶段沿长度方向受力不均匀，两端大而中间小。焊缝越长，应力集中越明显。如果焊缝长度超过某一限值，则有可能首先在焊缝的两端破坏，故一般规定侧面角焊缝的计算长度 $l_w \leq 60h_f$。当实际长度大于上述限值时，超过部分在计算中不予考虑。若内力沿侧面角焊缝全长分布，例如焊接梁翼缘板与腹板的连接焊缝，计算长度可不受上述限制。

(5)搭接连接的构造要求。当板件端部仅有两条侧面角焊缝连接时(图 6-14)，试验结果表明，连接的承载力与 B/l_w 有关。B 为两侧焊缝的距离，l_w 为侧焊缝的计算长度。当 $B/l_w > 1$ 时，连接的承载力随着 B/l_w 的增大而明显下降。这主要是由于应力传递的过分弯折使构件中应力所造成的分布不均匀影响。为使连接强度不致过分降低，应使每条侧焊缝的计算长度不小于两侧焊缝之间的距离，即 $B/l_w < 1$。两侧面角焊缝之间的距离 b 也不宜大于 $16t$ ($t > 12$ mm)或 190 mm($t \leq 12$ mm)，其中 t 为

钢板拱曲

图 6-14　焊缝长度及两侧焊缝间距

较薄焊件的厚度，以免因焊缝横向收缩，而引起板件向外发生较大拱曲。

在搭接中，当仅采用端面角焊缝时，其搭接长度不得小于焊件较小厚度的 5 倍，也不得小于 25 mm。

（6）减小角焊缝应力集中的措施。杆件端部的搭接采用三面围焊时，转角处截面发生突变，会产生应力集中，如在此处起灭弧，则可能出现弧坑或咬肉等缺陷，从而加大应力集中的影响，故所有围焊的转角处必须连续施焊。对于非围焊情况，当角焊缝的端部在构件转角处时，可连续地实施长度为 $2h_f$ 的绕角焊。

6.4.2 角焊缝的计算

1. 轴心力作用时的角焊缝计算

在图 6-15 的连接中，当轴心力通过连接焊缝中心时，可认为焊缝应力是均匀分布的。当只有侧面角焊缝时，按式（6-8）计算；当只有端面角焊缝时，按式（6-9）计算。

对侧面角焊缝，此时 $\sigma_f=0$，得：

$$\tau_f=\frac{N}{h_e l_w}\leqslant f_f^w \qquad (6\text{-}8)$$

对端面角焊缝，此时 $\tau_f=0$，得：

图 6-15 受轴心力的角焊缝连接

$$\sigma_f=\frac{N}{h_e l_w}\leqslant\beta_f f_f^w \qquad (6\text{-}9)$$

式中 l_w——焊缝的计算长度，焊缝两端各减去 h_f，若加引弧板则不减。

当采用三面围焊时，先按式（6-10）计算端面角焊缝所承担的内力：

$$N_1=\beta_f f_f^w\sum h_e l_{w1} \qquad (6\text{-}10)$$

式中 $\sum h_e l_{w1}$——连接一侧端面角焊缝有效面积的总和。

再由式（6-11）计算侧面角焊缝的强度：

$$\tau_f=\frac{N-N_1}{\sum h_e l_{w2}}\leqslant f_f^w \qquad (6\text{-}11)$$

式中 $\sum h_e l_{w2}$——连接一侧侧面角焊缝有效面积的总和。

【例 6-2】 如图 6-16 所示，用拼接板进行平接连接，已知主板截面为 14 mm×400 mm，承受轴心力设计值 $N=920$ kN（静力荷载），钢材为 Q235B 钢，采用 E43 型焊条，手工焊，试按以下方式设计拼接板尺寸：

（1）用侧面直角焊缝；

（2）用三面围焊。

图 6-16 拼接板平接连接

【解】 (1)拼接板截面选择：根据拼接板和主板承载能力相等原则，拼接钢板钢材也采用Q235B，两块拼接板截面面积之和应不小于主板截面面积。考虑拼接板要侧面施焊，取拼接板宽度为360 mm（主板与拼板宽度差要略大于$2h_f$）。

拼接板厚度 $t_1 = (400 \times 14)/(2 \times 360) \approx 7.8$(mm)，取$t_1 = 8$ mm。

故拼接板截面为360 mm×8 mm。

(2)焊缝计算：直角焊缝强度设计值 $f_f^w = 160$ N/mm²

根据构造要求 $1.5\sqrt{t_2} \leqslant h_f \leqslant 1.2t_1$，即$5.6(mm)= 1.5\sqrt{14} \leqslant h_f \leqslant 1.2 \times 8 = 9.6$(mm) 取$h_f = 6$ mm。符合对板边$t_1 > 6$ mm时，$h_f \leqslant t-(1\sim2)$mm。

①采用侧面焊缝时，侧面角焊缝实际长度。

$$l_w = \frac{N}{4h_e f_f^w} + 2h_f = \frac{920 \times 10^3}{4 \times 0.7 \times 6 \times 160} + 2 \times 6 \approx 342 + 12 = 354(\text{mm})，取 l_w = 355 \text{ mm}。$$

被拼接两板间宜留出缝隙10 mm，则拼接板长度$l = 2l_w + 10 = 2 \times 355 + 10 = 720$(mm)。

②采用三面围焊时，端部角焊缝承担力。

$$N' = h_e \sum l'_w \beta_f f_f^w = 0.7 \times 6 \times 2 \times 360 \times 1.22 \times 160 \approx 590\ 285(\text{N}) \approx 590 \text{ kN}$$

侧面角焊缝实际长度为

$$l_w = \frac{N-N'}{4h_e f_f^w} + h_f = \frac{(920-590) \times 10^3}{4 \times 0.7 \times 6 \times 160} + 6 \approx 123 + 6 = 129(\text{mm})，取 l_w = 130 \text{ mm}$$

拼接板长度为 $l = 2l_w + 10 = 2 \times 130 + 10 = 270$(mm)。

比较以上两种方案，可见三面围焊比仅在侧面施焊经济合理。

当角钢用侧缝连接时（图 6-17），由于角钢截面形心到肢背和肢尖的距离不相等，靠近形心的肢背焊缝承受较大的内力。设N_1和N_2分别为角钢肢背与肢尖焊缝承担的内力，由平衡条件可知：

$$N_1 + N_2 = N$$
$$N_1 e_1 = N_2 e_2$$
$$e_1 + e_2 = b$$

解上式得肢背和肢尖受力为

图 6-17 角钢的侧缝连接

$$\begin{cases} N_1 = \dfrac{e_2}{b}N = k_1 N \\ N_2 = \dfrac{e_1}{b}N = k_2 N \end{cases} \tag{6-12}$$

式中 N——角钢承受的轴心力。

k_1、k_2——角钢角焊缝的内力分配系数，按表6-1采用。

在N_1和N_2作用下，侧缝的直角角焊缝计算公式为

$$\begin{cases} \dfrac{N_1}{\sum 0.7 h_{f1} l_{w1}} \leqslant f_f^w \\ \dfrac{N_2}{\sum 0.7 h_{f2} l_{w2}} \leqslant f_f^w \end{cases} \tag{6-13}$$

式中 h_{f1}、h_{f2}——肢背、肢尖的焊脚尺寸。

l_{w1}、l_{w2}——肢背、肢尖的焊缝计算长度。

考虑到每条焊缝两端的起灭弧缺陷，实际焊缝长度为计算长度加 $2h_f$，但对于三面围焊，由于在杆件端部转角处必须连续施焊，每条侧面角焊缝只有一端可能起灭弧，故焊缝实际长度为计算长度加 h_f；对于采用绕角焊的侧面角焊缝，其实际长度等于计算长度（绕角焊缝长度 $2h_f$ 不计入计算）。

角钢用三面围焊时（图 6-18），既要考虑到焊缝形心线基本上与角钢形心线一致，又要考虑到侧缝与端缝计算的区别。计算时先选定端缝的焊脚尺寸 h_{f3}，并算出它所能承受的内力：

$$N_3 = \beta_f \sum 0.7 h_{f3} l_{w3} f_f^w \tag{6-14}$$

式中　h_{f3}——端缝的焊脚尺寸；

　　　l_{w3}——端缝的焊缝计算长度。

表 6-1　角钢角焊缝的轴力分配系数

角钢种类	连接情况	角钢肢背 k_1	角钢肢尖 k_2
等肢角钢		0.70	0.30
不等肢角钢短肢相并		0.75	0.25
不等肢角钢长肢相并		0.65	0.35

图 6-18　角钢角焊缝围焊的计算

通过平衡关系得肢背和肢尖侧焊缝受力为

$$\begin{cases} N_1 = k_1 N - 0.5 N_3 \\ N_2 = k_2 N - 0.5 N_3 \end{cases} \tag{6-15}$$

在 N_1 和 N_2 作用下，侧焊缝的计算公式与式（6-13）相同。

当采用 L 形围焊时(图 6-18),令 $N_2=0$,可得:

$$\begin{cases} N_3=2k_2N \\ N_1=k_1N-k_2N=(k_1-k_2)N \end{cases} \tag{6-16}$$

L 形围焊脚焊缝的计算公式为

$$\begin{cases} \dfrac{N_1}{\sum 0.7h_{f1}l_{w1}} \leqslant f_f^w \\ \dfrac{N_3}{\sum 0.7h_{f3}l_{w3}} \leqslant f_f^w \end{cases} \tag{6-17}$$

【例 6-3】 角钢截面为 2∟ 140×10,与厚度为 16 mm 的节点板相连接,钢材为 Q235—B 钢,手工焊,焊条为 E43 型。杆件承受静力荷载,由恒荷载标准值产生的轴力 $N_G=300$ kN,$\gamma_G=1.2$;由活荷载标准值产生的轴力 $N_Q=580$ kN,$\gamma_Q=1.4$。试分别设计下列情况时此节点的连接:(1)采用三面围焊;(2)采用两面焊缝;(3)采用 L 形焊缝。

【解】 (1)采用三面围焊。

确定角焊缝的焊角尺寸 h_f。

最小焊脚尺寸 $\qquad h_f=1.5\sqrt{t_2}=1.5\sqrt{16}=6(\text{mm})$

最大焊脚尺寸 $\qquad h_f=t_1-(1\sim2)=10-(1\sim2)=9\sim8(\text{mm})$

选用 $\qquad h_f=8$ mm

轴心力的设计值 $\quad N=\gamma_GN_G+\gamma_QN_Q=1.2\times300+1.4\times580=1\ 172(\text{kN})$

杆件截面应力 $\quad \sigma=\dfrac{N}{A_n}=\dfrac{1\ 172\times10^3}{5\ 474}=214.1(\text{N/mm}^2)<f=215\ \text{N/mm}^2$

端面角焊缝承受的力

$$N_3=\beta_f\sum0.7h_{f3}l_{w3}f_f^w=1.22\times160\times2\times0.7\times8\times140\times10^{-3}=306.1(\text{kN})$$

侧面角焊缝承受的力

$$N_1=k_1N-\frac{N_3}{2}=0.7\times1\ 172-\frac{306.1}{2}=667.4(\text{kN})$$

$$N_2=N-N_1-N_3=1\ 172-667.4-306.1=198.5(\text{kN})$$

肢背焊缝的计算长度

$$l_{w1}\geqslant\frac{N_1}{2h_ef_f^w}=\frac{667.4\times10^3}{2\times0.7\times8\times160}=372.4(\text{mm})<60h_f=480\ \text{mm}$$

实际焊缝长度 $\quad l_1=l_{w1}+h_f=372.4+8=380.4(\text{mm})$,取 385 mm。

肢尖焊缝的计算长度

$$l_{w2}\geqslant\frac{N_2}{2h_ef_f^w}=\frac{198.5\times10^3}{2\times0.7\times8\times160}=110.8(\text{mm})>8h_f=64\ \text{mm}$$

实际焊缝长度 $\quad l_2=l_{w2}+h_f=110.8+8=118.8(\text{mm})$,取 120 mm。

角钢端部:焊缝的实际长度与计算长度相等,即 $l_3=l_{w3}=140$ mm。

(2)采用两面侧焊缝。两侧面角焊缝的焊角尺寸可以不同,可取 $h_{f1}>h_{f2}$。但焊角尺寸不同将导致施焊时需采用焊心直径不同的焊条,为避免这种情况,一般情况下宜采用相同的 h_f。本题中取 $h_f=8$ mm。

$$N_1=k_1N=0.7\times1\ 172=820.4(\text{kN})$$

$$N_2=N-N_1=1\ 172-820.4=351.6(\text{kN})$$

肢背焊缝的计算长度

$$l_{w1} \geqslant \frac{N_1}{2h_e f_f^w} = \frac{820.4 \times 10^3}{2 \times 0.7 \times 8 \times 160} = 457.8 \text{(mm)} < 60h_f = 480 \text{ mm}$$

实际焊缝长度　$l_1 = l_{w1} + 2h_f = 457.8 + 16 = 473.8 \text{(mm)}$，取 475 mm。

肢尖焊缝的计算长度

$$l_{w2} \geqslant \frac{N_2}{2h_e f_f^w} = \frac{351.6 \times 10^3}{2 \times 0.7 \times 8 \times 160} = 196.2 \text{(mm)} > 8h_f = 64 \text{ mm}$$

实际焊缝长度　$l_2 = l_{w2} + 2h_f = 196.2 + 16 = 212.2 \text{(mm)}$，取 215 mm。

（3）采用 L 形围焊。

$$N_3 = 2k_2 N = 2 \times 0.3 \times 1\,172 = 703.2 \text{(kN)}$$

$$N_1 = (k_1 - k_2) N = (0.7 - 0.3) \times 1\,172 = 468.8 \text{(kN)}$$

角钢端部传递 N_3 所需的端面角焊缝尺寸

$$h_{f3} \geqslant \frac{N_3}{2 \times 0.7 l_{w3} \beta_f f_f^w} = \frac{703.2 \times 10^3}{2 \times 0.7 \times (140 - 8) \times 1.22 \times 160} = 19.5 \text{(mm)} \gg h_{f,max} = 9 \text{ mm}$$

所以不满足构造要求，不能采用 L 形围焊。

2. 在弯矩、轴力和剪力共同作用下的角焊缝计算

角焊缝在弯矩、剪力和轴力作用下的内力，根据焊缝所处位置和刚度等因素确定。角焊缝在各种外力作用下的内力计算原则如下：

（1）求单独外力作用下角焊缝的应力，并判断该应力对焊缝产生端缝受力（垂直于焊缝长度方向），还是侧缝受力（平行于焊缝长度方向）。

（2）采用叠加原理，将各种外力作用下的焊缝应力进行叠加。叠加时注意应取焊缝截面上同一点的应力进行叠加，而不能用各种外力作用下产生的最大应力进行叠加。因此，应根据单独外力作用下产生的应力分布情况判断最危险点进行计算。

（3）如图 6-19 所示，在轴力 N 作用下，在焊缝有效截面上产生均匀应力，即

$$\sigma_N = \frac{N}{A_e} \tag{6-18}$$

式中　σ_N——由轴力 N 在端缝中产生的应力。

　　　A_e——焊缝有效截面面积。

图 6-19　弯矩、轴力和剪力共同作用的角焊缝应力

（4）在剪力 V 作用下，根据与焊缝连接件的刚度来判断哪一部分焊缝截面承受剪力作用，在受剪截面上应力分布是均匀的，即

$$\tau_v = \frac{V}{A_e} \tag{6-19}$$

式中　τ_v——剪力 V 产生的应力。

（5）在弯矩 M 作用下，焊缝应力按三角形分布，即

$$\sigma_M = \frac{M}{W_e} \tag{6-20}$$

式中　σ_M——弯矩在焊缝中产生的应力。

W_e——截面对形心的模量。

将弯矩和轴力产生的应力在 A 点叠加　　　$\sigma_f = \sigma_N + \sigma_M$

剪力 V 在 A 点的应力　　　　　　　　$\tau_f = \tau_v$

焊缝的强度验算公式为　　　　$\sqrt{\left(\dfrac{\sigma_f}{\beta_f}\right)^2 + \tau_f^2} \leqslant f_f^w \tag{6-21}$

当连接直接承受动力荷载时，取 $\beta_f = 1.0$。

图 6-20 所示的 I 形或 H 形截面梁与钢柱翼缘的角焊缝连接，通常承受弯矩 M 和剪力 V 的共同作用。计算时通常假设腹板焊缝承受全部剪力，弯矩则由全部焊缝承受。

图 6-20　I 形或 H 形截面梁与钢柱翼缘的角焊缝连接

为了焊缝的分布较合理，宜在每个翼缘的上、下两侧使用角焊缝，由于翼缘焊缝只承受垂直于焊缝长度方向的弯曲应力，所以以此弯曲应力沿梁高度呈三角形分布，最大应力发生在翼缘焊缝的最外纤维处。为了保证此焊缝的正常工作，应使翼缘焊缝最外纤维处的应力满足

$$\sigma_{f1} = \frac{M}{I_w} \cdot \frac{h}{2} \leqslant \beta_f f_f^w \tag{6-22}$$

式中　M——全部焊缝所承受的弯矩；

I_w——全部焊缝有效截面对中心轴的惯性矩。

腹板焊缝承受两种应力共同作用，即垂直于焊缝长度方向且沿梁高呈三角形分布的弯曲应力和平行于焊缝长度方向且沿焊缝截面均匀分布的切应力的作用，设计控制点为翼缘焊缝与腹板焊缝的交点 A。此处的弯曲应力和切应力分别按下式计算

$$\sigma_{f2} = \frac{M}{I_w} \cdot \frac{h_2}{2} \tag{6-23}$$

$$\tau_{f2} = \frac{V}{\sum h_{e2} l_{w2}} \tag{6-24}$$

式中　$\sum h_{e2} l_{w2}$——腹板焊缝有效面积之和。

腹板焊缝在点 A 处的强度验算式为

$$\sqrt{\left(\frac{\sigma_{f2}}{\beta_f}\right)^2 + \tau_{f2}^2} \leqslant f_f^w \tag{6-25}$$

6.5 普通螺栓的构造与计算

6.5.1 螺栓的排列和构造要求

螺栓的排列应简单统一、整齐紧凑，通常分为并列和错列两种形式（图 6-21）。并列比较简单整齐，所用连接板尺寸小，但由于螺栓孔的规则分布，对构件截面的削弱较大。错列可以减小螺栓孔对截面的削弱，但孔的排列不如并列紧凑，连接板尺寸较大。

图 6-21 钢板上的螺栓排列

(a)并列排列；(b)错列排列

（1）受力要求：为避免钢板端部不被剪断，螺栓的端距不应小于 $2d_0$，d_0 为螺栓孔径。对于受拉构件各排螺栓的栓距和线距不应过小，否则螺栓周围应力集中相互影响较大，且对钢板的截面削弱过多，从而降低其承载能力。对于受压构件，沿作用力方向的栓距不宜过大，否则板件间容易发生凸曲现象。铆钉排列要求与螺栓类同。

（2）构造要求：若栓距及线距过大，则构件接触面不够紧密，潮气易于侵入缝隙面发生锈蚀。

（3）施工要求：要保证有一定的空间，便于转动螺栓扳手。

根据上述要求，钢板上排列的螺栓的最大、最小容许距离见表 6-2。

表 6-2 螺栓的最大、最小容许距离

名　称	位置和方向			最大容许距离 （取两者中的较小值）	最小容许距离
中心间距	任意方向	外　排		$8d_0$ 或 $12t$	$3d_0$
		中间排	构件受压力	$12d_0$ 或 $18t$	
			构件受拉力	$16d_0$ 或 $24t$	
中心至构件 边缘的距离	垂直于 内力方向	顺内力方向		$4d_0$ 或 $8t$	$2d_0$
		切割边			$1.5d_0$
		轧制边	高强度螺栓		
			其他螺栓或栓钉		$1.2d_0$

注：1. d_0 为螺栓孔或铆钉孔的直径，t 为外层较薄板件的厚度。

2. 钢板边缘与刚性构件（如角钢、槽钢等）相连接的螺栓或铆钉的最大间距，可按中间排的数值采用。

角钢、槽钢、普通工字钢上螺栓的排列应满足图 6-22、图 6-23 和表 6-3～表 6-5 的要求。H 型钢腹板上的 c 值可参照普通工字钢，翼缘上 e 值或 e_1、e_2 值可根据外伸宽度参照角钢。

图 6-22　角钢上的螺栓排列

(a)单行排列；(b)双行错列；(c)双行并列

图 6-23　型钢上的螺栓排列

(a)槽钢；(b)普通工字钢；(c)H 型钢

表 6-3　角钢上螺栓或铆钉线距　　　　　　　　　　　　　　　　mm

单行排列	角钢肢宽	40	45	50	56	63	70	75	80	90	100	110	125
	线距 e	25	25	30	30	35	40	40	45	50	55	60	70
	最大孔径	11.5	13.5	13.5	15.5	17.5	20	22	22	24	24	26	26

双行错列	角钢肢宽	125	140	160	180	200	双行并列	角钢肢宽	160	180	200
	e_1	55	60	70	70	80		e_1	60	70	80
	e_2	90	100	120	140	160		e_2	130	140	160
	最大孔径	24	24	26	26	26		最大孔径	24	24	26

表 6-4　工字钢和槽钢腹板上的螺栓线距　　　　　　　　　　　　mm

工字钢型号	12	14	16	18	20	22	25	28	32	36	40	45	50	56	63
线距 c_{min}	40	45	45	45	50	50	55	60	60	65	70	75	75	75	75
槽钢型号	12	14	16	18	20	22	25	28	32	36	40	—	—	—	—
线距 c_{min}	40	45	50	50	55	55	55	60	65	70	75	—	—	—	—

表 6-5　工字钢和槽钢翼缘上的螺栓线距　　　　　　　　　　　　mm

工字钢型号	12	14	16	18	20	22	25	28	32	36	40	45	50	56	63
线距 c_{min}	40	40	50	55	60	65	65	70	75	80	80	85	90	95	95
槽钢型号	12	14	16	18	20	22	25	28	32	36	40	—	—	—	—
线距 c_{min}	30	35	35	40	40	45	45	45	50	56	60	—	—	—	—

螺栓及螺栓孔的图例见表 6-6。

表 6-6　螺栓及螺栓孔图例

名称	永久螺栓	安装螺栓	高强度螺栓	螺栓圆孔	椭圆形螺栓孔
图　例	✦	✦	✦	●	⬤

6.5.2　普通螺栓的工作性能

螺栓连接由于安装省时省力、所需安装设备简单、对施工工人的技能要求不及对焊工的要求高等优点，目前在钢结构连接中的应用仅次于焊缝连接。螺栓连接按受力情况又可分为三种：抗剪螺栓连接、抗拉螺栓连接和同时承受剪力和拉力的螺栓连接。

1. 普通螺栓的抗剪连接

（1）螺栓受剪时的工作性能。抗剪螺栓连接在受力以后，很快超过摩擦力极限，钢板件发生相对滑动，螺栓杆和螺栓孔壁发生接触，使螺栓杆受剪，同时螺栓杆和孔壁间互相接触挤压。剪力主要靠螺栓杆受剪，以及与钢板件之间的挤压来传递。

螺栓连接受剪时的破坏可能出现五种形式：螺栓杆剪切破坏[图 6-24（a）]；钢板孔壁挤压破坏[图 6-24（b）]；构件本身由于截面开孔削弱过多而破坏[图 6-24（c）]；由于钢板端部螺孔端距太小而被剪坏[图 6-24（d）]；由于钢板太厚、螺杆直径太小，发生螺杆弯曲破坏[图 6-24（e）]。后两种破坏用限制螺距和螺栓杆杆长 $l \leqslant 5d$（d 为螺栓杆直径）等构造措施来防止，前三种需要在设计计算中验算保证。

图 6-24　普通螺栓连接的破坏形式
（a）螺栓杆剪切破坏；（b）钢板孔壁挤压破坏；（c）截面开孔削弱过多而破坏
（d）螺孔端距太小而被剪坏；（e）螺杆弯曲破坏

（2）单个普通螺栓的抗剪承载力。普通螺栓连接的抗剪承载力应考虑螺栓杆受剪和孔壁承压两种情况。

每个普通螺栓的抗剪承载力：
$$N_v^b = n_v \frac{\pi d^2}{4} f_v^b \tag{6-26}$$

每个普通螺栓的承压承载力：
$$N_c^b = d \sum t f_c^b \tag{6-27}$$

式中　n_v——受剪面数(图 6-25)；

$\quad\quad d$——螺杆直径；

$\quad\quad \sum t$——同一方向承压构件较小总厚度(图 6-25)；

$\quad\quad f_v^b$、f_c^b——螺栓抗剪、抗压强度设计值。

对于抗剪螺栓的设计值应取受剪和承压承载力设计值中的较小者，即
$$N_{min}^b = min\{N_v^b,\ N_c^b\} \tag{6-28}$$

$n_v=1$，$\sum t = min(t_1,\ t_2)$

$n_v=2$，$\sum t = min(t_1+t_3,\ t_2)$

$n_v=3$，$\sum t = min(t_1+t_3,\ t_2+t_4)$

图 6-25　剪切面数和承压厚度

2. 普通螺栓的抗拉连接

螺栓连接在拉力作用下，构件的接触面有脱开趋势。此时螺栓受到沿杆轴方向的拉力作用，故拉力螺栓连接的破坏形式为栓杆被拉断(图 6-26)。

单个螺栓的抗拉承载力：
$$N_t^b = \frac{\pi d_e^2}{4} f_t^b \tag{6-29}$$

式中　d_e——螺纹处有效直径；

$\quad\quad f_t^b$——螺栓抗拉强度设计值。

在采用螺栓的 T 形连接中，必须借助辅助零件(角钢)才能实现(图 6-27)。通常角钢的刚度不大，受拉后，垂直于拉力作用方向的角钢肢会发生较大的变形[图 6-27(a)]，并起杠杆作用，在该肢外侧端部产生撬力 Q。因此，螺栓实际所受拉力 $P_t = N + Q$，由于确定 Q 力比较复杂，故在计算中一般不计 Q 力，而用降低螺栓强度设计值的方法解决，取 $f_t^b = 0.8f$。

如果在构造上采取一些措施加强角钢刚度，可使其不致产生撬力，或产生撬力甚小，例如在角钢两肢间设置加劲肋[图 6-27(b)]就是增大刚度的有效方法。

图 6-26　螺栓抗拉连接

图 6-27　螺栓的 T 形连接

（a）角钢辅助；（b）有加劲肋的角钢辅助

6.5.3　普通螺栓群的工作性能及计算

1. 螺栓群受通过形心的剪力的计算

当外力通过螺栓群形心时，计算时可假定轴心力由每个螺栓平均分担，即螺栓数目 n 为

$$n=\frac{N}{\beta N_{\min}^{\mathrm{b}}} \tag{6-30}$$

式中　N——连接件中的轴心受力；

　　　$N_{\min}^{\mathrm{b}}$——单个螺栓抗剪承载力设计值；

　　　β——螺栓群的承载力设计值折减系数。该系数与螺栓在构件节点处或拼接接头一端，沿受力方向的连接长度 l 和其孔径 d_0 之比有关，由式（6-31）确定。

$$\beta=1.1-\frac{l_1}{150d_0} \tag{6-31}$$

式中　d_0——孔径。

当 $l_1<15d_0$ 时，取 $\beta=1.0$；当 $l_1>60d_0$ 时，取 $\beta=0.7$。

由于螺栓孔削弱了构件截面，因此在排列好螺栓后，还需验算构件的净截面强度：

$$\sigma=\frac{N}{A_{\mathrm{n}}}\leqslant f \tag{6-32}$$

式中　A_{n}——构件净截面面积。根据螺栓排列形式取 Ⅰ—Ⅰ 或 Ⅱ—Ⅱ 截面进行计算（图 6-28）。

当螺栓并列布置时

$$A_{\mathrm{n}}=A-n_1d_0t \tag{6-33}$$

图 6-28　轴向力作用下的螺栓群受剪净截面验算

当螺栓错列布置时，构件有可能沿Ⅰ—Ⅰ或Ⅱ—Ⅱ截面破坏，Ⅱ—Ⅱ的净截面面积可近似地取为

$$A_n = \left[2e_1 + (n_2 - 1)\sqrt{a^2 + e^2} - n_2 d_0\right]t \tag{6-34}$$

式中　n_1——第一排螺栓的数目；

n_2——前两排螺栓的总数目。

取Ⅰ—Ⅰ和Ⅱ—Ⅱ截面之较小值，验算构件的净截面强度。

【例6-4】　设计两角钢拼接的普通粗制 4.6 级螺栓连接，角钢截面为∟75×5，轴心受拉设计值 $N = 120$ kN，拼接角钢采用与构件相同的截面，钢材为 Q235A—F 钢，螺栓直径 $d = 20$ mm，孔径 $d_0 = 21.5$ mm，如图 6-29 所示。

图 6-29　【例 6-4】图

【解】　(1)螺栓连接计算。

单个螺栓的抗剪承载力设计值为

$$N_v^b = n_v \cdot \frac{\pi d^2}{4} \cdot f_v^b = 1 \times \frac{\pi \times 20^2}{4} \times 140 = 43\,982(\text{N}) \approx 44.0 \text{ kN}$$

单个螺栓的承压承载力设计值为

$$N_c^b = d \sum t f_c^b = 20 \times 5 \times 305 = 30\,500(\text{N}) = 30.5 \text{ kN}$$

$$N_{\min}^b = \min\{N_v^b, N_c^b\} = 30.5 \text{ kN}$$

构件一侧所需螺栓数目为

$$n = \frac{N}{N_{\min}^b} = \frac{120 \times 10^3}{30.5 \times 10^3} = 3.93$$

每侧采用 5 只螺栓，为了排列紧凑，在角钢两肢上交错排列，如图 6-29 所示。

(2)构件强度验算。将角钢展开，角钢的毛截面面积 $A = 736.7$ mm^2。

Ⅰ—Ⅰ截面的净面积为

$$A_n^{\text{I}} = A - n_1 d_0 t = 736.7 - 1 \times 21.5 \times 5 = 629.2(\text{mm}^2)$$

Ⅱ—Ⅱ截面的净面积为

$$A_n^{\text{II}} = \left[2e_1 + (n_2 - 1)\sqrt{a^2 + e^2} - n_2 d_0\right]t$$

$$= \left[2 \times 30 + (2-1) \times \sqrt{40^2 + 85^2} - 2 \times 21.5\right] \times 5 = 554.7(\text{mm}^2)$$

取其中较小者进行验算，$A_n = \min(A_n^{\text{I}}, A_n^{\text{II}}) = 554.7$ mm^2

$$\sigma = \frac{N}{A_n} = \frac{120 \times 10^3}{554.7} = 216.3(\text{N/mm}^2) > f = 215 \text{ N/mm}^2$$

但　$\dfrac{\sigma - f}{\sigma} = \dfrac{216.3 - 215}{215} \times 100\% = 0.605\% < 5\%$，仍认为可行。

2. 普通螺栓群在轴力、剪力和扭矩共同作用下的计算

螺栓群在通过其形心的剪力 V 和轴力 N 作用下，每个螺栓受力为

$$N_{1y}^V = \frac{V}{n} \qquad \downarrow \tag{6-35}$$

$$N_{1x}^N = \frac{N}{n} \qquad \rightarrow \tag{6-36}$$

螺栓群在扭矩 T 作用下，每个螺栓实际受剪。计算假定连接构件是绝对刚性的，螺栓是弹性的，则所有螺栓都绕螺栓群形心旋转（图 6-30），其受力大小与到螺栓群形心的距离成正比，方向与螺栓群到形心的直线垂直。

图 6-30　普通螺栓群在扭矩、剪力和轴力共同作用下的受力分析

$$N_{1x}^M = \frac{Ty_1}{\sum x^2 + \sum y^2}, N_{1y}^M = \frac{Tx_1}{\sum x^2 + \sum y^2} \tag{6-37}$$

由图 6-30 可以看出，螺栓 1 的受力 N_{1x}^T 和 N_{1y}^T 与由于 N 和 V 所产生的 N_{1x}^N 和 N_{1y}^V 同方向，因此该螺栓受力最大，其合力为

$$N_1^{M,V,N} = \sqrt{(N_{1x}^M + N_{1x}^N)^2 + (N_{1y}^M + N_{1y}^V)^2} \leqslant N_{min}^b \tag{6-38}$$

当螺栓群布置在一个狭长带时，式（6-37）可以稍作简化。当 $x_1 > 3y_1$ 时，可假定所有 $y = 0$；当 $y_1 > 3x_1$ 时，可假定所有 $x = 0$。

3. 普通螺栓群在弯矩 M 和轴力 N 共同作用下的计算

普通螺栓群在弯矩 M 和轴力 N 共同作用下的连接有两种情形：

（1）板件下端有抗剪块，此时竖向剪力 V 通过板件直接传递给抗剪块，螺栓群不受竖向剪力（图 6-31）；

图 6-31　普通螺栓群在弯矩 M 和轴力 N 共同作用下的受力分析

（a）弯矩较小；（b）弯矩较大

（2）当板件下端没有抗剪块时，剪力 V 通过螺栓群传递，如果通过形心，则在各个螺栓之间平均分配。

因为轴力 N 作用在螺栓群形心，故可以认为各螺栓平均受拉，拉力为

$$N_i^N = N/n$$

在弯矩 M 作用下，被连接件有顺弯矩 M 作用方向旋转的趋势。根据弯矩的大小，应区别两种情况。

（1）当弯矩 M 较小时，被连接件绕螺栓群的形心线上的 O 点转动[图 6-31（a）]，螺栓所受拉力的大小与旋转中心 O 点的距离成正比。根据平衡条件（仅考虑弯矩 M）得：

$$M = m \sum_{i=1}^n N_i^M y_i \tag{a}$$

式中　m——螺栓的列数。

再根据几何关系得

$$\frac{N_i^M}{y_i} = 常数 \tag{b}$$

由式（a）及式（b）得

$$N_1^M = \frac{My_1}{m \sum_{i=1}^n y_i^2} \tag{6-39}$$

式中　y_i——各螺栓到螺栓群形心 O 点的距离；

　　　y_1——y_i 中的最大值。

因此可得连接中受拉力最大的和受拉力最小的计算式为

$$\begin{cases} N_{\min} = \dfrac{N}{n} - \dfrac{My_1}{\sum y_i^2} \\[3mm] N_{\max} = \dfrac{N}{n} + \dfrac{My_1}{\sum y_i^2} \end{cases} \tag{6-40}$$

当计算得到的 $N_{\min} \geqslant 0$ 时，说明所有螺栓均受拉，被连接构件绕螺栓群形心 O 转动。由计算得到的 $N_{\max}$ 必须满足强度条件：

$$N_{\max} \leqslant N_t^b \tag{6-41}$$

（2）当弯矩 M 较大，由式（6-41）求出的 $N_{\min} < 0$ 时，说明连接下部受压，这时偏安全地认为被连接构件绕底排螺栓 O' 转动[图 6-31（b）]，应对底排螺栓取矩，则顶排螺栓受力为

$$N_{\max} = \frac{(M + Ne) y_1'}{\sum y_i'^2} \leqslant N_t^b \tag{6-42}$$

式中　e_1——轴力到转动中心 O'（底排螺栓）的距离；

　　　y_i——各螺栓到转动中心 O'（底排螺栓）的距离；

　　　y_1——y_i 中的最大值。

应注意，被连接构件绕底排螺栓或是顶排螺栓转动，应视弯矩作用方向而定。

6.6　高强度螺栓的构造与计算

6.6.1　高强度螺栓连接的工作性能

高强度螺栓的性能等级有 10.9 级和 8.8 级，级别划分的小数点前的数字是螺栓热处理

后的最低抗拉强度，小数点后的数字是屈强比（屈服强度与抗拉强度的比值），如 8.8 级高强度螺栓所用钢材的最低抗拉强度是 $800\ N/mm^2$，屈服强度是 $0.8\times800=640(N/mm^2)$。高强度螺栓连接孔应采用钻成孔，摩擦型连接的孔径比螺栓公称直径大 $1.5\sim2.0\ mm$，承压型连接的孔径比螺栓公称直径大 $1.0\sim2\ mm$。

高强度螺栓连接按受力特征划分为高强度螺栓摩擦型连接、高强度螺栓承压型连接和承受拉力的高强度螺栓连接。

高强度螺栓摩擦型连接单纯依靠被连接构件间的摩擦阻力传递剪力，以剪力等于摩擦力为承载能力的极限状态。高强度螺栓承压型连接的传力特征是当剪力超过摩擦力后，构件间发生相互滑移，螺栓杆身与孔壁接触，开始受剪并和孔壁承压，同时摩擦力随外力继续增大而逐渐减弱，到连接接近破坏时，剪力全由杆身承担。高强度螺栓承压型连接以螺栓或钢板破坏为承载能力的极限状态，可能的破坏形式和普通螺栓相同。承受拉力的高强度螺栓连接，由于预拉力作用，构件间在承受荷载前已经有较大的挤压力，拉力作用首先要抵消这种挤压力。至构件完全被拉开后，高强度螺栓的受拉力情况就和普通螺栓受拉相同。不过这种连接的变形要小很多。当拉力小于挤压力时，构件未被拉开，可以减少锈蚀危害，改善连接的疲劳性能。

6.6.2　高强度螺栓的承载力设计值

1. 摩擦型连接高强度螺栓抗剪承载力设计值

摩擦型连接的承载力取决于构件接触面的摩擦力，而此摩擦力的大小与螺栓所受预拉力和摩擦面的抗滑移系数以及连接的传力摩擦面数有关。

单个摩擦型连接高强度螺栓的抗剪承载力设计值为

$$N_v^b=0.9n_f\mu P \tag{6-43}$$

式中　0.9——抗力分项系数 γ_R 的倒数，即取 $\gamma_R=1/0.9=1.111$；

　　　n_f——传力摩擦面数目：单剪时，$n_f=1$，双剪时，$n_f=2$；

　　　μ——摩擦面的抗滑移系数，按表 6-7 采用；

　　　P——每个高强度螺栓的预拉力，按表 6-8 采用。

表 6-7　摩擦面的抗滑移系数 μ

在连接处构件接触面的处理方法	构件的钢号		
	Q235	Q345、Q390	Q420
喷砂（丸）	0.45	0.50	0.50
喷砂（丸）后涂无机富锌漆	0.35	0.40	0.40
喷砂（丸）后生赤锈	0.45	0.50	0.50
钢丝刷清除浮锈或未经处理的干净轧制表面	0.30	0.35	0.40

表 6-8　单个高强度螺栓的预拉力 P　　　　　　　　　　　　　　kN

螺栓的性能等级	螺栓公称直径/mm					
	M16	M20	M22	M24	M27	M30
8.8 级	80	125	150	175	230	280
10.9 级	100	155	190	225	290	355

2. 承压型连接高强度螺栓抗剪承载力设计值

高强度螺栓承压型连接的传力特征是剪力超过摩擦力后，构件之间发生相对滑移，螺杆杆身与孔壁接触，使螺杆受剪和孔壁受压，破坏形式与普通螺栓相同。

高强度螺栓连接承压型的抗剪承载力设计值与普通螺栓计算相同，也分螺栓杆抗剪和孔壁承压两部分。

$$N_v^b = n_v \frac{\pi d^2}{4} f_v^b, N_c^b = d \sum t f_c^b$$

3. 高强度螺栓抗拉承载力设计值

高强度螺栓受到外力作用时，首先要抵消钢板件之间的挤压力。在克服挤压力之前，螺杆的预拉力基本不变。如图 6-32(a)所示，设高强度螺栓在外力作用之前，螺杆受预拉力 P，钢板接触面上产生挤压力 C，而挤压力 C 与预拉力 P 相平衡。试验表明，当外拉力过大时，螺栓将发生松弛现象，这对连接件抗剪性能是不利的，因此《钢结构设计规范》(GB 50017—2003)规定，单个高强度螺栓的抗拉承载力设计值为

$$N_t^b = 0.8P \tag{6-44}$$

图 6-32　高强度螺栓受拉

6.6.3　高强度螺栓群的抗剪计算

1. 轴心力作用时

(1)螺栓数：高强度螺栓连接所需螺栓数，仍按式(6-30)计算，其中 N_{min}^b 对摩擦型连接为按式(6-43)算得的 N_v^b，对于承压型连接计算 N_{min}^b 时用高强度螺栓的 f_v^b、f_c^b。

(2)构件净截面强度的计算：对于承压型连接，构件净截面强度验算与普通螺栓相同。对于摩擦型连接，要考虑摩擦阻力作用，一部分剪力由孔前接触面传递(图 6-33)，按照规范规定，孔前传力占螺栓传力的 50%。这样截面1—1处净截面传力为

$$N' = N \left(1 - \frac{0.5 n_1}{n}\right) \tag{6-45}$$

式中　n_1——所计算截面(最外列螺栓处)上螺栓数；

　　　n——连接一侧的螺栓总数。

截面1—1

图 6-33　孔前传力

然后按式(6-46)验算净截面强度：

$$\sigma=\frac{N'}{A_n}=\frac{N}{A_n}\left(1-\frac{0.5n_1}{n}\right)\leqslant f \tag{6-46}$$

另外，还需要按式(6-47)验算毛截面强度：

$$\sigma=\frac{N}{A}\leqslant f \tag{6-47}$$

2. 扭矩作用时以及扭矩、剪力、轴心力共同作用时

扭矩作用时以及扭矩、剪力、轴心力共同作用时的抗剪高强度螺栓计算，其方法与普通螺栓相同，只是用高强度螺栓的承载力设计值进行计算。

6.6.4 高强度螺栓抗拉连接计算

如图 6-34 所示，在外拉力 N(设计值)的作用下，高强度螺栓受拉，连接所需螺栓数：

$$n=\frac{N}{N_t^b} \tag{6-48}$$

如图 6-35 所示，在弯矩 M 的作用下，由于高强度螺栓的预拉力很大，被连接构件的接触面一直保持紧密结合，中和轴位置在截面高度中心，可以认为在螺栓群形心轴线上。这种情况以板不被拉开为条件，因此，最上端的螺栓预拉力应满足下列公式：

$$N_1=\frac{My_1}{\sum y_i^2}\leqslant N_t^b \tag{6-49}$$

式中　y_1——螺栓群形心轴到螺栓的最大距离。

图 6-34　高强度螺栓受拉

$\sum y_i^2$——形心轴上、下两个螺栓到形心轴距离的平方和。

图 6-35　高强度螺栓受弯连接

6.6.5 同时承受剪力和拉力的高强度螺栓连接计算

图 6-31 所示的连接，当采用高强度螺栓时，若支托仅作安装之用，则螺栓同时承受剪力和拉力。

(1)对高强度螺栓摩擦型连接，随着外力的增大，板件间的挤压力逐渐变小，每个螺栓的抗滑移承载力也随之减小。另外，由试验可知，抗滑移系数也随板件间挤压力的减小而降低。考虑这些因素的影响，对同时承受剪力和拉力的高强度螺栓摩擦型连接，每个螺栓的承载力按下式计算，抗滑移系数仍采用原值。

$$\frac{N_{\mathrm{v}}}{N_{\mathrm{v}}^{\mathrm{b}}}+\frac{N_{\mathrm{t}}}{N_{\mathrm{t}}^{\mathrm{b}}}\leqslant 1 \qquad\qquad (6\text{-}50)$$

式中 N_{v}，N_{t}——单个高强度螺栓所承受的剪力和拉力；

$N_{\mathrm{v}}^{\mathrm{b}}$，$N_{\mathrm{t}}^{\mathrm{b}}$——单个高强度螺栓受剪、受拉承载力设计值。

(2)同时承受剪力和拉力的承压型连接高强度螺栓的计算方法与普通螺栓相同。当承压型连接高强度螺栓受有杆轴拉力时，板件的挤压力随外拉力的增加而减小，因而其承压强度设计值也随之降低。为了计算简单，《钢结构设计规范》(GB 50017—2003)规定，只要有外拉力存在，就应将承压强度除以 1.2 的系数予以降低。因为所有高强度螺栓的外拉力一般均不大于 $0.8P$，故可认为整个板件始终处于紧密接触状态。

对于同时受剪力和拉力的承压型连接高强度螺栓，要按下式计算：

$$\sqrt{\left(\frac{N_{\mathrm{v}}}{N_{\mathrm{v}}^{\mathrm{b}}}\right)^{2}+\left(\frac{N_{\mathrm{t}}}{N_{\mathrm{t}}^{\mathrm{b}}}\right)^{2}}\leqslant 1 \qquad\qquad (6\text{-}51)$$

$$N_{\mathrm{v}}\leqslant N_{\mathrm{c}}^{\mathrm{b}}/1.2 \qquad\qquad (6\text{-}52)$$

式中 $N_{\mathrm{c}}^{\mathrm{b}}$——只受剪力时孔壁承压承载力设计值；

$f_{\mathrm{c}}^{\mathrm{b}}$——承压型高强度螺栓承压强度设计值。

【例 6-5】 如图 6-36 所示，设计用高强度螺栓的双拼接板连接，承受轴心拉力设计值 $N = 1\ 530$ kN，钢板截面为 340 mm×20 mm，钢材为 Q345 钢，采用 8.8 级 M22 高强度螺栓，连接处构件接触面做喷砂生赤锈处理，$d_0 = 23.5$ mm。

图 6-36 高强度螺栓双拼接板连接
(a)摩擦型高强度螺栓；(b)承压型高强度螺栓

【解】 (1)采用摩擦型高强度螺栓时，单个螺栓的抗剪承载力设计值。

$$N_{\mathrm{v}}^{\mathrm{b}}=0.9n_{\mathrm{f}}\mu P=0.9\times 2\times 0.5\times 150=135(\mathrm{kN})$$

所需螺栓数为

$$n=N/N_{\mathrm{v}}^{\mathrm{b}}=1\ 530/135=11.33$$

取 $n=12$ 个，螺栓排列如图 6-36(a)所示。

构件净截面强度验算：钢板端部最外排螺孔截面最危险。

$$N'=N\left(1-\frac{0.5n_{1}}{n}\right)=1\ 530\times\left(1-\frac{0.5\times 4}{12}\right)=1\ 275(\mathrm{kN})$$

$$A_{\mathrm{n}}=t(b-n_{1}d_{0})=20\times(340-4\times 23.5)=4\ 920(\mathrm{mm}^{2})$$

$$\sigma=\frac{N'}{A_{\mathrm{n}}}=\frac{1\ 275\times 10^{3}}{4\ 920}=259.1(\mathrm{N/mm}^{2})<f=295\ \mathrm{N/mm}^{2} \qquad\text{（安全）}$$

构件毛截面强度验算：

$$\sigma=\frac{N}{A}=\frac{1\,530\times10^3}{340\times20}=225(\text{N/mm}^2)<f=295\ \text{N/mm}^2$$

（2）采用承压型高强度螺栓时，单个螺栓的抗剪承载力设计值

$$N_v^b=n_v\cdot\frac{\pi d^2}{4}\cdot f_v^b=2\times\frac{\pi\times22^2}{4}\times250=1.901\times10^5(\text{N})=190.1\ \text{kN}$$

$$N_c^b=d\sum tf_c^b=22\times20\times590=259\,600(\text{N})=259.6\ \text{kN}$$

$$N_{min}^b=\min\{N_v^b,\ N_c^b\}=190.1\ \text{kN}$$

所需螺栓数为

$$n=n/N_{min}^b=1\,530/190.1=8.05$$

取 $n=9$，螺栓排列如图 6-36(b)所示。

构件截面强度验算，钢板端部最外排螺孔截面最危险。

$$A_n=t(b-n_1d_0)=20\times(340-3\times21.5)=5\,510(\text{mm}^2)$$

$$\sigma=N/A_n=1\,530\times10^3/5\,510\approx277.7(\text{N/mm}^2)<f=295\ \text{N/mm}^2\quad（安全）$$

【例 6-6】 已知被连接构件钢材为 Q235—B 钢，8.8 级 M20 的高强度螺栓，接触面喷砂后涂无机富锌漆。试验算图 6-37 所示高强度螺栓摩擦型连接的强度是否满足设计要求。

图 6-37　高强度螺栓摩擦型连接

【解】 8.8 级 M20 的高强度螺栓，高强度螺栓预拉力 $P=125$ kN，抗滑移系数 $\mu=0.35$。

作用于螺栓群形心处的内力为

$$N=\frac{4}{5}F=\frac{4}{5}\times250=200(\text{kN})$$

$$V=\frac{3}{5}F=\frac{3}{5}\times250=150(\text{kN})$$

$$M=Ne=200\times100=20\,000(\text{kN}\cdot\text{mm})$$

每个高强度螺栓的承载力设计值

$$N_t^b=0.8P=0.8\times125=100(\text{kN})$$

$$N_v^b=0.9n_f\mu P=0.9\times1\times0.35\times125=39.4(\text{kN})$$

最上排单个螺栓所承受的内力

$$N_t=\frac{N}{n}+\frac{My}{m\sum y_i^2}=\frac{200}{10}+\frac{20\,000\times200}{2\times2\times(100^2+200^2)}=40(\text{kN})$$

$$N_v=\frac{V}{n}=\frac{150}{10}=15(\text{kN})$$

同时承受拉力和剪力的高强度螺栓承载力验算

$$\frac{N_v}{N_v^b}+\frac{N_t}{N_t^b}=\frac{15}{39.4}+\frac{40}{100}=0.78<1$$

此连接安全。

1. 设计用拼接钢板的角焊缝对接连接(图 6-38)。已知钢板宽 $B=280$ mm，厚度 $t_1=26$ mm，拼接钢板 $t_2=16$ mm，静态轴心力设计值 $N=1\ 200$ kN，钢材采用 Q235—B 钢，手工焊，焊条为 E43 型。

图 6-38　习题 1 图

2. 如图 6-39 所示，验算牛腿与钢柱连接角焊缝的强度。钢材为 Q235—B 钢，手工焊，焊条为 E43 型，荷载设计值 $N=380$ kN，偏心距 $e=320$ mm，焊脚尺寸 $h_{f1}=8$ mm，$h_{f2}=6$ mm。

3. 验算图 6-40 所示连接焊缝强度。尺寸单位为 mm，静载拉力 $P=150$ kN，$h_f=10$ mm，钢材为 Q235—B 钢，焊条为 E43 型，手工焊，无引弧板，焊缝抗拉强度设计值 $f_t^w=160$ N/mm^2。

图 6-39　习题 2 图　　　　　　　**图 6-40　习题 3 图**

4. 焊缝强度验算。一 I 形梁，跨度 12 m，在跨中的作用集中力 $P=40$ kN，在离支座 4 m 处有一拼接焊缝(采用对接焊缝)，如图 6-41 所示。已知截面尺寸为：$b=100$ mm，$t_f=12$ mm，梁高 $h=200$ mm，腹板厚度 $t_w=10$ mm。钢材采用 Q345 钢，焊条为 E50 型，施焊时采用引弧板。

图 6-41 习题 4 图

5. 如图 6-42 所示，牛腿连接焊缝强度验算。已知：焊缝为对接焊缝，翼缘板宽度 b_1 = 130 mm，厚度 t_1 = 12 mm，腹板高度 h = 220 mm，厚度 t = 10 mm，作用力 F = 180 kN，e = 150 mm，钢板采用 Q390 钢，施焊时不用引弧板。

6. 如图 6-43 所示，普通螺栓强度及支托角焊缝强度验算。有一牛腿用 C 级螺栓连接于钢柱上，牛腿下有一支托板受剪力，钢材为 Q235 钢，螺栓采用 M20，栓距为 70 mm，抗拉强度设计值 f_t^b = 170 N/mm²，荷载 V = 120 kN，作用点距离柱翼缘表面为 220 mm，水平轴向力 N = 150 kN，角焊缝强度设计值 f_f^w = 160 N/mm²。如改用 A 级 5.6 级螺栓，可否不用支托承担。

图 6-42 习题 5 图　　　　　　　　图 6-43 习题 6 图

7. 普通螺栓连接计算。用双盖板和 C 级螺栓拼接，被拼接钢材为—14×370，盖板为 2—8×370，钢材为 Q345—B・F 钢。螺栓采用 M20，孔径 22 mm，螺栓排列如图 6-44 所示。作用在螺栓群形心上的设计值为：弯矩 M = 20 000 kN・m，竖向轴心力 V = 300 kN，水平轴向拉力 N = 350 kN，C 级螺栓抗剪强度设计值 f_v^b = 130 N/mm²，螺栓承压强度设计值 f_c^b = 380 N/mm²，Q345 钢的抗拉强度设计值 f_d = 315 N/mm²。

图 6-44 习题 7 图

8. 对接焊缝强度验算。焊接 I 形梁，截面如图 6-45 所示。腹板上设置一条工厂拼接的对接焊缝，拼接处 $M=3\,000\ \text{kN}\cdot\text{m}$，$V=600\ \text{kN}$，钢材为 Q235 钢，焊条为 E43 型，对接焊缝抗压强度设计值 $f_c^w=215\ \text{N/mm}^2$，抗拉强度设计值 $f_t^w=215\ \text{N/mm}^2$，抗剪强度设计值 $f_v^w=125\ \text{N/mm}^2$。施焊时加引弧板。

图 6-45　习题 8 图

9. 采用 8.8 级 M20 摩擦型高强度螺栓，钢材为 Q235 钢，接触面采用喷砂处理，螺栓排列如图 6-46 所示。8.8 级 M20 高强度螺栓预拉力 $P=125\ \text{kN}$，抗滑移系数 $\mu=0.45$，试求 $N_{\max}$ 值。

图 6-46　习题 9 图

单元 7　钢结构施工图识读

7.1　识图基本知识

7.1.1　图线

根据现行国家标准《建筑结构制图标准》(GB/T 50105—2010)中的有关规定，在钢结构施工图中图线的宽度 b 宜从 1.4 mm、1.0 mm、0.7 mm、0.5 mm、0.35 mm、0.25 mm、0.18 mm、0.13 mm 线宽系列中选取。图线宽度不应小于 0.1 mm。每个图样应根据复杂程度与比例大小，先选定基本线宽 b，再选用相应的线宽，根据表达内容的层次，基本线宽 b 和线宽比可适当增加或减少。各种线型及其所表示的内容如表 7-1 所示。

表 7-1　图线

名　称		线　型	线宽	一般用途
实线	粗		b	螺栓、钢筋线，结构平面图中的单线结构构件线，钢木支撑及系杆线，图名下横线、剖切线
	中粗		$0.7b$	结构平面图及详图中剖到或可见的墙身轮廓线、基础轮廓线，钢、木结构轮廓线、钢筋线
	中		$0.5b$	结构平面图及详图中剖到或可见的墙身轮廓线、基础轮廓线、可见的钢筋混凝土构件轮廓线、钢筋线
	细		$0.25b$	标注引出线、标高符号线、索引符号线、尺寸线
虚线	粗		b	不可见的螺栓线、结构平面图不可见的单线结构构件线及钢、木支撑线
	中粗		$0.7b$	结构平面图中的不可见构件，墙身轮廓线及不可见钢、木结构构件线、不可见的钢筋线
	中		$0.5b$	结构平面图中的不可见构件，墙身轮廓线及不可见钢、木结构构件线、不可见的钢筋线
	细		$0.25b$	基础平面图中的管沟轮廓线、不可见的钢筋混凝土构件轮廓线
单点长画线	粗		b	柱间支撑、垂直支撑、设备基础轴线图中的中心线
	细		$0.25b$	定位轴线、对称线、中心线、重心线
双点长画线	粗		b	预应力钢筋线
	细		$0.25b$	原有结构轮廓线
折断线			$0.25b$	断开界线
波浪线			$0.25b$	断开界线

7.1.2 定位轴线

钢结构施工图中定位轴线采用细单点长画线表示，编号注写在轴线端部的圆内。圆采用细实线绘制，直径为8～10 mm。定位轴线圆的圆心在定位轴线的延长线或延长线的折线上。定位轴线由建筑专业确定，钢结构施工图中的定位轴线应与建筑图相对应。在建筑图所确定的轴线不能满足结构定位要求时，结构图中可附加轴线，附加定位轴线的编号以分数形式表示，分母表示前一轴线的编号，分子表示附加轴线的编号，编号用阿拉伯数字顺序编写。在通用详图中的定位轴线，只画圆而不注写轴线编号(图7-1)。

图7-1　轴线编号示意图

7.1.3 比例

钢结构施工图中，结构布置图的常用比例为1∶100、1∶150，也可用1∶200；详图的常用比例为1∶10、1∶20，也可用1∶5、1∶15、1∶25、1∶30。当构件的纵、横向断面尺寸相差悬殊时，可在同一详图中的纵、横向选用不同的比例绘制，轴线尺寸与构件尺寸也可选用不同的比例绘制，例如吊车梁和支撑构件图通常采用不同比例绘制。

7.1.4 符号

1. 剖切符号

施工图中剖视的剖切符号由剖切位置线和投射方向线组成，用粗实线表示。剖切位置线的长度大于投射方向线的长度，一般剖切位置线的长度为6～10 mm，投射方向线的长度为4～6 mm，剖视剖切符号的编号为阿拉伯数字，顺序由左至右、由上至下连续编排，并注写在剖视方向线的端部。如需转折的剖切位置线，在转角的外侧加注与该符号相同的编号(图7-2)。构件剖面图的剖切符号通常标注在构件的平面图或立面图上。

断面的剖切符号也用粗实线表示，但仅有剖切位置线，没有投射方向线。断面的剖切符号编号所在的一侧为该断面的剖视方向(图7-3)。

图7-2　剖视的剖切符号　　　　图7-3　断面的剖切符号

剖面图或断面图与被剖切图样不在同一张图纸内时，在剖切位置线的另一侧标注其所在图纸的编号，或在图纸上集中说明。

2. 索引符号和详图符号

施工图中的某局部或构件需另见详图时，以索引符号索引，索引符号由直径为 10 mm 的圆和水平直径组成，圆和水平直径用细实线表示。索引出的详图与被索引出的详图同在一张图纸时，在索引符号的上半圆中用阿拉伯数字注明该详图的编号，在下半圆中间画一段水平细实线。若索引出的详图与被索引出的详图不在同一张图纸，则在符号索引的上半圆中用阿拉伯数字注明该详图的编号，在下半圆中用阿拉伯数字注明该详图所在图纸的编号，数字较多时，也可加文字标注。索引出的详图采用标准图时，在索引符号水平直径的延长线上加注该标准图册的编号(图 7-4)。

图 7-4　索引符号

索引符号用于索引剖视详图时，在被剖切的部位绘制剖切位置线，并用引出线引出索引符号，引出线所在的一侧即为投射方向。索引符号的编号同上(图 7-5)。

图 7-5　用于索引剖面详图的索引符号

零件、杆件的编号用阿拉伯数字按顺序编写(图 7-6)，以直径为 4～6 mm 的细实线圆表示，同一图样圆的直径要相同。其编号从上到下、从左到右，先型钢、后钢板。

图 7-6　零件编号

详图符号的圆用直径为 14 mm 的粗线表示，当详图与被索引出的图样在同一张纸内时，在详图符号内用阿拉伯数字注明该详图编号(图 7-7)。当详图与被索引出的图样不在同一张图纸时，用细实线在详图符号内画一水平直径，上半圆中注明详图的编号，下半圆中注明被索引图纸的编号(图 7-8)。

图 7-7　与被索引图样在同一张
　　　　图纸内的详图符号
　　　　　　　　　　图 7-8　与被索引图样不在同一张
　　　　　　　　　　　　　图纸内的详图符号

当结构平面图或立面图中节点较为复杂时，可将复杂节点分解成多个简化节点进行索引。但复杂节点详图分解的多个简化节点详图中有部分或全部相同时，可按规定简化标注索引(图7-9、图7-10)。

图7-9 复杂节点分解为简化
节点详图的索引示意

图7-10 节点详图分解索引的简化标注
(a)同方向节点相同；(b)d1与d3相同，d2与d4不同
(c)所有节点相同

3. 引出线

施工图中的引出线用细实线表示，它由水平方向的直线或与水平方向成30°、45°、60°、90°的直线和经上述角度转折的水平直线组成。文字说明注写在水平线的上方或端部。索引详图的引出线与水平直径线相连接，同时引出几个相同部分的引出线，引出线可相互平行，也可集中于一点(图7-11)。

图7-11 引出线

4. 标高

标高符号以直角等腰三角形表示，采用细实线绘制。标高符号应指至标注高度的位置，尖端一般应向下，也可以向上，标注数字可写在标高符号的左侧或右侧。标高数字应以米为单位，注写到小数点以后第三位，零点标高应写成"0.000"，正数标高不注"＋"，负数标高应注"－"；在图纸中的同一位置需要表示几个不同标高时，标注数字可以按竖向排列的方式写在标高符号上，如果标注位置不够可以将标注线引至外侧(图7-12)。

图7-12 标高符号

5. 其他符号

对称符号由对称线和两端的两对平行线组成(图7-13)。对称线用细单点长画线绘制，平行线用细实线绘制，其长度宜为6～10 mm，每对的间距宜为2～3 mm。对称线垂直平分两对平行线，两端超出平行线宜为2～3 mm。

连接符号应以折断线表示需连接的部位。两部位相距过远时，折断线两端靠图样一侧应标注大写拉丁字母表示连接编号。两个被连接的图样应用相同的字母编号(图7-14)。

图 7-13　对称符号　　　　**图 7-14　连接符号**

7.1.5　尺寸标注

图纸上尺寸由尺寸线、尺寸界线、尺寸起止点等组成。尺寸单位除标高以米为单位外，其他均以毫米为单位，并且尺寸数字应以标注数字为准，不得从图纸上直接按比例量取。在钢结构施工图中，常用的尺寸形式有以下几种。

(1)两构件的两条很近的重心线，应在交会处将其各自向外错开(图 7-15)。

图 7-15　两构件重心不重合的表示方法

(2)弯曲构件的尺寸应沿其弧度的曲线标注弧的轴线长度(图 7-16)。

图 7-16　弯曲构件尺寸的标注方法

(3)切割的板材，应标注各线段的长度及位置(图 7-17)。

图 7-17　切割板材尺寸的标注方法

(4)不等边角钢的构件，必须标注出角钢一肢的尺寸，当构件为双型钢时在型钢规格前标注型材数量(图 7-18)。

图 7-18　不等边角钢的标注方法

（5）节点尺寸应注明节点板的尺寸和各杆件螺栓孔中心或中心距，以及杆件端部至几何中心线交点的距离（图 7-19）。

图 7-19　节点尺寸的标注方法

（6）双型钢组合截面的构件，应注明缀板的数量及尺寸。引出横线上方标注缀板的数量及缀板的宽度、厚度，引出横线下方标注缀板的长度尺寸（图 7-20）。

（7）非焊接的节点板，应注明节点板的尺寸和螺栓孔中心与几何中心线交点的距离（图 7-21）。

图 7-20　缀板的标注方法　　　　图 7-21　非焊接节点板尺寸的标注方法

7.1.6　常用型钢标注方法

根据现行国家标准《建筑结构制图标准》（GB/T 50105—2010），常用型钢按表 7-2 标注。

表 7-2 常用型钢标注方法

序号	名　称	截　面	标　注	说　明
1	等边角钢	∟	∟$b×t$	b 为肢宽； t 为肢厚
2	不等边角钢	∟	∟$B×b×t$	B 为长肢宽； b 为短肢宽； t 为肢厚
3	工字钢	I	IN　Q IN	轻型工字钢加注 Q 字 N——工字钢的型号
4	槽钢	[	[N　Q [N	轻型槽钢加注 Q 字 N——槽钢的型号
5	方钢	▨	□b	—
6	扁钢	▭	—$b×t$	—
7	钢板	—	$\dfrac{-b×t}{L}$	$\dfrac{宽×厚}{板长}$
8	圆钢	⊘	ϕd	d 为直径
9	钢管	○	$\phi d×t$	d 为外径；t 为壁厚
10	薄壁方钢管	□	B□$b×t$	薄壁型钢加注 B 字，t 为壁厚
11	薄壁等肢角钢	∟	B∟$b×t$	
12	薄壁等肢 卷边角钢	⌐	B[$b×a×t$	
13	薄壁槽钢	[	B[$h×b×t$	
14	薄壁卷边槽钢	[	B[$h×b×a×t$	
15	薄壁卷边 Z 型钢	⌐	B⌐$h×b×a×t$	
16	T 型钢	⊤	TW ×× TM ×× TN ××	TW 为宽翼缘 T 型钢 TM 为中翼缘 T 型钢 TN 为窄翼缘 T 型钢

序号	名　称	截　面	标　注	说　明
17	H 型钢	H	HW ×× HM ×× HN ××	HW 为宽翼缘 H 型钢 HM 为中翼缘 H 型钢 HN 为窄翼缘 H 型钢
18	起重机钢轨	⊥	⊥ QU××	详细说明产品规格、型号
19	轻轨及钢轨	⊥	⊥ ××kg/m 钢轨	

7.1.7　螺栓、孔、电焊铆钉的表示方法

螺栓、孔、电焊铆钉的表示方法见表 7-3。

表 7-3　螺栓、孔、电焊铆钉的表示方法

序　号	名　称	图　例	说　明
1	永久螺栓		
2	高强度螺栓		
3	安装螺栓		1. 细"+"线表示定位线; 2. M 表示螺栓型号; 3. ϕ 表示螺栓孔直径; 4. d 表示膨胀螺栓、电焊铆钉直径; 5. 采用引出线标注螺栓时,横线上标注螺栓规格,横线下标注螺栓孔直径。
4	膨胀螺栓		
5	圆形螺栓孔		
6	长圆形螺栓孔		
7	电焊铆钉		

7.1.8　常用焊缝的表示方法

根据现行国家标准《焊缝符号表示法》(GB/T 324—2008)和《建筑结构制图标准》(GB/T 50105—2010)中的有关规定,焊接钢构件的焊缝表示方法应符合下列要求。

1. 单面焊缝

当箭头指向焊缝所在的一面时,应将图形符号和尺寸标注在横线的上方;当箭头指向焊缝所在另一面(相对应的那面)时,应将图形符号和尺寸标注在横线的下方。表示环绕工作件周围的焊缝时,其围焊焊缝符号为圆圈,绘制在引出线的转折处,并标注焊角尺寸 K(图7-22)。

图 7-22　单面焊缝的标注方法

2. 双面焊缝

双面焊缝应在横线的上、下都标注符号和尺寸。上方表示箭头一面的符号和尺寸,下方表示另一面的符号和尺寸;当两面的焊缝尺寸相同时,只需在横线上方标注焊缝的符号和尺寸(图7-23)。

图 7-23　双面焊缝的标注方法

3. 3个及3个以上焊件的焊缝

3个及3个以上焊件相互焊接的焊缝,不得作为双面焊缝标注。其焊缝符号和尺寸应分别标注(图7-24)。

图 7-24　3 个及 3 个以上焊件的焊缝的标注方法

4. 单边坡口对接焊缝

相互焊接的两个焊件中，当只有一个焊件带坡口时（如单面 V 形），引出线箭头必须指向带坡口的焊件（图 7-25）。

图 7-25　单边坡口对接焊缝的标注方法

5. 双边坡口对接焊缝

相互焊接的两个焊件，当为单面带双边不对称坡口焊缝时，引出线箭头必须指向较大坡口的焊件（图 7-26）。

图 7-26　双边坡口对接焊缝的标注方法

6. 不规则焊缝

当焊缝分布不规则时，在标注焊缝符号的同时，宜在焊缝处加中实线（表示可见焊缝）或加细栅线（表示不可见焊缝）（图 7-27）。

图 7-27　不规则焊缝的标注方法

7. 相同焊缝

在同一图形上，当焊缝形式、断面尺寸和辅助要求均相同时，可只选择一处标注焊缝的符号和尺寸，并加注"相同焊缝符号"，相同焊缝符号为 3/4 圆弧，绘制在引出线的转折处。在同一图形上，当有数种相同的焊缝时，可将焊缝分类标注编号。在同一类焊缝中可选择一处标注焊缝符号和尺寸。分类编号采用大写的拉丁字母 A、B、C…(图 7-28)。

8. 现场焊缝

需要在施工现场进行焊接的焊件焊缝，应标注现场焊缝符号。现场焊缝符号为涂黑的三角形旗号，绘在引出线的转折处。

图 7-28　相同焊缝的标注方法　　　　　　图 7-29　现场焊缝的标注方法

9. 建筑钢结构常用焊缝符号及符号尺寸

根据现行国家标准《建筑结构制图标准》(GB/T 50105—2010)中的有关规定，建筑钢结构常用焊缝符号及符号尺寸如表 7-4 所示。

表 7-4　建筑钢结构常用焊缝符号及符号尺寸

序号	焊缝名称	形式	标注方法	符号尺寸/mm
1	V 形焊缝			
2	单边 V 形焊缝		注：箭头指向剖口	
3	带钝边单边 V 形焊缝			
4	带垫板、带钝边单边 V 形焊缝			
5	带垫板 V 形焊缝			
6	Y 形焊缝			

序号	焊缝名称	形式	标注方法	符号尺寸/mm
7	带垫板 Y 形焊缝			
8	单边双 V 形焊缝			
9	双 V 形焊缝			
10	带钝边 U 形焊缝			
11	带钝边双 U 形焊缝			
12	带钝边 J 形焊缝			
13	带钝边双 J 形焊缝			
14	角焊缝			
15	双面角焊缝			
16	剖口角焊缝			

序号	焊缝名称	形式	标注方法	符号尺寸/mm
17	喇叭形焊缝			
18	双面半喇叭形焊缝			
19	塞焊			

7.1.9 构件名称代号

构件的名称可用代号表示，一般用汉字拼音的第一个字母。当材料为钢材时，前面加"G"，代号后标注的阿拉伯数字为该构件的型号或编号，或构件的顺序号。构件的顺序号可采用不带角标的阿拉伯数字连续编排。在钢结构施工图中常见的构件名称代码如表 7-5 所示。

表 7-5 常用构件代号

序号	名称	代号	序号	名称	代号	序号	名称	代号
1	刚架	GJ	11	钢框梁	GKL	21	门梁	ML
2	屋架	WJ	12	抗风柱	KFZ	22	吊车梁	DL
3	托架	TJ	13	墙皮柱	QZ	23	制动梁	ZDL
4	天窗架	TCJ	14	墙面檩条	QL	24	制动板	ZDB
5	柱间支撑	ZC	15	屋面檩条	WL	25	辅助桁架	FZXJ
6	水平支撑	SC	16	直拉条	LT	26	车挡	CD
7	垂直支撑	CC	17	斜拉条	XLT	27	连接板	LB
8	刚性系杆	GXG	18	撑杆	CG	28	天沟	TG
9	柔性系杆	XG	19	隔撑	YC	29	预埋件	YM
10	钢框柱	GKZ	20	门柱	MZ	30	雨篷	YP

7.1.10 钢结构施工图的表示方法

钢结构施工图是提供给编制钢结构施工详图（也称钢结构加工制作详图）的单位作为深化设计的依据，所以钢结构施工图在内容和深度方面应满足编制钢结构施工详图的要求。钢结构施工图纸通常包括图纸目录，设计总说明，柱脚锚栓布置图，纵、横、立面图，构件布置图，构件图，节点详图等内容。

(1)钢结构布置图可采用单线表示法、复线表示法及单线加短构件表示法，并符合下列规定：

1)单线表示时，应使用构件重心线（细点画线）定位，构件采用中实线表示；非对称截面应在图中注明构件摆放方式。

2)复线表示时，应使用构件重心线（细点画线）定位，构件使用细实线表示构件外轮廓，用细虚线表示腹板或肢板。

3)单线加短构件表示时，应使用构件重心线（细点画线）定位，构件采用中实线表示；短构件使用细实线表示构件外轮廓，细虚线表示腹板或肢板；短构件长度一般为构件实际长度的 1/3～1/2。

4)为方便表示，非对称截面可采用外轮廓线定位。

(2)构件断面可采用原位标注或编号后集中标注，并符合下列规定：

1)平面图中主要标注内容为梁、水平支撑、栏杆、铺板等平面构件。

2)剖、立面图中主要标注内容为柱、支撑等竖向构件。

(3)构件连接根据设计深度的不同要求，采用如下表示方法：

1)索引图加节点详图的表示方法。

2)标准图集的方法。

7.2 门式刚架构造及施工图识读

7.2.1 门式刚架基本知识

门式刚架轻型房屋钢结构体系中，主刚架由边柱、刚架梁、中柱等构件组成。边柱和梁通常根据门式刚架弯矩包络图的形状制作成变截面，以达到节约材料的目的。根据门式刚架横向平面承载、纵向支撑提供平面外稳定的特点，要求边柱和梁在横向平面内具有较大的刚度，一般采用焊接I形截面。中柱以承受轴压力为主，通常采用强弱轴惯性矩相差不大的宽翼缘工字钢、矩形钢管或圆管截面，主刚架的下翼缘和刚架柱内翼缘出平面的稳定性，由与檩条或墙梁相连接的隔撑来保证，主刚架间的交叉支撑可采用张紧的圆钢。刚架的主要构件运输到现场后通过高强度螺栓节点相连。屋面宜采用压型钢板屋面板和冷弯薄壁型钢檩条，外墙宜采用压型钢板墙面板和冷弯薄壁型钢墙梁。

7.2.2 门式刚架识图

门式刚架钢结构施工图主要包括钢结构设计说明、预埋锚栓布置图、刚架及屋面支撑布置图、柱间支撑布置图、门式刚架详图、屋面檩条布置图、墙面檩条布置图、节点详图等图纸。

1. 钢结构设计说明

在钢结构设计说明中主要包括工程概况、设计依据、设计荷载、结构设计、材料的选用、制作与安装、防腐防火处理要求及其他需要说明的事项等内容（图 7-30）。

（1）工程概况：主要包括建筑功能、平面尺寸、高度、跨度、主体结构体系、吊车吨位及布置等基本资料，由此可以大体了解建筑的整体情况。

（2）设计依据：主要包括甲方的设计任务书，现行国家、行业和地方规范与规程以及标准图集等，施工时也必须以此为依据。

（3）设计荷载：主要包括恒载、活载、风荷载、雪荷载以及抗震设防烈度等有关参数，在施工和后期使用过程中结构上的荷载均不得超过所给出的荷载值。

（4）结构设计：结构设计中主要包括结构使用年限、安全等级和结构计算原则、结构布置以及主要节点构造，由此可以了解结构的整体情况。

（5）材料的选用：主要包括钢材、螺栓、焊条、锚栓、压型钢板等有关材料的强度等级以及应符合的有关标准等，在材料采购时必须以这些作为依据和标准进行。

（6）制作与安装：主要包括切割、制孔、焊接等方面的有关要求和验收的标准以及运输与安装过程中要注意的事项和应满足的有关要求。

（7）防腐防火处理要求：主要包括钢构件的防锈处理方法、防锈等级和漆膜厚度等钢结构涂装以及钢结构防火等级和构件的耐火极限等方面的要求。

（8）其他：主要包括钢结构建筑在后期使用过程中需要定期维护的要求以及钢结构材料替换、雨期施工等其他需要注意的有关事项，以保证使用和施工过程中的结构安全。

2. 预埋锚栓布置图（图 7-31）

（1）在预埋锚栓布置图中，细点画线表示轴线；圆圈内的阿拉伯数字和大写英文字母分别为两个方向上的轴线号；⑴Ⓐ～③Ⓐ为分轴线号。

（2）圆黑点表示预埋锚栓位置，图中"2M24"和"4M24"中，"M"表示预埋锚栓；"M"前面的数字"2"和"4"表示每组预埋锚栓的个数；"M"后面的数字"24"表示预埋锚栓的直径。由此可以看出，在Ⓐ和Ⓑ轴交①～⑨轴上的每个刚架柱的预埋锚栓数量为 4 个，直径为 24 mm，距轴线上下距离为 100 mm，左右为 75 mm；在①和⑨轴交⑴Ⓐ～③Ⓐ分轴线上的每个抗风柱的预埋锚栓数量为 2 个，直径为 24 mm，距轴线上下距离为 75 mm，距①和⑨轴为 75 mm。

（3）预埋锚栓共 84 副，右侧为预埋锚栓详图。从详图中可以看出，锚栓总长度为 650 mm，露丝长度为 170 mm，下端弯钩为 100 mm。

（4）预埋锚栓安装时采用双螺母固定，在柱底板下设调节螺母，以调节刚架柱的高度，在柱底板上设 20 mm 厚、70 mm×70 mm 的垫板，垫板开直径为 26 mm 的圆孔。

3. 刚架、屋面及柱间支撑布置图（图 7-32）

（1）"GJ"表示刚架，刚架间距为 7.5 m，跨度为 24 m，均沿轴线居中布置。刚接截面详见刚架详图。

（2）"SC"表示屋面水平支撑，共两道，分别设于厂房两端，宽度为 6 m。

（3）"ZC"表示柱间支撑，中心高度为 7.950 m。屋面水平支撑和柱间支撑均采用十字交叉的圆钢，圆钢直径为 25 mm。

（4）"KFZ"表示抗风柱，布置在①和⑨轴交⑴Ⓐ～③Ⓐ分轴线上，共 6 根抗风柱，抗风柱偏心放置，偏轴线 100 mm。抗风柱规格为焊接 H 型钢 H400×20×6×8。

（5）"GXG"表示刚性系杆，布置在Ⓐ、Ⓑ以及②Ⓐ轴即刚架的檐口和屋脊处，规格为直径为 140 mm、壁厚为 5 mm 的圆焊接钢管。

门式刚架钢结构设计说明

一、工程概况

木工程为某公司钢结构厂房，宽度24m，长度60m；柱距7.5m；柱高：8m；挑梁；屋面和墙面采用压型钢板。

二、木工程设计依据资料

1. 罗方提供收设计依据本资料。
2. 木工程设计遵循的标准、规范、规程。

《建筑结构荷载规范》 GB 50009-2012
《门式刚架轻型房屋钢结构技术规程》 GB 50017-2003
 CECS 102-2002
《冷弯薄壁型钢结构技术规范》 GB 50018-2002
《钢结构焊接规范》 GB 50661-2011
《钢结构设计规范》 GB 50205-2001
《钢结构高强度螺栓连接技术规程》 JGJ 82-2011

三、设计荷载

屋面荷载：0.30kN/m²（含檩条）

基本风压：W_0=0.55kN/m²（50年一遇檐面荷载）B类 基本雪压：S_0=0.40kN/m²

抗震设防烈度7度（0.10g），设计地震分组第一组（场地类别：II类）

四、结构设计

1. 结构设计使用年限为50年。
2. 木工程安全等级为二级，重要性系数1.0。
3. 《门式刚架轻型房屋钢结构》程序采用分析方法计算。
4. 本厂房骨架由一系列的钢架，在两个方向又支撑（同题置抗侧力系）。
5. 本工程屋面坡度为三分之一坡度一坡度一道拉条，在垂直的屋脊两端设上层和墙墙设斜拉杆。
6. 本屋面梁柱采用等截面设计；桁梁采用变截面设计。
7. 屋面荷载采用主梁与边之型钢连接梁必须型钢连接。

五、材料选用

本工程所采用钢材均采用Q235B钢，其质量符合现行国家标准《碳素结构钢》的规定，屋架材水均与本工程采用的热轧型钢和钢板均应符合现行国家标准《碳素结构钢》GB/T 700-2006的规定。主梁和柱梁及连接板比均均及寸进行试验合格保证。及冷弯试验的合格保证。

本工程手工焊接采用 E43XX 系列焊条，其技术本性应符合全国金属件性能试验标准本《碳钢焊条》GB/T 5117-2012的规定。

手工焊钢接采用 Q235 钢构件用自动焊或自动焊时焊丝和相应焊剂应与主体金属件性能相适应，并适本符合现行钢焊焊接标准本《埋弧焊用碳钢焊丝和焊剂》（GB/T 14957-1994）的规定，梁柱应符合现行国家本《埋弧焊用低合金钢焊丝和焊剂》（GB/T 5293-1999）的规定。

普通螺栓 均为4.6级，其技术应符合《六角头螺栓 C级》GB/T 5780-2000 和《六角螺母》GB/T 5782-2000 的规定。

高强度螺栓采用 10.9级强度剪型，其连接应符合现行《钢结构用扭矩型高强度螺栓连接副》（GB/T 3632-2008）的规定。

5. 端墙板采用国家标准《GB/T 700-2006》规定的Q235B钢，出入加工的面圆钢成。

6. 屋面板采用YX82-475（U475，360度直立锁边型）压型钢板压型钢板，板厚0.6mm，压度钢S350。

7. 墙面板采用YX35-280-840压板型型钢板，板厚0.5mm，压度钢第S350，紧固锁连接。

六、制作与安装

1. 制作和安装技术本要和计算精应应符合《钢结构工程施工质量验收规范》（GB 50205-2001）的规定。

2. 门式刚架梁、柱制作制接采用周焊缝，焊件接本应采用坡口。

3. 所有螺栓孔均制均用冲制孔，其径应用冲制孔，孔径比螺栓公称直径大~2mm。

4. 所有构造上焊缝采用双面满焊方切料不小于 15mmX15mm，加弹板上端边焊边主道件。

5. 门式刚架中柱叉装主接柱装支承及其同端支承连接，吊装时增设临时措施，在出厂前应按正规方定。

6. 钢构件吊装时，应选有无吊点，大跨度的吊点应采用支托支承，以防变形。

7. 门式刚架在支过程中及完装好及本并支架，众吊时增设临时设施，以防倒塌。

8. 钢结构构件应合缝起拱，并制时有本起支装置之接拱应减，支承构件当位及压本时不得任何标方方有缝原则。

9. 屋面板应支采尺寸正型钢板，支是屋面板钢板以不浅相对浅件重本不采，不漏水。

七、防腐与防火

1. 所有钢件制作完前对件面进行除锈除垢处理，除锈质量等级应达到B/T 8923中的Sa2.5等级。

2. 在与混凝土接触本及埋入混凝土部位，商强度等本泽塞裸钢件及其周侧100mm范围内应止涂本。

3. 钢结构本面涂以上的环氧富锌涂料涂本底漆，给涂环氧云铁中间漆两道，厚度不小于 70μm，环氧云铁中间漆两道，厚度不小于 70μm。

4. 钢件面涂底漆不于 60μm，聚氨酯面漆层漆层厚度不小于 70μm。防火涂料应满焦色本焦层，再涂不得焦本化反应。

5. 钢结构防火本表应合本防火设计本钢件本表做处理，工地焊接后予以及本受理中部件焊接本部位进行防火。

八、其他

1. 在安图中，应按基材本性（如淬装基或材件）进行定期焊件，图柱焊接件用周环件，结构件用环件件，进行定期钢件焊件，对基件件性及件本件，更换基本对件本件，以确保收本型钢件及结构本件安全、检查本型件，周期支基件件本《建本钢结构件技术规程》（JGJ 251-2011）的规定。

2. 图下时应急基本焊件使用期，该件件本性行进行定期本定，注定行人员本可后方于工作。

3. 本设计所采用本本配套，不应本质量标准性代用。地出加工本件本单位本向原设计件申报，经设计修件后方可代用。

4. 本设计木有制施工，甲件施工图施工本设计要求本施工本件本要施工件。

图7-30 门式刚架钢结构设计说明

M24 预埋锚栓详图

预埋锚栓布置图

图7-31 预埋锚栓布置图

构 件 规 格 表			
编号	名称	规格	材质
GJ	刚架	详见GJ详图	Q235B
KFZ	抗风柱	H400X200X6X8	Q235B
SC	水平支撑	圆钢Φ25	Q235B
ZC	柱间支撑	圆钢Φ25	Q235B
GXG	刚性系杆	Φ140X5	Q235B

刚架及屋面支撑布置图

柱间支撑布置图

图7-32 刚架、屋面及柱间支撑布置图

4. 门式刚架详图(图 7-33)

(1)刚架柱、刚架梁端部和屋脊处采用变截面焊接 H 型钢，其余为等截面焊接 H 型钢。"H(900~400)×200×6×10"表示变截面的大头高度为 900 mm、小头高度为 400 mm，翼缘宽度为 200 mm，腹板厚度为 6 mm，翼缘厚度为 10 mm。

(2)屋面梁坡度为 1：20。

(3)刚架柱和刚架梁翼缘与腹板焊接采用双面角焊缝，焊脚高度为 5 mm。

(4)柱翼缘厚度为 10 mm，端板厚度为 20 mm，两者厚度差 10 mm＞4 mm，其对接焊接采用节点Ⓐ的形式，端板端部做坡度不大于 1：2.5 的斜坡。

(5)刚架柱底设抗剪键，与底板采用周围角焊缝焊接，焊脚高度为 6mm。

(6)刚架柱与刚架梁以及刚架梁之间的拼接采用高强度螺栓，"10M20"中"M"表示高强度螺栓；"M"前面的数字表示每组高强度螺栓的个数；"M"后面的数字"20"表示高强螺栓的直径。"孔 $d=21.5$"表示端板开圆孔，直径为 21.5 mm。

5. 屋面檩条布置图(图 7-34)

(1)左侧标注的檩条间距为沿屋面的斜向长度，非水平投影长度。

(2)"LT"表示屋面檩条，规格为 Z200×70×20×2.0，薄壁卷边 Z 型钢，高度为 200 mm，翼缘宽度为 70 mm，卷边宽度为 20 mm，厚度为 2.0 mm；"LG"表示直拉条，"XLG"表示斜拉条，规格均为直径 12 mm 的圆钢；"CG"表示撑杆，规格为直径 32 mm、厚度 2.5 mm 的钢管并内套直径 12 mm 的圆钢；"YC"表示隔撑，规格为∟50×3，等边角钢，肢长为 50 mm，厚度为 3 mm。钢材均为 Q235—B 钢。

(3)节点①为檩条端部节点，采用 4 个直径为 12 mm 的普通螺栓连接；节点②为檩条中间节点，两跨檩条互相搭接，表示檩条形式为连续檩条，在檩托处采用 4 个普通螺栓连接，端部采用 2 个普通螺栓连接，檩条开圆孔直径为 14 mm。节点③和④为拉条与撑杆和檩条的连接节点，拉条与撑杆间距为 60 mm。

6. 墙面墙梁布置图(图 7-35)

(1)"QL"表示墙梁，规格为 C200×70×20×2.5，薄壁卷边 C 型钢，高度为 200 mm，翼缘宽度为 70 mm，卷边宽度为 20 mm，厚度为 2.5 mm；"LG"表示直拉条，"XLG"表示斜拉条，规格均为直径 12 mm 的圆钢；"CG"表示撑杆，规格为直径 32 mm、厚度 2.5 mm 的钢管并内套直径 12 mm 的圆钢；"YC"表示隔撑，规格为∟50×3，等边角钢，肢长为 50 mm，厚度为 3 mm。"MZ"和"ML"表示门洞处的门柱和门梁，规格为 20a 号普通热轧槽钢。钢材均为 Q235—B 钢。

(2)节点①为墙梁中间节点，采用 4 个直径为 12 mm 的普通螺栓连接，两跨墙梁在檩托处断开，间隔 5＋5＝10(mm)，表示墙梁形式为简支墙梁，墙梁开圆孔直径为 14 mm；节点②为拉条与墙梁的连接节点，拉条间距为 60 mm；在 1—1 剖面中可以看出，檩托与钢柱翼缘采用双面角焊缝焊接，焊脚高度为 4 mm；在 2—2 剖面中可以看出拉条靠近檩条内侧放置。

图7-33 GJ构件图

屋面檩条布置图

构件规格表

编号	名称	规格	材质
LT	檩条	Z200X70X20X2.0	Q235B
LG	直拉条	圆钢φ12	Q235B
XLG	斜拉条	圆钢φ12	Q235B
CG	撑杆	φ32X2.5（φ12）	Q235B
YC	隅撑	L50X3	Q235B

图7-34 屋面檩条布置图

构件规格表

编号	名称	规格	材质
QL	檩条	C200X70X20X2.5	Q235B
LG	直拉条	圆钢φ12	Q235B
XLG	斜拉条	圆钢φ12	Q235B
CG	撑杆	φ32X2.5 (φ12)	Q235B
YC	隅撑	L50X3	Q235B
MZ、ML、门连、门梁		⊏20a	Q235B

2—2

1—1

纵墙墙梁布置图

山墙墙梁布置图

图 7-35　墙面墙梁布置图

7. 节点详图(图 7-36)

(1)抗风柱的作用是将山墙风荷载传递给屋面支撑,抗风柱本身并不承受屋面梁的竖向荷载,因此抗风柱是只承受弯矩而不承受轴力的受弯构件,端部构造只需传递剪力而不需要传递轴力,一般抗风柱的端部都采用竖向能够滑动的连接形式。在抗风柱顶部连接详图中,抗风柱顶部与刚架梁采用长圆孔连接,在刚架梁下设厚度为 10 mm 的连接板,连接板与刚架梁采用单边 V 形坡口熔透焊,连接板上开圆孔直径为 22 mm,抗风柱腹板开长圆孔,长度为 100 mm、直径为 22 mm,并通过 2 个直径为 20 mm 的普通螺栓连接在一起,抗风柱顶与刚架梁底留有 50 mm 变形间隙,以免刚架梁产生竖向变形时压在抗风柱上。刚架梁在抗风柱对应位置两侧对称设置厚度为 8 mm 的加劲肋,加劲肋与刚架梁的腹板和翼缘采用双面角焊缝,焊脚高度为 6 mm,为便于刚架梁腹板和翼缘连接角焊缝的通过,在加劲肋角部设有 15 mm×15 mm 的切角。为有效地传递抗风柱传递来的风荷载,在抗风柱对应位置设有刚性系杆(GXG),刚性系杆与刚架梁的加劲肋采用 2 个直径为 20 mm 的高强度螺栓连接。

(2)为保证刚架梁的平面外稳定,减小其面外计算长度,通常在檩条上设置隅撑来保证。在隅撑 YC 连接详图中,YC 为角钢隅撑,其上端通过直径为 12 mm 的普通螺栓连接在屋面檩条的腹板上,下端也是通过直径为 12 mm 的普通螺栓连接在刚架梁的加劲肋上,隅撑和檩条以及加劲肋上均开直径为 14 mm 的圆孔,隅撑的倾斜角度为 45°。为保证檩条对刚架梁的侧向支撑作用,不得将隅撑连接在檩条翼缘上,以防止檩条翼缘的局部畸变屈曲致使隅撑失效。刚架柱与隅撑连接形式基本与刚架梁相同,仅屋面檩条和墙面墙梁的截面形式不同。

(3)在水平支撑(SC)详图中,屋面水平支撑采用直径为 25 mm 的圆钢,水平支撑两端与刚架梁的腹板连接,且在水平支撑两端设有调节螺母,在安装过程中通过调节两端螺母将水平支撑张紧,但在张紧过程中不得将刚架梁拉弯,为适应不同角度的水平支撑在刚架梁腹板上设半圆形垫块,在刚架梁腹板上应开长圆形孔,长度为 50 mm,直径为 25 mm,以便于水平支撑斜向穿入。支撑长度 L 根据放样确定,套丝长度为 200 mm,以便于调节和张紧水平支撑。

(4)在水平支撑与刚架梁连接详图中,为便于水平支撑的安装,水平支撑与刚性系杆中心线未交于刚架梁腹板上,各错开 150 mm,屋面水平支撑应与刚性系杆位于同一平面内。

(5)门式刚架柱脚形式有刚接和铰接两种,刚接时地脚螺栓应放置在柱翼缘的外侧;铰接时应将地脚螺栓放置在柱翼缘内侧,柱截面高度较小时放置 2 根、柱截面高度较大时放置 4 根。在柱脚详图中,采用 4 个直径为 24 mm 的地脚螺栓放置在柱翼缘内侧,柱脚为铰接。柱脚安装时首先采用调节螺母将柱脚标高调节准确,再采用不低于基础混凝土强度等级的无收缩混凝土或灌浆料将柱底灌实。地脚螺栓安装时采用双螺母固定,在柱底板上设 20 mm 厚、70 mm×70 mm 的垫板,垫板开直径为 26 mm 的圆孔,垫板与柱底板在现场采用周围角焊缝焊接,焊脚高度为 10 mm,底板开直径为 30 mm 的圆孔,以便于调节柱的水平位置。刚架柱底端应刨平并于底板顶紧,其翼缘与底板采用坡口熔透焊,腹板采用双面角焊缝焊接。

柱脚详图

附柱脚
C30灌浆料
或无收缩细石混凝土
基础预留槽
剪力键
基础
−0.200

地脚螺栓4M24
底板孔d=30.0
垫板孔d=26.0

1−1

地脚螺栓4M24
底板孔d=30.0
垫板孔d=26.0
−250X20
剪力键T10
L=120
柱底倒T形梁 −20X80

440
125 125 125
25 75 75 25
20 100 100 100 20
8
440
20 100 100 100 20

附摆YC连接详图

附柱梁
YC
YC
檩条
2M12
开孔d=14
4M12
开孔d=14
2M12
开孔d=14
45°
45°
4045 4540
25
10
8
100
200
50
10

水平支撑与刚架梁连接详图

GXG
SC
SC
钢梁
100 100
150 150

抗风柱顶部连接详图

GXG
高强螺栓2M20
孔d=21.5
普通螺栓 2M20
柱底板开孔d=22X100长圆孔
连接板开孔d=22
附柱梁
加劲肋
−8
外側
100 100
100 100
45 50 45 45 50
45 45 55 45
300
100
20 45 50 45 45 50 110
200

水平支撑SC详图

螺栓M24 大平垫
钢梁
开长圆孔 φ25X50
φ25
螺栓M24 大平垫
125 125
75

图7-36 节点详图

7.3 多层钢框架构造及施工图识读

7.3.1 多层钢框架基本知识

多层钢框架结构体系是指沿房屋的纵向与横向均采用框架作为承重和抵抗侧力的主要构件所形成的结构体系。该体系类似于钢筋混凝土框架体系，不同的是将混凝土梁柱改为钢梁和钢柱。钢框架结构体系刚度比较均匀，自重较轻，对地震作用不敏感，且具有较好的延性，是一种较好的抗震结构形式。钢柱截面可选用宽翼缘热轧 H 型钢、焊接 H 型钢、圆钢管、冷弯方钢管、焊接方钢管以及圆形和方形钢管混凝土截面等各种形式；钢梁通常采用窄翼缘热轧 H 型钢、焊接 H 型钢等截面形式。钢梁与钢柱通常采用柱贯通式的刚性连接，主、次梁采用铰接；柱脚形式可采用埋入式或外包式刚性柱脚。楼板可采用现浇混凝土楼板或压型钢板组合楼板，并通过栓钉与钢梁可靠连接。

7.3.2 多层框架识图

多层框架钢结构施工图主要包括钢结构设计说明、钢柱及柱脚平面布置图、各层结构平面布置图、节点详图等。

1. 钢结构设计说明

钢结构设计说明主要包括工程概况、设计依据、设计荷载、结构设计、材料的选用、制作与安装、防腐防火处理要求及其他需要说明的事项等内容(图 7-37)。

(1)工程概况：主要包括建筑功能、平面尺寸、高度、柱网、主体结构体系等，由此可以大体了解建筑的整体情况。

(2)设计依据：主要包括甲方的设计任务书，现行国家、行业和地方规范与规程以及标准图集等，施工时也必须以此为依据。

(3)设计荷载：主要包括楼面不同位置，屋面的恒载、活载、风荷载、雪荷载以及抗震设防烈度等有关参数。在后期使用过程中不得改变建筑使用功能。

(4)结构设计：结构设计中主要包括结构使用年限、安全等级和结构计算原则、结构布置以及主要节点构造，由此可以了解结构的整体情况。

(5)材料的选用：主要包括钢材、螺栓、焊条、锚栓、栓钉等有关材料的强度等级以及应符合的有关标准等。在材料采购时必须以这些作为依据和标准进行。

(6)制作与安装：主要包括切割、制孔、焊接等方面的有关要求和验收的标准以及运输与安装过程中要注意的事项和应满足的有关要求。

(7)防腐防火处理要求：主要包括钢构件的防锈处理方法和防锈等级及漆膜厚度等钢结构涂装以及钢结构防火等级和构件的耐火极限等方面的要求。

(8)其他：主要包括钢结构建筑在后期使用过程中需要定期维护的要求以及钢结构材料替换、雨期施工等其他需要注意的有关事项，以保证使用和施工过程中的结构安全。

多层钢结构框架设计说明

一、工程概况

本工程为某商店建筑，长度18.9m，宽度4.2m×6.3m，柱网高度：15.9m，柱脚：刚接，钢框架结构体系。

二、设计依据

1. 甲方提供的设计任务书及有关资料。
2. 本工程设计遵循现行标准、规范、规程：

《建筑结构荷载规范》 GB 50009—2012
《钢结构设计规范》 GB 50017—2003
《建筑抗震设计规范》 GB 50011—2010
《冷弯薄壁型钢结构技术规范》 GB 50018—2002
《钢结构焊接规范》 GB 50661—2011
《钢结构高强度螺栓连接技术规程》 JGJ 82—2011

三、设计荷载

楼屋面恒载（kN/m²）：卫生：5.0，屋面：8.0，楼面：2.0，楼梯：3.5，屋面：0.5。
基本风压：Wo=0.50kN/m²（50年一遇），地面粗糙度 B类 基本雪压Sₒ=0.40kN/m²。
抗震设防烈度7度（0.10g），设计地震分组第一组（场地类别：Ⅱ类）。

四、结构设计

1. 结构设计使用年限为50年。
2. 本工程安全等级为二级，重要性系数1.0。
3. 主体结构采用框架结构体系，柱采用方钢管，梁采用热轧H型钢，内力计算采用弹性分析方法进行。
4. 钢梁与钢柱刚性连接，钢柱脚刚接，钢梁与钢柱采用焊接或高强螺栓连接，其翼缘与腹板采用坡口焊连接。
5. 柱脚采用刚接型式，外包混凝土3层，通过锚栓与钢柱连接为一体。
6. 楼板采用现浇混凝土楼板，梁与板采用不小于栓钉连接。

五、材料选用

1. 本工程钢材为Q345B钢，Q345B钢应满足《碳素结构钢》（GB/T 1591—2008）的规定。所有钢材应具有抗拉强度、伸长率及冷弯试验的合格保证，且屈服强度实测值与抗拉强度实测值不应大于0.85，应有明显的屈服台阶，伸长率不应小于20%，应有良好的可焊性和合格的冲击韧性。
2. 上部钢材Q345 钢E50XX系列焊条，其性能应符合现行《碳素钢焊条》与《低合金钢焊条》国家标准的规定。锚栓采用Q235钢，焊条采用现行国家标准《碳素钢焊条》（GB/T 5117—1994）及《低合金钢焊条》（GB/T 5118—2012）的规定。
3. 普通螺栓为4.6级C级螺栓，其性能应符合《六角头螺栓》（GB/T 5780—2000）和《六角头螺栓 C级》（GB/T 5782—2000）的规定。
4. 普通螺栓：8.8级C级螺栓，其性能应符合国家标准的规定。

五（续）

5. 高强度螺栓采用10.9级型，其等级、性能和尺寸和技术条件应符合《钢结构用高强度大六角头螺栓、大六角螺母、垫圈与技术条件》（GB/T 1231—2006）及Q235B钢，由本加工单位制做。
6. 钢结构采用摩擦型连接，应符合《钢结构工程施工质量验收规范》（GB 50205—2001）的规定。
7. 螺栓连接处钢材标准（GB/T 700—2006）规定。
8. 方钢管应符合《建筑结构用冷弯矩形钢管》（JG/T 178—2005）的有关规定。

六、制作安装

1. 钢结构构件的制作和安装要求均应符合表中的设计要求。
2. 所有螺栓孔应采用钻成孔，不允许气割开孔，孔壁与螺栓公差径入1~2mm。
3. 所有螺栓孔应用H型孔制做，高强螺栓孔应用钻成孔加大15mm×15mm，加强板与翼缘、加强板与顶平齐后焊。
4. 所有切分处应允许角度均为切面不小于15mm，加强加焊加强于端头长度不小于项梁的长度。
5. 钢柱脚应采用型钢焊接柱做，应允许加强加强于端头长度不小于端头长度。
6. 所有钢结构连接处的焊接接缝采用焊接连接，处理后的焊接焊缝等数不小于0.50，基二首应加抗震措施。
7. 钢结构螺口处来用钢板做加强连接，使用的气候，并做墙连接，并做地面连接。
8. 管柱与螺口处采用钢板做加强焊接，应先发展采用加强焊接做的措施等数不小于0.50，连采过程中应做补强处理，用接采过程中补做不得张水。
9. 柱与梁的现浇节点，应在采用加强接头加强焊连接的节点，用结梁加强接头加强处理。

七、防腐防火

1. 所有钢结构构件表面均应进行除锈处理，除锈等级应达到《涂装前钢材表面锈蚀等级和除锈等级》（GB/T 8923）中的Sa2.5等级。
2. 柱与混凝土接触的表面应进行涂刷处理，其余处应采用防火涂料。钢结构脚板做加强高度要求达到涂料层厚100mm流量加上混凝土。
3. 所有钢结构表面应加上所有不需混凝土部份的，始涂采用钢底漆两道，厚度不小于70μm，环氧面漆厚度不小于70μm。
   钢构件表面厚度不小于60μm，聚氨面漆两道，厚度不小于70μm。
4. 钢结构防火、柱应采用现浇做法实现大楼层、同火级别设计采用柱数采用板做加强火层，钢结构柱同火级别做设计，产品质量应符合《钢结构防火涂料》（GB 14907—2002）的规定。

八、其他

1. 在施工过程中，应配合各种结构、加强施工材料材料，进行结构材料处理。国产有机件材料，结构按现用环境条件件件件件，国产有机件应符合《建筑结构环境及安全、检查设施的周期要求应符合《建筑结构防护技术标准》（JG/T 251—2011）的规定。
2. 基二单位在施工图绘制时，不应发现有不符，若出现矛盾的现象应及时与设计人员联系沟通，特别人员应及时加工制作。
3. 当采用有专业施工时，与加工单位有关的专项构件钢构件件件件，若另选应及时联系沟通，经设计单位确认后方可使用。
4. 本设计未专门说明的，其他各专业工应以采取相关的施工工单位认可后方可使用。

图7-37 多层钢结构框架设计说明

2. 钢柱及钢柱脚平面布置图(图 7-38)

(1)平面轴线尺寸为 18.9 m×42 m,基本轴网为 4.2 m×6.3 m。

(2)柱的形状采用粗实线表示,柱脚形状采用细虚线表示。柱的平面布置反映结构柱在建筑平面中的位置,本图中的柱均沿轴线居中布置。

(3)"GKZ"表示钢框架柱,"GZJ"表示钢柱柱脚,可根据柱和柱脚截面尺寸、高度的不同进行分别编号。

(4)在构件规格表中可查出钢柱采用方钢管,截面高度为 300 mm,厚度为 10 mm,柱底标高为一1.150 m,即柱底板底标高,顶标高为 15.470 m,即屋顶楼板板底标高。

(5)在钢柱脚截面示意图中可以查出钢柱与钢柱脚的截面形式和相互关系,柱脚平面尺寸为 700 m×700 mm,每边厚度为 200 mm,标高为一1.200～一0.250 m。

3. 结构平面布置图(图 7-39)

(1)钢框架、次梁以及钢柱均采用粗实线表示,当绘图比例较大时也采用双线(构件轮廓线)表示。本图中的梁均沿轴线居中布置。

(2)"GKL"表示钢框梁,"CL"表示钢次梁。数字"1"为钢框梁的编号,不同的截面形式编号也不同。

(3)黑三角符号"▶——"表示梁柱刚接,其余为铰接。"▱"表示楼梯间、天井、设备洞口等楼板开洞。

(4)图中③轴交Ⓐ和Ⓑ轴间的梁右侧标注的标高表示梁顶标高与该层钢梁结构标高不一致,此梁顶标高较该层钢梁结构标高低 0.200 m。

(5)从构建规格表中可查出 GKL—1 和 CL—1 均采用窄翼缘热轧 H 型钢,其截面特性可查国家现行标准《热轧 H 型钢和剖分 T 型钢》(GB/T 11263—2010),热轧 H 型钢示意图中也给出了 H 型钢表示方法中各数字的意义。

4. 柱脚详图(图 7-40)

(1)本图中的柱脚为外包式刚接柱脚。

(2)钢柱截面为宽度 300 mm、厚度 10 mm 的方钢管,底板长和宽均为 500 mm,厚度为 16 mm,钢柱端部刨平并与底板顶紧后采用焊脚高度为 6 mm 的周围角焊缝焊脚。端部刨平顶紧的目的是让柱承担的轴力直接传递给底板,而不需要角焊缝承担轴力,角焊缝仅按构造设置即可。底板与基础采用 4 个直径为 20 mm 的地脚螺栓固定。地脚螺栓安装时采用单螺母固定,在柱底板上设 20 mm 厚 70 mm×70 mm 的垫板,垫板开直径为 22 mm 的圆孔,垫板与柱底板在现场采用周围角焊缝焊接,焊脚高度为 10 mm,底板开直径为 26 mm 的圆孔。

(3)在柱底板中心设直径为 200 mm 的泌浆孔,在二层浇灌层浇筑时可以有效地将底板下的空气排出,以保证二层浇灌层密实。

(4)为保证钢柱与外围混凝土可靠连接,在钢柱四边设置 8 个直径为 16 mm 的圆头栓钉,栓钉长度为 100 mm,栓钉竖向的间距为 140 mm。

(5)钢柱外包混凝土厚度为 200 mm,高度为 900 mm,外包混凝土内设 16 根直径为 20 mm 的HRB400 级纵筋,箍筋为直径 10 mm、间距 100 mm 的 HPB300 级钢筋,在柱脚顶部设 3 道直径 12 mm、间距 50 mm 的 HRB400 级加强箍筋。

构件规格表

编号	名称	规格	标高	材质
GKZ	钢框柱	□300X10	-1.150~15.470	Q345B
GZJ	钢柱脚	700X700	-1.200~-0.250	C30

钢柱脚截面示意图

钢柱及钢柱脚平面布置图

图7-38 钢柱及钢柱脚平面布置图

构件规格表

编号	名称	规格 $H \times B \times t_w \times t$	材质
GKL-1	钢框梁	HN400X200X8X13	Q345B
CL-1	钢次梁	HN250X125X6X9	Q345B

热轧H型钢示意图

2~5层结构平面布置图

图7-39 2~5层结构平面布置图

图 7-40 柱脚详图

5. 梁柱和梁梁连接详图(图 7-41)

(1)节点①和②为钢框架边柱节点,表示梁柱采用栓焊混合的刚性连接,节点①为中间层节点,采用柱贯通的形式;节点②为顶层节点,采用钢梁上翼缘贯通的形式。在 1—1 剖面中,主梁腹板采用正反两块厚度为 8 mm 的连接板、16 个直径为 20 mm 的高强度螺栓连接,梁翼缘、加劲肋与钢柱以及梁翼缘现场对接均采用带垫板带钝边单边 V 形熔透焊缝焊接。钢梁腹板与柱和梁翼缘采用双面角焊缝焊接,焊脚高度为 6 mm。

(2)钢梁与混凝土楼板采用直径为 16 mm 的双排圆头栓钉连接,栓钉沿梁纵向的间距为 150 mm,距钢梁边距为 50 mm,栓钉长度为 100 mm,距板顶为 30 mm。

(3)主次梁连接采用铰接节点,次梁腹板伸入钢梁内与主梁加劲肋采用 2 个直径为 20 mm 的高强度螺栓连接,腹板和加劲肋开直径为 22 mm 的圆孔。

图7-41 梁柱和梁梁连接详图

7.4 平面网架构造及施工图识读

7.4.1 平面网架基本知识

平面网架是由多根杆件按照一定的网格形式通过节点连接而成的平板式空间结构，具有空间受力、重量轻、刚度大、抗震性能好等优点，可用作采光顶、体育馆、展览厅、候车厅、飞机库等大跨度屋盖。平面网架按组成形式可分为三类：第一类是由平面桁架组成，有两向正交正放网架、两向正交斜放网架、两向斜交斜放网架及三向网架；第二类由四角锥体单元组成，有正放四角锥网架、正放抽空四角锥网架、斜放四角锥网架、棋盘形四角锥网架及星形四角锥网架；第三类由三角锥体单元组成，有三角锥网架、抽空三角锥网架及蜂窝形三角锥网架。平面网架按节点形式不同则可分为十字板节点、焊接空心球节点及螺栓球节点三种形式。十字板节点适用于型钢杆件的网架结构；空心球节点及螺栓球节点适用于钢管杆件的网架结构。

7.4.2 平面网架

平面网架钢结构施工图主要包括钢结构设计说明、网架预埋件布置图、网架平面布置图、网架杆件截面图、节点详图等图纸，有时还包括屋面檩条布置图和马道布置图。

1. 钢结构设计说明

在钢结构设计说明中主要包括工程概况、设计依据、设计荷载、结构设计、材料的选用、制作与安装、防腐防火处理要求及其他需要说明的事项等内容(图 7-42)。

(1)工程概况：主要包括建筑功能、平面尺寸、跨度、主体结构体系、周边支撑情况等基本资料，由此可以大体了解建筑的整体情况。

(2)设计依据：主要包括甲方的设计任务书，现行国家、行业和地方规范与规程以及标准图集等，施工时也必须以此为依据。

(3)设计荷载：主要包括恒载、活载、风荷载、雪荷载以及抗震设防烈度等有关参数。在施工和后期使用过程中结构上的荷载均不得超过所给出的荷载值。

(4)结构设计：结构设计中主要包括结构使用年限、安全等级和结构计算原则、结构布置以及主要节点构造，由此可以了解结构的整体情况。

(5)材料的选用：主要包括钢材、螺栓、焊条、钢球、钢管等有关材料的强度等级以及应符合的有关标准等。在材料采购时必须以这些作为依据和标准进行。

(6)制作与安装：主要包括切割、制孔、焊接等方面的有关要求和验收的标准以及运输和安装过程中要注意的事项和应满足的有关要求。

(7)防腐防火处理要求：主要包括钢构件的防锈处理方法和防锈等级及漆膜厚度等钢结构涂装以及钢结构防火等级及构件的耐火极限等方面的要求。

(8)其他：主要包括钢结构建筑在后期使用过程中需要定期维护的要求以及钢结构材料替换、雨期施工等其他需要注意的有关事项，以保证使用和施工过程中的结构安全。

螺栓球节点网架钢结构设计说明

一、工程概况

本项目为某建筑未来水族馆，宽度24m，长24m；下部为钢筋混凝土结构，网架支座支承在屋面柱周边框架梁上。

二、设计依据

1. 甲方提供的设计任务书及有关资料。
2. 本工程设计遵循的标准、规范、规程：

《建筑结构荷载规范》　　　　　　　GB 50009—2012
《钢结构设计规范》　　　　　　　　GB 50017—2003
《空间网格结构技术规程》　　　　　JGJ 7—2010
《冷弯薄壁型钢结构技术规范》　　　GB 50018—2002
《钢结构焊接规范》　　　　　　　　GB 50661—2011
《钢结构工程施工质量验收规范》　　GB 50205—2001
《钢网架螺栓球节点用高强度螺栓》　GB/T 16939—1997

三、设计荷载

1. 屋面恒载：0.80kN/m²（含檩条）　屋面活载：0.50kN/m²。
2. 基本风压：W_0=0.55kN/m²（50年一遇）；地面粗糙度：B类　基本雪压：S_0=0.40kN/m²。
3. 抗震设防烈度：7度（0.10g），设计地震分组第一组（本场地：Ⅱ类）。

四、结构设计

1. 结构设计使用年限为50年。
2. 本工程安全等级为二级，重要性系数1.0。
3. 屋面荷载取值与网架四角锥螺栓球节点网架，周边上弦支承。
4. 屋面找坡采用找坡上调支托完成。
5. 网架支座采用螺栓球支座。
6. 杆件计算长度取中$l=L$，支点杆件最大长细比180，杆件有效长度与杆件长细比250。
7. 静载不包括结构自重，自重由程序自动生成，其余各种作用荷载如节点上，杆件不承受楼面荷载。

五、材料选用

1. 本工程采用钢管、球、杆件。连接杆件和235B钢，其质量应符合现行国家标准《碳素结构钢》（GB/T 700—2006）、某级要求应有质量保证。
　钢板、钢材应具有屈服点强度、伸长率、屈服强度冷弯等试验指标的合格保证。
2. 手工焊 Q235钢球采用$\geqslant$43XX系列钢材，其技术条件应符合《非合金及低合金铸钢件》（GB/T 5117—2012）中的主要条款。
3. 螺栓自动螺纹于自动焊用连接锥焊缝和锥板应符合国家标准《碳素钢及碳素钢焊条》的规定，焊接材料应符合现行国家标准《碳素钢焊条》（GB/T 5293—1999）的规定。
4. 普通螺栓：均采用6.6级，其技术条件应符合《六角头螺栓C级》（GB/T 5780—2000）和《六角头螺栓》（GB/T 5782—2000）的规定。

5. 高强度螺栓，材质为40Cr，10.9级，其尺寸和技术条件应符合《合金结构钢》（GB/T 3077—1999）和《钢网架螺栓球节点用高强度螺栓》（GB/T 16939—1997）的规定。
6. 紧固螺钉，材质为40Cr，其技术条件应符合《合金结构钢》（GB 3077—1999）的规定。
7. 锥头、封板为45号钢，其技术条件应符合《优质碳素结构钢》（GS/T 699—1999）的规定。
8. 钢管全采用无缝钢管，其尺寸和技术条件应符合《结构用无缝钢管》（GB/T 8162—2008）的规定。

六、制作与安装

1. 钢管首径≥75mm时宜开坡口焊接，焊缝及接头的尺寸和构造应与连接的钢管相适应，且每个节点有螺栓球的杆件不得多于一根。
2. 网架杆件制件时应符合现行国家标准《空间网格结构技术规程》（GB 50205—2001）规定在一级焊缝检验标准。
3. 所制出的杆件及及螺栓应在中心间，其下料长度和螺纹孔末经末求精准达±50℃~200℃后采用。
4. 对长加焊直接局量、焊件与螺纹孔应对接加接时应重点检查，且自个孔有螺接的杆件不应多于一根。
5. 网架杆件不允许在拼接处接续，支点任接焊与螺栓球应严格检查，并对该节点末安装。
6. 网络本单位任在焊拼装，现场对网架杆端应立即采取预拼件焊的补。
7. 网架安装完成，须对网架杆部所接口及多杆端栓孔应加密填满子帮。
8. 网架制作、运输、安装、最收应在《空间网格结构技术规程》（JGJ 7—2010）等有关规定。（JG/T 10—2009）等有关规定。

七、防腐与防火

1. 在制作运输中，应用表面做好中应进行除锈处理，除锈等级应达到GB/T 8923中的Sa2.5级别。
2. 所有钢构件表面做好油漆除锈等除表面脱脂处理，厚度不小于 70μm；环氧云铁中间漆两道，厚度不小于60μm；聚酯面漆两道，厚度不小于70μm。
3. 本网架的防火等级为一级，同类杆件的耐火极限为1.5h，应采用防火材料的防火涂料刷涂，所防防火材料被通过长消防审了认可，同时还满足及环境设计的应用及技术要求。

八、其他

1. 在现场运输中、应根据材料特性（如建筑材料用量表、围护材料用量表）进行定期防腐维修，对结构进行防火维护（如有钢材有重新进行防火检测，各种防腐用材料维护）以确保防火材料中的结构安全，检查验合等。
2. 悬挂设备应根据建筑设计，不影响主体结构及材料作用，特护技术人员核准确认，按由加工制作进行原则进行实施制作。
3. 当国家有新的结构相应规定对加工制作，其结构实行按此原则进行对照审批，冒地施工后方可代用。
4. 本设计未考虑施工荷载，冒地施工后应按现场地施工技术措施。

图7-42　螺栓球节点网架钢结构设计说明

2. 网架预埋件布置图(图 7-43)

(1)"YM"表示预埋件，采用粗实线表示，混凝土框架梁采用双细实线(轮廓线)表示，轴线采用细点画线表示。

(2)预埋件布置在混凝土框架梁上，间距为 3 000 mm，预埋件沿轴线居中布置。

(3)从 1—1 剖面中可以看出，预埋件沿梁居中布置，预埋件顶与混凝土梁顶平齐。

(4)从预埋件详图中可以看出，锚板长和宽均为 360 mm，厚度为 16 mm，采用 4 根直径为 16 mm 的 HRB335 级锚筋与锚板穿孔塞焊。

图 7-43   螺栓球节点网架预埋件布置图

3. 网架平面布置图(图 7-44)

(1)从平面布置图可以看出网架平面尺寸为 24 m×24 m，网架高度为 1.8 m，为平板网架结构。上弦杆与建筑轴线呈 45°，节间长度为 $1\,500\times\sqrt{2}=2\,121$(mm)；下弦杆和腹杆与建筑轴线平行，下弦杆节间长度为 3 000 mm，腹杆节间长度为 $\sqrt{1\,500^2+1\,800^2}=2\,343$(mm)，网架组成形式为斜放四角锥结构。

(2)网架上弦杆采用粗实线表示，下弦杆采用细虚线表示，腹杆采用细实线表示，节点用"○"表示，支座用"▣"表示。

(3)下部混凝土梁仅与网架上弦节点连接，支撑形式为上弦周边支撑。

(4)Rz 表示网架竖向的反力，"—"表示方向向下，"+"表示方向向上，一般正号省略不写。反力单位为 kN。

(5)从对称符号上看，网架杆件在两个方向上分别沿中心线对称。

4. 网架杆件截面图(图 7-45)

(1)本图是按照网架杆件在两个方向上分别沿中心线对称的方式给出的网架上、下弦杆和腹杆的杆件截面图。

(2)杆件编号中，上弦杆用"S"表示、下弦杆用"X"表示、腹杆用"F"表示。第二个数字是按照杆件截面的不同进行编号的，a 及后面的数字是按杆件截面相同而长度不同进行编号的。ϕ 表示圆钢管，其后的数字为直径×厚度。钢管有无缝钢管和焊接钢管之分，两者受压性能不同，应按设计说明选用。

（3）球节点用①表示，○内的数字按照球规格的不同进行编号。"BS"表示螺栓球，其后的数字表示螺栓球直径。螺栓球采用 45 号优质碳素结构钢。

螺栓球节点网架平面布置图

图 7-44　螺栓球节点网架平面布置图

构件规格表				
编号	名称	规格	长度/mm	材质
F1a1	腹杆	φ60×3.5	2343	Q235B
S1a2	上弦杆	φ60×3.5	2121	Q235B
S1a3	上弦杆	φ60×3.5	3000	Q235B
X1a4	下弦杆	φ60×3.5	3000	Q235B
S2a1	上弦杆	φ76×4.0	2121	Q235B
S2a2	上弦杆	φ76×4.0	3000	Q235B
X2a3	下弦杆	φ76×4.0	3000	Q235B
①	螺栓球	BS120	—	45号钢

螺栓球节点网架杆件截面图

图 7-45　螺栓球节点网架杆件截面图

5. 节点详图(图7-46)

(1)平板网架的支座节点根据受力特点不同可选用压力支座、拉力支座、可滑动和转动的弹性支座以及刚性支座等，节点①选用的支座形式是可转动和变形的橡胶板式支座。

(2)节点①中，螺栓球焊接在支承斜板上，在螺栓球上焊接时应将钢球预热到150 ℃～200 ℃后再施焊，以防止45号钢常温焊接时出现裂缝。

(3)十字板采用焊脚高度10 mm的双面角焊缝焊接在底板上。底板长和宽均为280 mm，厚度为16 mm，开直径为30 mm的圆孔。

(4)橡胶垫板长和宽均为260 mm，厚度为50 mm，板上开直径为60 mm的圆孔，以防止橡胶垫板阻碍支座变形。

(5)过渡板长和宽均为280 mm，厚度为16 mm，过渡板与螺栓采用穿孔塞焊，与预埋件采用焊脚高度10 mm的周围角焊缝现场焊接。

(6)支座底板与过渡板采用2个直径为24 mm的螺栓固定。地脚螺栓安装时采用双螺母固定，在底板上设16 mm厚70 mm×70 mm的垫板，垫板开直径为26 mm的圆孔，垫板与柱底板采用焊脚高度10 mm的周围角焊缝现场焊接。

(7)节点②为网架上弦杆与腹板的连接节点，当杆件直径小于75 mm时杆件采用平封板；杆件直径不小于75 mm时应设锥头，以防止杆件端部碰撞，尽量减少螺栓球直径。在螺栓球上部通过普通螺栓连接屋面檩条支托。

(8)节点③为网架下弦杆与腹杆的连接节点，与节点②相似，当网架下弦杆有吊挂灯具等设备时，可利用螺栓球工艺孔吊挂。

图7-46 节点详图

6. 焊接球节点网架钢结构设计说明 (图7-47)

焊接球节点网架钢结构设计说明

一、工程概况

本工程为某建筑中庭轻钢屋面，宽度24m；长24m；下弦为混凝土结构，网架支座支承在屋面周边框架柱上。

二、设计依据：

1. 甲方提供的设计基本资料。
2. 本工程按下列国家标准、规范、规程：

《建筑结构荷载规范》　　　　　GB 50009-2012
《钢结构设计规范》　　　　　　GB 50017-2003
《空间网格结构技术规程》　　　JGJ 7-2010
《冷弯薄壁型钢结构技术规范》　GB 50018-2002
《钢结构焊接规范》　　　　　　GB 50661-2011
《钢结构工程质量验收规范》　　GB 50205-2001
《钢网架焊接空心球节点》　　　JG/T 11-2009

三、设计荷载：

屋面恒荷载：0.50kN/m²（含檩条）。
屋面活荷载：0.55kN/m²（50年一遇）基本雪压：S_0=0.40kN/m²。
基本风压：W_0=0.55kN/m²（50年一遇）基本雪压：S_0=0.40kN/m²。
抗震设防烈度7度（0.10g），设计地震分组第一组（场地类别：Ⅱ类）。

四、结构设计

1. 结构设计使用年限为50年。
2. 本工程全全荷载分项系数，全重要性系数1.0。
3. 屋面杆件采用正交正放四角锥焊接球节点网架，周边上弦支承。
4. 网架支座采用下弦平面上的支座形式。
5. 杆件计算长度中 $L=L_0$，多点杆件受压力。
6. 杆件计算长度中 $L=L_0$，多点杆件按自动生成，其长细比最大细比180，多点杆件最大细比250。
7. 静定不变结构自重增加自重按自重乘以节点上，杆件不承受局部荷载。

五、材料选用

1. 本工程杆件焊接球、连接球采用Q235B钢，其质量应符合现行国家标准《碳素结构钢》（GB/T 700-2006）的规定。
2. 手工焊Q235钢件焊接采用E43XX系列焊条，其技术条件应符合现行国家标准《非合金钢及细晶粒钢焊条》（GB/T 5117-2012）中的规定。
3. 埋弧自动焊接采用的焊丝和相应焊剂应由生产主体全金属焊接组合应用，焊丝应符合现行国家标准《熔化极气体保护电弧焊用非合金钢及细晶粒钢实心焊丝》（GB/T 14957-1994）规定，埋弧焊焊接采用的焊丝和焊剂应符合现行国家标准《埋弧焊用非合金钢及细晶粒钢实心焊丝、药芯焊丝和焊剂》（GB/T 5293-1999）的规定。
4. 普通螺栓：均采用C级C级，其性能等级《六角头螺栓C级》（GB/T 5780-2000）和《六角螺栓C级》（GB/T 5782-2000）的规定。

5. 檩条，采用Q235B钢，其制作和安装应符合《空间网格结构技术规程》（JGJ 7-2010）的规定。
6. 钢支，材质为Q235B钢，其技术条件应符合《碳素结构钢》（GB/T 700-2006）的规定。
7. 钢管采用无缝钢管，其尺寸和技术条件应符合《结构用无缝钢管》（GB/T 8162-2008）的规定。

六、制作与安装

1. 焊接球与杆件采用相贯口焊，与杆件接头之间各方管应留有一定间隙，焊接前应做好焊接工艺试验，并保证焊接质量。
2. 杆件接头及焊缝连接焊缝安装要求时各杆端在同一直线上且各杆相应架整结构尺寸，支承下料长度应根据在设计。
3. 所拉连时杆件长度应包括球中的间隙，球体的间隙焊缝平面与设计中一致。
4. 球与杆件焊接连接时，多点支件增加焊接处。
5. 网架杆件不允许有进度焊接，且必于节点连接处的杆件不得多于一层。
6. 网架连工许处进行进度焊之时，必须杆件增加焊处焊接严格保养与检验件钢板。
7. 网架拼装完成后，须焊防支架上领钢管支支件钢板等。
8. 焊缝质量及焊缝应符合《钢网格结构设计的方法及质量分级法》（JGJ 203-2007）的规定。
9. 网架拼装制造、运输、安装、支承、各节点应守《空间网格结构技术规程》（JGJ 7-2010）有关规定。（JG/T 10-2009）有关规定。
10. 焊缝等级安装与现场焊接等包焊应符合02规范焊结，在焊除装与国际以钢筋或钢板焊间。
11. 安装后钢架复装与现场焊接等包焊应符合02规范焊结，并检各装与国际以钢筋或钢板焊接以防老化。

七、防腐与防火

1. 所有钢件件制件表面施以除锈后进行除锈处理，除锈质量等至达到GB/T 8923中那么2.5等级。
2. 所有钢件件表面均除净环氧富锌底涂完成漆，厚度不小于70μm；中氧云铁中间漆，厚度不小于60μm；采用聚面氧化层，厚度不小于70μm。
3. 本钢柱防火包厚涂料，同果杆件间距大底要求1.5h，应采用厚涂或果超薄防火涂料，同同采用钢结构防火涂料应用防火保护详见结构设计门门，同同应做主且复厚度设厚件中要求。
4. 柱脚钢结构均在工厂制作后进行场拆，接场使用按构件安全、图样使用标准实等。进行定期检查维修，对结构件的各变事业分别处验算，支持现标符合《建筑结构防火技术规程》（JGJ 251-2011）的规定。

八、其他

1. 在图未设定中，底层钢钢件件（应涂装材料涂装年限），应依标准用于钢件等，进行定期维修保养。
2. 基本单位应配备本设备工具并应符合有现行国家标准的规定，供设计人员调用，供设计人员调用。
3. 当图样材料代用时，不应是结果改结构设结构改设改，做出加工制作单位或在原原计单位单，经设计师同意后方可代用。
4. 本设计未详见地处理，须随施工详见随加应地处的的施工技术措施。

图 7-47　焊接球节点网架钢结构设计说明

7. 网架预埋件布置图(图 7-48)

(1)"YM"表示预埋件,采用粗实线表示;混凝土框架梁采用双细实线(轮廓线)表示,轴线采用细点画线表示。

(2)预埋件布置在混凝土框架梁上,间距为 3 000 mm,预埋件沿轴线居中布置。

(3)从 1—1 剖面中可以看出,预埋件沿梁居中布置,预埋件顶与混凝土梁顶平齐。

(4)从预埋件详图中可以看出,锚板长和宽均为 300 mm,厚度为 16 mm,采用 4 根直径为 16 mm 的 HRB400 级锚筋与锚板穿孔塞焊。

焊接球节点网架预埋件布置图

图 7-48　焊接球节点网架预埋件布置图

8. 网架平面布置图(图 7-49)

(1)从平面布置图可以看出网架平面尺寸为 24 m×24 m,网架高度为 2.0 m,为平板网架结构。上、下弦杆与建筑轴线平行,上、下弦杆节间长度为 3 000 mm,腹杆与建筑轴线呈 45°,节间长度为 $\sqrt{2\,121^2+2\,000^2}=2\,915$(mm),网架组成形式为正放四角锥结构。

(2)网架上弦杆采用粗实线表示,下弦杆采用细虚线表示,腹杆采用细实线表示,节点用"○"表示,支座用"▱"表示。

(3)下部混凝土梁仅与网架上弦节点连接,支撑形式为上弦周边支撑。

(4)Rz 表示网架竖向的反力,"一"表示方向向下,"+"表示方向向上,一般正号省略不写。反力单位为 kN。

(5)从对称符号上看,网架杆件在两个方向上分别沿中心线对称。

焊接球节点网架平面布置图

图 7-49　焊接球节点网架平面布置图

9. 网架杆件截面图(图 7-50)

(1)本图是按照网架杆件在两个方向上分别沿中心线对称的方式给出的网架上、下弦杆和腹杆的杆件截面图。

构件规格表				
编号	名称	规格	长度/mm	材质
F1a1	腹杆	φ60×3.5	2 915	Q235B
S1a2	上弦杆	φ60×3.5	3 000	Q235B
X1a3	下弦杆	φ60×3.5	3 000	Q235B
S2a1	上弦杆	φ76×5.0	3 000	Q235B
S3a1	上弦杆	φ89×6.0	3 000	Q235B
①	焊接球	WS200×8	—	Q235B

焊接球节点网架杆件截面图

图 7-50　焊接球节点网架杆件截面图

(2)杆件编号中，上弦杆用"S"表示、下弦杆用"X"表示、腹杆用"F"表示。第二个数字是按照杆件截面的不同进行编号的，a及后面的数字是按杆件截面相同而长度不同进行编号的。φ表示圆钢管，其后的数字为直径×厚度。钢管有无缝钢管和焊接钢管之分，两者受压性能不同，应按设计说明选用。

(3)球节点用①表示，○内的数字按照球规格的不同进行编号。焊接空心球有焊接空心球和加肋焊接空心球两种，"WS"表示焊接空心球，"WSR"表示加肋焊接空心球，其后的数字表示焊接球直径×厚度。焊接空心球的材质为 Q235B 碳素结构钢。

10. 节点详图(图7-51)

(1)节点①选用的支座形式是平板压力支座。

(2)节点①中，空心球焊接在支撑斜板上。

图 7-51　节点详图

(3)十字板采用焊脚高度 10 mm 的双面角焊缝焊接在底板上。底板长和宽均为 240 mm，厚度为 16 mm，开直径为 30 mm 的圆孔。

(4)过渡板长和宽均为 240 mm，厚度为 16 mm，过渡板与螺栓采用穿孔塞焊，与预埋件采用焊脚高度 10 mm 的周围角焊缝现场焊接。

(5)支座底板与过渡板采用 4 个直径为 24 mm 的螺栓固定。地脚螺栓安装时采用双螺母固定，在底板上设 16 mm 厚 70 mm×70 mm 的垫板，垫板开直径为 26 mm 的圆孔，垫板与柱底板采用焊脚高度 10 mm 的周围角焊缝现场焊接。

（6）节点②为网架上弦杆与腹板的连接节点，网架杆件直接焊接在空心球上，屋面檩条支托采用周围角焊缝直接焊接在空心球上。

（7）节点③为网架下弦杆与腹杆的连接节点，与节点②相似，当网架下弦杆有吊挂灯具等设备时，可利用在焊接空心球上直接焊接吊挂。

（8）在焊缝详图Ⓐ中，可看出网架杆件与焊接空心球采用带垫板单边 V 形熔透焊缝焊接，钢管内设长度为 30～50 mm、厚度为 4 mm 的短衬管，剖口角度为 60°，预留间隙 2 mm。

＞习 题

1. 门式刚架、多层框架和网架结构主要包括哪些图纸？
2. 螺栓球节点网架与焊接球节点网架在节点构造上有哪些区别？
3. 高强度螺栓、普通螺栓分别在哪些连接中使用？
4. 角焊缝与熔透焊缝分别应用于哪些连接？
5. 门式刚架中梁柱连接一般采用什么连接形式？
6. 多层框架结构中梁柱刚接一般采用什么连接形式？
7. 基本线宽 b 通常选取哪些宽度？
8. 剖视与断面的剖切符号有什么区别？
9. 高强度螺栓、普通螺栓、安装螺栓的标注方法是什么？有哪些区别？
10. 工厂焊缝与现场焊缝的标注方法有什么区别？
11. 坡口熔透焊中各数字的含义是什么？
12. 间断焊中各数字的含义是什么？

单元8 钢结构工厂制作

知 识 点

零、部件加工机具、方法，焊接工艺，组装、预拼装，成品检验，管理包装。

8.1 钢结构设计图与施工详图

8.1.1 设计图与施工详图的区别

我国钢结构施工图设计按设计图与施工详图两个阶段出图，始于 20 世纪 50 年代，且一直沿用至今，多年实践证明，采用两阶段出图的做法分工合理，有利于保证工程质量且方便施工；钢结构构件的制作、加工必须以施工详图为依据，设计图是施工详图编制的主要依据。

1. 设计图的特征

根据施工工艺、建筑要求及初步设计等，并经施工设计方案与计算等工作来编制设计图；设计图的深度、目的及内容仅为编制详图提供依据，由设计单位编制，图纸内容一般包括设计总说明与布置图、构件图、节点图、钢材订货表等；设计图的图纸表示简明，数量少。

2. 施工详图的特征

施工详图是对设计图进行的深化，是直接指导钢结构构件的生产、施工和安装用图，一般由制造厂或施工单位编制，图纸内容包括构件安装布置图、构件详图、零件图等；图纸表示详细，数量多。

8.1.2 施工详图的设计

因施工详图编制比较烦琐，费工费时且需要一定的设计周期，施工单位、建设单位等应了解钢结构工程特有的分工设计特点，在编制施工计划中予以考虑。

1. 施工详图设计内容

施工详图设计内容主要包括详图的构造设计与连接计算。设计图在深度上一般只绘出构件布置、构件截面与内力及主要节点构造。详图设计中尚需补充进行部分构造设计与连接计算，一般包括以下内容。

（1）构造设计：包括桁架、支撑等节点板设计与放样，桁架或大跨度实腹梁起拱构造与设计，梁支座加腋或纵、横加劲肋构造设计，构件运输单元横隔设计，组合截面构件缀板、填板布置、构造，板件、构件变截面构造设计，螺栓群或焊缝群的布置与构造，拼接、焊接坡口及切槽构造，张紧可调圆钢支撑构造，隔撑、椭圆孔、板铰、滚轴支座、橡胶支座、抗剪键、托座、连接板、刨边及人孔、手孔等细部构造，施工施拧最小空间构造，现场组装的定位，夹具耳板设计等。

（2）连接计算：一般连接节点的焊缝长度与螺栓数量计算，小型拼接计算，材料或构件焊接变形调整余量及加工余量计算，起拱高度、高强度螺栓连接长度、材料数量及几何尺寸与相贯线等计算。

2. 施工详图绘制内容

详图图纸绘制一般应按构件系统（如屋盖结构、刚架结构、吊车梁、工作平台等）分别绘制各系统的布置图（含必要的节点详图）、施工设计总说明、构件详图（一般含材料表），主要包括以下内容：图纸目录；根据设计图总说明编制的详图设计总说明；安装节点图；按设计图及布置图中的构件编制的构件详图；安装现场用的总布置图；等等。

8.2 钢结构制作前的准备工作

8.2.1 设计图纸的审查

钢结构的制作、加工必须以施工详图为依据，施工详图则必须根据设计图来绘制。施工图完成后，必须进行必要的审查。图纸审查的目的，首先是检查图纸设计的深度能否满足施工要求，如构件之间有无矛盾、尺寸是否全面等；其次是对结构的工艺性进行审查，如工艺上是否合理、是否满足设计要求等。

图纸审查主要包括以下内容：设计文件是否齐全；构件的几何尺寸是否标注齐全；相关构件的尺寸是否正确；构件之间的连接形式是否合理；节点是否清楚；加工符号、焊缝符号是否齐全；标注方法是否符合规定；标题栏内构件的数量是否符合工程的总数量；本单位能否满足图纸上的技术要求；等等。

图纸在审查过程中发现的各类问题应及时报送原设计单位处理，需修改设计的必须有书面的设计修改、变更文件。

8.2.2 材料的采购和代用

1. 材料采购

为避免因采购材料耽误施工，材料采购一般应与详图设计同时进行，根据图纸材料表计算出各种材质材料的规格、型号及净用量等，再加上一定数量的损耗，提出材料需用量计划。工程预算时一般可按净用量所需数值再增加 10%～15% 进行提料。

钢材订货合同应对材料牌号、规格尺寸、性能指标、检验要求、尺寸偏差等有明确的约定。定尺钢材应留有复验取样的余量；钢材的交货状态，宜按设计文件对钢材的性能要求与供方商定。

2. 材料代用

如需进行材料代用时，必须经原设计部门同意，材料代用一般按以下原则进行。

（1）当钢号满足设计要求，而生产厂商提供的材质保证书中缺少设计提出的部分性能要求时，应做补充试验，合格后方可使用。每炉钢材，每种型号规格一般不宜少于 3 个试件。

（2）当钢材性能满足设计要求，而钢号的质量优于设计提出的要求时，应注意节约，避免以优代劣。

（3）当钢材性能满足设计要求，而钢号的质量低于设计提出的要求时，一般不允许代用，如代用必须经设计单位同意。

（4）当钢材的钢号和技术性能都与设计提出的要求不符时，首先应检查钢材，然后按设计重新计算，改变结构截面焊缝尺寸和节点构造。

（5）对于成批混合的钢材，如用于主要承重结构时，必须逐根进行化学成分和机械性能试验。

（6）当钢材的化学成分允许偏差在规定的范围内时可以使用。

（7）当采用进口钢材时，应验证其化学成分和机械性能是否满足相应钢号的标准。

（8）当钢材规格与设计要求不符时，不能随意以大代小，须经计算后才能代用。

（9）钢材规格、品种供应不全时，可根据钢材选用原则灵活调整。钢结构对材质要求一般是：受拉构件高于受压构件；焊接高于螺栓或铆接连接的结构；厚钢板高于薄钢板结构；低温高于高温结构；承受动力荷载高于承受静力荷载的结构。

（10）钢材机械性能所需保证项目仅有一项不合格时：当冷弯合格时，抗拉强度的上限值可以不限；伸长率比规定的数值低 1‰时允许使用，但不宜用于塑性变形构件；冲击值一组 3 个试样，允许其中一个单值低于规定值，但不得低于规定值的 70%。

8.2.3 材料复验及工艺试验

钢结构工程采用的钢材及焊接材料等应符合设计文件的要求，并应具有钢厂和焊材厂出具的产品质量证明书或检验报告，其化学成分、力学性能以及其他质量指标应符合国家现行标准的要求。

为确保钢结构工程的材料质量，必须对所采购的材料按要求进行复验；为保证施工的顺利进行，必须对所采用的加工方法等进行工艺试验。

1. 有关试验

（1）钢材复验。对于属于下列情况之一的钢材，下料加工前应进行抽样复验：

1）国外进口钢材；

2）钢材混批；

3）板厚≥40 mm，且设计有 Z 向要求的厚板；

4）建筑结构安全等级为一级，大跨度钢结构中主要受力构件所采用的钢材；

5）设计有复验要求的钢材；

6）对质量有疑义的钢材。

钢材复验内容应包括：化学成分、力学性能及设计要求的其他指标应符合国家现行有关标准的规定，进口钢材各指标应符合供货国相应标准的规定。

设计文件无特殊要求，钢结构工程中常用牌号钢材的抽样复验宜按以下规定执行：

1）牌号为 Q235、Q345 且板厚小于 40 mm 的钢材，应按同一生产厂家、同一牌号、同一质量等级的钢材组成检验批，每批重量不应大于 150 t；同一生产厂家、同一牌号的钢材供货重量超过 600 t 且全部复验合格时，每批的组批重量可扩大至 400 t。

2）牌号为 Q235、Q345 且板厚大于或等于 40 mm 的钢材，应按同一生产厂家、同一牌号、同一质量等级的钢材组成检验批，每批重量不应大于 60 t；同一生产厂家、同一牌号的钢材供货重量超过 600 t 且全部复验合格时，每批的组批重量可扩大至 400 t。

3）牌号为 Q390 的钢材，应按同一生产厂家、同一质量等级的钢材组成检验批，每批重量不应大于 60 t；同一生产厂家的钢材供货重量超过 600 t 且全部复验合格时，每批的组批重量可扩大至 300 t。

4）牌号为 Q235GJ、Q345GJ、Q390GJ 的钢材，应按同一生产厂家、同一牌号、同一质量等级的钢材组成检验批，每批重量不应大于 60 t；同一生产厂家、同一牌号的钢材供货重量超过 600 t 且全部复验合格时，每批的组批重量可扩大至 300 t。

5）牌号为 Q420、Q460、Q420GJ、Q460GJ 的钢材，每个检验批应由同一牌号、同一质量等级、同一炉号、同一厚度、同一交货状态的钢材组成，每批重量不应大于 60 t。

6）有厚度方向要求的钢板，宜附加逐张超声波无损探伤复验。

（2）连接材料复验。

1）焊接材料。焊接材料的品种、规格、性能应符合国家现行标准要求，焊材应与设计选用的钢材相匹配，且应符合现行国家标准《钢结构焊接规范》（GB 50661—2011）的有关规定。

用于重要焊缝的焊材，或对质量合格证明文件有疑义的焊材，应进行抽样复验，复验时焊丝宜按 5 个批取一组试验、焊条宜按 3 个批取一组试验。

2）紧固件。钢结构连接用的普通螺栓、高强度螺栓等紧固件，应符合相应国家标准要求。

高强度螺栓副应分别有扭矩系数和紧固轴力（预拉力）的出厂合格检验报告，并随箱携带。当高强度螺栓副保管时间超过 6 个月时，应按相关要求重新进行扭矩系数或紧固轴力试验，合格后方能使用。

高强度螺栓副应分别进行扭矩系数和紧固轴力（预拉力）复验，试验螺栓应从施工现场待装的螺栓批中随机抽取，每批应抽取 8 套连接副进行复验。

建筑结构安全等级为一级、跨度 40 m 及以上的螺栓球节点钢网架结构，其连接高强度螺栓应进行表面硬度试验。

普通螺栓作为永久性连接螺栓，设计文件有要求或对螺栓质量有疑义时，应进行螺栓最小拉力荷载复验，复验时每一规格螺栓应抽查 8 个。

（3）工艺试验。工艺试验一般可分为三类：

1）焊接试验。钢材可焊性试验、焊接工艺性试验、焊接工艺评定试验等均属于焊接试验范畴。其中焊接工艺评定试验是钢结构工程制作时最常遇到的试验。焊接工艺评定是焊接工艺的验证，是衡量制造单位是否具备合格生产能力的一个重要的基础技术资料，未经焊接工艺评定的焊接方法、技术参数不能用于工程施工。焊接工艺评定对提高劳动生产率、降低制造成本、提高品质、搞好焊工技能培训也是必不可少的。

2）摩擦面的抗滑移系数试验。当钢结构构件的连接采用摩擦型高强度螺栓连接时，应对连接面进行处理，使其连接面的抗滑移系数能达到设计规定的数值。连接面的技术处理方法有：喷砂或喷丸、酸洗、砂轮打磨、综合处理等。

3）工艺性试验。对构造复杂的构件，必要时应在正式投产前进行工艺性试验。工艺性试验可以是单工序，也可以是几个工序或全部工序；可以是个别零件，也可以是整个构件，甚至是一个安装单元或全都是安装构件。

2. 编制工艺规程

钢结构工程施工前，制作单位应按施工图纸等技术文件要求编制出完整、正确的施工制作工艺，以用于指导、控制施工过程。

（1）编制施工工艺规程的依据。

1）工程设计图纸及施工详图；

2）图纸设计总说明和相关技术文件；

3）图纸和合同中规定的国家标准、技术规范等要求；

4）制作单位实际制造能力等。

（2）制定工艺规程的原则。基本原则是在一定的生产技术条件下，能以最快的速度、最少的劳动量和最低的费用，可靠地加工出符合设计要求的产品，应体现出技术上的先进性、经济上的合理性和良好的劳动条件及安全性。

（3）工艺规程的主要内容。

1）根据产品执行的标准编制成品技术要求。

2）为保证成品达到设计要求制定相关措施：关键零件的精度要求、检查方法和检查工具；主要构件的工艺流程、工序质量标准、工艺措施；采用的加工设备和工艺装备。

工艺规程是钢结构制造过程中主要的和根本性的指导文件，也是生产制作中最可靠的质量保证措施。工艺规程必须经过审批，一经确定就必须严格执行，不得随意更改。

8.2.4　其他工艺准备

除了上述准备工作外，还有工号划分、编制工艺流程卡、零件流水卡、配料与材料拼接、确定焊缝收缩量和加工余量、工艺装备、设备和工具等工艺准备工作。

1. 工号划分

根据产品特点、任务量大小以及施工顺序、速度等，将整个工程划分成若干个生产工号（生产单元），以便分批投料，配套加工，配套出成品。

生产工号（生产单元）的划分有以下几点要求：

（1）在条件允许的情况下，同一张图纸上的构件宜安排在同一生产工号中加工；

（2）相同构件或加工方法相同的构件宜放在同一生产工号中加工；

（3）较大的工程划分生产工号时要考虑施工顺序，先安装的构件要优先安排加工；

（4）同一生产工号中的构件数量不要过多。

2. 编制工艺流程卡

从施工详图中摘出各零件，编制出工艺流程卡（或工艺过程表）。加工工艺过程由若干个工序所组成，工序内容根据零件加工性质确定，工艺流程卡就是反映这个过程的文件。工艺流程卡的内容包括零件名称、件号、材料编号、规格、工序顺序号、工序名称和内容、所用设备和工艺装备名称及编号、工时定额等。关键零件还需标注加工尺寸和公差，重要工序还需画出零件工序图等。

3. 零件流水卡

根据工程设计图纸和技术文件提出的成品要求，确定各工序的精度要求和质量要求，结合制作单位的设备和实际加工能力，确定各个零件下料、加工的流水程序，即编制出零件流水卡。零件流水卡是编制工艺卡和配料的依据。

4. 配料与材料拼接

根据来料尺寸和用料要求，统筹安排，合理配料。当零件尺寸过长或过大无法运输而在现场拼接的材料，都需确定材料拼接位置，材料拼接应遵循以下原则：

（1）拼接位置应避开安装孔和形状复杂部位。

（2）双角钢断面的构件，两角钢应在同一处拼接。

（3）一般接头属于等强度连接，应尽量布置在受力较小的部位。

（4）焊接 H 型钢的翼、腹板拼接缝应尽量避免在同一断面处，上、下翼缘板拼接位置应与腹板错开 200 mm 以上。

5. 确定焊接收缩量和加工余量

焊接收缩量受焊缝大小、气候条件、施焊工艺和结构断面等因素影响，其值变化范围较大。

由于铣刨加工时常常成叠进行操作，尤其长度较大时，材料不易对齐，在编制加工工艺时要对加工边预留较多的加工余量，一般以 3～5 mm 为宜。

6. 工艺装备

钢结构制作过程中的工艺装备一般分为两类：原材料加工过程中所需的工艺装备和拼装焊接所需的工艺装备。前者主要保证单个零件符合图纸的尺寸要求，如定位元件、模具等；后者主要保证构件的整体几何尺寸和减少变形量，如夹紧器、拼装胎等。工艺装备的生产周期一般较长，精度要求较高，应根据工艺要求提前准备，先行安排加工。

7. 设备和工具

根据产品加工需要来确定加工设备和操作工具，有时还需要调拨或添置必要的设备和工具，这些都必须提前做好准备。

8.2.5 生产场地布置

生产场地应根据产品的品种、特点和批量，工艺流程，产品的进度要求，每班的工作量，生产面积，现有生产设备和起重运输能力等布置。

生产场地布置有以下一些基本原则：

（1）根据工艺顺序安排生产场地，以减少零件转运量，避免逆工序安排生产场地（即倒流水），如图 8-1 所示。

钢材仓库	零件加工	半成品	铆焊	油漆	装运
车间	车间	仓库	装配车间	车间	车间

图 8-1　钢结构制造厂车间平面图

（2）根据生产需要合理安排操作面积及间距，以保证操作安全并要保证材料和零件的堆放场地。

（3）保证成品能顺利转运。

（4）合理的供电、供气、照明线路布置。

8.3　钢结构零部件的加工

根据专业化程度和生产规模，钢结构的生产有三种生产组织方式：专业分工的大流水作业生产、一包到底的混合组织方式、扩大放样室的业务范围。

钢结构制作的工序较多，对加工顺序要周密安排，避免或减少倒流，以减少往返运输和周转时间。图 8-2 为钢结构作业生产的基本流程，表 8-1 为具体方法和使用设备说明。

图 8-2　钢结构制作基本工艺流程

表 8-1　钢结构制作的方法及设备

工序号	工序名称	具体方法	所需设备
1	材料验收	化学成分检验、性能检验等	化验设备、拉力机等
2	材料堆放		吊车
3	材料校正	调直、校平	校直机
4	放样	以足尺比例画出样板	尺、量规等
5	号料	按放样在原材料上画出实样	样板
6	切割	冲、剪、锯、气割、等离子切割	冲床、剪板机、锯床、各种切割机等
7	矫正		矫正机
8	成形	模压、热弯	压力机等
9	加工	铣、刨、铲	铣床、刨床、碳弧气刨
10	制孔	冲、钻	冲床、钻床
11	装配		起重设备
12	焊接	自动焊、气体保护焊、手工焊	各种电焊机
13	后处理		千斤顶、校正机械、热处理设备
14	总体试装		起重设备
15	除锈	喷砂、抛丸、钢丝刷除锈	喷抛设备、钢丝刷
16	油漆包装	喷漆	喷涂设备
17	存储		起重设备
18	出厂		
19	辅材准备		

8.3.1　放样和号料

放样是钢结构制作工艺中的第一道工序，只有放样尺寸准确，减少以后各道加工工序的累积误差，才能保证整个工程的质量。

1. 放样的工作内容

放样的工作内容包括核对图纸的安装尺寸和孔距，以1∶1的大样放出节点，核对各部分的尺寸，制作样板和样杆。

放样时以1∶1的比例在放样台上利用几何作图方法画出大样。放样经检查无误后，用铁皮或塑料板制作样板，用木杆、铁皮或扁铁制作样杆。样板、样杆上应注明工号、图号、零件号、数量及加工边、坡口部位、弯折线和弯折方向、孔径和滚圆半径等，然后用样杆、样板进行号料，见图8-3。样杆、样板应妥善保存，直至工程结束以后。

样杆号孔　　　　　　　　样板号料

图8-3　样板号料

1—角钢；2—样杆；3—划针；4—样板

2. 号料的工作内容

号料的工作内容包括检查核对材料，在材料上画出切割、铣、刨、弯曲、钻孔等加工位置，打样冲孔，标出零件编号等。

钢材如有较大弯曲等问题时应先矫正，根据配料表和样板进行套裁，尽可能节约材料。当工艺或设计有规定时，应按规定的方向进行取料，号料应有利于切割和保证零件质量。

3. 放样号料用具

放样号料用具及设备有划针、样冲、手锤、粉线、弯尺、直尺、钢卷尺、大钢卷尺、剪子、小型剪板机、折弯机。

用作计量长度的各量具，必须经有资质的计量单位计量，且附有偏差卡片，使用时按偏差卡片的记录数值核对其误差数。

钢结构制作、安装、验收及土建施工用的量具，必须用同一标准进行鉴定，且其应有相同的精度等级。

4. 放样号料应注意的问题

(1)放样时，需要机加工的零件必须考虑加工余量。焊接构件要按工艺要求留出焊接收缩量，高层钢结构的框架柱尚应预留弹性压缩量。

(2)号料时要根据切割方法留出适当的切割余量。

(3)如图纸要求桁架起拱，放样时上、下弦应同时起拱，起拱后垂直杆的方向仍然垂直于水平线，而不与下弦杆垂直。

(4)样板的允许偏差见表8-2，号料的允许偏差见表8-3。

表8-2　样板(样杆)的允许偏差

项　　　目	允许偏差
平行线距离和分段尺寸	±0.5 mm
样板长度、宽度	±0.5 mm

项　　目	允许偏差
样板对角线差	1.0 mm
样杆长度	±1.0 mm
样板的角度	±20′

表 8-3　号料的允许偏差 mm

项　　目	允许偏差
零件外形尺寸	±1.0
孔距	±0.5

8.3.2　下料切割

　　钢材下料的切割方法有气割、机械切割、等离子切割等方法。具体采用何种方法应根据要求和实际条件经济合理地选用。切割后钢材不得有分层，断面上不得有裂纹，应清除切口处的毛刺、熔渣和飞溅物。气割和机械剪切的允许偏差应符合表 8-4 和表 8-5 的规定。

表 8-4　气割的允许偏差 mm

项目	允许偏差
零件宽度、长度	±3.0
切割面平面度	$0.05t$，且不大于 2.0
割纹深度	0.3
局部缺口深度	1.0

注：t 为切割面厚度。

表 8-5　机械剪切的允许偏差 mm

项目	允许偏差
零件宽度、长度	±3.0
边缘缺棱	1.0
型钢端部垂直度	2.0

1. 气割

　　氧割或气割是以氧气与燃料燃烧时产生的高温来熔化钢材，并借助喷射压力将熔渣吹去，造成割缝，以达到切割金属的目的，但熔点高于火焰温度或难以氧化的材料和氧化物熔点高于火焰温度都不宜采用气割，氧与各种燃料燃烧时的火焰温度为 2 000 ℃～3 200 ℃。

　　气割能切割各种厚度的钢材，设备灵活，费用经济，切割精度也高，是目前广泛使用的切割方法。气割按切割设备可分为手工气割、半自动气割、仿形气割、多头气割、数控气割和光电跟踪气割。

2. 机械切割

　　机械切割使用的设备有：带锯机床、砂轮锯、无齿锯、剪板机、型钢冲剪机等。

　　机械切割的零件厚度一般不大于 12 mm，剪切面应平整，无飞边、毛刺等。

3. 等离子切割

等离子切割适用于不锈钢、铝、铜及其合金等，在一些尖端技术上应用广泛。其具有切割温度高、冲刷力大、割边质量好、变形小、可以切割任何高熔点金属等特点。

8.3.3 矫正和成形

1. 矫正

在钢结构制作过程中，由于原材料变形、切割变形、焊接变形、运输变形等经常影响结构的制作及安装，矫正就是通过一定的方法造成新的变形去抵消已经发生的变形。材料的矫正分为机械矫正、加热矫正、加热与机械联合矫正等。

型钢的机械矫正一般在矫正机上进行，使用时应根据矫正机的技术性能和实际情况进行选择。手工矫正一般用在小规格的型钢上，依靠锤击力进行矫正。加热矫正是在构件局部用火焰加热，利用金属热胀冷缩的物理性能，冷却时产生很大的冷缩应力来矫正变形。

碳素结构钢在环境温度低于 -16 ℃、低合金结构钢在环境温度低于 -12 ℃时，不应进行冷矫正或弯曲。碳素结构钢和低合金结构钢在加热矫正时，加热温度为 700 ℃~800 ℃，最高温度不得超过 900 ℃，最低温度不得低于 600 ℃。

矫正后的钢材表面，不得有明显的凹痕或损伤，划痕深度不大于 0.5 mm，且不应超过钢材厚度允许负偏差的 1/2。

型钢在矫正前必须确定弯曲点的位置，这是矫正工作不可缺少的步骤。目测法是现在常用的找弯方法，确定型钢的弯曲点时应注意型钢自重产生的弯曲影响准确性，对于较长的型钢要放在水平面上，用拉线法测量。型钢矫正后的允许偏差见表8-6。

表 8-6　型钢矫正后的允许偏差　　　　　　　　　　　　　　　　　　　mm

项次	偏差名称	示意图	允许偏差
1	钢板、扁钢的局部平面度		在 1 m 范围内 $\delta > 14$，$f \leq 1.0$；$\delta \leq 14$，$f \leq 1.5$
2	型钢弯曲矢高		长度的 1/1 000 且不大于 5
3	角钢肢的垂直度 Δ		$\Delta \leq b/100$ 但双肢栓接角钢的角度不得大于 90°
4	槽钢翼缘对腹板的垂直度		$\Delta \leq b/80$
5	工字钢、H 型钢翼缘对腹板的垂直度		$\Delta \leq b/100$，且不大于 2.0

2. 弯曲成形

型钢冷弯曲的工艺方法有滚弯机滚弯、压力机压弯，还有顶弯、拉弯等，先按型材的截面形状、材质规格及弯曲半径制作相应的胎模，经试验符合要求方准加工。

钢结构零、部件在冷矫正和冷弯曲时，根据验收规范要求，最小弯曲率半径和最大弯曲矢高应符合表 8-7 的规定。

表 8-7　最小弯曲率半径和最大弯曲矢高　　　　　　　　mm

项次	钢材类别	示意图	对应轴线	矫正 r	矫正 f	弯曲 r	弯曲 f
1	钢板、扁钢		1—1	50δ	$L^2/(400\delta)$	25δ	$L^2/(200\delta)$
			2—2（扁钢）	$100b$	$L^2/(800b)$	$50b$	$L^2/(400b)$
2	角钢		1—1	$90b$	$L^2/(720b)$	$45b$	$L^2/(360b)$
3	槽钢		1—1	$50b$	$L^2/(400b)$	$25b$	$L^2/(200b)$
			2—2	$90b$	$L^2/(720b)$	$45b$	$L^2/(360b)$
4	工字钢		1—1	$50h$	$L^2/(400h)$	$25h$	$L^2/(200h)$
			2—2	$50b$	$L^2/(400b)$	$25b$	$L^2/(200b)$

注：1. r——曲率半径，f——弯曲矢高，L——弯曲弦长。
　　2. 超过以上数值时，必须先加热再行加工。
　　3. 当温度低于 −20 ℃（合金钢低于 −15 ℃）时，不得对钢材进行锤击、剪切和冲孔。

8.3.4　材料边缘加工

因切割产生硬化等缺陷的材料边缘，钢柱脚和梁承压支撑面以及其他图纸要求的加工面，焊接坡口边缘，尺寸要求严格的加劲肋、隔板、腹板和有孔眼的节点板，一般需要进行边缘加工，对边缘有特殊要求时宜采用精密切割。

1. 边缘加工方法

常用的边缘加工方法有：铲边、刨边、铣边、气割等。对加工表面质量要求不高并且工作量不大的采用铲边，分为手工铲边和机械铲边。刨边是使用刨边机，由刨刀来切削板材的边缘。铣边比刨边机工效高、能耗少、质量优。气割有碳弧气刨、半自动与自动气割机等方法。

2. 边缘加工偏差

边缘加工允许偏差见表 8-8～表 8-10。

表 8-8　边缘加工的允许偏差

项　　目	允许偏差
零件宽度、长度	±1.0 mm
加工边直线度	$l/3\,000$，且不大于 2.0 mm
相邻两边夹角	±6°
加工面垂直度	$0.025t$，且不大于 0.5 mm
加工面表面粗糙度	$Ra \leqslant 50\ \mu m$

注：t——构件厚度，l——构件长度。

表 8-9　焊缝坡口的允许偏差

项　　目	允许偏差
坡口角度	±5°
钝边	±1.0 mm

表 8-10　零部件铣削加工后的允许偏差

项　　目	允许偏差
两端铣平时零件长度、宽度	±1.0 mm
铣平面的平面度	0.3 mm
铣平面的垂直度	$l/1\,500$

8.3.5　制孔

钢结构中大量采用高强度螺栓连接，使孔的加工在制造中占有很大比重，在精度上要求也越来越高。

1. 孔的质量要求

(1)精制螺栓孔。精制螺栓孔(A、B 级螺栓孔—Ⅰ类孔)的直径应与螺栓公称直径相等，孔应具有 H12 的精度，孔壁表面粗糙度 $Ra \leqslant 12.5\ \mu m$。其孔径允许偏差应符合表 8-11 的规定。

表 8-11　精制螺栓孔孔径允许偏差　　　　　　　　　　　　　　mm

螺栓公称直径、螺孔直径	螺栓公称直径允许偏差	螺栓孔直径允许偏差
10～18	0.00 −0.18	+0.18 0.00
18～30	0.00 −0.21	+0.21 0.00
30～50	0.00 −0.25	+0.25 0.00

（2）普通螺栓孔。普通螺栓孔（C级螺栓孔—Ⅱ类孔）包括高强度螺栓（大六角头螺栓、扭剪型螺栓等）、普通螺钉孔、半圆头铆钉等的孔，其孔径应比螺栓杆、钉杆的公称直径大1.0～3.0 mm，孔壁表面粗糙度 $Ra \leqslant 25 \mu m$。其孔径允许偏差应符合表8-12的规定。

表8-12　普通螺栓孔孔径允许偏差　　　　　　　　　　　　　　　　　　　　mm

项　　目	允许偏差
直径	+1.0 0.0
圆度	2.0
垂直度	0.03t，且不大于 2.0mm

注：t 为板厚。

（3）孔距。螺栓孔孔距的允许偏差应符合表8-13的规定，如超过偏差应采用与母材材质相匹配的焊条补焊后再重新制孔。

表8-13　螺栓孔孔距的允许偏差　　　　　　　　　　　　　　　　　　　　mm

螺栓孔孔距范围	≤500	501～1 200	1 201～3 000	>3 000
同一组内任意两孔间距离	±1.0	±1.5	—	—
相邻两组的端孔间距离	±1.5	±2.0	±2.5	±3.0

注：1. 在节点中连接板与一根杆件相连的所有连接孔为一组。
　　2. 对接头在拼接板一侧的螺栓孔为一组。
　　3. 在两相邻节点或接头间的连接孔为一组，但不包括1和2所指的螺栓孔；
　　4. 受弯构件翼缘上的连接螺栓孔，每米长度内的孔为一组。

2. 制孔的方法

制孔可采用钻孔、冲孔、铣孔、铰孔、镗孔和锪孔等方法，常用的有钻孔和冲孔两种方法。钻孔是采用钻床切削加工成孔，钻孔包括人工钻孔和机床钻孔。前者多用于直径较小、壁厚较薄的孔；后者施钻方便快捷，精度高。钻孔前先选钻头，再根据钻孔的位置和尺寸情况选择相应的钻孔设备。冲孔是使用冲切设备靠冲裁力产生的孔，孔壁质量差，已较少采用。镗孔是将已有孔扩大到需要的直径。锪孔是将已钻好的孔上表面加工成一定形状的孔，铰孔是将已经粗加工的孔进行精加工以提高孔的光洁程度和精度。

8.3.6　构件组装

组装，也称拼装、装配，是按照施工图纸的要求，将已加工完成的各零件、半成品构件装配成独立的成品。

1. 组装的一般规定

（1）构件组装前，应熟悉施工图纸、组装工艺及有关技术文件的要求。检查组装用的零部件的材质、规格、外观、尺寸、数量等，均应符合设计要求。

（2）组装焊接处的连接接触面及沿边缘30～50 mm 范围内的铁锈、毛刺、污垢等必须清除干净。

（3）板材、型材的拼接应在组装前进行，构件的组装应在部件组装、焊接、矫正并检验合格后进行。

（4）构件组装应根据设计要求、构件形式、连接方式、焊接方法和顺序等确定合理的组装顺序。

（5）构件的隐蔽部位应在焊接和涂装检验合格后封闭，完全封闭的构件内表面可不涂装。

（6）布置拼装胎具时，其定位必须考虑预放出焊接收缩量及加工余量。

（7）为减少大件组装焊接的变形，一般应先采取小件组焊，经矫正后，再组装大部件。

（8）组装好的构件应立即用油漆在明显部位编号，写明图号、构件号、件数等，以方便查找。

（9）构件组装的尺寸偏差应符合设计文件和国家标准《钢结构工程施工质量验收规范》（GB 50205—2001）的规定。

2. 组装的方法

（1）地样法。用1∶1的比例在装配平台上放出构件实样，然后根据零件在实样上的位置进行组装，此法适用于桁架、构架等小批量结构的组装。

（2）仿形复制装配法。先用地样法组装成单面的结构，进行定位点焊后翻身，以此作为复制胎模，再装配另一面的结构，此法适用于横断面互为对称的桁架结构。

（3）胎模装配法。把构件的零件用胎模定位在其装配位置上进行组装，此法要注意各种加工余量，适用于构件批量大、精度高的产品。

（4）立装。根据构件的特点及其零件的稳定位置，选择自上而下或自下而上的方法组装，此方法用于放置平稳、高度不大的结构或大直径圆筒。

（5）卧装。将构件放在卧的位置进行组装，此法适用断面不大但长度较长的细长构件。

钢结构组装方法的选择，必须根据构件特性和技术要求，制作厂的加工能力、机械设备等选择安全可靠、满足要求的、效益高的方法。

3. 组装工程质量验收

钢结构工程组装验收除要满足设计文件要求以外，还应满足《钢结构工程施工质量验收规范》（GB 50205—2001）的要求。

（1）主控项目。主控项目应符合表8-14的规定。

表8-14　主控项目内容及要求

项　目	项次	项目内容	本规范章节	验收要求	检验方法	检查数量
组装	1	吊车梁和吊车桁架	8.3.1	不应下挠	构件直立，在两端支承后，用水准仪和钢尺检查	全数检查
端部铣平及安装焊缝坡口	1	端部铣平精度	8.4.1	端部铣平的允许偏差应符合相关的规定	用钢尺、角尺、塞尺等检查	按铣平面数量抽查 10%，且不应小于 3 个
钢构件外形尺寸	1	外形尺寸	8.5.1	钢构件外形尺寸主控项目的允许偏差应符合相关的规定	用钢尺检查	全数检查

（2）一般项目。钢构件组装工程质量验收的一般项目应符合表 8-15 的规定。

表 8-15　一般项目内容及要求

项目	项次	项目内容	本规范章节	验收要求	检验方法	检查数量
焊接H型钢	1	接缝	8.2.1	翼缘板拼接缝和腹板拼接缝的间距不应小于 200 mm。翼缘板拼接长度不应小于 2 倍板宽；腹板拼接宽度不应小于 300 mm，长度不应小于 600 mm	观察和钢尺检查	全数检查
	2	精度要求	8.2.2	应符合相关的规定	用钢尺、角尺、塞尺等检查	按钢构件数抽查 10%，且不应小于 3 件
组装	1	精度要求	8.3.2	允许偏差应符合相关的规定	用钢尺检查	按构件数抽查 10%，且不应小于 3 件
	2	顶紧接触面	8.3.3	应有 75% 以上的面积紧贴	用 0.3 mm 塞尺检查，其塞入面积不大于 25%，边缘间隙不大于 0.8 mm	按构件数抽查 10%，且不应小于 10 件
	3	轴线交点错位	8.3.4	允许偏差不大于 3.0 mm	钢尺检查	按构件数抽查 10%，且不应小于 3 个，每个抽查构件按节点数抽查 10%，且不小于 3 个节点
端部铣平及安装焊缝坡口	1	坡口精度	8.4.2	允许偏差应符合表 7-4 的规定	用焊缝量规检查	按坡口数量抽查 10%，且不小于 3 条
	2	防锈保护	8.4.3	外露铣平面应防锈保护	观察检查	全数检查
钢构件外形尺寸	1	外形尺寸	8.5.2	钢构件外形尺寸一般项目的允许偏差应符合相关规定		按构件数抽查 10%，且不应小于 3 件

8.3.7　表面处理

表面处理必须在涂装工序前进行，主要是去除材料表面的油、铁锈等，主要有喷抛丸、喷砂等方法。表面处理工序直接关系到涂装工程质量的好坏。

喷砂是选用干燥的石英砂，喷嘴距离钢材表面 10～15 mm 处喷射，处理后的钢材表面呈灰白色，目前应用不多。现在常用的是喷丸，磨料是钢丸，处理过的摩擦面的抗滑移系数值较高。酸洗是先用浓度 18% 的硫酸洗，再用清水冲洗，此法会腐蚀摩擦面。砂轮打磨是用电动砂轮打磨，方向与构件受力方向垂直，不得在表面磨出明显的凹坑。

高强度螺栓摩擦面处理是为了保证抗滑移系数值满足设计要求。摩擦面处理在连接节点处的钢材表面进行加工，一般有喷砂、喷丸、酸洗、砂轮打磨等方法，可根据实际条件进行选择。

处理好的摩擦面严禁有飞边、毛刺、焊疤和污损等，不得涂油漆，在运输过程中防止摩擦面受损，出厂前按批检验抗滑移系数。

8.3.8 钢结构制作常用器具

1. 测量、划线工具

（1）卷尺。常用的有长度为 1 m、2 m 的小卷尺，长度为 5 m、10 m、15 m、20 m、30 m 的大卷尺，用钢尺能量到的正确度误差为 0.5 mm。

（2）直角尺。直角尺用于测量两个平面是否垂直和画较短的垂直线。

（3）卡钳。卡钳有内卡钳、外卡钳两种，见图 8-4。内卡钳用于量孔内径或槽道大小，外卡钳用于测量零件的厚度和圆柱形零件的外径等。内、外卡钳均属间接量具，需用刻度尺确定数值，因此在使用卡钳时应注意铆钉的紧固，不能松动，以免造成测量错误。

图 8-4 卡钳
(a)内卡钳；(b)外卡钳

（4）划针。一般采用中碳钢制造，用于较精确零件划线，见图 8-5。

图 8-5 划针划线示意图
(a)不正确；(b)正确；(c)正确用尺方向；(d)画线倾斜角度

（5）画规及地规。画规是画圆弧和圆的工具，见图 8-6。地规由两个地规体和一条规杆组成，用于画较大圆弧，见图 8-7。

（6）样冲。样冲是用来在零件上冲打标记的工具，多用高碳钢制成，其尖端磨成 60°，并需淬火处理，见图 8-8。

图 8-6 画规　　　　　　图 8-7 地规　　　　　　图 8-8 样冲

2. 切割、切削机具

（1）半自动切割机。图 8-9 为半自动切割机的一种。它由可调速的电动机驱动，沿着轨道可直线运行或做圆周运动，这样切割嘴就可以切割出直线或圆弧。

（2）风动砂轮机。风动砂轮机以压缩空气为动力，携带方便，使用安全可靠，因而得到广泛地应用。风动砂轮机的外形见图 8-10。

图 8-9　半自动切割机　　　　　　　　　　图 8-10　风动砂轮机

（3）电动砂轮机。电动砂轮机由罩壳、砂轮、长端盖、电动机、开关和手把组成，见图 8-11。

（4）风铲。风铲属风动冲击工具，其具有结构简单、效率高、体积小、重量轻等特点，见图 8-12。

图 8-11　手提式电动砂轮机

图 8-12　风铲

（5）砂轮锯。如图 8-13 所示，它是由切割动力头、可转夹钳、中心调整机构及底座等部分组成。

（6）龙门剪板机。龙门剪板机是板材剪切中应用较广的一种剪板机，其具有剪切速度快、精度高、使用方便等特点。为防止剪切时钢板移动，床面有压料及栅料装置；为控制剪料的尺寸，前后设有可调节的定位挡板等装置，见图 8-14。

（7）联合冲剪机。联合冲剪机集冲压、剪切、剪断等功能于一体。图 8-15 为某联合冲剪机的外形示意图。型钢剪切头配合相应模具，可以剪断各种型钢；冲头部位配合相应模具，可以完成冲孔、落料等冲压工序；剪切部位可直接剪断扁钢和条状板材料。

图 8-13　砂轮锯

3. 其他器具

钢结构制造中用到的其他器具有：钢板尺、游标卡尺、手工锯、锤、锉刀、凿子、自动气体切割机、等离子切割机、铣边机、矫正机、数控锯床、冲剪机等。

图 8-14　龙门剪板机外形示意图

图 8-15　联合冲剪机的外形示意图

8.4　钢结构焊接

8.4.1　焊接方法与设备

金属焊接是指通过适当的手段，使两个分离的金属物体(同种或者异种金属)产生原子(分子)间结合而成为一体的连接方法。基本的焊接方法有：熔化焊接、固相焊接和钎焊。建筑钢结构制造和安装焊接方法多采用熔化焊接，熔焊是以各种高温集中热源加热待连接金属，使之局部熔化、冷却后形成牢固连接的过程。

用于加热和熔化金属的高温能源有电弧、焊渣、气体火焰、等离子体、电子束、激光等。熔焊方法按加热能源的不同可分为电弧焊、电渣焊、气焊、等离子焊、电子束焊、激光焊等。其中电弧焊又可分为：熔化电极与不熔化电极电弧焊、气体保护与自保护电弧焊、栓焊。熔焊方法因焊接过程的自动进行程度不同还可分为手工焊、半自动焊、自动焊。

限于成本、应用条件等原因，钢结构领域中广泛使用的是电弧焊。在电弧焊中又以手工电弧焊、埋弧焊、CO_2 气体保护焊和自保护焊为主。在某些特殊应用场合，则必须使用电渣焊和栓焊。

1. 手工电弧焊

(1)焊接原理。手工电弧焊是用手工操纵焊条进行焊接。焊接时，在焊条末端和工件之间的电弧产生高温使焊条药皮与焊芯及工件熔化，熔化的焊芯端部迅速形成细小的金属熔滴，通过电弧柱过渡到局部熔化的工件表面，融合在一起形成熔池。药皮熔化过程中产生的气体和熔渣，使熔池和电弧与周围空气隔离，并且和熔化的焊芯、母材发生一系列冶金反应，保证所形成焊缝的性能，随着手工连续移动焊条，熔池液态金属逐步冷却结晶，形成焊缝。图 8-16 所示即为手工电弧焊原理图。

图 8-16　手工电弧焊原理图

（2）焊接电源。因焊接电流可以是交流电也可以是直流电，故焊接电源可分为交流电源、直流电源两种，以及交直流两用电源的特殊形式。

交流弧焊机实质上是一种通过可调高漏抗以得到下降外特性和所要求空载电压的降压变压器。其种类主要可分为动铁式（BX1系列）、动圈式（BX3系列）和抽头式（BX6系列）。前两种交流弧焊机为目前一般钢结构制作、安装领域中应用最为广泛的电焊机。抽头式弧焊变压器只适用于小功率焊机，但价格低廉，在小型企业制作、安装轻型结构和家庭装修、维修领域得到广泛的应用。

直流弧焊机分为直流发电机和弧焊整流器两种。传统的弧焊发电机使用较少，常用于药皮焊条手工电弧焊的整流电源主要有硅整流式（ZXG系列）、可控硅整流式（ZX-5系列）和逆变整流式（ZX-7系列）。可控硅式整流器的外特性可控，动态特性好，网路补偿方便，功率因素高，属于节能产品，因而得到了广泛的发展和应用。

（3）焊接工艺参数。焊接工艺参数是指焊接时为保证焊接质量而选定的各物理量（如焊接电流、电弧电压、焊接速度等）的总称。手工焊工艺参数主要为焊条直径、焊接电流、电弧电压、焊接速度和预热温度等。

1）焊条直径。焊条直径可根据焊件厚度、焊接位置、接头形式、焊接层数等进行选择。厚度较大的焊件，搭接和T形接头的焊缝选用直径较大的焊条；小坡口焊件，采用较细直径的焊条。通常平焊选用较粗的焊条，立焊、仰焊、横焊选用较细的焊条。

2）焊接电流。焊接电流是电弧焊的主要工艺参数，焊接电流的选择直接影响焊接质量和劳动生产率。焊接电流大则焊缝熔深大，焊条熔化快，焊接效率也高，易得到凸起的表面堆高；反之则熔深浅，电流太小时不易起弧，焊接时电弧不稳定、易熄弧，易产生未焊透、未熔合等缺陷；电流太大时则飞溅很大，易产生咬边、焊瘤、烧穿等缺陷。

3）电源极性。采用交流电源时，焊条与工件的极性随电源频率而变换，电弧稳定性较差，碱性低氢型焊条药皮中需要增加低电离电势的物质作为稳弧剂才能稳定施焊。采用直流电源时，工件接正极称为正极性（或正接）、工件接负极称为反极性（或反接），一般药皮焊条直流反接可以获得稳定的焊接电弧，焊接时飞溅较小。

4）电弧电压。电弧电压主要是由电弧长度决定的。电弧长则电压高；反之则低。电弧过长则出现电弧燃烧不稳定、飞溅大、熔深浅及咬边、气孔等缺陷；电弧短则易粘条。一般情况下电弧长度等于焊条直径的0.5～1.0倍为好，相应的电弧电压为16～25V。碱性焊条的电弧长度不超过焊条直径，为焊条直径的一半较好；酸性焊条电弧长度应等于焊条直径。

5）焊接速度。焊接速度即单位时间内完成的焊缝长度。焊接速度过慢使焊缝变宽，余高增加，母材易过热变脆，效率降低；焊接速度过快则造成熔池长、焊缝变窄、严重凹凸不平，容易产生咬边及焊缝波形变尖。焊接速度应与选择的电流相配合。

6）运条方式和焊接层次。运条方式有直线形式及横向摆动式，横向摆动式还分为螺旋形、月牙形、锯齿形、八字形等，均由焊工具体掌握以控制焊道的宽度。各种焊缝应根据板厚和焊道厚度、宽度来安排焊接层次以完成整个焊缝。多层焊时由于后焊道对先焊道（层）有回火作用，可改善接头的组织和力学性能，故要求焊缝晶粒细密、冲击韧性较高时，宜指定采用多道、多层焊接。

7）预热温度。预热是焊接开始前对被焊工件的全部或局部进行适当加热的工艺措施，预热可减少焊后冷却速度，避免产生淬硬组织，减少焊接应力及变形，是防止产生焊接裂纹的有效措施。

2. 埋弧焊

（1）焊接原理。埋弧焊是利用电弧热作为熔化金属热源的机械化焊接方法。焊丝外表没有药皮，熔渣是由覆盖在焊接坡口区的焊剂形成的。当焊丝与母材之间施加电压并互相接触引燃电弧后，电弧热将焊丝端部与电弧区周围的焊剂及母材熔化，形成金属熔滴、熔池及熔渣。金属熔池受到浮于表面的熔渣和焊剂蒸气的保护而不与空气接触，有效地保护了电弧和熔池。随着焊丝向前方移动，熔池冷却凝固后形成焊缝，熔渣冷却后形成渣壳，见图 8-17。熔渣与熔化金属发生冶金反应，影响并改善焊缝金属的化学成分和力学性能。

图 8-17　埋弧焊原理图

（2）埋弧焊的特点。

1）生产效率高。埋弧焊所用焊接电流大，加上焊剂和熔渣的保护，电弧的熔透能力和焊丝的熔敷速度都大大提高。单丝埋弧焊不开坡口一次熔深最大可达 20 mm。埋弧焊已成为大型构件制作中应用最广的高效焊接方法。

2）焊接质量好。埋弧焊的热输入大、冷却速度慢、熔池存在时间长使冶金反应充分，各种有害气体能及时从熔池中逸出，避免气孔产生，也减小了冷裂纹的敏感性。因焊接工艺参数通过自动调节保持稳定，对焊工操作技术水平要求不高，焊缝成形好，成分稳定，力学性能好。

3）劳动条件好。埋弧焊弧光不外露，无弧光辐射。

4）埋弧焊采用颗粒状焊剂进行保护，一般适用于平焊和角焊位置，其他位置的焊接则要采用特殊装置来保证焊剂对焊缝区的覆盖和防止熔池金属的漏淌。

5）坡口加工精度稍高，或需要加导向装置，使焊丝与坡口对准以避免焊偏。

6）使用电流大，不适宜厚度小于 1 mm 的薄件。

（3）埋弧焊设备。

1）埋弧焊设备组成。自动埋弧焊设备由交流或直流焊接电源、焊接小车、控制盒和电缆等附件组成。

①焊接电源：交流电源由接触器、降压变压器、电抗器及其他附件组成，适用于一般碳钢使用中性熔炼焊剂时的焊接，其成本较低且维护较简易；还可应用于大型构件焊接时需要防止磁偏吹的场合，或与另一直流电源配合做双丝焊接。由于自动埋弧焊通常用粗焊丝大电流焊接厚板，焊接电源额定电流一般需达 1 000 A 才能满足不同情况下高效焊接的要求。直流电源一般使用可控硅整流器，外特性有平特性及降特性两种，平特性用于细丝焊薄板、降特性用于粗丝焊接厚板。直流电源广泛应用于重要结构中高强钢构件使用碱性焊剂时的焊接。

②焊接小车：焊接小车由送丝机构和行走机构(含电机)、焊头的各方向调整机构和手轮、支架、底座及焊剂斗(或设有焊剂回收及输送装置)、焊丝盘等附件组成。

③控制盒：控制盒由焊机及送丝调速控制板、程序操作控制板、电流及电压显示仪表或数码显示器、各种调节旋钮、按钮开关、导线插座等组成。

半自动埋弧焊设备不设置焊接小车，但增设软管连接手持焊枪，焊枪上带有导丝嘴、按钮开关及小型焊剂斗，其他则与自动焊装置类同。半自动埋弧焊机的功率因受手持焊枪重量及可操作性的限制，一般配用额定电流 630 A 的电源，适用于中、薄板构件的焊接。

2)自动埋弧焊焊机的种类。焊机按其特定用途可分为角焊机和对焊与角焊通用焊机；按其使用功能可分为单丝或双丝焊机、单头或双头焊机；按其机头行走方式可分为独立小车式、门架式或悬臂式焊机。

①自动埋弧焊角焊机的特点是不设轨道，利用焊机底架上的两个靠轮直接贴在 T 形工件的翼缘上，使焊机在腹板上行走，实现焊头对焊缝的自动对准，传统上应用于 H 型钢船形位置焊接，并已广泛应用于钢结构中 H 形构件的焊接。

②自动埋弧焊对焊与角焊通用型焊机。MZ-1 000 型自动埋弧焊焊机以传统的焊接小车带有机头调整装置、控制盒、丝盘、送丝装置，配以 ZX5-1 000 或 1 250 弧焊整流器，是生产中使用最为广泛的焊机，用于对接焊、角接焊、搭接焊，使用方便、可靠。

③自动埋弧焊双头双丝焊机。自动埋弧焊双头双丝焊机的特点是使用带双机头（各有两套送丝机构、导电嘴、焊剂斗和控制盒）的焊机，电源则采用一台交流电源和一台直流电源。用作双丝焊时，两丝前后串联排列焊同一条焊缝；用作双头焊时，机头旋转 90°后两丝并列各焊一条焊缝。串列双丝焊接在钢结构大型断面构件焊接中得到广泛应用。

④自动埋弧焊门架式焊机。其特点为：焊机门架为自行式，轨道铺设于地面。整机以两组直流电动机驱动，并带有回程定位装置，可于起焊位置自动停车。门架上装有两台自动埋弧焊机并配备两套焊剂回收和导弧装置，适用于双边双极、双边单极或单边单极埋弧焊接，通常用于钢结构大型断面构件纵向组合焊缝的高效焊接。

⑤自动埋弧焊轻型圆管内焊机。其特点为：机头设计紧凑，小车可行走于直径 400 mm 的圆管内进行纵缝焊接。控制盒可与机头分离以便于筒体内焊接。

⑥悬臂式自动焊机。其特点为：焊接机头悬挂于横臂前端，可随横臂上下升降、前后伸缩，随立柱做 360°回转；行走及回转采用交流变频驱动，无级调速，数字显示，参数可预置。

(4)埋弧焊焊接工艺参数。影响埋弧焊焊缝成形和质量的因素有：焊接电流、焊接电压、焊接速度、焊丝直径、焊丝倾斜角度、焊丝数目和排列方式、焊剂粒度和焊剂堆放高度。前面五个因素的影响趋势与其他电弧焊接方法相似，仅影响程度不同，最后三个因素的影响是埋弧焊所特有的。

1)焊剂堆放高度。焊剂堆放高度一般为 25～50 mm。高度太小时对电弧的包围保护不完全，影响焊接质量；堆放高度太大时，透气性不好，易使焊缝产生气孔和表面成形不良。因此必须根据使用电流的大小适当选择焊剂堆放高度。电流及弧压大时弧柱长度及范围大，应适当增大焊剂堆放高度和宽度。

2)焊剂粒度。焊剂粒度的大小也是根据电流值选择，电流大时应选用细粒度焊剂，否则焊缝外形不良；电流小时，应选用粗粒度焊剂，否则透气性不好，焊缝表面易出现麻坑。一般粒度为 8～40 目，细粒度时为 14～80 目。

3)焊剂回收次数。焊剂回收反复使用时要清除飞溅颗粒、渣壳、杂物等，反复使用次数过多时应与新焊剂混合使用，否则会影响焊缝质量。

4)焊丝直径。由于细焊丝比粗焊丝的电阻热大，因而熔化系数大，在同样焊接电流时，细焊丝比粗焊丝可提高焊接速度及生产率。同时，由于利用了焊丝的电阻热因而可以节约电能。

5)焊丝数目。双焊丝并列焊接时，可以增加熔宽并提高生产率。双焊丝串联焊接分双焊经共熔池和不共熔池两种形式，前者可提高生产率、调节焊缝成形系数，后者除了可提高生产率以外，前丝电弧形成的温度场还能对后丝的焊缝起预热作用，后丝电弧则对前丝焊缝起后热作用，降低了熔池冷却速度，可改善焊缝的组织性能，减小冷裂纹倾向。

在实际生产中根据各工艺参数对焊缝成形和质量的影响，结合施工生产各方面的实际情况，如接头形式、板厚、坡口形式、焊接设备条件等，通过焊接工艺评定试验仔细选择焊丝直径、电流、电压、焊接速度、焊接层数等参数值，对于获得优良的焊缝质量是很重要的。

3. CO_2 气体保护焊及自保护焊

（1）焊接原理。CO_2 气体保护焊是熔化极气体保护焊的一种，也是熔化极电弧焊的一种，其电弧产生及焊接过程原理与手工电弧焊、埋弧焊相似，其区别在于没有手工焊条药皮及埋弧焊剂所产生的大量熔渣；所使用的熔化电极为实芯焊丝或药芯焊丝；由保护气罩导入的 CO_2 气体或与其他惰性气体混合的混合气体围绕导丝嘴及焊丝端头隔离空气，对电弧区及熔池起保护作用。其熔池的脱氧反应和必要合金元素的渗入，大部分只能由焊丝的合金成分完成。而药芯焊丝管内包含的少量焊剂成分仅起辅助的冶金反应作用和保护作用。图 8-18 为 CO_2 气体保护焊的原理示意图。

图 8-18 CO_2 气体保护焊原理示意图

（2）分类。用于钢结构焊接的 CO_2 气体保护焊分类如下：

1）按焊丝分类：有实芯焊丝 CO_2 气体保护焊及药芯焊丝 CO_2 气体保护焊。

2）按熔滴过渡形式分类：有短路过渡、滴状过渡和射滴过渡。

3）按保护气体性质分类：有纯 CO_2 气体保护焊及 CO_2 ＋ Ar 混合气体保护焊（统称为 MAG）。

（3）特点。

1）因可用机械连续送丝方式不仅适合构件长焊缝的自动焊，还因不用焊剂而使设备较简单，操作较简便，也适用于半自动焊接短焊缝。

2）因使用细焊丝、大电流密度以及有 CO_2 保护气体的冷却、压缩作用，而使电弧能量集中，焊缝熔深比手工电弧焊大，焊接效率高，一般是手工电弧焊的 3～4 倍。

3）因焊道窄，母材加热较集中，热影响区较小，相应的变形及残余应力较小。

4）因明弧作业，工件坡口形状可见，易于电弧对准待焊部位。

5）用实芯焊丝时基本无熔渣，用药芯焊丝时熔渣很薄，易于清除。与手工电弧焊和埋弧焊比较，减少了焊工大量辅助工作时间和体力消耗。

6）使用气体纯度及含水量符合相应规程要求时，它是低氢焊接方法。对焊接延迟裂纹产生的敏感性较小。

（4）焊接设备。

CO_2 气体保护焊设备由焊接电源、送丝机两大部分和气瓶、流量计及预热器、焊枪、电缆等附件组成，见图 8-19。

焊接电源由变压器、可控硅（晶闸管）或晶体管整流主电路、元件触发控制线路、过流过压保护电路、起弧时缓慢送丝以减小电流，电压的控制电路及停弧时焊丝回烧、填弧坑、去球等附加控制电路组成，以保证起弧可靠、稳定，焊接电流、电压可调，防止弧坑裂纹产生，再引弧方便简单，整个电弧过程稳定，焊接质量优越的要求。

图 8-19 CO₂ 气体保护焊设备组成

送丝机由枪体、导电嘴、导丝嘴、导气嘴、保护罩及开关等组成。焊枪电缆一般为电缆与送丝、送气软管同轴式,使焊枪轻巧、便于操作。

保护气供气系统由气瓶、气流流量调节器和气管组成。

(5)焊接工艺参数。CO_2 气体保护焊工艺参数除了有与一般电弧焊相同的电流、电压、焊接速度、焊丝直径及倾斜角度等参数以外,还有 CO_2 气体保护焊所特有的保护气体成分配比及流量、焊丝伸出长度(即导电嘴与工件之间距离)、保护气罩与工件之间距离等,对焊缝成形和质量有重大影响。

1)焊接电流和电压的影响。与其他电弧焊接方法相同的是,当电流大时焊缝熔深大,余高大;当电压高时熔宽大,熔深浅。反之,则得到相反的焊缝成形。同时,焊接电流大,则焊丝熔敷速度大,生产效率高。采用恒压电源(平特性)等速送丝系统时,一般规律为送丝速度大则焊接电流大,熔敷速度随之增大。但对 CO_2 气体保护焊来说,电流、电压对熔滴过渡形式有更为特殊的影响,进而影响焊接电弧的稳定性及焊缝成形,因而有必要对熔滴过渡形式进行更深一步的说明。

在电弧焊中焊丝作为外加电场的一极(用直流电源,焊丝接正极时称为直流反接;接负极时称为直流正接),在电弧激发后被产生的电弧热熔化而形成熔滴向母材熔池中过渡,其过渡形式有多种,因焊接方法、工艺参数变化而异。对于 CO_2 气体保护焊而言,主要存在三种熔滴过渡形式:短路过渡、滴状过渡、射滴过渡。以下简述这三种过渡形式的特点与工艺参数(主要是电流、电压)的关系及其应用范围。

①短路过渡。短路过渡是在细焊丝、低电压和小电流情况下发生的。焊丝熔化后由于斑点压力对熔滴有排斥作用,使熔滴悬挂于焊丝端头并集聚长大,甚至与母材的熔池相连并过渡到熔池中,这就是短路过渡形式。

短路过渡的主要特征是短路时间和短路频率。影响短路过渡稳定性的因素主要是电压,电压为 18~21 V 时,短路时间长,过程较稳定。

焊接电流和焊丝直径也即焊丝的电流密度对短路过渡过程的影响也很大。在最佳电流范围内短路频率较高,短路过渡过程稳定,飞溅较小。电流达到允许电流范围的上限时,短路频率低,过程不稳定,飞溅大,必须采取增加电路电感的方法以降低短路电流的增长速度,避免产生熔滴的瞬时爆炸和飞溅。另外一个措施是采用 $CO_2 + Ar$ 混合气体(各约 50%),因富氩气体下斑点压力较小,电弧对熔滴的排斥力较小,过程比较稳定和平静。细焊丝工作范围较宽,焊接过程易于控制;粗焊丝则工作范围很窄,过程难以控制。因此,只有焊丝直径在1.2 mm 以下时,才能采用短路过渡形式。短路过渡形式一般适用于薄钢板的焊接。

②滴状过渡。滴状过渡是在电弧稍长、电压较高时产生的。此时,熔滴受到较大的斑

点压力，熔滴在 CO_2 气体中一般不能沿焊丝轴向过渡到熔池中，而是偏离焊线轴向，甚至于上翘。由于产生较大的飞溅，因此滴状过渡形式在生产中很难采用。只有在富氩混合气焊接时，熔滴才能形成轴向过渡和得到稳定的电弧过程。但因富氩气体的成本是纯 CO_2 气体的几倍，故在建筑钢结构的生产和施工安装中应用较少。

③射滴过渡。CO_2 气体保护焊的射滴过渡是一种自由过渡的形式，但其中也伴有瞬时短路。它是在 1.6～3.0 mm 的焊丝、大电流条件下产生的，是一种稳定的电弧过程。

焊丝直径 1.2～3.0 mm 时，如电流较大，电弧电压较高，能产生如前所述的滴状过渡。如电弧电压降低，电弧的强烈吹力将会排出部分熔池金属，而使电弧部分潜入熔池的凹坑中，随着电流增大则焊丝端头几乎全都潜入熔池，同时熔滴尺寸减小，过渡频率增加，飞溅明显降低，形成典型的射滴过渡。但电流增大有一定限度，电流过大时，电弧力过大，会强烈扰动熔池，破坏正常焊接过程。

由于射滴过渡时电源动特性要求不高，而且电流大，熔敷速度高，适合于中厚板的焊接，不易出现未熔合缺陷；但由于熔深大，熔宽也大，射滴过渡用于空间位置焊接时，焊缝成形不易控制。

2)CO_2＋Ar 混合气配比的影响。不论短路过渡还是滴状过渡的情况，在 CO_2 气体中加入 Ar，飞溅率都能减少。短路过渡时 CO_2 含量为 50％～70％都有良好效果；在大电流滴状过渡时，Ar 含量为 75％～80％时，可以达到喷射过渡，电弧稳定，飞溅很少。

对于焊缝成形来说，20％CO_2＋80％Ar 混合气体条件下，焊缝表面最光滑，但同时使熔透率减小，熔宽变窄。

3)保护气流量的影响。气体流量大时保护较充分，但流量太大时对电弧的冷却和压缩很剧烈，电弧力太大会扰乱熔池，影响焊缝成形。

4)导电嘴与焊丝端头距离的影响。导电嘴与焊丝伸出端的距离，也称为焊丝伸出长度。该长度大则由于焊丝电阻而使焊丝伸出段产生的热量大，有利于提高焊丝的熔敷率，但伸出长度过大时会发生焊丝伸出段红热软化而使电弧过程不稳定的情况，应避免。通常，1.2 mm 焊丝伸出长度保持为 15～20 mm，按焊接电流大小做选择。

5)焊炬与工件的距离。焊炬与工件距离太大时，保护气流到达工件表面处的温度低，空气易侵入，保护效果不好，焊缝易出气孔。距离太小则保护罩易被飞溅堵塞，使保护气流不顺畅，需经常清理保护罩。严重时出现大量气孔，焊缝金属氧化，甚至导电嘴与保护罩之间产生短路而烧损，必须频繁更换。合适的距离根据使用电流大小而定。

6)电源极性的影响。采用反接时(焊丝接正极，母材接负极)，电弧的电磁收缩力较强，熔滴过渡的轴向性强且熔滴较细，因而电弧稳定；反之，则电弧不稳。

7)焊接速度的影响。CO_2 气体保护焊，焊接速度的影响与其他电弧焊方法相同。焊接速度太慢则熔池金属在电弧下堆积，反而减小熔深，热影响区太宽，对于热输入敏感的母材易造成熔合线及热影响区脆化。焊接速度太快，则熔池冷却速度太快，不仅易出现焊缝成形不良(波纹粗)、气孔等缺陷，而且对淬硬敏感性强的母材易出现延迟裂纹。因此，焊接速度应根据焊接电流、电压的选择来加以合理匹配。

8)CO_2 气体纯度的影响。气体的纯度对焊接质量有一定影响，杂质中的水分和碳氢化合物会使熔敷金属中扩散氢含量增高，对厚板多层焊易于产生冷裂纹或延迟裂纹。

总之，CO_2 气体保护焊影响焊接电弧稳定性和焊缝成形、质量的参数较多，在实际施焊时必须加以注意，仔细选配。

4. 电渣焊

电渣焊是利用电流通过熔渣所产生的电阻热作为热源，将填充金属和母材熔化，凝固后形成金属原子间牢固连接。它是一种用于立焊位置的焊接方法。

电渣焊种类有熔嘴电渣焊、非熔嘴电渣焊、丝极电渣焊和板极电渣焊。在建筑钢结构中应用较多的是管状熔嘴和非熔嘴电渣焊，它们是箱形梁、柱隔板与面板全焊接连接的必要手段。而丝极和板极电渣焊则在重型机械行业中应用较多。以下将主要介绍前两种电渣焊。

(1)熔嘴电渣焊。

1)熔嘴电渣焊过程特点。熔嘴电渣焊是电渣焊的一种形式，将母材坡口两面均用马形卡装设水冷固定式或滑动式铜成形块(根据构件条件也可用永久性钢垫块)，钢焊丝穿过外涂药皮的导电钢管组合成熔嘴作为熔化电极，熔嘴从顶端伸入母材的坡口间隙内，施加一定数量的焊剂，主电源通电同时焊丝送进。由于焊丝与母材坡口底部的引弧板接触产生电弧，电弧热使熔嘴钢管和外敷的药皮及焊剂同时熔化而形成渣池。渣池达到一定深度后电弧过程转为电渣过程，同时使母材熔化形成熔池，随着熔化电极、焊剂、母材的不断熔化，形成的金属熔池在水冷钢成形块的冷却作用下不断凝固，而比熔融金属相对密度轻的熔渣在熔池之上形成保护渣池，随着熔池及渣池的不断上升而形成立焊缝。熔池上升到待焊母材坡口全长后，继续进行焊接过程，直至将渣池及熔池引出母材上端的引出板夹缝，方可断电停止焊接。图 8-20 所示为管状熔嘴电渣焊原理图。

图 8-20　管状熔嘴电渣焊原理图

电渣焊过程分为引弧、焊接和收弧三个阶段。由于引弧区过程不稳定，热量不足，不能形成渣池与熔池明确区分的电渣过程，因而焊缝不连续、不致密，夹渣、未熔合缺陷严重，而收弧区由于熔池收缩，渣池流失和弧坑裂纹的存在，焊后均需割除。一般引弧区及引弧板长度应达到板厚的 2～2.5 倍，引出板长度则应达到板厚的 1.5～2 倍。

2)熔嘴电渣焊的优点和用途。熔嘴电渣焊的熔嘴外涂药皮与母材坡口绝缘，因而坡口间隙可以减小到比熔嘴外径只增大 4～6 mm，仍可以连续施焊而不发生短路故障。

设定长度的熔嘴被固定夹持于机头上，焊丝通过熔嘴中心连续送进，机头则不需向下行进，也不需摆动，因而水冷铜成形块可以沿焊缝全长固定而不需滑动，也可以设置永久性钢垫块使焊缝成形，大大简化了装置，并使操作简易方便。

焊接效率高，厚板焊接一道即可完成，特厚板焊接可以板厚的一半为界分两道完成。

由于以上特点而使熔嘴电渣焊在建筑钢结构的厚板对接、角接接头中得到广泛应用，尤其是高层钢结构中的箱形柱柱面板和内置横隔板的 T 形接头，必须采用熔嘴电渣焊才能完成。

相对于熔嘴电渣焊而言，普通丝极电渣焊的铜导电嘴不熔化，焊接过程中需不断随机头的上升而上升，因而必须使用滑动式水冷铜成形块，而且焊丝导嘴需不断沿板厚方向往复摆动，增加了机构的复杂性和因短路中断焊接过程的可能性，应用上限制较多。但由于其通过焊丝品种、成分调节焊缝性能的可能性较大，故也有一定的适用领域。

3)熔嘴电渣焊设备。熔嘴电渣焊设备由大功率交流或直流电源和装卡固定于构件上的机头及控制盒组成。电源的性能要求与埋弧焊电源相同，平特性与降特性均可使用，机头由送丝机构及控制器、焊丝盘、机架、熔嘴夹持、机头固定、位置调整装置组成。其结构与功能除了机架为固定不能行走且没有焊剂输送装置以外，其他与埋弧焊相近。电源则采用 MZ-1000 型整流电源。

4)熔嘴电渣焊焊接工艺参数。影响焊接质量的主要工艺参数有起弧电压与电流、焊接电压与电流、送丝速度与渣池深度。各参数的影响简述如下：

①焊接电压。焊接电压与熔缝的熔宽成正比关系，在起弧阶段所需电压稍高，一般为 50～55 V，便于尽快熔化母材边缘和形成稳定的电渣过程。正常焊接阶段时（电渣过程），所需电压稍低，一般为 45～50 V。如果电压太高，焊丝易于渣池产生电弧。母材边缘的熔化也太宽。如果电压太低，焊丝易于金属熔池短路，电渣过程不稳定，同时母材也会因熔化不足而产生未熔合缺陷。

②焊接电流。一般等速送丝的焊机，其送丝速度快时焊接电流大。送丝速度太快、焊接电流太大时，焊接电压低而接近短路状态，形不成稳定过程，而焊丝露出渣池，易产生电弧而破坏正常的电渣过程，因此要考虑送丝速度。焊接电流与焊接区产生的热能成平方正比关系，焊接电流越大，产生热量越高，熔嘴、焊丝与母材的熔化越快，相应焊接速度快，但焊接电流的选择受熔嘴直径的限制，如焊接电流过大，钢管因承受电流密度太大而发热严重，熔嘴的药皮发红失去绝缘性能，因此焊接电流应根据熔嘴直径和板厚选择。

③渣池深度。渣池深度与产生的电阻热成正比，渣池深度稳定则产生的热量稳定，焊接过程也稳定。渣池深度一般为 30～60 mm。渣池太深则电阻增大使焊接电流减小，母材边缘熔化不足，焊缝不成形；反之，则电渣过程不稳定。如果成形块与母材贴合不严造成熔渣流失，此时熔嘴端离开渣池表面，仅有焊丝在渣池中，导电面积减小，焊接电流突降，焊接电压升高，必须立即添加焊剂方能继续焊接过程。

5)焊接过程操作步骤。

①焊前准备。熔嘴需经烘干(100～150 ℃/h)，焊剂如受潮也须烘干(150～350 ℃/h)。

检查熔嘴钢管内部是否通顺，导电夹持部分及待焊构件坡口是否有锈、油污、水分等有害物质，以免焊接过程中产生停顿、飞溅或焊缝缺陷。

用马形卡具及楔子安装、卡紧水冷铜成形块(如采用永久性钢垫块则应焊于母材上)，检查其与母材是否贴合，以防止熔渣和熔融金属流失使过程不稳甚至被迫中断。检查水流出入成形块是否通畅、管道接口是否牢固，以防止冷却水断流而使成形块与焊缝熔合。

在起弧底板处施加焊剂，一般为 120～600 g，以使渣池深度能达到 40～60 mm。

②引弧。采用短路引弧法，焊丝伸出长度为 30～40 mm，伸出长度太小时，引弧的飞溅物易造成熔嘴端部堵塞；太大时焊丝易爆断，过程不能稳定进行。

③焊接。应按预先设定的参数值调整电流、电压，随时检测渣池深度，渣池深度不足或电流过大时，电压下降，可随时添加少量焊剂。随时观测母材红热区不超出成形块宽度以外，以免熔宽过大，随时控制冷却水温为 50 ℃～60 ℃，水流量应保持稳定。

④熄弧。熔池必须引出到被焊母材的顶端以外，熄弧时应逐步减少送丝速度与电流，并采取焊丝滞后停送填补弧坑的措施以避免裂纹、减小收缩。

(2)非熔嘴电渣焊。

非熔嘴电渣焊与熔嘴电渣焊的区别是焊丝导管外表不涂药皮，焊接时导管不断上升并且不熔化、不消耗。其焊接原理与熔嘴电渣焊是相同的。该方法使用细直径焊丝配用直流平特性电源，电流密度高，焊速大。由于焊接热输入减小，焊缝和母材热影响区的性能比熔嘴电渣焊有所提高，因此在近年来得到重视和应用。

5. 栓焊(螺柱焊)

(1)栓焊原理。栓焊是在栓钉与母材之间通以电流，局部加热熔化栓钉端头和局部母材，并同时施加压力挤出液态金属，使栓钉整个截面与母材形成牢固结合的焊接方法。

(2)栓焊种类。

1)电弧栓焊：将栓钉端头置于陶瓷保护罩内与母材接触并通以直流电，以使栓钉与母材之间激发电弧，电弧产生的热量使栓钉和母材熔化，维持一定的电弧燃烧时间后将栓钉压入母材局部熔化区内。电弧栓焊还可分为直接接触方式与引弧结(帽)方式两种。直接接触方式是在通电激发电弧同时向上提升栓钉，使电流由小到大，完成加热过程。引弧结(帽)方式是在栓钉端头镶嵌铝制帽，通电以后不需要提升或略微提升栓钉后再压入母材。

陶瓷保护罩的作用是集中电弧热量，隔离外部空气，保护电弧和熔化金属免受氮、氧的侵入，并防止熔融金属的飞溅。

2)储能栓焊：利用交流电使大电容的电容器充电后向栓钉与母材之间瞬时放电，达到熔化栓钉端头和母材的目的。由于电容放电能量的限制，一般用于小直径(12 mm 以下)栓钉的焊接。

(3)栓焊过程。把栓钉放在焊枪的夹持装置中，把相应直径的保护瓷环置于母材上，把栓钉插入瓷环内并与母材接触；按下电源开关，栓钉自动提升，激发电弧；焊接电流增大，使栓钉端部和母材局部表面熔化；设定的电弧燃烧时间到达后，将栓钉自动压入母材；切断电流，熔化金属凝固，并使焊枪保持不动；冷却后，栓钉端部表面形成均匀的环状焊缝余高，敲碎并清除保护环。栓焊过程可以用图 8-21 表示。

图 8-21　栓焊过程示意图

(4)栓焊设备。电弧栓焊设备由以下各部分组成：

1)以大功率弧焊整流器为主要构成的焊接电源；

2）通断电开关、时间控制电路或微电脑控制器；

3）栓钉夹持、提升、加压、阻尼装置，主电缆及电控接头、开关和把手组成的焊枪；

4）主电缆和控制导线，由于栓钉焊接要求快速连续操作，大容量的焊机一次电缆截面要求为 60 mm²（长度 30 m 以内），二次电缆要求为 100 mm²（长度 60 m 以内），如图 8-22 所示。

储能栓焊机则以交流电源及大容量电容器组为基础，其他部分与电弧栓焊机相似。

（5）栓焊工艺参数。栓焊工艺参数主要有电流、通电时间、栓钉伸出长度及提升高度。根据栓钉的直径不同以及被焊钢材表面状况、镀层材料选定相应的工艺参数。一般栓钉的直径增大或母材上有镀锌层时，所需的电流、时间等各项工艺参数相应增大。

图 8-22　栓焊设备组成示意图
1—电源；2—控制电缆；3—焊接电缆
4—焊枪；5—地线卡具

（6）栓焊的优点。纯焊接时间仅 1 s 左右，栓钉装卡辅助作业时间仅 2～3 s，生产率比手工电弧焊高几倍；栓钉的整个横截面熔化焊接，连接强度高；作业方法简单、自动化，与手工电弧焊相比，操作工人的培训较简易，技能要求不高；减小了弧光、烟雾对工人的危害。

（7）栓焊的应用。栓焊技术已广泛地应用于石化、建筑、冶金、机电、桥梁等工业领域中，如在炉、窑耐火衬层与金属壳体的结合和混凝土与金属构件的结合中作为剪力键，以及各种销、柱、针、螺母等零件与基体的连接。在钢结构制造与安装中，栓焊技术主要用于钢柱、梁与外浇混凝土以及钢—混凝土组合楼板中的剪力键焊接。栓钉的可焊直径可达到 25 mm。

8.4.2　焊接工艺分析与要求

1. 焊接工艺分析

焊接工艺分析是指在整个焊接产品正式投产前对其结构构造、材料和技术要求进行全面的分析研究，提出解决方案，特别是对结构的关键部件找出其技术难点，明确关键工艺及采取适当的质量保证措施。

焊接工艺分析的总体原则是：在保证产品质量、满足设计技术要求的前提下，争取最好的经济和社会效益。进行具体的焊接工艺分析时，一般从以下三个方面着手考虑：

（1）工艺条件。工艺条件是完成生产任务的技术力量和产品本身所具有的技术潜能，根据产品结构、数量、材料等特征，结合工厂的生产条件采取相应的技术措施，以生产合格的产品。

（2）经济条件。在满足钢结构制造技术要求前提下，估算产品生产过程中所需要的基本费用和生产费用企业能否满足，基本原则是力求消耗小、回收快、较好的盈利等。

（3）劳保条件。采取各种安全措施，做到文明生产，保证环境卫生和生态平衡，把人身和设备事故降到最低。

2. 基本工艺要求

（1）焊接作业区环境要求。

1)焊接作业区风速：当手工电弧焊超过 8 m/s、气体保护电弧焊及药芯焊丝电弧焊超过 2 m/s 时，应设防风棚或采取其他防风措施。制作车间内焊接作业区有穿堂风或鼓风机时，也应按以上规定设挡风装置。

2)焊接作业区的相对湿度不得大于 90%。

3)当焊件表面潮湿或有冰雪覆盖时，应采取加热去湿除潮措施。

4)当焊接作业区环境温度低于 0 ℃时，应将构件焊接区各方向大于或等于两倍钢板厚度且不小于 100 mm 范围内的母材，加热到 20 ℃以上后方可施焊，且在焊接过程中均不应低于该温度。实际加热温度应根据构件构造特点、钢材类别及质量等级和焊接性、焊接材料熔敷金属扩散氢含量、焊接方法和焊接热输入等因素确定，其加热温度应高于常温下的焊接预热温度，并由焊接技术责任人员制定出作业方案，经认可后方可实施。作业方案应保证焊工操作技能不受环境低温的影响，同时对构件采取必要的保温措施。

(2)待焊处钢材的处理要求。

1)待焊处表面的氧化皮、铁锈、油污等杂质应彻底清除干净。

2)焊接坡口边缘上钢材的夹层缺陷长度超过 25mm 时，应采用无损探伤探查其深度，如深度不大于 6 mm，应采用机械方法清除；如深度大于 6 mm，应用机械方法清除后焊接填满；缺陷深度大于 25 mm 时，应用超声波测定其尺寸。当其面积($a \times d$)或聚集缺陷的总面积不超过被切割钢材总面积($B \times L$)的 4%时为合格，见图 8-23；否则该板不宜使用。

图 8-23　板材夹层示意图

3)板材内部的夹层缺陷尺寸不超过上述的规定，位置离母材坡口表面距离(b)不小于 25 mm 时不需要修理；如该距离小于 25 mm 时，则应进行修补。

4)焊接坡口可用火焰切割或机械加工。采用火焰切割时，切面上不得有裂纹，并不宜有大于 1.0 mm 的缺棱。当缺棱为 1～3 mm 时，应修磨平整；当缺棱超过 3 mm 时，则应用直径不超过 3.2 mm 的低氢型焊条补焊，并修磨平整。采用机械加工的坡口加工表面不应有台阶。

5)焊材的保管、使用、焊材与母材的匹配等应符合相关规定要求。

(3)焊接接头组装精度要求。施焊前，焊工应检查焊接部位的组装质量，如不符合要求，则应修磨补焊修整合格后方能施焊。手工电弧焊、熔化极气体保护焊和埋弧焊连接组装允许偏差值应符合相关的规定。搭接与 T 形角接接头间隙允许公差为 1 mm。管材 T、Y、K 形接头组装间隙允许公差为 1.5 mm。

坡口间隙超过公差规定时，可在坡口单侧或两侧堆焊、修磨后使其符合要求，但如坡口间隙超过较薄板厚度 2 倍或大于 20 mm 时，不应用堆焊方法增加构件长度和减小间隙。

搭接及角接接头间隙超出允许值时，在施焊时应比设计要求增加焊脚尺寸，但角接接头间隙超过 5 mm 时应事先在板端堆焊或在间隙内堆焊填补并修磨平整后施焊。禁止采用在过大的间隙中堵塞焊条、铁块等物，仅在表面覆盖焊缝的做法。

(4)引弧板、引出板和衬板规定。重要、关键焊缝应设置引弧板和引出板，不应在焊缝以外的母材上打火、引弧。引弧板、引出板材质和坡口形式应与被焊工件相同，禁止随意用其他铁块充当引弧板和引出板。

引弧板和引出板应使焊缝在提供的延长段上引弧和终止。焊条手工电弧焊和半自动气体保护焊焊缝引出长度应大于25 mm，埋弧焊引出长度应大于80 mm。

焊接完成后，引弧板和引出板应用火焰切割、碳弧气刨或机械方法去除，去除时不得伤及母材并修磨割口处，严禁使用锤击去除引弧板和引出板。

当采用钢衬垫时，垫板应与接头母材金属贴合良好，间隙不大于1.5 mm，垫板应在整个焊缝长度内保持连续，且应有足够的厚度以防止烧穿垫板。

（5）最小和最大焊缝尺寸。为避免焊接热输入过小而使接头热影响区硬、脆的角焊缝的最小计算长度应为其焊脚尺寸的8倍，且不小于40 mm；角焊缝的最小焊脚尺寸参见表8-16，采用埋弧自动焊时，该值可减小1 mm；角焊缝较薄板厚（腹板）不小于25 mm时，宜采用局部开坡口的角对接焊缝，并不宜将厚板焊接到较薄板上；断续角焊缝焊段的最小长度应不小于最小计算长度。

表8-16　单层角焊缝的最小尺寸
mm

母材厚度	角焊缝的最小焊脚尺寸
≤4	3
6、8	4
10、12、14	5
16、18	6
20～25	7

注：采用低氢焊接材料时，δ取较薄件厚度；采用非低氢焊接材料而未进行预热时，δ取较厚件厚度。

为避免接头母材热影响区过热脆化，角焊缝的焊脚尺寸不宜大于较薄焊件厚度的1.2倍；搭接角焊缝为防止板边缘熔塌，焊脚尺寸应比板厚小1～2 mm；单道角焊缝和多道角焊缝的根部焊道的最大焊脚尺寸：平焊位置为10 mm；横焊或仰焊位置为8 mm；立焊位置为12 mm；坡口对接焊缝中根部焊道的最大厚度为6 mm。坡口对接焊缝和角焊缝的后续焊层的最大厚度：平焊位置为4 mm；立焊、横焊或仰焊位置为5 mm。

（6）清根要求。全熔透的焊缝不加垫板时，不论是单面坡口还是双面坡口，均应在第一道焊缝的反面清根。用碳弧气刨方法清根后，刨槽表面应光洁，无残留夹碳或夹渣，必要时使用砂轮打磨刨槽表面，去除表面淬硬层及熔渣等方可继续施焊。

（7）定位焊。定位焊使用的焊材应与正式施焊用的材料相当，定位焊缝厚度应小于3 mm且不宜超过设计焊缝厚度的2/3，定位焊缝长度宜大于40 mm，间距宜为300～600 mm，并应填满弧坑。定位焊预热温度应高于正式施焊温度20 ℃～50 ℃，如发现定位焊缝上有气孔或裂纹，必须清除干净后重焊。

（8）厚板多层焊。厚板多层焊应连续施焊，每一层焊道焊完后应及时清理焊渣及表面飞溅物。在检查时如发现影响焊接质量的缺陷，应清除后再焊。遇有中断施焊时，应采取适当的加热、保温措施，再焊时应重新预热并根据节点及板厚情况适当提高预热温度。在连续焊接过程中应检测焊接区母材温度，使层间最低温度与预热温度保持一致，层间最高温度符合工艺要求。

(9)焊前预热、焊后处理。

1)焊前预热。对焊前预热及层间温度的检测和控制，工厂焊接时宜用电加热板、大号气焊、割枪或专用喷枪加热；工地安装焊接宜用火焰加热器加热，测温器具宜采用表面测温仪。

预热的加热区域应在焊接坡口两侧，宽度应大于焊件施焊处板厚的 1.5 倍，且不小于 100 mm；预热温度宜在焊件受热面的背面测量，测温点应在离电弧经过前的焊接点处各方向至少 75 mm 处；采用火焰加热时正面测温应在火焰离开后进行。

对于不同的钢材、板厚、节点形式、拘束度、扩散氢含量、焊接热输入条件下焊前预热温度的要求，应符合技术规范的规定。对于屈服强度等级超过 345 MPa 的钢材，其预热、层间温度应按钢厂提供的指导参数，或由施工企业通过焊接性试验和焊接工艺评定加以确定。

2)焊后处理。焊后处理主要有消氢处理和消应处理。焊后消氢处理应在焊缝完成后立即进行，消氢处理加热温度应为 250 ℃～350 ℃，在此温度下保温时间依据构件板厚而定，应为每 25 mm 板厚 0.5 h，且不小于 1 h，达到保温时间后缓冷至常温。调质钢的预热温度、层间温度控制范围应按钢厂提供的指导性参数进行，并应优先采用控制扩散氢含量的方法来防止延迟裂纹产生。对于屈服强度等级高于 345 MPa 的钢材，应通过焊接性试验确定焊后消氢处理的要求和相应的加热条件。

焊后消应处理应符合《碳钢、低合金钢焊接构件 焊后热处理方法》(JB/T 6046—1992)的规定。当采用电加热器对构件局部消除应力热处理时，构件焊缝每侧加热宽度至少为钢板厚度的 3 倍，且不小于 200 mm，加热区域宜用保温材料适当覆盖。采用锤击法消除焊缝层间应力时，应采用圆头手锤或小型振动工具，且不应对根焊缝、盖面焊缝或坡口边缘的母材进行锤击。

8.5 钢构件的组装及预拼装

8.5.1 钢构件的组装

钢结构构件的组装是按照施工图的要求，将已加工完成的各零件或半成品构件装配成独立的成品，根据构件特性及组装程度可以分为部件组装、组装、预总装。

部件组装是指由两个或两个以上零件按要求装配成半成品的结构部件，是装配的最小组合单元；组装是把零件或半成品按要求装配成独立的成品构件；预总装是把两个以上的成品构件在工厂制作场地上，按各构件的空间位置总装起来，其目的是客观反映各构件装配节点，保证安装质量。

组装应按工艺方法的组装次序进行，当有隐蔽焊缝时，必须先施焊，经检验合格后方可覆盖。当复杂部位不易施焊时，须按工序顺序分别组装和施焊，严禁不按顺序组装和强力组装。

组装前，连接表面及焊缝每边 30～50 mm 的铁锈、毛刺和油污及潮气等必须清除干净，并露出金属光泽。

为减少大件组装焊接的变形，一般应先采取小件组焊，经矫正后，再大部件组装。胎具及装出的首个成品须经过严格检验，方可大批进行组装工作。

钢结构组装时应根据实际情况选用或制作相应的装配胎具（如组装平台、铁凳、胎架等）和工夹具，如简易手动杠杆夹具、螺栓千斤顶、螺栓拉紧器、楔子矫正夹具和丝杆卡具等，应尽量避免在结构上焊接临时固定件、支撑件等。工夹具及吊耳必须焊接固定在构件上时，材质与焊接材料应与该构件相同，用后需除掉时，应用气割去掉，不得用强力锤击，对于残留痕迹应进行打磨、修整。

除工艺要求外板叠上所有螺栓孔、铆钉孔等应采用穿孔器检查，其通过率应符合规定。钢构件组装质量要求按《钢结构施工质量验收规范》（GB 50205—2001）相关条款验收。

8.5.2 钢构件的预拼装基本要求

1. 修孔

预拼装时，构件的连接形式为螺栓连接，其连接部位的所有节点连接板均应装上，除检查各部位尺寸外，还需用试孔器检查板叠孔的通过率，并应符合下列规定：当采用比孔公称直径小 1.0 mm 的试孔器检查时，每组孔的通过率不应小于 85%；当采用比螺栓公称直径大 0.3 mm 的试孔器检查时，通过率应为 100%。

为了保证拼装时的穿孔率，零件钻孔时可将孔径缩小一级（3 mm）。在拼装定位后进行扩孔，扩到设计孔径尺寸。对于精制螺栓的安装孔，在扩孔时应留 0.1 mm 左右的加工余量，以便进行铰孔。

施工中错孔在 3 mm 以内时，一般采用铣刀铣孔或锉刀锉孔，其孔径扩大不得超过原孔径的 1.2 倍；错孔超过 3 mm 则采用与母材材质相匹配的焊条补焊堵孔，修磨平整后再重新打孔。对号入座节点的各部件在拆开前必须予以编号，并做出必要的标记。

2. 预拼装检查及偏差

预拼装检验合格后，应在构件上标注上下定位中心线、交线中心点、标高基准线等，应标注清楚、准确；对管结构、工地焊接等除有以上标记外，还应焊接一定数量的卡具、角钢等，以便按预拼装结果进行安装。

预拼装的允许偏差见表 8-17。

表 8-17　钢构件预拼装的允许偏差　　　　　　　　　　　　　　　mm

构件类型	项　目		允许偏差	检验方法
多节柱	预拼装单元总长		±5.0	用钢尺检查
	预拼装单元弯曲矢高		$l/1\,500$，且不大于 ±10	用拉线和钢尺检查
	接口错边		2.0	用焊缝量规检查
	预拼装单元柱身扭曲		$h/200$，且不大于 5.0	用拉线、吊线和钢尺检查
	顶紧面至任一牛腿距离		±2.0	用钢尺检查
梁、桁架	跨度最外两端安装孔或两端支承面最外侧距离		+5.0 −10.0	用钢尺检查
	接口截面错位		2.0	用焊缝量规检查
	拱度	设计要求起拱	$±l/5\,000$	用拉线和钢尺检查
		设计未要求起拱	$±l/20\,000$	用拉线和钢尺检查
	节点处杆件轴线错位		4.0	画线后用钢尺检查

构件类型	项　　目	允许偏差	检验方法
管构件	预拼装单元总长	±5.0	用钢尺检查
	预拼装单元弯曲矢高	$l/1\,500$，且不大于±10	用拉线和钢尺检查
	对口错边	$t/10$，且不大于3.0	用焊缝量规检查
	坡口间隙	$+2.0$ -1.0	用焊缝量规检查
构件平面总体预拼装	各楼层柱距	±4.0	用钢尺检查
	相邻楼层梁与梁之间的距离	±3.0	
	各层间框架两对角线之差	$H/2\,000$，且不大于5.0	
	任意两对角线之差	$\sum H/2\,000$，且不大于8.0	

8.5.3　钢构件拼装方法

钢结构构件加工完成后，有很多构件由于受运输、起吊等条件限制，不能整体安装，为保证施工现场安装的顺利进行，应根据构件或结构的复杂程度、设计要求或合同协议规定，在构件出厂前进行预拼装。预拼装一般分为构件单件拼装和构件立、平面总体预拼装两种形式。构件单件拼装是指本属一个构件而分成若干段（件）后进行拼装；而构件的立、平面总体预拼装是指建筑物在某一个或数个柱到立、平面中的柱、梁、支撑等的平面预拼装。预拼装均应在工厂支撑凳或平台上进行，预拼装的构件应处于自由状态，不得强行固定。

1. 平装法

平装法操作方便，不需稳定加固措施，不需搭设脚手架；焊缝焊接大多数为平焊缝，焊接操作简易，不需技术很高的焊接工人，焊缝质量易于保证；校正及起拱方便、准确。

平装法适于拼装跨度较小，构件相对刚度较大的钢结构，如长18 m以内钢柱、跨度6 m以内大窗架及跨度21 m以内的钢屋架的拼装。

2. 立拼拼装法

立拼拼装法可一次拼装多个部分，块体占地面积小，不用铺设或搭设专用拼装操作平台或枕木墩，节省材料和工时；省去翻身工序，质量易于保证，不用增设专供块体翻身、倒运、就位、堆放的起重设备，缩短工期；块体拼装连接件或节点的拼接焊缝可两边对称施焊，可防止预制构件连接件或钢构件因节点焊接变形而使整个块体产生侧弯。

立拼拼装法需搭设一定数量的稳定支架；块体校正、起拱较难；钢构件的连接节点及预制构件的连接件的焊接立缝较多，增加了焊接操作的难度。

立拼拼装法适用于跨度较大、侧向刚度较差的钢结构，如18 m以上钢柱、跨度9 m及12 m的窗架、24 m以上的钢屋架以及屋架上的天窗架。

3. 利用模具拼装法

模具是指符合工件几何形状或轮廓的模型（内模或外模）。用模具来拼装组焊钢结构，具有产品质最好、生产效率高等许多优点。对成批的板材结构、型钢结构，应当考虑采用模具拼装。

桁架结构的装配模，往往是以两点连直线的方法制成，其结构简单，使用效果好。图8-24所示为桁架装配模示意图。

图 8-24　桁架装配模

1—工作台；2—夹具

8.5.4　房屋钢结构的典型拼装

房屋钢结构中大量使用梁、柱等钢结构构件，其拼装工艺具有典型意义，梁和柱的结构形式及连接方法等多种多样，所以梁和柱的结构拼装操作方法也不同。

1. T形梁拼装

T形梁的结构多是采用相同厚度的钢板焊接而成，见图 8-25。T形梁的立板通常称为腹板，与平台面接触的底板称为面板或翼板。

图 8-25　T形梁拼接

T形梁的结构根据工程实际需要，有互相垂直的垂直梁和倾斜一定角度的倾斜梁。在拼装时，先定出面板中心线，再按腹板厚度画线定位，该位置就是腹板和面板结构接触的连接点（基准线）。如果是垂直的T形梁，则可用直角尺找正，并在腹板两侧按 200～300 mm 距离交错点焊；如果属于倾斜一定角度的T形梁，就用同样角度样板进行定位，按设计规定进行点焊。

T形梁两侧点焊完成后，为了防止焊接变形，可在腹板两侧临时用增强板将腹板和面板点焊固定，以增加刚性、减小变形；在焊接时，采用对称分段退步焊接方法焊接角焊缝，这是防止焊接变形的一种有效措施。

2. I形梁、槽钢梁拼装

I形梁和槽钢梁是由钢板组合成的工程结构梁，它们的组合连接形式基本相同，仅使用的材料种类和组合成的形状不同，如图 8-26 所示。

图 8-26　I形钢梁、槽钢梁组合拼装

在拼装组合时，首先按图纸要求位置在面板和型钢连接位置处进行画线定位。在组合时，如果面板宽度较窄，为使面板与型钢垂直和稳固，防止型钢向两侧倾斜，可用与面板同厚度的垫板临时垫在底面板（下翼板）两侧来增加面板与型钢的接触面。用直角尺或水平尺检验侧面与平面垂直，几何尺寸正确后方可按一定距离进行点焊。拼装上面板以下底面板为基准。为保证上、下面板与型钢严密结合，如果接触面间隙大，则可用撬杠或卡具压严靠紧，然后进行点焊和焊接。

3. 箱形梁拼装

箱形梁的结构有钢板组成的，也有型钢与钢板混合组成的，但大多数箱形梁的结构是采用钢板结构成形的。箱形梁由上下面板、中间隔板及左右侧板组成。

箱形梁的拼装过程是首先在底面板画线定位，如图8-27(a)所示；按位置拼装中间定向隔板，如图8-27(b)所示。为防止移动和倾斜，应将两端和中间隔板与面板用型钢条临时固定，然后以各隔板的上平面和两侧面为基准，同时拼装箱形梁左右立板，如图8-27(c)所示。两侧立板的长度，要以底面板的长度为准靠齐并点焊。如两侧板与隔板侧面接触间隙过大时，可用活动型卡具夹紧，再进行点焊。最后，拼装梁的上面板，如果上面板与隔板上平面接触间隙大、误差多，则可用手砂轮将隔板上端找平，并用卡具压紧进行点焊和焊接，见图8-27(d)。

| (a) | (b) | (c) | (d) |

图 8-27　箱形梁拼装示意图

(a)梁底板；(b)装定向隔板；(c)装立板；(d)装配好的箱形梁

4. 柱底座板和柱身组合拼装

钢柱的底座板和柱身组合拼装工作一般分两步进行：

(1)先将柱身按设计尺寸规定先拼装焊接，使柱身达到横平竖直，符合设计和验收标准的要求。如果不符合质量要求，则可进行矫正以达到质量要求。

(2)将事先准备好的柱底板按设计规定尺寸，分清内外方向画结构线并焊挡铁定位，以防在拼装时移位。

柱底板与柱身拼装前，必须将柱身与柱底板间的端面用刨床或砂轮加工平整，同时将柱身分几点垫平，如图8-28所示，使柱身垂直柱底板，安装后受力均匀，避免产生偏心压力，以达到质量要求。

端部铣平面的允许偏差，见表8-18。

图 8-28　钢柱拼装示意图

表 8-18　端部铣平面的允许偏差　　　　　　　　　　　　　　　mm

序号	项　目	允许偏差
1	两端铣平时构件长度	±2.0
2	铣平面的不平直度	0.3
3	铣平面的垂直度(正切值)	不大于 $l/1\,500$
4	表面粗糙度	0.03

拼装时，将柱底座板用角钢头或平面型钢按位置点固，作为定位侧吊挂在柱身平面，并用直角尺检查垂直度及间隙大小，待合格后进行四周全面点固。为防止焊接变形，应采用对角或对称方法进行焊接。

如果柱底板左右有梯形板，则可先将底板与柱端接触焊缝焊完后，再组装梯形板，并同时焊接，这样可避免梯形板妨碍底板缝的焊接。

5. 屋架拼装

(1)拼装准备。钢屋架多数用底样采用仿效方法进行拼装，其过程如下：

按设计尺寸，并按长、高尺寸，以其 $1/1\,000$ 预留焊接的收缩量，在拼装平台上放出拼装底样，见图 8-29、图 8-30。因为屋架在设计图纸的上、下弦处不标注起拱量，所以才放底样，按跨度比例画出起拱。

图 8-29　屋架拼装示意图
(a)拼装底样；(b)屋架拼装

图 8-30　屋架的立拼装
(a)36 m 钢屋架立拼装；(b)多榀钢屋架立拼装
1—36 m 屋架块体；2—枕木或墩；3—人字架；4—固定用横档；5—8 号铁丝固定上弦；6—柱子；7—木方

在底样上一定按图画好角钢面宽度、立面厚度，作为拼装时的依据。如果在拼装时，角钢的位置和方向能记牢，其立面的厚度可省略不画，只画出角钢面的宽度即可。

拼装时，应给下一步运输和安装工序创造有利条件。除按设计规定的技术说明外，还应结合屋架的跨度（长度），做整体或按节点分段进行拼装。

屋架拼装一定要注意平台的水平度，如果平台不平，则可在拼装前用仪器或拉粉线调整垫平，否则拼装成的屋架会在上、下弦及中间位置产生侧向弯曲。

（2）拼装作业。放好底样后，将底样上各位置上的连接板用电焊点牢，并用挡铁定位，作为第一次单片屋架拼装基准的底模，接着就可将大小连接板按位置放在底模上。屋架的上、下弦及所有的立、斜撑限位板放到连接板上面，进行找正对齐，用卡具夹紧点焊。待全部点焊牢固，可用吊车做180°翻身，这样就可用该扇单片屋架作为基准组合拼装，如图8-31所示。

图 8-31　屋架仿效拼装示意图

(a)仿效过程；(b)复制过程

对特殊动力厂房屋架，为适应生产性质的要求强度，一般不采用焊接而用铆接，如图8-32所示。

仿效复制拼装法具有效率高、质量好、便于组织流水作业等优点。因此，对于截面对称的钢结构，如梁、柱和框架等都可应用。

6. 钢柱拼装

（1）平拼拼装。先在柱的适当位置用枕木搭设3～4个支点，见图8-32。各支撑点高度应拉通线，使柱轴线中心线成一水平线，先吊下节柱找平，再吊上节柱，使两

图 8-32　屋架连接节点示意图

(a)焊接节点；(b)铆接节点

端头对准，然后找中心线，并把安装螺栓或夹具上紧，最后进行接头焊接，采取对称施焊。焊完一面再翻身焊另一面。

（2）立拼拼装。在下节柱适当位置设2～3个支点，上节柱设1～2个支点，见图8-33，各支点用水平仪测平、垫平。拼装时先吊下节，使牛腿向下，并找平中心，再吊上节，使

两节的节头端相对准，然后找正中心线，并将安装螺栓拧紧，最后进行接头焊接。

图 8-33　钢柱拼装示意图
(a)平装拼装示意图；(b)立装拼装示意图

7. 托架拼装

(1)平装。搭设简易钢平台或枕木支墩平台，见图 8-34，进行找平放线，在托架四周设定位角钢或钢挡板，将两半榀托架吊到平台上。拼缝处装上安装螺栓，检查并找正托架的跨距和起拱值，安上拼接处连接角钢。用卡具将托架和定位钢板卡紧，拧紧螺栓并连接焊缝。施焊要求对称进行，焊完一面，检查并纠正变形，用木杆两道加固，然后将托架吊起翻身。再用同法焊另一面焊缝。符合设计和规范要求，方可加固、扶直和起吊就位。

图 8-34　天窗架平装
(a)简易钢平台拼装；(b)枕木平台拼装；(c)钢木混合平台拼装
1—垫木；2—工字钢；3—钢板；4—拼接点

（2）立拼。拼装采用人字架稳住托架进行合缝，校正调整好跨距、垂直度、侧向弯曲和拱度后，安装节点拼接角钢，并用卡具和钢楔使其与上、下弦角钢卡紧，复查后，用电焊进行定位焊，并按先后顺序进行对称焊接，直至达到要求为止。当托架平行并紧靠柱列排放，可以 3～4 榀为一组进行立拼装，用方木将托架与柱子连接稳定。

焊接梁的工地对接缝拼接处，上、下翼缘的拼接边缘均宜做成向上的 V 形坡口，以便熔焊。为了使焊缝收缩比较自由，减小焊接残余应力，应留一段（长度 500 mm 左右）翼缘焊缝在工地焊接，并采用合适的施焊程序。

对于较重要的或受动力荷载作用的大型组合梁，考虑到现场施焊条件较差、焊缝质量难以保证，其工地拼接宜用高强度螺栓摩擦型连接，见图 8-35。

图 8-35　采用拼接板的螺栓连接

8. 梁拼接

梁拼接有工厂拼接和工地拼接两种形式。由于钢材尺寸的限制，梁的翼缘或腹板的接长或拼大，这种拼接在工厂中进行，故称为工厂拼接。由于运输或安装条件的限制，梁需分段制作和运输，然后在工地拼装，这种拼接称为工地拼接。工厂拼接多为焊接拼接，由钢材尺寸确定其拼接位置。拼接时，翼缘拼接与腹板拼接最好不要在一个剖面上，以防止焊缝密集与交叉，见图 8-36。拼接焊缝可用直缝或斜缝，腹板的拼接焊缝与平行于它的加劲肋间至少应相距 10 倍板厚。

图 8-36　采用对接焊缝拼接的梁

腹板和翼缘通常都采用对接焊缝拼接，用直焊缝拼接比较省料，但如焊缝的抗拉强度低于钢板的强度，则可将拼接位置布置在应力较小的区域；采用斜焊缝拼接时，焊缝可布置在任何区域，但较费料，尤其是在腹板中。此外，也可以用拼接板拼接，如图 8-37 所示。这种拼接与对接焊缝拼接相比，虽然具有加工精度要求较低的优点，但用料较多，焊接工作量增加，而且会产生较大的应力集中。

图 8-37　采用拼接板拼接的梁

为了使拼接处的应力分布接近于梁截面中的应力分布，防止拼接处的翼缘受超额应力，腹板拼接板的高度应尽量接近腹板的高度。

工地拼接的位置主要由运输和安装条件确定，一般布置在弯曲应力较低处。翼缘和腹板应基本上在同一截面处断开，如图 8-38 所示，以便于分段运输。拼接构造端部平齐，防止运输时碰损，其缺点是上下翼缘及腹板在同一截面拼接会形成薄弱部位。翼缘和腹板的拼接位置略微错开一些，这样受力情况会较好，但运输时端部凸出部分应加以保护，以免碰损。

拼接端平齐　　　　　　　　　　　　　　　　拼接端错开

图 8-38　焊接梁的工地拼接

9. 框架横梁与柱连接

框架横梁与柱直接连接可采用柱到顶与梁连接、梁延伸与柱连接和梁柱在角中线连接，如图 8-39、图 8-40 所示。这三种工地安装连接方案各有优缺点。所有工地焊缝均采用角焊缝，以便于拼装，另加拼接盖板可加强节点刚度。但在有檩条或墙架的框架中会使横梁顶面或柱外立面不平，产生构造上的麻烦。对此，可将柱或梁的翼缘伸长与对方柱或梁的腹板连接。

(a)　　　　　　　　　　　　(b)　　　　　　　　　　　　(c)

图 8-39　框架角的螺栓连接

(a)柱到顶与梁连接；(b)梁延伸与柱连接；(c)梁柱在角中线连接

图 8-40　框架角的工地焊缝连接

(a)柱到顶与梁连接；(b)梁延伸与柱连接；(c)梁柱在角中线连接

对于跨度较大的实腹式框架，由于构件运输单元的长度限制，常需在屋脊处做一个工地拼接，可用工地焊缝或螺栓连接。工地焊缝需用内外加强板，横梁之间的连接用突缘结合。螺栓连接则宜在节点处变截面，以加强节点刚度。拼接板放在受拉的内角翼缘处，变截面处的腹板设有加劲肋，见图 8-41。

图 8-41　框架顶的工地拼装

(a)焊缝连接；(b)螺栓连接

8.6　钢结构涂装

钢结构具有强度高、韧性好、制作方便、施工速度快、建设周期短等一系列优点，在建筑工程中应用日益增多。但钢结构也存在容易腐蚀的缺点，钢结构的腐蚀不仅会造成自身的经济损失，还会直接影响到生产和结构安全，由此造成的损失可能远大于钢结构本身，因此做好钢结构的防腐工作具有重要的经济和社会意义。

为减轻和防止钢结构的腐蚀，目前普遍采用的方法是表面涂装进行保护，涂装防护是利用涂料的涂层使被涂物与环境隔离，从而达到防腐蚀的目的，延长被涂物的使用寿命。涂层的质量是影响涂装防护效果的关键因素，而涂层的质量与涂料质量、涂装前的表面除锈质量、涂层厚度、涂装工艺等因素都有关。

8.6.1　防腐涂料

1. 防腐涂料的组成和作用

防腐涂料一般由不挥发组分和挥发组分(稀释剂)两部分组成。防腐涂料刷在钢材表面后，挥发组分逐渐挥发逸出，留下不挥发组分干结成膜。不挥发组分的成膜物质分为主要、次要和辅助成膜物质三种。主要成膜物质可以单独成膜，也可以粘结颜料等物质共同成膜，它是涂料的基础，也常称为基料、添料或漆基，包括油料和树脂。次要成膜物质包含颜料和体质颜料。涂料组成中没有颜料和体质颜料的透明体称为清漆；具有颜料和体质颜料的不透明体称为色漆；加有大量体质颜料的稠原浆状体称为腻子。

钢结构涂层能起防锈作用，主要是因为涂层具有以下特点：

(1)涂料具有坚实致密的连续膜，能使结构构件与周围有害介质隔离。

(2)含碱性颜料的涂料(如红丹漆)具有钝化作用，阻止钢铁的阴极反应。

(3)含有锌粉的涂料(如富锌底漆)涂刷在钢铁表面，在发生电化学反应时保护了钢铁。

(4)一般涂料具有较好的绝缘性，使腐蚀电流不易产生，起到保护钢铁的作用。

(5)当涂料中加入特殊组分时，可具有耐酸、耐碱、耐火等特殊功能。

2. 防腐涂料的分类和命名

(1)防腐涂料的分类。我国的涂料产品按照《涂料产品分类和命名》(GB/T 2705—2003)的规定进行分类。新标准中取消了涂料的型号，分类方法有两种：方法一是以涂料产品的用途为主线，并辅以主要成膜物的分类方法，将涂料产品划分为三个主要类别：建筑涂料、工业涂料和通用涂料及辅助材料。方法二是除建筑涂料外，主要以涂料产品的主要成膜物为主线，并适当辅以产品主要用途的分类方法，将涂料产品划分为两个主要类别：建筑涂料、其他涂料及辅助材料。

(2)防腐涂料的命名及原则。涂料的全名一般是由颜色或颜料名称加上成膜物质名称，再加上基本名称(特性或专业用途)而组成。对于不含颜料的清漆，其全名一般是由成膜物质名称加上基本名称而组成。

颜色名称通常有红、黄、蓝、白、黑、绿、紫、棕、灰等颜色，有时再加上深、中、浅(淡)等词构成。若颜料对漆膜性能起显著作用，则可用颜料的名称代替颜色的名称，例如铁红、锌黄、红丹等。

成膜物质名称可做适当简化，例如聚氨基甲酸酯简化成聚氨酯、环氧树脂简化成环氧、硝酸纤维素(酯)简化为硝基等。漆基中含有多种成膜物质时，选取起主要作用的一种成膜物质命名。必要时，也可选取两种或三种成膜物质命名，主要成膜物质名称在前，次要成膜物质名称在后，例如红环氧硝基磁漆。

基本名称表示涂料的基本品种、特性和专业用途，例如清漆、磁漆、底漆、罐头漆、甲板漆、汽车修补漆等，见表8-19。

表8-19　涂料基本名称(部分)

基本名称	基本名称	基本名称	基本名称
清油	底漆	铅笔漆	漆包线漆
清漆	腻子	罐头漆	电容器漆
厚漆	大漆	木器漆	电缆漆
调和漆	水线漆	家用电气漆	机床漆
磁漆	耐油漆	自行车涂料	工程机械漆
粉末涂料	船壳漆	玩具涂料	锅炉漆

在成膜物质名称和基本名称之间，必要时可插入适当词语来标明专业用途和特性等，例如白硝基球台磁漆、绿硝基外用磁漆、红过氯乙烯静电磁漆等。

需烘烤干燥的漆，名称中（成膜物质名称和基本名称之间）应有"烘干"字样，例如银灰氨基烘干磁漆、铁红环氧聚酯酚醛烘干绝缘漆。如名称中无"烘干"字样，则表明该漆是自然干燥，或自然干燥、烘烤干燥均可。

凡双（多）组分的涂料，在名称后应增加"（双组分）"或"（三组分）"等字样，例如聚氨酯木器漆（双组分）。

8.6.2 涂装前钢材表面处理

涂装前钢材表面的除锈质量是确保漆膜防腐效果和保护寿命的关键因素，涂装前的表面处理亦称除锈，除锈不只除去了表面的污垢、油脂、铁锈、氧化皮、焊渣和旧漆膜等，还包括除锈后在钢材表面形成的粗糙度。

1. 锈蚀等级

钢材表面分 A、B、C、D 四个锈蚀等级：A 级是全面地覆盖着氧化皮而几乎没有铁锈的钢材表面；B 级是已发生锈蚀，且部分氧化皮剥落的钢材表面；C 级是氧化皮因锈蚀而剥落或者可以刮除，并有少量点蚀的钢材表面；D 级是氧化皮因锈蚀而全面剥落，且普遍发生点蚀的钢材表面。

2. 除锈方法和等级

钢材表面的除锈通常采用喷射或抛射除锈、手工和动力工具除锈、火焰除锈三种方法，除锈等级以所采用的除锈方法以字母"Sa""St"或"F1"表示，字母后面的数字则表示清除氧化皮、铁锈和油漆涂层等附着物的程度等级。

（1）喷射或抛射除锈分为四个等级：

Sa1——轻度的喷射或抛射除锈。特征是钢材表面应无可见的油脂或污垢，没有附着不牢的氧化皮、铁锈和油漆涂层等附着物。

Sa2——彻底的喷射或抛射除锈。特征是钢材表面无可见的油脂和污垢，氧化皮、铁锈等附着物已基本清除，其残留物应是牢固附着的。

$Sa2\frac{1}{2}$——非常彻底的喷射或抛射除锈。特征是钢材表面无可见的油脂、污垢、氧化皮、铁锈和油漆涂层等附着物，任何残留的痕迹应仅是点状或条状的轻微色斑。

Sa3——使钢材表观洁净的喷射或抛射除锈。特征是钢材表面无可见的油脂、污垢、氧化皮、铁锈和油漆涂层等附着物，表面应显示均匀的金属光泽。

（2）手工和动力工具除锈分为两个等级：

St2——彻底的手工和动力工具除锈。特征是钢材表面应无可见的油脂和污垢，没有附着不牢的氧化皮、铁锈和油漆涂层等附着物。

St3——非常彻底的手工和动力工具除锈。特征是钢材表面应无可见的油脂和污垢，没有附着不牢的氧化皮、铁锈和油漆涂层等附着物。除锈应比 St2 更为彻底，底材显露部分的表面应具有金属光泽。

（3）火焰除锈用 F1 表示，只有一个等级，它包括在火焰加热作业后以动力钢丝刷清除加热后附着在钢材表面的产物：

F1——火焰除锈。特征是钢材表面应无氧化皮、铁锈和油漆涂层等附着物，任何残留的痕迹应仅为表面变色（不同颜色的暗影）。

3. 构件表面粗糙度

喷漆构件所要求的表面粗糙度应根据不同底涂层和除锈等级确定，粗糙度的评定按《涂覆涂料前钢材表面处理　喷射清理后的钢材表面粗糙度特性》(GB/T 13288)执行。构件的表面粗糙度具体见表 8-20。

表 8-20　构件的表面粗糙度

钢材底涂层	除锈等级	构件表面粗糙度 $Ra/\mu m$
热喷锌/铝	Sa3 级	60～100
无机富锌	Sa2 $\frac{1}{2}$～Sa3 级	50～80
环氧富锌	Sa2 $\frac{1}{2}$ 级	30～75
不便喷砂部位	Sa3 级	30～75

8.6.3　涂装施工

1. 涂料的选用及处理

涂料品种繁多，性能各异，对其品种的选择直接关系到涂装工程质量，在选择时应考虑以下因素：

(1)工程使用场合和环境：如潮湿环境、腐蚀气体作用等。

(2)涂料用途：是打底用还是罩面用。

(3)涂料的性能。

(4)施工的技术条件，涂料的稳定性、毒性等。

(5)工程使用年限、质量要求、耐久性，满足经济性要求等。

涂料选定后，通常要进行以下处理，然后才能施涂：

(1)开桶：开桶前清理桶外杂物，同时对涂料名称、型号等进行检查，若有结皮现象应清除掉。

(2)搅拌：将桶内涂料搅拌均匀。

(3)配比：对于双组分涂料使用前必须严格按说明书规定的比例来混合，并需要一定时间后才能使用。

(4)其他：某些涂料因储存条件、施工方法、作业环境等影响，需用熟化或稀释、过滤等工艺来调整，以达到控制质量的目的。

2. 涂层结构与厚度

涂层结构的形式有如下三种：底漆—中间漆—面漆、底漆—面漆、底漆和面漆是同一种漆。

底漆附着力强，防锈性能好；中间漆兼有底漆和面漆的性能，并能增加漆膜总厚度，是理想的过渡漆；面漆防腐、防老化性好。底、中、面三结合结构形式，既发挥了各层的作用，又增强了综合作用，是目前采用较多的涂层结构形式。

因底漆、中间漆、面漆的性能各不相同，在整个涂层中的作用也不同。底漆主要起附着和防锈作用；面漆主要起防腐、防老化作用；中间漆介于两者之间，所以三种油漆都不能单独使用，为发挥最好的效果必须相互配套使用。在使用时避免它们发生互溶或"咬底"

的现象，硬度要基本一致，若面漆的硬度过高，容易干裂；烘干温度也要基本一致，否则有的层次会出现过烘干现象。

涂层厚度要适当，过厚虽然可增加防护能力，但附着力和机械性能都要下降；过薄易产生肉眼看不见的针孔和其他缺陷，起不到隔离环境的作用。涂层厚度应根据钢材表面原始状况、钢材除锈后的表面粗糙度、选用的涂料品种、钢结构使用环境对涂层的腐蚀程度、涂层维护的周期等综合考虑，可参考表 8-21 确定。

表 8-21　钢结构涂装涂层厚度　　　　　　　　μm

涂料种类	大气环境类别					附加涂层
	城镇大气	工业大气	化工大气	海洋大气	高温大气	
醇酸漆	100～150	125～175				25～50
沥青漆			150～210	180～240		30～60
环氧漆			150～200	175～225	150～200	25～50
过氯乙烯漆			160～200			20～40
丙烯酸漆		100～140	120～160	140～180		20～40
聚氨酯漆		100～140	120～160	140～180		20～40
氯化橡胶漆		120～160	140～180	160～200		20～40
氯磺化聚乙烯漆		120～160	140～180	160～200	120～160	20～40
有机硅漆					100～140	20～40

3. 涂装方法

主要的涂装方法有刷涂法、滚涂法、浸涂法、空气喷涂法、无气喷涂法，各种涂刷方法的优缺点比较如表 8-22 所示。

表 8-22　各种涂装方法比较

涂装方法	适用涂料	被涂物	工具或设备	优缺点
刷涂法	油性漆、酚醛漆、醇酸漆等	各种构件	毛刷	优点是方法简单，适用于各种形状的构件；缺点是劳动强度大、生产效率低
滚涂法	油性漆、酚醛漆、醇酸漆等	较大的平面和管道等	滚子	优点是投资少，方法简单，适用于大面积物的涂刷；缺点同刷涂法
浸涂法	各种合成树脂涂料	小型构件或零件	浸漆槽、离心及真空设备	优点是设备投资少，施工简单，涂料损失少；缺点是流平性不好，流坠明显
空气喷涂法	各种硝基漆、橡胶漆、过氯乙烯漆等	各种大型构件	喷枪、空气压缩机等	优点是设备投资较多，施工方法复杂，效率较高；缺点是涂料损耗大，污染大，易引发火灾
无气喷涂法	厚浆型涂料和高不挥发涂料	各种大型构件、车辆船舶等	无气喷枪、空气压缩机等	优点是设备投资较多，施工方法复杂，效率较高，能获得厚涂层；缺点是涂料损耗大，装饰性较差

4. 涂装作业条件

施工环境应通风良好、清洁和干燥，室内施工温度应在 0 ℃以上，室外施工温度宜为 5 ℃～38 ℃，相对湿度小于 85％。雨天或结构表面结露时不宜作业，冬季应在采暖条件下进行施工且室温应均衡。具体环境要求应按涂料产品说明书的规定执行。

钢材表面的温度必须高于空气露点温度 3 ℃方可施工，露点温度与空气温度和相对湿度有关。

特殊施工环境，如雨、雪、雾和较大灰尘等易污染的环境下，在不能保证安全的情况下施工均需有可靠的防护措施。

5. 涂装工程质量检查验收

(1)涂装前检查。涂装前钢材表面除锈应符合设计要求和国家现行标准的规定，处理后的钢材表面不应有焊渣、焊疤、灰尘、油污、水和毛刺等。当设计无要求时，钢材表面除锈等级应符合表 8-23 的规定。

表 8-23　各种底漆或防锈漆要求最低除锈等级

涂料品种	最低防锈等级
油性酚醛、醇酸等底漆或防锈漆	St2
高氯化聚乙烯、氯化橡胶、氯磺化聚乙烯、环氧树脂、聚氨酯等底漆或防锈漆	Sa2
无机富锌、有机硅、过氯乙烯等底漆	Sa2 $\frac{1}{2}$

检查数量：按构件数抽查 10％，且同类构件不少于 3 件。

检查方法：用铲刀检查和用现行标准规定的图片对照观察检查。若钢材表面有返锈现象，则需再除锈，经检查合格后才能继续施工。

应检查进厂涂料有无产品合格证，并经复验合格后方可使用；检查涂装环境是否符合要求；检查结构禁止涂漆的部位是否进行遮蔽；等等。

(2)涂装过程中检查。每道漆都不允许有咬底、剥落、漏涂和起泡等缺陷，如发现应及时进行处理；涂装过程中各层的间隔时间是否符合要求；测湿膜厚度以控制干膜厚度和漆膜质量。

(3)涂装后检查。漆膜外观应均匀、平整、丰满和有光泽；不允许有咬底、裂纹、剥落、针孔等缺陷；颜色应符合设计要求。

涂料、涂刷次数和涂层厚度均应符合设计要求。当涂层厚度设计无要求时，涂层干漆膜总厚度室外应为 125～150 μm，室内应为 100～125 μm。每遍涂层干漆膜厚度的合格质量偏差为 -5 μm。测定厚度的抽查数，构件数抽检 10％，且同类构件不应少于 3 件，每件应测 5 处。

(4)验收。涂装工程施工完毕后，必须经过验收，符合规范要求后方可交付使用。

8.6.4　涂料性能检验与施工检验

1. 涂料性能检验

涂料产品性能检验主要包括：外观和透明度、颜色、细度、黏度、固体含量等项目。

(1)外观和透明度检验：主要是检验不含颜料的涂料产品，如清漆、清油、稀释剂等是否含有机械杂质和浑浊物。

（2）颜色检验：对不含颜料的涂料产品，检验其原色的深浅程度；对于含有颜料的涂料产品，检验其表面颜色的配制是否符合规定的标准色卡。

（3）细度检验：测定色漆或漆浆内颜料、填料及机械杂质等颗粒细度。涂料细度大小直接影响漆膜的光泽、均匀性和透水性等。

（4）黏度检验：液体在压力、重力等外力作用下，分子间相互作用而产生阻碍其分子间相对运动的能力，称为液体的黏度。其表示方法有：绝对黏度、运动黏度、比黏度和条件黏度。涂料产品采用条件黏度表示法。

（5）结皮性检验：测定涂料的结皮性，主要是检验涂料在密封桶内和开桶后的结皮情况。

（6）触变性测定：触变性是指涂料在搅拌和振荡时呈流动状态，而在静止后仍能恢复到原来的凝胶状的一种胶体物性，涂料的触变性对控制涂料质量有较大意义。

2. 漆膜性能检验

涂层是由底漆、中间漆、面漆等涂层的漆膜组合而成的，测定其各项性能具有实用价值。漆膜的性能检验内容有：漆膜柔韧性、漆膜耐冲击性、漆膜附着力、漆膜硬度、光泽度、耐水性、耐磨性、耐候性、耐湿性、耐盐雾、耐霉菌、耐化学试剂等。

3. 涂料施工性能检验

涂料施工性能检验的主要内容有：干燥时间测定、遮盖力测定、流平性检验、漆膜厚度测定、使用量测定、涂刷性测定、打磨性测定等。

（1）干燥时间测定：分表干时间和实干时间两种。在规定条件下，漆膜表层成膜的时间为表干时间；全部形成固体涂膜的时间为实际干燥时间，时间均以"h"或者"min"为单位表示。

（2）遮盖力测定：指将色漆均匀地涂刷在物体表面上，使其底色不再呈现的最小用漆量，以"g/m²"表示。

（3）流平性检验：指将涂料刷涂或喷涂于表面平整的底板上，刷纹消失或形成平滑漆膜表面所需时间，以"min"表示。涂料质量好，涂刷或喷涂后，表面产生的刷痕、橘皮能自动消失，而形成光滑、平整的膜，流平性主要是表示涂料的装饰性能。

（4）漆膜厚度测定：采用各种漆膜测定仪测定，以"μm"表示。由于各种涂料的性能不同，形成漆膜时，应有一定范围的厚度才具有良好的性能，否则将影响漆膜的性能。

（5）使用量测定：指每平方米表面上按样板制备法所需漆量作为使用量，以"g/m²"表示。

（6）涂刷性测定：测定涂料在使用时，涂刷是否方便的性能，根据涂漆面的外观及涂漆情况评定。

（7）打磨性测定：表示涂层经打磨后，产生平滑、无光泽程度的性能。底漆、腻子膜打磨性，是采用打磨仪，经一定次数打磨后，以涂膜表面现象评定。

8.6.5 防火涂装工程

1. 钢结构防火概述

火灾是由可燃物燃烧引起的一种失去控制的燃烧过程。钢材是不燃物，但导热性好，火灾时产生的热量传递给结构构件。实践表明，不加保护的钢构件的耐火极限仅为 10～20 min；

温度在 200 ℃以下时，钢材性能基本不变；当温度超过 300 ℃时，钢材力学性能迅速下降；达到 600 ℃时钢材强度几乎为零从而失去承载能力，造成结构变形，最终导致垮塌。建筑物发生火灾的损失大，尤其是钢结构，一旦发生火灾容易引发破坏而倒塌。

划分建筑物的耐火等级是建筑设计规范中规定的最基本防火措施之一，它要求建筑物在火灾高温持续作用下，墙、柱、梁、楼板等基本建筑构件能在一定时间内不破坏，不传播火灾。国家规范对各类建筑构件的燃烧性能和耐火极限都有要求，各建筑物的耐火等级划分为一、二、三、四级，当采用钢材时，钢构件的耐火极限不应低于表 8-24 的规定。

表 8-24　钢构件的耐火极限要求　　　　　　　　　　　　　　　　h

构件名称 耐火等级	高层民用建筑			一般工业与民用建筑				
	柱	梁	楼板屋顶支承构件	支承多层的柱	支承平层的柱	梁	楼板	屋顶承重构件
一级	3.00	2.00	1.50	3.00	2.50	2.00	1.50	1.50
二级	2.50	1.50	1.00	2.50	2.00	1.50	1.00	0.50
三级				2.50	2.00	1.00	0.50	

钢结构防火保护的基本原理是采用绝热或吸热的材料，阻隔火焰和热量，延缓钢结构的升温速度，如采用混凝土或隔热材料来包裹钢构件。随着高层钢结构建筑越来越多，防火涂料在工程中得到广泛应用。

2. 防火涂料

（1）防火涂料的类型。钢结构防火涂料按厚度不同分为薄涂型、厚涂型两类；按施工环境不同，分为室内、露天两类；按所用胶粘剂不同，分为有机类、无机类；按涂层受热后的状态，分为膨胀型和非膨胀型。钢结构防火涂料分类见图 8-42。

图 8-42　防火涂料类型

（2）防火涂料技术机理。使用防火涂料覆盖在钢结构的表面，其目的是防止钢结构在火灾中迅速升温变形倒塌，其机理有三个：首先，是对钢结构起屏蔽作用，隔离了火焰，使结构不至于直接暴露在火焰和高温之中；其次，是涂层吸热后，部分物质分解出水蒸气或其他不燃气体，起到消耗热量、降低火焰温度和燃烧速度、稀释氧气的作用；最后，是涂料本身多孔轻质或受热膨胀后形成碳化泡沫层，阻止了热量向钢结构的传递，推迟了基材受热升温到极限温度的时间，从而提高了结构的耐火极限。

（3）防火涂料选用的基本原则。钢结构防火涂料分为薄涂型和厚涂型两类，选用时应遵照以下原则：

1）室内裸露钢结构、轻型屋盖钢结构及有装饰要求的钢结构，当规定其耐火极限在 1.5 h 以下时，宜选用薄涂型钢结构防火涂料；室内隐蔽钢结构、高层钢结构及多层厂房钢结构，当规定其耐火极限在 1.5 h 以上时，应选用厚涂型钢结构防火涂料；半露天或某些潮湿环境的钢结构、露天钢结构，应选用室外钢结构防火涂料。

2)当防火涂料分为底层和面层涂料时，两层涂料应相互匹配，且底层涂料不得腐蚀钢结构，不得与防锈底漆产生化学反应。

8.6.6　防火涂料施工

1. 防火涂料施工的一般要求

防火涂料的生产厂家、检验机构、涂装施工单位均应有相应的资质，并通过公安消防部门的认证。

涂前应检查防火涂料品名、质量是否满足要求，是否有厂方的合格证，检测机构的耐火性能检测报告和理化性能检测报告。

防火涂料施工应在室内装修前和不被后续工程损坏的条件下进行，施工时对不需做防火保护的部位应进行遮蔽，刚施工的涂层应防止机械撞击或污染。

钢结构表面杂物应清理干净，其连接处的缝隙应用防火涂料或其他材料填平后方可施工。

防火涂料的底层和面层应相互配套，底层涂料不得腐蚀钢材。

涂料施工过程中和涂层干燥固化前，环境温度宜为 5 ℃～38 ℃，相对湿度不应大于90％，涂装时构件表面不应有结露，涂装后 4 h 内应免受雨淋。

2. 防火涂料的施工要点

涂装前应对基层进行彻底清理并保持干燥，在不超过 8 h 内，尽快涂头道底涂层。不论采用喷涂法还是手工涂刷，其涂刷顺序是：先上后下、先难后易、先左后右、先内后外。保持厚度均匀一致，不漏涂、不流坠。

底涂层一般喷 2～3 遍，每遍厚度控制在 2.5 mm 以内，视天气情况每隔 8～24 h 喷涂一次，必须在前一遍基本干燥后再喷涂。喷涂时喷嘴应与钢材表面保持垂直，喷口至钢材表面距离以 40～60 cm 为宜，若要求涂层表面平整、光滑，则喷完最后一遍应用抹灰刀将表面抹平。

薄涂型防火涂料施工操作要点是：底层一般喷 2～3 遍，待前一遍干燥后再喷后一遍，头遍盖住 70％即可，二、三遍每遍不超过 2.5 mm 为宜；面层一般涂饰 1～2 遍，头遍从左至右，二遍则从右至左，以保证全部覆盖底层；底层喷涂过程中随时检测厚度，待总厚度达到要求后并基本干燥，方可面层涂饰。

厚涂型钢防火涂料施工一般采用喷涂法。喷涂时操作要点是：第一次基本盖住钢材面即可，以后每次喷涂厚度为 5～10 mm；必须在前一次基本干燥后再接着喷；喷涂保护方式、喷涂遍数与涂层厚度应根据施工工艺要求确定；施工过程中应随时检测涂层厚度，直至符合设计厚度方可停止。

3. 防火涂料涂装工程验收

防火涂料涂装前钢材表面除锈及防锈底漆涂装应符合规定：按构件数抽查 10％，且同类构件不应少于 3 件；表面除锈用铲刀检查和用图片对照观察检查；底漆涂装用干漆膜测厚仪检查，每个构件检测 5 处。

裂纹宽度：薄涂型防火涂料涂层表面裂纹宽度不应大于 0.5 mm，厚涂型防火涂料涂层表面裂纹宽度不应大于 1 mm。按同类构件数抽查 10％，且均不应少于 3 件。

涂层厚度：薄涂型防火涂料的涂层厚度应符合有关耐火极限的设计要求。厚涂型防火涂料涂层的厚度，80％及以上面积应符合设计要求，且最薄处厚度不应低于设计要求的

85%。按同类构件数抽查10%，且均不应少于3件。

防火涂料不应有误涂、漏涂，涂层应闭合，无脱层、空鼓、明显凹陷、粉化松散和浮浆等外观缺陷，应剔除乳突。

8.6.7 钢结构涂装施工安全管理

1. 防火防爆

涂装施工中所用溶剂、稀释剂等多为易燃品，具有较强的可燃性。这些物品在涂装施工过程中形成的漆雾和有机溶剂蒸气，与空气混合积累到一定浓度时，易引起火灾或爆炸。常用溶剂爆炸界限见表8-25。

表 8-25　常用溶剂爆炸界限

名称	爆炸下限		爆炸上限	
	%（容量）	g/m³	%（容量）	g/m³
苯	1.5	48.7	9.5	308
甲苯	1.0	38.2	7.0	264
二甲苯	3.0	130.0	7.6	330
松节油	0.8	44.5		
漆用汽油	1.4	6.0		
甲醇	3.5	46.5	36.5	478
乙醇	2.6	49.5	18.0	338
正丁醇	1.68	51.0	10.2	309
丙酮	2.5	60.5	9.0	218
环己酮	1.1	44.0	9.0	
乙醚	1.85	36.5		
醋酸乙酯	2.18	80.4	11.4	410
醋酸丁酯	1.70	80.6	15.0	712

涂装现场必须采取防火防爆措施，具体应做到以下几点：严禁烟火；不允许堆放易燃易爆物品，并应远离易燃易爆物品仓库；涂料配制时应注意先后次序，并应加强通风降低积聚浓度；必须有配套的消防器材和消防水源；擦拭过溶剂的棉纱、破布等应存在带盖的铁桶内并定期处理；严禁向下水道或随地倾倒涂料和溶剂；涂装过程中避免产生静电、摩擦、电气等易引起爆炸的火花。

2. 防尘防毒

涂料中大部分溶剂和稀释剂都是有毒物品，再加上粉状填料，工人长时间吸入体内对人体的中枢神经系统、造血器官和呼吸系统会造成损害。

为了防止中毒、尘肺等职业病，涂装生产应做到以下几点：施工现场应有良好的通风；严格限制挥发性有机溶剂蒸气和粉尘在空气中的浓度，不得超过表8-26的规定；施工人员应戴防毒口罩或防毒面具；施工人员应避免与溶剂直接接触，操作时穿工作服、戴手套和防护眼镜等；因操作不小心，涂料溅到皮肤上应立刻擦洗；操作人员施工时如发现不适，应马上立刻施工现场或去医院检查治疗。

表 8-26　施工现场有害气体、粉尘的最高允许浓度

物质名称	最高允许浓度/(mg·m⁻³)	物质名称	最高允许浓度/(mg·m⁻³)
苯	40	乙醇	1 500
甲苯	100	煤油	300
二甲苯	100	溶剂汽油	350
丙酮	400	含有10%以上二氧化硅粉尘	2
苯乙烯	40	含有10%以下二氧化硅的水泥粉尘	6
环己酮	50	其他各种粉尘	10

3. 其他安全要求

施工现场应通风良好，安装必要的通风设备；在施工过程中应严格执行安全生产和劳动保护有关法律和法规；施工前要对操作人员进行防火安全教育和安全技术交底，在施工过程中加强安全监督检查工作，发现问题及时制止，防止事故发生；高空作业时应戴好安全带、防滑鞋等劳保用品，并应对使用的脚手架或吊架等进行检查，合格后方可使用；不允许把盛装涂料、溶剂或用剩的漆罐开口放置，涂料应储存在仓库内，不得露天存放，防止日晒雨淋；施工现场使用的照明灯、电线、电气设备等应考虑防爆，同时应接地良好；患有慢性皮肤病或有过敏反应等其他不适应体质的操作者不宜参加施工。

8.7　钢构件成品检验、管理和包装

钢构件制作完成后，必须进行相关检验以确保产品符合图纸要求，在发运到施工现场前，必须进行相关的存储和包装等。

8.7.1　钢构件成品检验

1. 成品检查和修整

钢结构成品的检查项目各不相同，要依据各工程具体情况而定。若无特殊要求，一般检查项目可按该产品的标准、技术图纸规定、设计文件要求和使用情况而确定。成品检查工作应在材料质量保证书、工艺措施、各道工序的自检、专检等前期工作无误后进行。钢构件因其位置、受力等的不同，其检查的侧重点也有所区别。

构件的各项技术数据经检验合格后，对加工过程中造成的焊疤、凹坑应予以补焊并铲磨平整。对临时支撑、夹具应予以割除。铲磨后零件表面的缺陷深度不得大于材料厚度负偏差值的 1/2，对于吊车梁的受拉翼缘尤其应注意其是否过渡光滑；在较大平面上磨平焊疤或磨光长条焊缝边缘，常用高速直柄风动手砂轮。

2. 验收资料

产品经过检验部门签收后进行涂装，并对涂装的质量进行验收。

钢结构制造单位在成品出厂时应提供钢结构出厂合格证书及技术文件。其中，至少应包括：施工图和设计变更文件，设计变更的内容应在施工图中相应部位注明；制作中对技术问题处理的协议文件；钢材、连接材料和涂装材料的质量证明书和试验报告；焊接工艺

评定报告；高强度螺栓摩擦面抗滑移系数试验报告；焊缝无损检验报告及涂层检测资料；主要构件验收记录；构件发运和包装清单；需要进行预拼装构件的预拼装记录。

以上证书、文件应作为建设单位的工程技术档案的一部分。上述内容并非所有工程都具备，而是根据工程的实际情况提供。

3. 允许偏差

钢构件外形尺寸允许偏差按《钢结构工程施工质量验收规范》(GB 50205—2001)执行，部分项目允许偏差见表 8-27～表 8-31。

表 8-27　钢构件外形尺寸主控项目允许偏差　　　　　　　　　　mm

项　　目	允许偏差
单层柱、梁、桁架受力支托(支承面)表面至第一个安装孔距离	±1.0
多节柱铣平面至第一个安装孔距离	±1.0
实腹梁两端最外侧安装孔距离	±1.0
构件连接处的截面几何尺寸	±1.0
柱、梁连接处的腹板中心偏移	±1.0
受压构件(杆件)弯曲矢高	$l/1\,000$ 且不应大于 10.0

表 8-28　钢管构件外形尺寸的允许偏差　　　　　　　　　　mm

项　　目	允许偏差	检验方法	示意图
直径 d	$\pm d/500$　±5.0	钢尺检查	
构件长度 l	±3.0	钢尺检查	
管口圆度	$d/500$ 且不应大于 5.0	钢尺检查	
管面对管轴的垂直度	$d/500$ 且不应大于 3.0	焊缝量规检查	
弯曲矢高	$l/1\,500$ 且不应大于 5.0	拉线、吊线和钢尺检查	
对口错边	$t/10$ 且不应大于 3.0	拉线和钢尺检查	

表 8-29　单层钢柱外形尺寸的允许偏差　　　　　　　　　　mm

项　　目		允许偏差	检验方法	示意图
柱底面到柱端与桁架连接上的最上一个安装孔距离		$\pm l/1\,500$　±15.0	钢尺检查	
柱底面到牛腿支承面距离		$\pm l_1/2\,000$　±8.0	钢尺检查	
牛腿面的翘曲 $\triangle$		2.0	拉线、吊线和钢尺检查	
柱身弯曲矢高		$H/1\,200$ 且不大于 12.0	拉线、吊线和钢尺检查	
柱身扭曲	牛腿处	3.0	拉线、吊线和钢尺检查	
	其他处	8.0	拉线、吊线和钢尺检查	
柱截面几何尺寸	连接处	±3.0	钢尺检查	
	非连接处	±4.0	钢尺检查	

项　　目		允许偏差	检验方法	示意图
翼缘对腹板垂直度	连接处	1.5	直角尺和钢尺检查	
	其他处	$b/100$ 且不大于 5.0	直角尺和钢尺检查	
柱脚底板平面度		5.0	1 m 直尺和塞尺检查	
柱脚螺栓孔中心对柱轴线的距离		3.0	钢尺检查	

表 8-30　钢桁架外形尺寸的允许偏差　　　　　　　　　　　　　　　mm

项　　目		允许偏差	检验方法	示意图
最外端两孔或两端支承面最外侧距离	$l \leqslant 24$ m	+3.0 −7.0	钢尺检查	
	$l > 24$ m	+5.0 −10.0	钢尺检查	
桁架跨中高度		±10.0	钢尺检查	
桁架跨中拱度	设计要求起拱	±3.0	钢尺检查	
	设计未要求起拱	±4.0	钢尺检查	
相邻节间弦杆弯曲(受压除外)		$l/1\,000$	钢尺检查	
支承面到第一个安装孔距离 a		±1.0	钢尺检查	
檩条连接支座间距		±5.0	钢尺检查	

表 8-31　墙架、檩条、支撑系统钢构件外形尺寸的允许偏差　　　　　　　mm

项　目	允许偏差	检验方法
构件长度	±4.0	钢尺检查
构件两端最外侧安装孔距离	±3.0	钢尺检查
构件弯曲矢高	$l/1~000$ 且不应大于 10.0	拉线和钢尺检查
截面尺寸	+5.0 -2.0	钢尺检查

8.7.2　钢构件成品管理和包装

1. 构件重心和吊点标识

（1）构件重心的标注：重量在 5 t 以下的复杂构件，一般要标出重心，重心用鲜红色油漆标出，再加上一个向下的箭头，如图 8-43 所示。

图 8-43　构件重心标记

（2）吊点的标注：在通常情况下，吊点的标注是由吊耳来实现的。吊耳也称眼板（图 8-44），在制作厂内加工、安装好。眼板及其连接焊缝要做无损探伤，以保证吊运构件时的安全性。

（a）　　　　　　　　　　　　　　　　　　（b）

图 8-44　眼板示意图

(a)A 型眼板；(b)C 型眼板

2. 构件标记

钢结构构件包装完毕，要对其进行标记，标记一般由承包商在制作厂成品库装运时标明。

对于国内的钢结构用户，其标记可用标签方式带在构件上，也可用油漆直接写在钢结构产品或包装箱上；对于出口的钢结构产品，必须按国际通用标准和海运要求注明标记。

标记通常包括下列内容：工程名称、构件编号、外廓尺寸（长、宽、高，以米为单位）、净重、毛重、始发地点、到达港口、收货单位、制造厂商、发运日期等，必要时要标明重心和吊点位置。

3. 成品堆放

成品验收后，在装运或包装以前堆放在成品仓库。目前国内钢结构产品的主件大部分露天堆放，部分小件一般可用捆扎或装箱的方式放置于室内。由于成品堆放的条件一般较差，所以堆放时更应注意防止失散和变形。

成品堆放时应注意下述事项：

(1)堆放场地的地基要坚实，地面平整、干燥，排水良好，不得有积水。

(2)堆放场地内备有足够的垫木或垫块，使构件得以放平稳，以防构件因堆放方法不正确而产生变形。

(3)钢结构产品不得直接置于地上，要垫高 200 mm 以上。

(4)侧向刚度较大的构件可水平堆放，当多层叠放时，必须使各层垫木在同一垂线上，堆放高度应根据构件来决定。

(5)大型构件的小零件应放在构件的空档内，用螺栓或铁丝固定在构件上。

(6)同类型的钢构件一般不堆放在一起。同一工程的构件应分类堆放在同一地区内，以便于装车发运。

(7)构件编号要在醒目处，构件之间堆放应有一定距离。

(8)钢构件的堆放应尽量靠近公路、铁路，以方便发运。

4. 包装

钢结构的包装方法应视运输形式而定，并应满足工程合同提出的包装要求。

(1)包装工作应在涂层干燥后进行，并应注意保护构件涂层不受损伤。包装方式应符合运输的相关规定。

(2)每个包装的重量一般不超过 3～5 t，包装的外形尺寸则根据货运能力而定。如通过汽车运输，一般长度不大于 12 m。个别件不应超过 18 m，宽度不超过 2.5 m，高度不超过 3.5 m。超长、超宽、超高时要做特殊处理。

(3)包装时应填写包装清单，并核实数量。

(4)包装和捆扎均应注意密实和紧凑，以减少运输时的失散、变形，而且还可以降低运输的费用。

(5)钢结构的加工面、轴孔和螺纹，均应涂上润滑脂、贴上油纸，或用塑料布包装，螺孔应用木楔塞住。

(6)包装时要注意外伸的连接板等物要尽量置于内侧，以防造成钩刮事故，不得不外露时要做好明显标记。

(7)经过油漆的构件，在包装时应该用木材、塑料等垫衬加以隔离保护。

(8)单件超过 1.5 t 的构件单独运输时，应用垫木做外部包裹。

(9)细长构件可打捆发运，一般用小槽钢在外侧用长螺栓夹紧，其空隙处填以木条。

(10)有孔的板形零件，可穿长螺栓，或用铁丝打捆。

(11)较小零件应装箱，已涂底又无特殊要求者不另做防水包装，否则应考虑防水措施。包装用木箱，其箱体要牢固、防雨，下方要留有铲车孔以及能承受箱体总重的枕木，枕木两端要切成斜面，以便捆吊或捆运。铁箱的箱体外壳要焊上吊耳，以便运输过程中吊运。

(12)一些不装箱的小件和零配件可直接捆扎或用螺栓扎在钢构件主体的重要部位上，但要捆扎、固定牢固，且不影响运输和安装。

(13)片状构件，如屋架、托架等，平运时易造成变形，单件竖运又不稳定，一般可将几片构件装夹成近似一个框架，其整体性能好，各单件之间互相制约而稳定。用活络拖斗车运输时，装夹包装的宽度要控制为 1.6～2.2 m，太窄容易失稳。装夹件一般是同一规格的构件，装夹时要考虑整体性能，防止在装卸和运输过程中产生变形和失稳。

(14)需海运的构件，除大型构件外，均需打捆或装箱。螺栓、螺纹杆以及连接板要用防水材料外套封装。每个包装箱、裸装件及捆装件的两边都要有标明船运的所需标志，并标明包装件的重量、数量、中心和起吊点。

8.7.3 钢构件发运

钢构件运输时应根据钢构件的长度、重量选用车辆，运输过程中构件的支点、两端伸出的长度及绑扎方法应保证钢构件不产生永久变形、不损伤涂层。

钢结构产品一般采用公路车辆运输或者铁路车辆运输。车辆运输现场拼装散件时，使用一般货运车即可。散件运输一般不需装夹，但要能满足在运输过程中不产生过大的变形。对于成形大件的运输，可根据产品不同而选用不同车型的运输货车。由于制作厂对大构件的运输能力有限，有些大构件的运输则由专业化大件运输公司承担。对于特大件钢结构产品的运输，则应在加工制造以前就与运输有关的各个方面取得联系，得到批准后方可运输，如果不允许就采用分段制造分段运输方式。在一般情况下，框架钢结构产品多用活络拖斗车运输，实腹类构件或容器类产品多用大平板车运输。

公路运输装运的高度极限为 4.5 m，如需通过隧道时，则高度极限为 4 m。构件长出车身不得超过 2 m。

钢结构构件的铁路运输，一般由生产厂负责向车站提出车皮计划，经由车站调拨车皮装运。铁路运输应遵守国家火车装车界限规定(图 8-45)，当超过阴影线部分而未超出外框时，应预先向铁路部门提出超宽(或超高)通行报告，经批准后可在规定的时间运送。

海轮运输时，在到达港口后由海港负责装船，所以要根据离岸码头和到岸港口的装卸能力来确定钢结构产品运输的外形尺寸、单件重量——即每夹或每箱的总重。根据构件的具体情况，有时也可考虑采用集装箱运输。内河运输时，则必须考虑每件构件的重量和尺寸，使其不超过当地的起重能力和船体尺寸。国内船只规格参差不齐，装卸能力较差，钢结构产品有时也只能散装，捆扎多数不用装夹。

图 8-45 火车界限示意图

8.8 钢结构制作方案实例

8.8.1 梁柱组件的加工流程

因受钢材型号种类、大小的限制，钢结构中存在大量型材、板材等组合焊接而成的箱形、I 形、十字形截面的梁柱组件，其制作流程比较典型。

1. 箱形柱的加工流程

箱形柱是由四块钢板组成的承重构件，与梁连接部位还设有加劲隔板，每节柱子顶部要求平整。箱形柱加工流程见图 8-46。

箱形柱截面示意图

图 8-46　箱形柱加工流程

2. 梁的加工流程

钢结构中常遇到一些变截面的梁（图 8-47），这些梁的翼、腹板均采用变截面形式，板厚度亦不同，其加工流程如图 8-48 所示。

图 8-47　变截面梁示意图

图 8-48 变截面梁加工流程

8.8.2 桁架构件的加工

桁架是常用的焊接钢结构之一，如图 8-49 所示，多用在桥梁、起重机、输电塔架、房屋建筑等结构中，在建筑房屋中使用尤为广泛。

桁架节点间距 d 一般为 $1.5\sim3$ m，桁架高度与跨度之比 $h/L=1/10\sim1/14$。其结构特点是：为平面结构或者由几个平面桁架组成空间架构；杆件、焊缝多且短，难以采用自动焊；整体来看对称于长度中心；在受力平面有较大的刚度，在受力平面外刚度小，易变形，特别容易扭曲。

桁架生产中的主要工艺问题及流程如下。

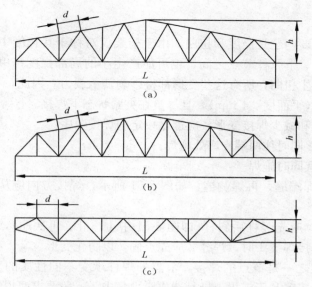

图 8-49　大跨距桁架示意图

(a)、(b)建筑屋架；(c)起重机桁架

1. 装配方案的选择

在工厂生产中，桁架的装配工时占全部制造工时的比例很大，采用合适的装配工艺对于提高劳动生产率意义很大。工厂装配方法及适用范围如下：

(1)放样装配法：在平台上画出各杆件的位置线，之后安放弦杆节点板、竖杆及腹杆等，点固并焊接。这种方法一般适用于单件小批量生产，生产效率低。

(2)定位器装配法：在各元件(型钢、节点板等)直角边处设置定位器及压夹器，按定位器安放各元件，点固并焊接。应注意定位器的安置应保证桁架取出方便。这种方法适用于成批生产，降低了工人技术水平的要求，生产率较高。

(3)模架装配法：首先采用放样装配法制造出一片桁架，将其翻转180°作为模架(相当于胎具)，之后将所要装配的各元件按照模架的位置安放并点焊，接着可将点焊好的桁架取出，在另一工作位置进行焊接，而模架工作位置上可继续进行装配。这种方法也称仿形装配法，其精度比定位器法差，如将模架法和定位器法结合使用，其效果则更好。

(4)按孔定位装配法：该方法适用于装配屋架，因屋架两端及脊部(上弦杆上平面)都有安装连接板，其上有螺钉连接孔，如图 8-50 所示。装配时先定位各带孔的连接板，也就确定了上下弦杆的位置，且保证了整个桁架的安装连接尺寸(如高度、跨度等)；

图 8-50　屋架制作示意图

其他节点处如有孔则按孔定位，无孔则采用垫铁或挡铁定位。

采用以上各种方法装配的桁架，在焊接前必须检查几何尺寸，应保证节点处各元件的中心(或重心)线交会于一点。

2. 桁架的焊接

桁架焊接时的主要问题是挠度和扭曲。由于桁架仅对称于其长度中心线，故焊接后将产生整体挠度；在上、下弦杆节点之间，也可能产生小的局部挠度；由于长度大、焊缝不对称等因素还可能产生扭曲，所有这些变形都将影响其承载力。因此，桁架在装配焊接时，要求支撑基面要平整（平面度＜4 mm），且尽量在夹紧状态下焊接。

为保证焊接质量和减少焊接变形，应遵循一定的焊接顺序：

（1）从中部焊起，同时往两端支座处施焊。

（2）上、下弦杆宜同时施焊。

（3）节点处应先焊端缝，再焊侧缝，如图8-51所示，焊接方向应从外向内，即从腹杆引向弦杆处。

（4）焊接节点时，应先竖杆后斜杆（即图8-51中Ⅰ、Ⅱ、Ⅲ次序），两端侧缝也可按Ⅰ杆形式焊接，但在焊接焊缝1时，焊缝2应先点固，以防止变形。

桁架生产的关键之一是节点的焊接，节点处焊件承受不同性质的力，应力状态复杂，焊缝多且短，位置紧凑不利于施焊，极易造成应力集中。一般要求两焊缝最小间距≥4K（K为焊脚高度），每条焊缝的最小长度≥30 mm。节点板向腹杆或弦杆的过渡应力要求和缓，如图8-52所示。和缓的趋势应与力流从基本构件向节点板传递的条件相适应。

图8-51　结构节点焊接次序

图8-52　节点板和缓过渡示意图

制造大型桁架时，为适应吊装设备能力或便于组织生产，可分段制造，然后连接合拢。注意利用临时撑杆消除连接处的变形，防止合拢困难。屋架分段制造时，中间采用安装螺栓固定，且接头不应在长度中心处，一般错开1/3以上跨距。

习　题

1. 施工详图有哪些设计内容？
2. 钢材在哪些情况下要进行复验？如何复验？
3. 简述钢结构制作的基本工艺流程。
4. 简述手工电弧焊的基本原理及影响因素。
5. 简述埋弧焊的优缺点。
6. 简述钢构件的拼装方法及优缺点。
7. 钢材表面处理方法有哪些？
8. 涂装前钢材表面锈蚀等级和除锈等级如何划分？

单元 9　钢结构安装施工

吊装机具，基本钢构件的安装方法，连接施工方法，安装方案，质量控制，质量通病防治，安全技术要求。

9.1　钢结构安装常用机具设备简介

9.1.1　塔式起重机

1. 塔式起重机的类型

塔式起重机是把吊臂、平衡臂等结构和起升、变幅等机构安装在金属塔身上的一种起重机，其特点是提升高度高、工作半径大、工作速度快、吊装效率高等。塔式起重机按有无行走机构，分为固定式和移动式；按其回转形式，分为上回转和下回转；按其变幅方式分为水平臂架小车变幅和动臂变幅；按其安装形式，分为自升式、整体快速装拆式和拼装式。拼装式塔式起重机因装拆工作量大已经被淘汰。目前，应用最广的是下回转、快速装拆、轨道式塔式起重机和能够一机四用（轨道式、固定式、附着式和内爬式）的自升式塔式起重机。QTZ100 型塔式起重机外形图如图 9-1 所示。自升式塔式起重机结构示意图如图 9-2 所示。

图 9-1　QTZ100 型塔式起重机外形图

图 9-2 自升式塔式起重机结构示意图

1—吊臂；2—变幅小车；3—吊钩滑轮；4、6—导向滑轮；5,13—止挡及变幅限位装置

7、9—导向滑轮；8—起升钢丝绳；10—吊臂拉绳；11—小车牵引机构；12—导向滑轮及张紧装置；14—塔尖

15—电控室；16—平衡臂护身栏；17—平衡重移动机构；18—平衡臂拉绳；19—起升机构；20、21、24—导向滑轮

22—平衡重；23—平衡臂；25—导向及张紧装置；26—回转机构；27—承座；28—过渡节；29—顶升套架

30—空气开关；31—顶升套架固定器；32—塔身标准节；33—塔身基础节；34—塔身底节；35—水母底架

36—水母底架支座；37—大车行走机构；38—电缆卷筒；39—底架斜撑；40—升降梯；41—引进小车

42—顶升横梁；43—液压顶升系统及液压顶升油缸；44—转台；45—旋转机构；46—集电环；47—司机室

2. 塔式起重机的技术性能及起重特性

本部分内容请参考有关塔式起重机技术手册。

3. 塔式起重机的装拆与转移

塔式起重机的拆装由专业队进行，并且必须取得由行政主管部门颁发的装拆资格证书，并应有技术和安全人员在场监护。

(1)塔式起重机的装拆方法。根据起重机的结构形式、质量和现场的具体情况，确定塔式起重机的安装方法。安装方法一般分为整体自立法、旋转起扳法和立装自升法三种。一般，同一台塔式起重机的拆除方法和安装方法基本相同，仅程序相反。

整体自立法是利用本身设备完成安装作业的方法，适用于轻、中型下回转塔式起重机。旋转起扳法适用于需要解体转移而非自升的塔式起重机，一般借助于轻型汽车起重机，在工地上进行组装，利用自身起升机构使塔身旋转而直立。立装自升法适用于自升式塔式起重机，主要做法为用其他起重机(辅机)将所要安装的塔式起重机除塔身中间节以外的全部部件立装于安装位置，然后用本身的自升装置安装塔身中间节。

(2)塔式起重机装拆作业注意事项。

1)起重机的装拆必须由取得建设行政主管部门颁发的装拆资格证书的专业队进行，并

应有技术和安全人员在场监护。

2) 起重机装拆前，应按出厂有关规定编制装拆作业方法、质量要求和安全技术措施，经企业技术负责人审批后，作为装拆作业技术方案，并向全体作业人员交底。

3) 起重机的装拆作业应在白天进行。遇大风、浓雾和雨雪等恶劣天气时，应停止作业。

4) 起重机的金属结构、轨道及所有电气设备的金属外壳，应有可靠的接地装置，接地电阻不应大于 4 Ω。

5) 指挥人员应熟悉装拆作业方案，遵守装拆工艺和操作规程，使用明确的指挥信号进行指挥。所有参与装拆作业的人员都应听从指挥，发现指挥信号不清或有错误时，应停止作业，待联系信号清楚后再进行。

6) 采用高强度螺栓连接的结构，应使用原厂制造的连接螺栓，自制螺栓应有质量合格的试验证明，否则不得使用。连接螺栓时，应采用扭矩扳手或专用扳手，并应按装配技术要求拧紧。

7) 在装拆上回转、小车变幅的起重臂时，应根据出厂说明书的装拆要求进行，并应保持起重机的平衡。

8) 装拆人员在进入工作现场时，应穿戴安全保护用品，高处作业时应系好安全带，熟悉并认真执行装拆工艺和操作规程，当发现异常情况或疑难问题时，应及时向技术负责人反映，不得自行其是，应防止处理不当而造成事故。

9) 起重机安装过程中，必须分阶段进行技术检验。整机安装完毕后，应进行整机技术检验和调整，各机构动作应正确、平稳、无异响，制动可靠，各安全装置应灵敏有效；在无荷载情况下，塔身和基础平面的垂直度允许偏差为 4/1 000，经分阶段及整机检验合格后，应填写检验记录，经技术负责人审查签证后，方可交付使用。

10) 安装起重机时，必须将大车行走缓冲止挡器和限位开关碰块安装牢固，并应将各部位的栏杆、平台、扶杆、护圈等安全防护装置装齐。

11) 在装拆作业过程中，遇天气剧变、突然停电、机械故障等意外情况，短时间不能继续作业时，必须使已装拆的部位达到稳定状态并固定牢靠，经检查确认无隐患后，方可停止作业。

12) 在拆除因损坏或其他原因而不能用正常方法拆卸的起重机时，必须按照技术部门批准的安全拆卸方案进行。

(3) 塔式起重机的转移。塔式起重机转移前，要按照与安装相反的顺序，采用相似的方法，将塔身降下或解体，然后进行整体拖运或解体运输。转移前，应充分了解运行路线情况，根据实际情况采取相应的安全措施。转运过程中，应随时检查，如有异常，应及时处理。采用整机拖运的下回转式塔式起重机，轻型的大多采用全挂式拖运方式，中型及重型的则多采用半挂式拖运方式。拖运的牵引车可利用载重汽车或平板拖车的牵引车；自升塔式起重机及 TQ60/80 型等上回转式塔式起重机都必须解体运输。用平板拖车运输时，以汽车起重机配合装卸。

4. 塔式起重机顶升接高与降落、附着及内爬升

(1) 顶升接高与降落。根据顶升接高方式的不同，可分为三种不同形式，即上顶升加节接高、中顶升加节接高和下顶升加节接高(图 9-3)。

上顶升加节接高的工艺是由上向下插入标准节，多用于俯仰变幅的动臂式自升式塔式起重机。

图 9-3　三种不同接高方式示意图

(a)下顶升加节接高；(b)中顶升加节接高；(c)上顶升加节接高

下顶升加节接高的优点是人员在下部操作，安全方便；缺点是顶升重量大，顶升时附着装置必须松开。

中顶升加节接高的工艺是由塔身一侧引入标准节，可适用于不同形式的臂架，内爬、外附均可，而且顶升时无须松开附着装置，应用面比较广。

自升式塔式起重机的顶升接高系统由顶升套架，引进轨道及小车、液压顶升机组三部分组成。其顶升接高的步骤如下：

1)回转起重臂使其朝向与引进轨道一致并加以锁定。吊运一个标准节到摆渡小车上，并将过渡节与塔身标准节相连的螺栓松开，准备顶升[图 9-4(a)]。

图 9-4　自升式塔式起重机顶升接高过程

(a)准备状态；(b)顶升塔顶；(c)推入塔身标准节；(d)安装塔身标准节；(e)塔顶与塔身连成整体

2)开动液压千斤顶，将塔机上部结构包括顶升套架等上升到超过一个标准节的高度，然后用定位销将套架固定，则塔式起重机上部结构的重量就会通过定位销传送到塔身[图 9-4(b)]。

3)液压千斤顶回缩，形成引进空间，此时将装有标准节的摆渡小车开到引进空间内[图 9-4(c)]。

4)利用液压千斤顶稍微提起待接高的标准节，退出摆渡小车，然后将待接高的标准节平稳地落在下面的塔身上，并用螺栓连接[图 9-4(d)]。

5)拔出定位销，下降过渡节，并与已接高的塔身连成整体[图 9-4(e)]。

塔身降落与顶升方法相似，仅程序相反。

（2）附着。自升式塔式起重机的塔身接高到规定的独立高度后，必须使用附着装置将塔身与建筑物相连接（锚固），以减少塔身的自由高度，保持塔机的稳定性，减小塔身内力，提高起重能力。附着装置由附着框架、附着杆和附着支座等组成，如图 9-5 所示。

图 9-5 附着装置的构造图
1—附着框架；2—附着杆；3—附着支座；4—顶紧螺栓；5—加强撑

塔式起重机的附着应按使用说明书的规定进行，一般应注意以下几点：

1)根据建筑施工总高度、建筑结构特点及施工进度要求制订附着方案。

2)起重机附着的建筑物，其附着点的受力强度应满足起重机的设计要求。附着杆系的布置方式、相互间距和附着距离等，应按出厂使用说明书规定执行。有变动时，应另行设计。

3)装设附着框架和附着杆件，应采用经纬仪测量塔身垂直度，并应采用附着杆进行调整，在最高附着点以下垂直度允许偏差为 2/1 000。

4)在附着框架和附着支座布设时，附着杆倾斜角不得超过 10°。

5)附着框架宜设置在塔身标准节连接处，箍紧塔身。塔架对角处在无斜撑时应加固。

6)塔身顶升接高到规定附着间距时，应及时增设与建筑物的附着装置。塔身高出附着装置的自由端高度，应符合出厂规定。

7)起重机作业过程中，应经常检查附着装置，发现松动或异常情况时，应立即停止作业，故障未排除，不得继续作业。

8)拆卸起重机时，应随着降落塔身的进程拆卸相应的附着装置。严禁在落塔之前先拆附着装置。

9)遇有六级及以上大风时，严禁安装或拆卸附着装置。

10)附着装置的安装、拆卸、检查和调整，均应有专人负责，工作时应系安全带和戴安全帽，并应遵守高处作业有关安全操作的规定。

11)轨道式起重机作附着式使用时，应提高轨道基础的承载能力和切断行走机构的电源，并应设置阻挡行走轮移动的支座。

12)应对布设附着支座的建筑物构件进行强度验算(附着荷载的取值,一般塔机使用说明书均有规定),如强度不足,须采取加固措施。构件在布设附着支座处应加配钢筋并适当提高混凝土的强度等级。安装附着装置时,附着支座处的混凝土强度必须达到设计要求。附着支座须固定牢靠,其与建筑物构件之间的空隙应嵌塞紧密。

(3)内爬升。内爬升式塔式起重机是一种安装在建筑物内部(电梯井或特设空间)的结构上,依靠爬升机构随建筑物向上建造而向上爬升的起重机。一般每隔两个楼层爬升一次。内爬升式塔式起重机的爬升过程如图9-6所示。

图9-6 内爬升式塔式起重机的爬升过程示意图

(a)套架爬升前;(b)提升套架;(c)提升塔身

5. 塔式起重机的使用要点

(1)塔式起重机作业前应进行下列检查和试运转:

1)轨道基础应平直无沉陷,接头连接螺栓及道钉无松动;

2)各安全装置、传动装置、指示仪表、主要部位连接螺栓、钢丝绳磨损情况、供电电缆等必须符合有关规定;

3)按有关规定进行试验和试运转。

(2)当同一施工地点有两台以上起重机时,应保持两台机器间任何接近部位(包括吊重物)距离不得小于2 m。

(3)在吊钩提升、起重小车或行走大车运行到限位装置前,均应减速缓行到停止位置,并应与限位装置保持一定距离(吊钩不得小于1 m,行走轮不得小于2 m)。严禁采用限位装置作为停止运行的控制开关。

(4)动臂式起重机的起升、回转、行走一般可同时进行,变幅应单独进行,不同型号的塔机有所不同,具体应严格按照规定进行操作。应定期对变幅部位进行检查。允许带载变幅的,当荷载达到额定起重量的90%及以上时,严禁变幅。

(5)提升重物,严禁自由下降。重物就位时,可采用慢就位机构或利用制动器使之缓慢下降。

(6)提升重物做水平移动时,应高出其跨越的障碍物0.5 m以上。

(7)装有上下两套操纵系统的起重机,不得上下同时使用。

(8)作业中如遇六级及以上大风或阵风,应立即停止作业,锁紧夹轨器,将回转机构的制动器完全松开，起重臂应能随风转动。对轻型俯仰变幅起重机，应将起重臂落下并与塔身结构锁紧在一起。

（9）作业中，操作人员临时离开操纵室时，必须切断电源，锁紧夹轨器。

（10）起重机载人专用电梯严禁超员，其断绳保护装置必须可靠。当起重机作业时，严禁开动电梯。电梯停用时，应降至塔身底部位置，不得长时间悬在空中。

（11）作业完毕后，起重机应停放在轨道中间位置，起重臂应转到顺风方向，并松开回转制动器，小车及平衡重应置于非工作状态，吊钩宜升到离起重臂顶端 2～3 m 处。

（12）停机时，应将每个控制器拨回零位，依次断开各开关，关闭操纵室门窗，下机后，应锁紧夹轨器，使起重机与轨道固定，断开电源总开关，打开高空指示灯。

（13）尚未附着的自升式塔式起重机，塔身上不得悬挂标语牌。

（14）每月或连续大雨后，应及时对轨道基础进行全面检查，检查内容包括：轨距偏差，钢轨顶面的倾斜度，轨道基础的弹性沉陷，钢轨的不直度及轨道的通过性能等。对混凝土基础，应检查其是否有不均匀的沉降。

（15）混凝土基础的不均匀沉降量应满足基础表面倾斜度或钢轨顶面倾斜度不大于 1/1 000 的要求。如不均匀沉降量超过允许值，应查明原因并采取措施予以处理。造成不均匀沉降的原因一般有附近地面低洼集水和地基软弱两种，处理措施有：如基础附近地面低洼，应排去集水、挖去淤泥、垫高地面并确保排水通畅；软弱地基，应根据实际情况采取换填法、挤密桩法或灰土墙、锚杆法等措施处理。

6. 塔式起重机的地基与基础

塔式起重机的基础有轨道基础和混凝土基础两种。固定式塔式起重机采用钢筋混凝土基础，又分为整体式、分离式、灌注桩承台式等形式。整体式又分为方块式和 X 形式；分离式又分为双条式和四个分块式。方块整体式和四个分块式常用作 1 000 kN·m 以上自升式塔式起重机的基础；X 形和双条形基础常用于 400～600 kN·m 级塔式起重机；灌注桩承台式钢筋混凝土基础常用在深基础施工阶段，要在基坑近旁构筑塔式起重机基础时采用。塔式起重机的地基承载力必须满足要求；塔式起重机基础应符合出厂说明书及有关规定；当塔式起重机安装在建筑物基坑内底板上时，应对底板进行验算并采取相应措施；当塔式起重机安装在坑侧支护结构上时，应对支护结构进行验算，并采取必要的加固措施。

塔式起重机的混凝土基础应符合下列要求：

（1）混凝土强度等级不低于 C30；

（2）基础表面平整度允许偏差为 1/1 000；

（3）埋设件的位置、标高、垂直度、施工工艺符合出厂说明书要求。

塔式起重机的轨道两旁、混凝土基础周围应修筑边坡和排水设施。

塔式起重机的基础施工完毕，经验收合格后方可使用。

9.1.2 履带式起重机

1. 履带式起重机的类型

履带式起重机是在行走的履带底盘上装有起重装置的起重机械，主要由动力装置、传动装置、行走机构、工作机械、起重滑车组、变幅滑车组及平衡重等组成。它是结构安装工程中常用的起重机械，具有起重能力较大、自行式、全回转、工作稳定性好、操作灵活、使用方便、在其工作范围内可荷载行驶作业、对施工场地要求不严等特点。

履带式起重机按传动方式不同分为机械式、液压式(Y)和电动式(D)三种。

2. 履带式起重机的技术性能及起重特性

本部分内容请参考有关履带式起重机技术手册。

3. 履带式起重机的使用与转移

(1)履带式起重机的使用。履带式起重机的使用应注意以下问题:

1)驾驶员应熟悉履带式起重机技术性能,启动前应按规定进行各项检查和保养,启动后应检查各仪表指示值及运转是否正常。

2)履带式起重机必须在平坦坚实的地面上作业,当起吊荷载达到额定重量的90%及以上时,工作动作应慢速进行,并禁止同时进行两种及以上动作。

3)应按规定的起重性能作业,严禁超载作业,如确需超载,应进行验算并采取可靠措施。

4)作业时,起重臂的最大仰角不应超过规定,无资料可查时,不得超过78°。

5)采用双机抬吊作业时,两台起重机的性能应相近。抬吊时统一指挥,动作协调,互相配合,起重机的吊钩滑轮组均应保持垂直。抬吊时单机的起重荷载不得超过允许荷载值的80%。

6)起重机带载行走时,荷载不得超过允许起重量的70%。

7)带载行走时道路应坚实平整,起重臂与履带平行,重物离地不能大于500 mm,并拴好拉绳,缓慢行驶,严禁长距离带载行驶,上下坡道时,应无载行驶。上坡时,应将起重臂仰角适当放小,下坡时应将起重臂的仰角适当放大,严禁下坡空挡滑行。

8)作业后,吊钩应提升至接近顶端处,起重臂降至40°~60°,关闭电门,各操纵杆置于空挡位置,各制动器加保险固定,操纵室和机棚应关闭门窗并加锁。

9)遇大风、大雪、大雨时应停止作业,并将起重臂转至顺风方向。

(2)履带式起重机的转移。履带式起重机的转移有三种形式,即自行运输、平板拖车运输和铁路运输。对于普通路面且运距较近时,可采用自行转移,在行驶前,应对行走机构进行检查,并做好润滑、紧固、调整和保养工作。每行驶500~1 000 m,应对行走机构进行检查和润滑。对沿途空中架线情况进行察看,以保证符合安全距离要求。当采用平板拖车运输时,要了解所运输的履带式起重机的自重、外形尺寸、运输路线和桥梁的安全承载能力、桥洞高度等情况,选用相应载重量平板拖车。起重机在平板拖车上停放牢固,位置合理。应将起重臂和配重拆下,刹住回转制动器,插销锁牢,为了降低高度,可将起重机上部人字架放下;当采用铁路运输时,应将支垫起重臂的高凳或道木垛搭在起重机停放的同一个平板上,固定起重臂的绳索也绑在该平板上,如起重臂长度超过该平板,则应另挂一个辅助平板,但可不设支垫也不用绳索固定,同时吊钩钢丝绳应抽掉。

4. 履带式起重机的验算

履带式起重机在进行超负荷吊装或接长吊杆时,需进行稳定性验算,以保证起重机在吊装中不会发生倾覆事故。履带式起重机在车身与行驶方向垂直时,处于最不利工作状态,稳定性最差(图9-7),此时,履带的轨链中心 A 为倾覆中心,起重机的安全条件为:当仅考虑吊装荷载时,稳定性安全系数 $K_1 = M_稳/M_倾 \geq 1.4$;当考虑吊装荷载及附加荷载时,稳定性安全系数 $K_2 = M_稳/M_倾 \geq 1.15$。

当起重机的起重高度或起重半径不足时，起重臂接长后的稳定性计算，可近似地按力矩等量换算原则求出起重臂接长后的允许起重量(图 9-8)，接长起重臂后，当吊装荷载不超过 Q_i' 时，即可满足稳定性的要求。

图 9-7　履带起重机稳定性验算

图 9-8　用力矩等量转换原则计算起重机
接长起重臂后的允许起重量

9.1.3　汽车式起重机

1. 汽车式起重机的类型

汽车式起重机是将起重机构安装在普通载重汽车或专用汽车底盘上的起重机。汽车式起重机机动性能好，运行速度快，对路面破坏性小，但不能带负荷行驶，吊重物时必须支腿，对工作场地的要求较高。

汽车式起重机按起重量大小分为轻型、中型和重型三种。起重量在 20 t 以内的为轻型，50 t 及以上的为重型；按起重臂形式分为桁架臂和箱形臂两种；按传动装置形式分为机械传动(Q)、电力传动(QD)、液压传动(QY)。目前，液压传动的汽车式起重机应用较广。

2. 汽车式起重机的技术性能

本部分内容请参考有关汽车式起重机技术手册。

3. 汽车式起重机的使用要点

(1)应遵守操作规程及交通规则。

(2)作业场地应坚实平整。

(3)作业前，应伸出全部支腿，并在撑脚下垫合适的方木。调整机体，使回转支撑面的倾斜度在无荷载时不大于 1/1 000(水准泡居中)。支腿有定位销的应插上。底盘为弹性悬挂的起重机，伸出支腿前应收紧稳定器。

(4)作业中严禁扳动支腿操纵阀。调整支腿应在无荷载时进行。

(5)起重臂伸缩时，应按规定程序进行，当限制器发出警报时，应停止伸臂，起重臂伸出后，当前节臂杆的长度大于后节伸出长度时，应调整正常后方可作业。

(6)作业时，汽车驾驶室内不得有人，发现起重机倾斜、不稳等异常情况时，应立即采取措施。

（7）起吊重物达到额定起重量的 90％以上时，严禁同时进行两种及以上的动作。

（8）作业后，收回全部起重臂，收回支腿，挂牢吊钩，撑牢车架尾部两撑杆并锁定，销牢锁式制动器，以防旋转。

（9）行驶时，底盘走台上严禁载人或物。

9.1.4 轮胎式起重机

1. 轮胎式起重机的技术性能

轮胎式起重机是一种装在专用轮胎式行走底盘上的全回转起重机，按传动方式分为机械式（QL）、电动式（QLD）和液压式（QLY）三种。

轮胎式起重机的构造与履带式起重机的构造基本相同，不同的是行驶装置，其把起重机构装在加重型轮胎和轮轴组成的特制盘上，重心低，起重平衡，底盘结构牢固，车轮间距大，两侧装有可伸缩的支腿，如图 9-9 所示。

常用型号有 QLY—8、QLY—16、QLY—40 等，以及日产多田野 TR—200E、TR—350E 和 TR—400E 型液压越野轮胎式起重机。

国内常用的轮胎式起重机技术性能见表 9-1。

图 9-9　轮胎式起重机示意图

表 9-1　国内常用的轮胎式起重机技术性能

项目		起重机型号									
		QL₁—16		QL₂—8	QL₃—16			QL₃—25			QL₃—40	
起重臂长度/mm		10	15	7	10	15	20	12	22	32	15	42
幅度	最大/m	11	15.5	7	9.5	15.5	20	11.5	19	21	13	25
	最小/m	4	4.7	3.2	4	4.7	5.5	4.5	7	10	5	11.5
起重量	最大幅度时/t	2.8	1.5	2.2	3.5	1.5	0.8	21.6	1.4	0.6	9.2	1.5
	最小幅度时/t	16	11	8	16	11	25	25	10.6	5	40	10
起升高度	最大幅度时/m	5	4.6	1.5	5.3	4.6	6.85	—	—	—	8.8	33.75
	最小幅度时/m	8.3	13.2	7.2	8.3	13.2	17.95	—	—	—	10.4	37.23
行驶速度/(km·h⁻¹)		18		30	30			9～18			15	
转弯半径/m		7.5		6.2	7.5			—			13	
爬坡能力/(°)		7		12	7			—			13	
发动机功率/kW		58.8		66.2	58.8			58.8			117.6	
总重量/t		23		12.5	22			28			53.7	

2. 轮胎式起重机的使用要点

轮胎式起重机的使用要点同汽车式起重机的使用要点。

9.1.5 其他起重设备

1. 独脚拔杆

独脚拔杆按材料不同分为三种，即木独脚拔杆、钢管独脚拔杆和型钢格构式独脚拔杆。木独脚拔杆已很少使用，起重高度可达 20 m，起重量可达150 kN；钢管独脚拔杆的起重高度可达 34 m，起重量可达 300 kN；型钢格构式独脚拔杆的起重高度可达 60 m，起重量可达 1 000 kN。

独脚拔杆的使用应遵守该拔杆性能的有关规定。为便于吊装，当倾斜使用时，倾斜角度不宜大于 10°。拔杆的稳定主要依靠缆风绳，缆风绳一般为 5～12 根，缆风绳与地面夹角一般为 30°～45°。

2. 桅杆式起重机

桅杆式起重机是在独腿拔杆下端装一可以起伏和回转的吊杆而成。用圆木制成桅杆式起重机，起重量可达 50 kN；用钢管制成的桅杆式起重机，起重高度可达 25 m，起重量可达 100 kN；用格构式结构组成的桅杆式起重机，起重高度可达 80 m，起重量可达 600 kN。

9.1.6 索具设备

1. 千斤顶

千斤顶可以用来校正构件的安装偏差及构件的变形，也可以顶升和提升构件。常用千斤顶有螺旋式和液压式两种。

2. 卷扬机

电动卷扬机按其速度分为快速、中速、慢速。快速卷扬机分为单筒和双筒，钢丝绳牵引速度为 25～50 m/min，单头牵引力为 4～80 kN，可用于垂直运输和水平运输等。慢速卷扬机多为单筒式，钢丝绳牵引速度为 6.5～22 m/min，单头牵引力为 5～10 kN，可用于大型构件安装等。

3. 地锚

地锚用来固定缆风绳、卷扬机、滑车、拔杆的平衡绳索等。常用的地锚有桩式地锚和水平地锚两种。桩式地锚是将圆木打入土中，承担拉力，用于固定受力不大的缆风绳。水平地锚是将一根或几根圆木绑扎在一起，水平埋入土中而成，如图 9-10 所示。

图 9-10　地锚形式
(a)拉力 30 kN 以下水平地锚；(b)拉力 50 kN 以下水平地锚
(c)拉力 100 kN 以下水平地锚；(d)拉力 100～400 kN 水平地锚

4. 倒链

倒链又称手拉葫芦、神仙葫芦，用来起吊轻型构件，作为拉紧缆风绳及拉紧捆绑构件的绳索等。

5. 滑车、滑车组

滑车按其滑轮的多少分为单门、双门、多门等；按滑车的夹板是否可以打开分为开口滑车、闭口滑车；按使用方式不同可分为定滑车、动滑车。定滑车可以改变力的方向，但不能省力。动滑车可以省力，但不能改变力的方向。滑车组是由一定数量的定滑车、动滑车及绕过它们的绳索组成的。

滑车组根据跑头（滑车组的引出绳头）引出方向不同分为跑头自动滑车引出、跑头自定滑车引出和双联滑车组。

6. 钢丝绳

钢丝绳是吊装中的主要绳索，具有强度高、弹性大、韧性好、耐磨、能承受冲击荷载、工作可靠等特点。结构吊装中常用的钢丝绳由 6 束绳股和一根绳芯（一般为麻芯）捻成。每束绳股由许多高强钢丝捻成。钢丝绳按绳股数及每股中的钢丝数区分，有 6 股 7 丝、6 股 19 丝、6 股 37 丝、6 股 61 丝等。

吊装中常用的有 6×19、6×37 两种。6×19 钢丝绳一般用作缆风绳和吊索；6×37 钢丝绳一般用于穿滑车组和用作吊索；6×61 钢丝绳用于重型起重机。

9.1.7 吊装工具

1. 吊钩

吊钩常用优质碳素钢锻制而成，分为单吊钩和双吊钩两种。吊钩形式如图 9-11 所示。

（a）　　　　（b）　　　　（c）　　　　（d）

（e）　　　　（f）　　　　（g）　　　　（h）

图 9-11　吊钩形式

（a）直柄吊钩；（b）牵引钩；（c）旋转钩；（d）眼形滑钩
（e）弯孔钩；（f）直杆钩；（g）鼻形钩；（h）羊角滑钩

2. 卡环

卡环用于吊索之间或吊索与构件吊环之间的连接，由弯环与销子两部分组成。

按弯环形式分，卡环有 D 形卡环和弓形卡环，如图 9-12 所示；按销子与弯环的连接形式分，有螺栓式卡环和活络卡环。螺栓式卡环的销子和弯环采用螺纹连接；活络式卡环的孔眼无螺纹，可直接抽出。螺栓式卡环使用较多，但在柱子吊装中多采用活络式卡环。

（a）　　　　　　　　　　　（b）

图 9-12　卡环按弯环形式分类

（a）D 形卡环；（b）弓形卡环

3. 吊索

吊索又称千斤。吊索是由钢丝绳制成的，因此钢丝绳的允许拉力即为吊索的允许拉力，在使用时，其拉力不应超过其允许拉力。轻便吊索如图 9-13 所示。吊索有环状吊索和开式吊索两种，具体形式如图 9-14 所示。

图 9-13　轻便吊索

（a）　　　　（b）　　　　（c）　　　　（d）

（e）　　　　（f）　　　　（g）　　　　（h）

图 9-14　起重吊索形式

（a）软环人字钩吊索；（b）可调式吊索；（c）环状吊索；（d）吊环天字钩吊索

（e）单腿吊索；（f）双腿吊索；（g）三腿吊索；（h）四腿吊索

4. 横吊梁

横吊梁俗称铁扁担，常用于柱和屋架等构件的吊装。吊装柱子时容易使柱身直立而便于安装、校正；吊装屋架等构件时，可以降低起升高度和减少对构件的水平压力。

常用的横吊梁有滑轮横吊梁、钢板横吊梁、钢管横吊梁，如图 9-15～图 9-17 所示。吊装用平衡梁形式如图 9-18 所示。

图 9-15 滑轮横吊梁

1—吊环；2—滑轮；3—吊索

图 9-16 钢板横吊梁

1—挂吊钩孔；2—挂卡环孔

图 9-17 钢管横吊梁

图 9-18 吊装用平衡梁形式

9.2 钢结构安装准备

9.2.1 作业条件

(1)检查安装支座及预埋件，取得经总包确认合格的验收资料。

(2)编制钢结构安装施工组织设计，经审批后，向队组交底。钢结构的安装程序必须确保结构的稳定性和不导致永久性的变形。

(3)安装前，应按照构件明细表核对进场的构件，查验质量证明书和设计更改文件；工厂预装的大型构件在现场组装时，应根据预组装的合格记录进行；构件交工所必需的技术资料及大型构件预装排版图应齐备，并注意以下几点：

1)构件在运输和安装中应防止涂层损坏。

2)钢结构需进行强度试验时，应按设计要求和有关标准规定进行。

3)构件应符合设计要求和规范的规定，对主要构件(柱子、吊车梁和屋架等)应进行复检。

4)构件安装前应清除附在表面的灰尘、冰雪、油污和泥土等杂物。

(4)钢结构构件应按安装程序保证成套供应。现场堆放场地能满足现场拼装及顺序安装的需要。屋架分片出厂，在现场进行拼配组装时准备好拼装工作台。构件分类堆放，刚度较大的构件可以铺垫木水平堆放。多层叠放时垫木应在一条垂线上。屋架宜立放，紧靠立柱，绑扎牢固。

(5)对构件的外形几何尺寸、制孔、组装、焊接、摩擦面等进行检查并做记录。

(6)检查构件在装卸、运输及堆放中有无损坏或变形。损坏和变形的构件应予矫正或重新加工。被碰损的防腐底漆应补涂，并再次检查，验收合格。

(7)构件在工地制孔、组装、焊接、铆接及涂层等的质量要求均应符合有关规定。

9.2.2 文件资料准备

(1)钢结构安装应具备下列设计文件：钢结构设计图；建筑图；相关基础图；钢结构施工总图；各分部工程施工详图；其他有关图纸及技术文件。

(2)钢结构安装前，应进行图纸自审和会审，并符合下列规定。

1)图纸自审应符合下列规定：

①熟悉并掌握设计文件内容。

②发现设计中影响构件安装的问题。

③提出与土建和其他专业工程的配合要求。

2)图纸会审应符合下列规定：

①专业工程之间的图纸会审，应由工程总承包单位组织，各专业工程承包单位参加，并符合下列规定：基础与柱子的坐标应一致，标高应满足柱子的安装要求；与其他专业工程设计文件无矛盾；确定与其他专业工程配合施工程序。

②钢结构设计、制作与安装单位之间的图纸会审，应符合下列规定：设计单位应作设计意图说明和提出工艺要求；制作单位介绍钢结构主要制作工艺；安装单位介绍施工程序和主要方法，并对设计和制作单位提出具体要求和建议。

(3)协调设计、制作和安装之间的关系。

钢结构安装应编制施工组织设计、施工方案或作业设计。

1)施工组织设计和施工方案应由总工程师审批。其内容应符合下列规定：

①工程概况及特点介绍；

②施工总平面布置、能源、道路及临时建筑设施等的规划；

③施工程序及工艺设计；

④主要起重机械的布置及吊装方案；

⑤构件运输方法、堆放及场地管理；

⑥施工网络计划；

⑦劳动组织及用工计划；

⑧主要机具、材料计划；

⑨技术质量标准；

⑩技术措施降低成本计划；

⑪质量、安全保证措施。

2)作业设计由专责工程师审批。其内容应符合下列规定：

①施工条件情况说明；

②安装方法、工艺设计；

③吊具、卡具和垫板等设计；

④临时场地设计；

⑤质量、安全技术实施办法；

⑥劳动力配合。

(4)施工前应按施工方案(作业设计)逐级进行技术交底。交底人和被交底人(主要负责人)应在交底记录上签字。

9.2.3 吊装准备

1. 吊装技术准备

(1)认真学习，全面熟悉并掌握施工图纸、设计变更；组织图纸审查和会审；核对构件的空间就位尺寸和互相间的关系。

(2)熟悉构件间的连接方法；计算并掌握吊装构件的数量、单体重量和安装就位高度，以及连接板、螺栓等吊装铁件数量。

(3)组织编制吊装工程施工组织设计或作业设计(内容包括工程概况，选择吊装机械设备，确定吊装程序、方法、进度，构件制作，堆放平面布置，构件运输方法，劳动组织，构件和物资机具供应计划，保证质量安全技术措施等)。

(4)进行细致的技术交流，包括任务、施工组织设计或作业设计，技术要求，施工条件措施，现场环境(如原有建筑物、构筑物、障碍物、高压线、电缆线路、水道、道路等)情况，内外协作配合关系等。

(5)了解已选定的起重、运输及其他辅助机械设备的性能及使用要求。

2. 构件准备

(1)清点构件的型号、数量，并按设计和规范要求对构件质量进行全面检查，包括构件强度与完整性(有无严重裂缝、扭曲、侧弯、损伤及其他严重缺陷)；外形和几何尺寸，平整度；埋设件、预留孔位置、尺寸和数量；接头钢筋吊环、埋设件的稳固程度和构件的轴线等是否准确，有无出厂合格证。如超出设计或规范规定偏差，应在吊装前纠正。

(2)在构件上根据就位、校正的需要弹好轴线。柱应弹出三面中心线，牛腿面与柱顶面中心线，±0.00线（或标高准线），吊点位置；基础杯口应弹出纵、横轴线；吊车梁、屋架等构件应在端头与顶面及支撑处弹出中心线及标高线；在屋架（屋面梁）上弹出天窗架、屋面板或檩条的安装就位控制线，两端及顶面弹出安装中心线。

(3)现场构件进行脱模及排放；场外构件进场及排放。

(4)检查厂房柱基轴线和跨度、基础地脚螺栓位置和伸出是否符合设计要求，找好柱基标高。

(5)按图纸对构件进行编号。不易辨别上下、左右、正反的构件，应在构件上用记号注明，以免吊装时搞错。

3. 吊装接头准备

(1)准备和分类清理好各种金属支撑件，安装接头用连接板、螺栓、铁件和安装垫铁，施焊必要的连接件（如屋架、吊车梁垫板、柱支撑连接件及其余与柱连接相关的连接件），以减少高空作业。

(2)清除构件接头部位及埋设件上的污物、铁锈。

(3)对需组装拼装及临时加固的构件，按规定要求使其具备吊装条件。

(4)在基础杯口底部，根据柱子制作的实际长度（从牛腿至柱脚尺寸）误差，调整杯底标高，用1：2水泥砂浆找平，标高允许偏差为±5 mm，以保持吊梁标高在同一水平面上，当预制柱采用垫板安装或重型钢柱采用杯口安装时，应在杯底设垫板处局部抹平，并加设小钢垫板。

(5)柱脚或杯口侧壁未划毛的，要在柱脚表面及杯口内稍加凿毛处理。

(6)钢柱基础，要根据钢柱实际长度牛腿间距离，钢板底板平整度检查结果，在柱基础表面浇筑标高块（块为十字式或四点式），标高块强度不小于30 MPa，表面埋设16~20 mm厚钢板，基础上表面亦应凿毛。

4. 检查构件吊装的稳定性

(1)根据起吊吊点位置，验算柱、屋架等构件吊装时的抗裂度和稳定性，防止出现裂缝和构件失稳。

(2)对屋架、天窗架、组合式屋架、屋面梁等侧向刚度差的构件，在横向用1~2道杉木脚手杆或竹竿进行加固。

(3)按吊装方法要求，将构件按吊装平面布置图就位。直立排放的构件，如屋架天窗架等，应用支撑稳固。

(4)高空就位构件应绑扎好牵引溜绳、缆风绳。

5. 吊装机具、材料、人员准备

(1)检查吊装用的起重设备、配套机具、工具等是否齐全、完好，运输是否灵活，并进行试运转。

(2)检查并准备好吊索、卡环、绳卡、横吊梁、倒链、千斤顶、滑车等吊具的强度和数量是否满足吊装需要。

(3)准备吊装用工具，如高空用吊挂脚手架、操作台、爬梯、溜绳、缆风绳、撬杠、大锤、钢（木）楔、垫木铁垫片、线锤、钢尺、水平尺、测量标记及水准仪、经纬仪等，做好埋设地锚等工作。

(4)准备施工用料,如加固脚手杆、电焊、气焊设备、材料等的供应准备。

(5)按吊装顺序组织施工人员进厂,并进行有关技术交底、培训、安全教育。

6. 道路临时设施准备

(1)整平场地、修筑构件运输和起重吊装开行的临时道路,并做好现场排水设施。

(2)清除工程吊装范围内的障碍物,如旧建筑物、地下电缆管线等。

(3)敷设吊装用供水、供电、供气及通信线路。

(4)修建临时建筑物,如工地办公室、材料、机具仓库、工具房、电焊机房、工人休息室、开水房等。

7. 吊装方法选择

(1)节间吊装法。起重机在厂房内一次开行中,依次吊完一个节间各类型构件,即先吊完节间柱,并立即校正、固定、灌浆,然后吊装地梁、柱间支撑、墙梁(连续梁)、吊车梁、杆、托架(托梁)、屋架、天窗架、屋面支撑系统、屋面板和墙板等构件。走道板、柱头等构件全部吊装完后,起重机再向前移至下一个(或几个)节间,再吊装下一个(或几个)节间全部构件,直至吊装完成。

优点:起重机开行路线短,停机一次至少吊完一个节间,不影响其他工序,可进行交叉平行流水作业,缩短工期;构件制作和吊装误差能及时发现并纠正;吊完一节间,校正固定一节间,结构整体稳定性好,有利于保证工程质量。

缺点:需用起重量大的起重机同时吊各类构件,不能充分发挥起重机效率,无法组织单一构件连续作业;各类构件必须交叉配合,场地构件堆放过密,吊具、索具更换频繁,准备工作复杂;校正工作零碎、困难;柱子固定需一定时间,难以组织连续作业,拖长吊装时间,吊装效率较低;操作面窄,较易发生安全事故。

节间吊装适于采用回转式桅杆进行吊装,或特殊要求的结构(如门式框架)或某种原因局部特殊需要(如急需施工地下设施)时采用。

(2)分件吊装。将构件按其结构特点、几何形状及其相互联系进行分类,同类构件按顺序一次吊装完后,再进行另一类构件的安装,如起重机第一次开行中先吊装厂房内所有柱子,待校正、固定灌浆后,依次按顺序吊装地梁、柱间支撑、墙梁、吊车梁、托架(托梁)、屋架、天窗架、屋面支撑和墙板等构件,直至整个建筑物吊装完成。屋面板的吊装有时在屋面上单独用1~2台台灵桅杆或屋面小吊车来进行。

优点:起重机在一次开行中仅吊装一类构件,吊装内容单一,准备工作简单,校正方便,吊装效率高;柱子有较长的固定时间,施工较安全;与节间法相比,可选用起重量小一些的起重机吊装,可利用改变起重臂杆长度的方法,分别满足各类构件吊装起重量和起升高度的要求,能有效发挥起重机的效率;构件可分类在现场顺序预制、排放,场外构件可按先后顺序组织供应;构件预制吊装、运输、排放条件好,易于布置。

缺点:起重机开行频繁,增加机械台班费用;起重臂长度改换需一定时间,不能按节间及早为下道工序创造工作面,阻碍了工序的穿插,相对地吊装工期较长;屋面板吊装需有辅助机械设备。

分件吊装适用于一般中、小型厂房的吊装。

(3)综合吊装。此法是将全部或一个区段的柱头以下部分的构件用分件法吊装,即柱子吊装完毕并校正固定,待柱杯口二次灌浆混凝土达到70%强度后,再按顺序吊装地梁、柱间支撑、吊车梁走道板、墙梁、托架(托梁)，接着一个节间一个节间综合吊装屋面结构构件，包括屋架、大窗架、屋面支撑系统和屋面板等构件。整个吊装过程按三次流水进行，根据不同的结构特点，有时采用两次流水，即先吊柱子，后分节间吊装其他构件，吊装通常采用2台起重机，一台起重量大的承担柱子、吊车梁、托架和屋面结构系统的吊装，另一台吊装柱间支撑、走道板、地梁、墙梁等构件并承担构件卸车、就位排放的工作。

本法保持节间吊装和分件吊装的优点，而避免了其缺点，能最大限度地发挥起重机的能力和效率，缩短工期，为实践中广泛采用的一种方法。

8. 吊装起重机的选择

(1)选择依据。

1)构件最大重量(单个)、数量、外形尺寸、结构特点、安装高度及吊装方法等。

2)各类型构件的吊装要求，施工现场条件(道路、地形、邻近建筑物、障碍物等)。

3)选用吊装机械的技术性能(起重量、起重臂杆长、起重高度、回转半径、行走方式等)。

4)吊装工程量的大小、工程进度要求等。

5)施工力量和技术水平。

6)现有或能租赁到的起重设备。

7)构件吊装的安全和质量要求及经济合理性。

(2)选择原则。

1)选用时，应考虑起重机的性能(工作能力)、使用方便、吊装效率、吊装工程量和工期等要求。

2)能适应现场道路、吊装平面布置和设备、机具等条件，能充分发挥其技术性能。

3)能保证吊装工程质量、安全施工和有一定的经济效益。

4)避免使用大起重能力的起重机吊小构件，起重能力小的起重机超负荷吊装大的构件，或选用改装的未经过实际负荷试验的起重机进行吊装，或使用台班费高的设备。

(3)选择起重机类型。

1)一般吊装多按履带式、轮胎式、汽车式、塔式的顺序选用，一般是：对高度不大的中小型厂房，应先考虑使用起重量大、可全回转使用、移动方便的100~150 kN履带式起重机和轮胎式起重机吊装主体结构；大型工业厂房主体结构的高度和跨度较大、构件较重，宜采用500~750 kN履带式起重机和350~1 000 kN汽车式起重机吊装；大跨度又很高的重型工业厂房的主体结构，宜选用塔式起重机吊装。

2)对厂房大型构件，可采用重型塔式起重机和塔桅起重机吊装。

3)缺乏起重设备或吊装工作量不大、厂房不高，可考虑采用独脚桅杆、人字桅杆、悬臂桅杆及回转式桅杆(桅杆式起重机)等吊装，其中回转式桅杆最适用于单层钢结构厂房进行综合吊装；对重型厂房，亦可采用塔桅式起重机进行吊装。

4)若厂房位于狭窄地段，或厂房采取敞开式施工方案(厂房内设备基础先施工)，宜采用双机抬吊吊装厂房屋面结构，或单机在设备基础上铺设枕木垫道吊装。

5)对起重臂杆的选用，一般柱吊车梁吊装宜选用较短的起重臂杆；屋面构件吊装宜选用较长的起重臂杆，且应以屋架、天窗架的吊装为主选择。

6)在选择时，如起重机的起重量不能满足要求，则可采取以下措施：

①增加支腿或增长支腿，以增大倾覆边缘距离，减少倾覆力矩来提高起重能力；

②后移或增加起重机的配重，以增加抗倾覆力矩，提高起重能力；

③对于不变幅、不旋转的臂杆，在其上端增设拖拉绳或增设一钢管或格构式脚手架或人字支撑桅杆，以增强稳定性和提高起重性能。

(4)确定吊装参数。起重机的起重量(kN)、起重高度(m)和起重半径(m)是吊装参数的主体。起重量必须大于所吊最重构件加起重滑车组的重量；起重高度必须满足所需安装的最高的构件的吊装要求；起重半径应满足在起重量与起重高度一定时，能保持一定距离吊装该构件的要求。当伸过已安装好的构件上空吊装构件时，应考虑起重臂与已安装好的构件有 0.3 m 的距离，按此要求确定起重杆的长度、起重杆仰角、停机位置等。

图 9-19　图解法求起重机臂杆最小长度
1—柱；2—托架；3—尾架；4—天窗架
5—屋面板；6—吊索
α—起重机臂杆的仰角

求所需起重杆长度，可用图解法，如图 9-19所示。

1)按比例绘出欲吊装厂房最高一个节间的纵剖面图及节间中心线 C—C。

2)根据拟选用起重机臂杆底部设支点距地面距离 G，通过 G 点画水平线。

3)自天窗架或屋架(无天窗架厂房用)顶点向起重机的水平方向量出一水平距离 g=1.0 m，可得 A 点。

4)通过 A 点画若干条与水平线近似 60°角的斜线，被 C—C 及 H—H 两线所截得线段 S_1K_1、S_2K_2、S_3K_3 等，取其中最短的一根，即为吊装屋面板时的起重臂的最小长度，量出 α 角，即为所求的起重臂杆仰角，量出 R，即为起重半径。

5)按此参数复核能否满足吊装最边缘一块屋面板或屋面支撑要求。若不能满足要求，则可采取以下措施：

①改用较长的起重臂杆及起重仰角。

②使起重机由直线行走改为折线行走，如图 9-20 所示。

图 9-20　起重机采用折线行走示意图
注：①～⑫为行走顺序。

③采取在起重臂杆头部(顶部)加一鸭嘴(图9-21)以增加外伸距离吊装屋面板(适当增加配重)。

图9-21　起重机杆顶部加设鸭嘴形式

(a)圆弧式；(b)三角式

1—副吊钩；2—主吊钩；3—支撑钢板；4—角钢拉杆；5—副吊钩导向滑车；6—钢板制鸭嘴

(5)计算结构吊装起重机起重臂杆长度。如起重机为柱距 s、吊装高度为 h_1 的构件(屋面板)时(图9-22)，臂杆的最小长度按下式计算：

图9-22　起重臂杆长度计算示意图

$$L = L_1 + L_2 = \frac{h}{\sin\alpha} + \frac{s}{\cos\alpha}$$

式中　L——起重机起重臂杆的长度(m)；

　　　α——起重臂的仰角(°)；

　　　s——起重机吊钩柱距(m)；

　　　h——起重臂 L_1 部分在垂直轴上的投影，$h = h_1 + h_2 - h_3$；

　　　h_1——构件的吊装高度(m)；

　　　h_2——起重臂杆中心线至安装构件顶面的垂直距离(m)；

$$h_2 = \frac{b/2 + e}{\cos\alpha}$$

b——起重臂宽度(m)，一般取 $0.6\sim1.0$ m;

h_3——起重臂支点离地面高度(m);

c——起重臂杆与安装构件的间隙，一般取 $0.3\sim0.5$ m，求 h_2 时可近似取

$$\alpha=\arctan\sqrt[3]{\frac{h_1}{s}}\ ,\quad h_2=\frac{b/2+e}{\cos\left(\arctan\sqrt[3]{\frac{h_1}{s}}\right)}$$

9. 构件的运输和堆放

(1)大型或重型构件的运输应根据行车路线和运输车辆性能编制运输方案。

(2)构件的运输顺序应满足构件吊装进度计划要求。运输构件时，应根据构件的长度、重量、断面形状选用车辆;构件在运输车辆上的支点、两端伸出的长度及绑扎方法均应保证构件不产生永久变形、不损伤涂层。

(3)构件装卸时，应按设计吊点起吊，并应有防止损伤构件的措施。

(4)构件堆放场地应平整坚实，无水坑、冰层，并应有排水设施。构件应按种类、型号、安装顺序分区堆放;构件底层垫块要有足够的支撑面。相同型号的构件叠放时，每层构件的支点要在同一垂直线上。

(5)变形的构件应矫正，经检查合格后方可安装。

9.3　钢柱安装

钢柱类型很多，有单层和多层，有长短，有轻重，其断面形式有□、〇、Ⅰ等。其安装包括如下内容。

9.3.1　吊点选择

吊点位置及吊点数量，根据钢柱形状、断面、长度、起重机性能等具体情况确定。

通常钢柱弹性和刚性都很好，可采用一点正吊，吊点设在柱顶处。这样，柱身易于垂直，易于对位校正。当受到起重机械臂杆长度限制时，吊点也可设在柱长 1/3 处，此时，吊点斜吊，对位校正较难。

对细长钢柱，为防止钢柱变形，也可采用两点或三点吊。为了保证吊装时索具安全及便于安装校正，吊装钢柱时在吊点部位预先安有吊耳，吊装完毕再割去。如不采用在吊点部位焊接吊耳，也可直接用钢丝绳绑扎钢柱，此时，钢柱绑扎点处钢柱四角应用割缝钢管或方形木条做包角保护，以防钢丝绳割断。Ⅰ形钢柱为防止局部受挤压破坏，可加一加强肋板在绑扎点处加支撑杆加强。

9.3.2　起吊方法

起吊方法应根据钢柱类型、起重设备和现场条件确定。起重机械可采用单机、双机、三机等，起吊方法可采用旋转法、滑行法、递送法。

(1)旋转法是钢柱运到现场，起重机边起钩边回转，使钢柱绕柱脚旋转而将钢柱吊起(图 9-23)。

图 9-23　旋转法吊钢柱

(a)滑行过程；(b)平面布置

(2)滑行法是采用单机或双机抬吊钢柱，起重机只起钩，使钢柱滑行而将钢柱吊起。为减少钢柱与地面摩擦阻力，需在柱脚下铺设滑行道(图 9-24)。

图 9-24　滑行法吊钢柱

(a)滑行过程；(b)平面布置

(3)递送法采用双机或三机抬吊钢柱。其中一台为副机，吊点选在钢柱下面，起吊时配合主机起钩，随着主机的起吊，副机行走或回转。在递送过程中副机承担了一部分荷载，将钢柱脚递送到柱基础顶面，副机脱钩卸去荷载，此时主机满荷，钢柱就位(图 9-25)。

图 9-25　双机抬吊递送法

(a)平面布置；(b)递送过程

（4）双机或多机抬吊注意事项：

1）尽量选用同类型起重机。

2）根据起重机能力，对起吊点进行荷载分配。

3）各起重机的荷载不宜超过其相应起重机能力的80%。

4）多机抬吊，在操作过程中，要互相配合，动作协调，采用铁扁担起吊，尽量使铁扁担保持平衡，倾斜角度小，以防一台起重机失重而使另一台起重机超载，造成安全事故。

5）信号指挥，分指挥必须听从总指挥。

9.3.3 钢柱校正

钢柱校正要做如下工作：柱基标高调整，对准纵、横十字线，柱身垂偏校正。

1. 单层钢结构钢柱校正

（1）柱基标高调整。根据钢柱实际长度、柱底平整度、钢牛腿顶部距柱底部距离，重点要保证钢牛腿顶部标高值，来决定基础标高的调整数值。

具体做法如下：首层柱安装时，可在柱子底板下的地脚螺栓上加一个调整螺母，螺母上表面的标高调整到与柱底板标高齐平，放上柱子后，利用底板下的螺母控制柱子的标高，精度可达±1 mm以内。柱子底板下预留的空隙，可以用无收缩砂浆以捻浆法填实，如图9-26所示。使用这种方法时，应对地脚螺栓的强度和刚度进行计算。

（2）对准纵、横十字线。钢柱底部制作时，在柱底板侧面，用钢冲打出互相垂直的四个面，每个面一个点，用两个点与基础面十字线对准即可，争取达到点线重合，如有偏差可借线。

对线方法：起重机不脱钩的情况下，将二面线对准，缓慢降落至标高位置。

图9-26 柱基标高调整示意图

地脚螺栓
止退螺母
紧固螺母
螺母垫板
柱脚底板
调整螺母
钢筋混凝土基础

为防止预埋螺栓与柱底板螺孔有偏差，设计时考虑偏差数值，适当将螺孔加大，上压盖板焊接解决。

（3）柱身垂偏校正。采用缆风校正方法，用两台呈90°的经纬仪找垂直，在校正过程中不断调整柱底板下螺母，直至校正完毕，将柱底板上面的两个螺母拧上，缆风松开不受力，柱身呈自由状态，再用经纬仪复核，如有小偏差，调整下螺母，无误后将上螺母拧紧。

地脚螺栓的紧固力一般由设计规定，见表9-2。

表9-2 地脚螺栓紧固力

地脚螺栓直径/mm	紧固轴力/kN
30	60
36	90
42	150
48	160
56	240
64	300

地脚螺栓、螺母一般可用双螺母，也可在螺母拧紧后，将螺母与螺杆焊实。

2. 高层及超高层钢结构钢柱校正

为使高层及超高层钢结构安装质量达到最优，主要控制钢柱的水平标高十字轴线位置和垂直度。测量是安装的关键工序，在整个施工过程中，以测量为主。它与单层钢结构钢柱校正有相同点和不同点。

(1)柱基标高调整，首层柱垂偏校正，与单层钢结构钢柱校正方法相同。不同点是高层及超高层钢结构，地下室部分钢柱都是劲性钢柱，钢柱的周围都布满了钢筋。调整标高，对线找垂直，都要适当地将钢筋梳理开才能进行工作，工作起来较困难。

(2)柱顶标高调整和其他节框架钢柱标高控制可以用两种方法：一种是按相对标高安装，另一种按设计标高安装，通常按相对标高安装。钢柱吊装就位后，用大六角高强度螺栓固定连接(经摩擦面处理)，即上、下耳板不加紧，通过起重机起吊，撬棍微调柱间间隙。量取上、下柱顶预先标定标高值，符合要求后打入钢楔、点焊限制钢柱下落，考虑到焊缝收缩及压缩变形，标高偏差调整至 5mm 以内，如图 9-27 所示。柱子安装后在柱顶安置水平仪，测相对标高，取最合理值为零点，以零点为标准换算各柱顶线，安装中以线控制，将标高测量结果与下节柱顶预检长度对比进行综合处理。超过 5mm 时，对柱顶标高做调整，调整方法是采用填塞一定厚度的低碳钢钢板，但须注意不宜一次调整过大，因为过大的调整会带来其他构件节点连接的复杂化和安装难度。

图 9-27 缆风绳校正示意图

(3)第二节柱纵、横十字线校正。为防止上、下柱不出现错口，尽量做到上、下柱十字线重合，如有偏差，在柱与柱的连接耳板的不同侧面夹入垫板(垫板厚度 0.5～1.0 mm)，拧紧大六角螺栓，钢柱的十字线偏差每次在 3 mm 以内，若偏差过大，分 2～3 次调整。

注意：每一节柱子的定位轴线决不允许使用下一节柱子的定位轴线，应从地面控制轴线引到高空，以保证每节柱子安装正确无误，避免产生过大的积累偏差。

(4)第二节钢柱垂偏校正。钢柱校正重点对钢柱有关尺寸预检，影响垂直因素的预先控制，如安装误差：下层钢柱的柱顶垂直度偏差就是上节钢柱的底部轴线、位移量、焊接变形、日照温度、垂度校正及弹性等，综合安装误差之和，统一采取预留垂偏值，预留值大于下节柱积累偏差值时，只预留累积偏差值，反之则预留可预留值，其方向与偏差方向相反。

经验值测定：梁与柱一般焊缝收缩值小于 2 mm；柱与柱焊缝收缩值一般为 3.5 mm，厚钢板焊缝的横向收缩值可按下列公式计算。

$$s = K \times \frac{A}{t}$$

式中 s——焊缝的横向收缩值(mm)；

     A——焊缝横截面面积(mm)；

     t——焊缝厚度，包括熔深(mm)；

     k——常数，一般可取 0.1。

日照温度影响：其偏差变化与柱子的长细比、温度差成正比，与钢柱断面形式、钢板厚度都有直接关系。较明显观测差发生在上午 9～10 时和下午 2～3 时，北京地区柱两侧温差为 3°～8°，450 mm×450 mm×10 000 mm，箱形钢板厚度为 50 mm，柱顶竖向倾斜一般为 5 mm 左右。

根据国内外高层及超高层钢结构安装经验，为确保整体安装质量，在每层都要选择一个标准框架结构体(或剪力筒)，依次向外发展安装。

安装标准化框架体的原则：指向建筑物核心部分，几根标准柱能组成不可变的框架结构，便于其他柱安装及流水段的划分。

标准柱的垂直校正：采用两台经纬仪对钢柱及钢梁安装跟踪观测。钢柱垂直度校正的步骤如下：

1)采用无缆风绳校正，在钢柱偏斜方向的一侧打入钢楔或顶升千斤顶，如图 9-27 所示。在保证单节柱垂直度不超过的前提下，将柱顶轴线偏移控制到零，最后拧紧临时连接耳板的大六角高强度螺栓至额定扭矩值。

注意：临时连接耳板的螺栓孔应比螺栓直径大 0.4 mm，利用螺栓孔扩大足够的余量调节钢柱制造误差应为 −1～+5 mm。

焊缝的横向收缩值见表 9-3。

表 9-3　焊缝的横向收缩值　　　　　　　　　　　　　　　　　　　　mm

焊缝坡口形式	钢板厚度	焊缝收缩值	构件制作增加长度
	19	1.3～1.6	1.5
	25	1.5～1.8	1.7
	32	1.7～2.0	1.9
	40	2.0～2.3	2.2
	50	2.2～2.5	2.4
	60	2.7～3.0	2.9
	70	3.1～3.4	3.3
	80	3.4～3.7	3.5
	90	3.8～4.1	4.0
	100	4.1～4.4	4.3
	12	1.0～1.3	1.2
	16	1.1～1.4	1.3
	19	1.2～1.5	1.4
	22	1.3～1.6	1.5
	25	1.4～1.7	1.6
	28	1.5～1.8	1.7
	32	1.7～2.0	1.8

2)将标准框架体的梁安装上，先安上层梁，再安中、下层梁，安梁过程会对柱垂直度有影响，可采用钢丝绳缆索(只适宜向跨内柱)、千斤顶、钢楔和手拉葫芦进行，如图 9-28 所示。其他框架柱依标准框架体向四周发展，其做法与上同。

图 9-28　标准垂直度的校正

9.4　钢吊车梁与钢屋架安装

9.4.1　钢吊车梁安装

1. 吊装测量准备

(1)搁置钢行车梁牛腿面的水平标高调整。先用水准仪(精度为±3 mm/km)测出每根钢柱上原先弹出的±0.00 基准线在柱子校正后的实际变化值。一般实测钢柱横向近牛腿处的两侧，同时做好实测标记。根据各钢柱搁置行车梁牛腿面的实测标高值，以统一标高值为基准，定出全部钢柱搁置行车梁牛腿面的统一标高值，得出各搁置行车梁牛腿面的标高差值。根据各个标高差值和行车梁的实际高差来加工不同厚度的钢垫板。同一搁置行车梁牛腿面上的钢垫板一般应分成几块加工，以利于两根行车梁端头高度值不同的调整。在吊装行车梁前，应先将精加工过的垫板点焊在牛腿面上。

(2)行车梁纵、横轴线的复测和调整。钢柱的校正应把有柱间支撑的作为标准排架认真对待，从而控制其他柱子纵向的垂直偏差和竖向构件吊装时的累计误差；在已吊装完的柱间支撑和竖向构件的钢柱上复测行车梁的纵、横轴线，并进行调整。

(3)行车梁吊装前应严格控制定位轴线。认真做好钢柱底部临时标高垫块的设备工作；密切注意钢柱吊装后的位移和垂直度偏差数值；实测行车梁搁置端部梁高的制作误差值。

2. 吊车梁绑扎

钢吊车梁一般绑扎两点。梁上设有预埋吊环的吊车梁，可用带钢钩的吊索直接钩住吊环起吊；自重较大的梁，应用卡环与吊环吊索相互连接在一起；梁上未设吊环的可在梁端靠近支点，用轻便吊索配合卡环绕吊车梁(或梁)下部左右对称绑扎，或用工具式吊耳吊装，如图 9-29 所示。同时，注意以下几点：

(1)绑扎时吊索应等长，左右绑扎点对称。

(2)梁棱角边缘应衬以麻袋片、汽车废轮胎块、半边钢管或短方木护角。

(3)在梁一端拴好溜绳(拉绳)，以防就位时左右摆动，碰撞柱子。

图 9-29 利用工具式吊耳吊装

3. 钢吊车梁吊装

(1)起吊就位和临时固定。

1)吊车梁吊装须在柱子最后固定、柱间支撑安装后进行。

2)在屋盖吊装前安装吊车梁,可使用各种起重机进行,如屋盖已吊装完成,则应用短臂履带式起重机或独脚桅杆吊装,起重臂杆高度应比屋架下弦低 0.5 m 以上,如无起重机,亦可在屋架端头、柱顶拴倒链安装。

3)吊车梁应布置在接近安装的位置,使梁重心对准安装中心,安装可由一端向另一端,或从中间向两端顺序进行,当梁吊至设计位置离支座面 20 cm 时,用人力扶正,使梁中心线与支撑面中心线(或已安相邻梁中心线)对准,并使两端搁置长度相等,然后缓慢落下,如有偏差,稍吊起用撬杠引导正位,如支座不平,则用斜铁片垫平。

4)当梁高度与宽度之比大于 4,或遇五级以上大风时,脱钩前应用 8 号铁丝将梁捆于柱上临时固定,以防倾倒。

(2)梁的定位校正。

1)高低方向校正主要是对梁的端部标高进行校正。可用起重机吊空、特殊工具抬空、油压千斤顶顶空,然后在梁底填设垫块。

2)水平方向移动校正常用撬棒、钢楔、花篮螺栓、链条葫芦和油压千斤顶进行。一般重型行车梁用油压千斤顶和链条葫芦解决水平方向移动较为方便。

3)校正应在梁全部安完、屋面构件校正并最后固定后进行。重量较大的吊车梁,亦可边安边校正。校正内容包括中心线(位移)、轴线间距(跨距)、标高垂直度等。纵向位移在就位时已校正,故校正主要为横向位移。

4)校正吊车梁中心线与吊车跨距时,先在吊车轨道两端的地面上,根据柱轴线放出吊车轨道轴线,用钢尺校正两轴线的距离,再用经纬仪放线、钢丝挂线锤或在两端拉钢丝等方法校正,如图 9-30 所示。如有偏差,用撬杠拨正,或在梁端设螺栓、液压千斤顶侧向顶正,如图 9-31 所示,或在柱头挂倒链将吊车梁吊起或用杠杆将吊车梁抬起(图 9-32),再用撬杠配合移动拨正。

5)校正吊车梁标高时,可将水平仪放置在厂房中部某一吊车梁上或地面上在柱上测出一定高度的水准点,再用钢尺或样杆量出水准点至梁面辅轨需要的高度,每根梁观测两端及跨中三点,根据测定标高进行校正,校正时用撬杠撬起或在柱头屋架上弦端头节点上挂倒链,将吊车梁需垫垫板的一端吊起。重型柱在梁一端下部用千斤顶顶起填塞铁片

［图 9-32(b)］，在校正标高的同时，用靠尺或线锤在吊车梁的两端(鱼腹式吊车梁在跨中)测垂直度(图 9-33)，当偏差超过规范允许偏差(一般为 5 mm)时，用楔形钢板在一侧填塞纠正。

(a)

(b)

(c)

图 9-30　吊车梁轴线校正

(a)仪器法校正；(b)线锤法校正；(c)通线法校正

1—柱；2—吊车梁；3—短木尺；4—经纬仪；5—经纬仪与梁轴线平行视线；6—铁丝
7—线锤；8—柱轴线；9—吊车梁轴线；10—钢管或圆钢；11—偏离中心线的吊车梁

(a)　　　　　　　　　　1—1　　　　　　　　　(b)

图 9-31　用千斤顶校正吊车梁

(a)千斤顶校正侧向位移；(b)千斤顶校正垂直度

1—液压(或螺栓)千斤顶；2—钢托架；3—钢爬梯；4—螺栓

图 9-32　用悬挂法和杠杆法校正吊车梁　　　　图 9-33　吊车梁垂直度的校正

　　　(a)悬挂法校正；(b)杠杆法校正　　　　　　　1—吊车梁；2—靠尺；3—线锤

1—柱；2—吊车梁；3—吊索；4—倒链

5—屋架；6—杠杆；7—支点；8—着力点

（3）最后固定。吊车梁校正完毕应立即将吊车梁与柱牛腿上的埋设件焊接固定，在梁柱接头处支侧模，浇筑细石混凝土并养护。

4. 钢吊车梁安装验收

根据《钢结构工程施工质量验收规范》(GB 50205—2001)的规定，钢吊车梁安装的允许偏差见表 9-4。

表 9-4　钢吊车梁安装的允许偏差　　　　　　　　　　　　　　mm

项　　目		允许偏差	图　　例	检验方法
梁的跨中垂直度 Δ		$h/500$		用吊线和钢尺检查
侧向弯曲矢高		$l/1\,500$，且不应大于 10.0 mm		
垂直上拱矢高		10.0		
两端支座中心位移 Δ	安装在钢柱上时，对牛腿中心的偏移	5.0		用拉线和钢尺检查
	安装在混凝土柱上时，对定位轴线的偏移	5.0		
吊车梁支座加劲板中心与柱子承压加劲板中心的偏移 Δ₁		$t/2$		用吊线和钢尺检查

项　　目		允许偏差	图　　例	检验方法
同跨间内同一横截面吊车梁顶面高差△	支座处	10.0		用经纬仪、水平仪和钢尺检查
	其他处	15.0		
同跨间内一横截面下挂式吊车梁底面高差△		10.0		
同列相邻两柱间吊车梁顶面高差△		$l/1\,500$，且不应大于 10.0 mm		用水准仪和钢尺检查
相邻两吊车梁接头部位△	中心错位	3.0		用钢尺检查
	上承式顶面高差	1.0		
	下承式底面高差	1.0		
同跨间任一截面的吊车梁中心跨距△		±10.0		用经纬仪和光电测距仪检查；跨度小时，可用钢尺检查

项　目	允许偏差	图　例	检验方法
轨道中心对吊车梁腹板轴线的偏移△	$t/2$	（图例）	用吊线和钢尺检查

9.4.2　钢屋架安装

1. 钢屋架吊装

(1)钢屋架吊装时，须对柱子横向进行复测和复校。

(2)钢屋架吊装时应验算屋架平面外刚度，如刚度不足，采取增加吊点的位置或采用加铁扁担的施工方法。

(3)屋架的吊点要保证屋架的平面刚度，且需注意以下两点：

1)屋架的重心位于内吊点的连线之下，否则应采取防止屋架倾倒的措施；

2)对外吊点的选择应使屋架下弦处于受拉状态。

(4)屋架起吊时离地 50 cm 时检查无误后再继续起吊。

(5)安装第一榀屋架时，在松开吊钩前做初步校正，对准屋架基座中心线与定位轴线就位，并调整屋架垂直度、检查屋架侧向弯曲。

(6)第二榀屋架同样吊装就位后，不要松钩，用绳索临时与第一榀屋架固定(图 9-34)，跟着安装支撑系统及部分檩条，最后校正整体。

图 9-34　屋架垂直度的校正

1—支撑螺栓；2—临时固定支撑；3—屋面板(或屋面支撑)

（7）从第三榀开始，在屋架脊点及上弦中点装上檩条即可将屋架固定，同时将屋架校正好。

（8）屋架分片运至现场组装时，拼装平台应平整，组拼时保证屋架总长及起拱尺寸要求。焊接时一面检查合格后再翻身焊另一面。做好拼焊施工记录，全部验收后方准吊装。屋架及天窗架也可以在地面上组装好，进行综合吊装，但要临时加固以保证有足够的刚度。

2. 钢屋架校正

钢屋架校正方可采用经纬仪校正屋架上弦垂直度的方法。当在屋架上弦两端和中央夹三把标尺，待三把标尺的定长刻度在同一直线上时，屋架垂直度校正完毕。

钢屋架校正完毕，拧紧屋架临时固定支撑两端螺杆和屋架两端搁置处的螺栓，随即安装屋架永久支撑系统。

3. 钢屋架安装验收

根据《钢结构工程施工质量验收规范》（GB 50205—2001）的规定，钢屋（托）架、桁架、梁及受压件垂直度和侧向弯曲矢高的允许偏差，见表 9-5。

表 9-5　钢屋（托）架、桁架、梁及受压件垂直度和侧向弯曲矢高的允许偏差

项目	允许偏差		图例
跨中的垂直度	$h/250$，且不应大于 15.0 mm		
侧向弯曲矢高 f	$l \leqslant 30$ m	$l/1\,000$，且不应大于 10.0 mm	
	30 m$<l\leqslant 60$ m	$l/1\,000$，且不应大于 30.0 mm	
	$l>60$ m	$l/1\,000$，且不应大于 50.0 mm	

9.5　钢结构工程安装方案

9.5.1　安装工艺顺序及流水段划分

吊装顺序是先吊装竖向构件，后吊装平面构件。竖向构件吊装顺序为柱—连系梁—柱间支撑—吊车梁托架等。单种构件吊装流水作业，既保证体系纵列形成排架，稳定性好，又能提高生产效率；平面构件吊装顺序主要以形成空间结构稳定体系为原则，工艺流程如图 9-35 所示。

图 9-35　平面构件吊装顺序工艺流程

平面流水段的划分应考虑钢结构在安装过程中的对称性和稳定性；立面流水以一节钢柱为单元，每个单元以主梁或钢支撑安装成框架为原则，其次是其他构件的安装。可以采用由一端向另一端进行的吊装顺序，既有利于安装期间结构的稳定，又有利于设备安装单位的进场施工。

图 9-36 所示为履带式起重机跨内综合吊装法（吊装三层梁板机构顺序图）。起重机 I 先安装©—①跨间第 1～2 节间柱 1～4、梁 5～8，形成框架后，再吊装楼板 9，接着吊装第二层梁 10～13 和楼板 14，完成后起重机后退，依次同次吊装第 2～3 节、第 3～4 节间各层构件；起重机 II 安装Ⓐ—Ⓑ、Ⓑ—©跨柱、梁和楼板，顺序与起重机 I 相同。

图 9-36　履带式起重机跨内综合吊装法(吊装二层梁板机构顺序图)

注：a 为柱预制堆放场地；b 为梁板堆放场地；1，2，3…为起重机Ⅰ的吊装顺序
1′，2′，3′…为起重机Ⅱ的吊装顺序；带( )的是第二层梁板的吊装顺序

图 9-37 所示为塔式起重机跨外分件吊装法(吊装一个楼层的顺序)，划分为四个吊装段进行。起重机先吊装第一吊装段的第一层柱 1～14，再吊装梁 15～33，形成框架；吊装第二吊装段的柱、梁；吊装第一、二段楼板；吊装第三、四段楼板，顺序同前。第一施工层全部吊装完成后，接着进行上层吊装。

图 9-37　塔式起重机跨外分件吊装法(吊装一个楼层的顺序)

注：a 为柱预制堆放场地；b 为梁板堆放场地；c 为塔式起重机轨道
Ⅰ，Ⅱ，Ⅲ…为吊装段编号；1，2，3…为构件吊装顺序。

9.5.2　安装机械选择

1. 选择依据

(1)构件最大重量、数量、外形尺寸、结构特点、安装高度、吊装方法等。

(2)各类型构件的吊装要求，施工现场条件。

(3)吊装机械的技术性能。

(4)吊装工程量的大小、工程进度等。

(5)现有或租赁起重设备的情况。

(6)施工力量和技术水平。

(7)构件吊装的安全和质量要求，以及经济合理性。

2. 选择原则

(1)应考虑起重机的性能满足使用方便、吊装效率、吊装工程量和工期等要求。

(2)能适应现场道路、吊装平面布置和设备、机具等条件，能充分发挥其技术性能。

(3)能保证吊装工程量、施工安全和有一定的经济效益。

(4)避免使用起重能力大的起重机吊小构件。

3. 起重机类型选择

(1)一般吊装多按履带式、轮胎式、汽车式、塔式的顺序选用。对高度不大的中小型厂房，优先选择起重量大、全回转、移动方便的 $100\sim150$ kN 履带式起重机或轮胎式起重机吊装主体；对大型工业厂房，主体结构高度较高、跨度较大、构件较重，宜选用 $500\sim750$ kN 履带式起重机或 $350\sim1~000$ kN 汽车式起重机；对重型工业厂房，主体结构高度高、跨度大，宜选用塔式起重机吊装。

(2)对厂房大型构件，可选用重型塔式起重机吊装。

(3)当缺乏起重设备或吊装工作量不大、厂房不高时，可选各种拔杆进行吊装。回转式拔杆较适用于单层钢结构厂房的综合吊装。

(4)当厂房位于狭窄地段或厂房采用敞开式施工方案(厂房内设备基础先施工)时，宜采用双机抬吊吊装屋面结构或选用单机在设备基础上铺设枕木垫道吊装。

(5)当起重机的起重量不能满足要求时，可以采取增加支腿或增长支腿、后移或增加配重、增设拉绳等措施来提高起重能力。

4. 吊装参数确定

起重机的吊装参数包括起重量、起重高度、起重半径。所选的起重机起重量应大于所吊装最重构件加吊索重量；起重高度应满足所安装的最高构件的吊装要求；起重半径应满足在一定起重量和起重高度时，能保持一定安全距离吊装构件的要求。当伸过已安装好的构件上空吊装时，起重臂与已安装好的构件应有不小于 0.3 m 的距离。

图 9-38　图解法求起重机臂杆最小长度

起重机的起重臂长度可采用图解法，步骤见图 9-38。

(1)按比例绘出厂房最高一个节间的纵剖面图及节间中心线 y—y。

(2)根据所选起重机起重臂下铰点至停机面的距离 E，画水平线 H—H。

(3)自屋架顶面向起重机水平方向量出一距离 $g=1.0$ m，定出点 P。

(4)在中心线 y—y 上定出起重臂上定滑轮中心点 G(G 点到停机面距离 $H_0=h_1+h_2+h_3+h_4+d$，d 为吊钩至起重臂顶端滑轮中心的最小高度，一般取 $2.5\sim3.5$ m)。

(5)连接 GP，延长与 H—H 相交于 G_0，即为起重臂下铰中心，GG_0 为起重臂的最小长度 L_{min}，α 角即为起重臂的倾角。

(6)按 $R=F+L\cos\alpha$ 计算起重臂长度 R。

9.5.3　钢构件运输和堆放

1. 钢构件运输

(1)技术准备。

1)制订运输方案。根据厂房结构件的基本形式，结合现场起重设备和运输车辆的具体条件，制订切实可行、经济实用的装运方案。

2)设计、制作运输架。根据构件的重量、外形尺寸设计制作各种类型构件的钢或木运输架(支承架)。要求构造简单，装运受力合理、稳定，重心低，重量轻，节约钢材，能适应多种类型构件，装拆方便。

3)验算构件的强度。对大型屋架、多节柱等构件，根据装运方案确定的条件，验算构件在最不利截面处的抗裂度，避免装运时出现裂缝，如抗裂度不够，应进行适当加固处理。

(2)运输工具准备。

1)选定运输车辆及起重工具。根据构件的形状、几何尺寸及重量、工地运输起重工具、道路条件及经济效益，确定合适的运输车辆和吊车型号、台数和装运方式。

2)准备装运工具和材料。如钢丝绳扣、倒链、卡环、花篮螺栓、千斤顶、信号旗、垫木、木板、汽车旧轮胎等。

(3)运输条件。

1)修筑现场运输道路。按装运构件车辆载重量大小、车体长宽尺寸，确定修筑临时道路的标准等级、路面宽度及路基、路面结构要求，修筑通入现场的运输道路。

2)查看运输路线和道路。组织运输司机及有关人员沿途查看运输线路和道路平整、坡度情况、转弯半径、有无电线等障碍物，过桥涵洞净空尺寸是否够高等。

3)试运行。将装运最大尺寸的构件的运输架安装在车辆上，模拟构件尺寸，沿运输道路试运行。

(4)构件准备。

1)清点构件，包括构件的型号和数量，按构件吊装顺序核对；确定构件装运的先后顺序并编号。

2)检查构件，包括尺寸、几何形状，埋设件、吊环位置和牢固性；安装孔的位置和预留孔的贯通情况；等等。

3)检查钢结构连接焊缝情况，包括焊缝尺寸、外观及连接节点是否符合设计和规范要求，超出允许误差时应采取相应有效的措施进行处理。

4)构件的外观检查和修饰。发现存在缺陷和损伤，如裂缝、麻面、破边、焊缝高度不够、长度小、焊缝有灰渣或大气孔等，应经修饰和补焊后才可运输和使用。

(5)运输道路要求。

1)运输道路应平整坚实，保证有足够的路面宽度和转弯半径。载重汽车的单行道宽度不得小于3.5 m，拖挂车的单行道宽度不小于4 m，并应有适当的会车点；双行道的宽度不小于6 m。转弯半径：载重汽车不得小于10 m，半拖挂车不小于15 m，全拖挂车不小于20 m。运输道路要经常检查和养护。

2)构件运输时，屋架和薄壁构件强度应达到100%。

3)构件运输应配套，应按吊装顺序、方式、流向组织装运，按平面布置卸车就位、堆放，先吊的先运，避免混乱和二次倒运。

4)构件装运时的支撑点和装卸车时的吊点应尽可能接近设计支撑状态或设计要求的吊点，如支撑吊点受力状态改变，应对构件进行抗裂度验算，裂缝宽度不能满足要求时，应进行适当加固。

5)根据构件的类型、尺寸、重量、工期要求、运距、费用、效率及现场具体条件，选择合适的运输工具和装卸机具。

6)构件在装车时，支撑点应水平放置，在车辆弹簧上的荷载要均匀对称，构件应保持重心平衡，构件的中心须与车辆的装载中心重合，固定要牢靠。刚度大的构件亦可平卧放置。

7)对高宽比大的构件或多层叠放装运构件，应根据构件外形尺寸、重量，设置工具式支承框架、固定架、支撑，或用倒链等予以固定，以防倾倒。严禁采取悬挂式堆放运输。对支撑钢运输架应进行设计计算，保证足够的强度和刚度，支撑稳固、牢靠和装卸方便。

8)大型构件采用拖挂车运输构件，在构件支撑处应设有转向装置，使其能自由转动，同时应根据吊装方法及运输方向确定装车方向，以免现场调头困难。

9)在各构件之间应用隔板或垫木隔开，构件上下支撑垫木应在同一直线上，并加垫楞木或草袋等物使其紧密接触，用钢丝绳和花篮螺栓连成一体并拴牢于车箱上，以免构件在运输时滑动变形或互碰损伤。

10)装卸车起吊构件应轻起轻放，严禁甩掷，运输中严防碰撞或冲击。

11)根据路面情况好坏掌握构件运输的行驶速度，行车必须平稳。

12)公路运输构件装运的高度极限为4 m，如需通过隧道，则高度极限为3.8 m。

(6)多节柱运输。长8 m以内的柱，多采用载重汽车装运(图9-39)，8 m以上的柱，则采用半拖挂车或全拖挂车装运[图9-40(b)、(c)]，每车装1～3根，一般设置钢支架，用钢丝绳、倒链拉牢，使柱稳固，每柱下设两个支撑点，长柱抗裂能力不足时，采用平衡梁三点支撑或设置一个辅助垫点(仅用木楔稍塞紧)。柱子搁置时，前端伸至驾驶室顶面距离不宜小于0.5 m，后端离地面应大于1 m。

图 9-39　小型钢柱的运输

(a)汽车运输短柱；(b)半拖挂运输柱子

1—柱；2—钢支架；3—垫木；4—钢丝绳、倒链捆紧

大型钢柱采用载重汽车、炮车、半拖挂车或全拖挂车(图9-40)或铁路平台车装运。

图 9-40　大型钢柱的运输

(a)汽车运输6 m钢柱(每次2根)；(b)带钢支架的汽车运输12 m长钢柱(每次1根)

(c)全挂车运输10 m以上中钢柱(每次1根)

1—钢柱；2—垫木；3—钢运输支架；4—钢丝绳、倒链拉紧

（7）吊车梁运输。6 m 吊车梁采用载重汽车装运，每车装 4～5 根；9 m、12 m 吊车梁采用 5 t 以上载重汽车、半拖挂车或全拖挂车装运，平板上设钢支架，每车装 3～4 根，根据吊车梁侧向刚度情况，采取平放或立放，如图 9-41 所示。

图 9-41　吊车梁的运输

(a)汽车运输普通吊车梁；(b)汽车运输重型吊车梁

1—吊车梁；2—垫木；3—钢支架；4—钢丝绳、倒链捆紧；5—钢运输支架

重型钢吊车梁用载重汽车全拖挂车设钢支架装运(图 9-42)或用铁路平台车运输。

图 9-42　重型钢吊车梁的运输

(a)载重汽车运输 18 m 长钢吊车梁；(b)全拖挂车运输长 24 m、重 12 t 钢吊车梁或托梁(每次 3 根)

(c)全拖挂车上设钢运输支架运输长 24 m、重 55 t 箱形吊车梁或托梁；(d)半拖挂运输长 24 m、重 22 t 钢吊车梁或托梁

1—钢吊车梁或托梁；2—钢运输支架；3—废轮胎片；4—钢丝绳、倒链捆紧；5—垫木

（8）托架运输。钢托架采用半拖挂车或全拖挂车运输，采取正立装车，拖车板上垫以 (300～400)mm×(300～400)mm 截面大方木支撑，每车装 6～8 榀，托架间用木方塞紧，用钢丝绳扣、倒链捆牢拉紧封车，如图 9-43 所示。

图 9-43　托架的运输

1—托架；2—钢支架；3—大方木或枕木；4—钢丝绳、倒链拉紧

（9）屋架运输。根据屋架的外形、几何尺寸、跨度和重量大小，采用汽车或拖挂车运输，因屋架侧向刚度差，对跨度 15 m、18 m 整榀屋架及跨度 24～35 m 半榀屋架，可采用 12 t 或 12 t 以上载重汽车，在车厢板上安装钢运输架运输；跨度 21～24 m 整榀屋架则采用半拖挂车或全拖挂车上装钢运架装运，视路面情况，用拖车头、拖拉机或推土机牵引。

钢屋架可采取在载重汽车上部或两侧设钢运架装运(图 9-44)，整榀大跨度钢屋架可用铁路平台车装运，下部设枕木支垫，上部用 8 号铁丝或倒链在平台车两侧拴固。

图 9-44 钢屋架的运输

(a)汽车设钢运输架顶部运输 21 m 钢屋架；(b)汽车设钢运输架侧向运输 21 m 钢屋架

(c)全拖挂车运输 24 m 钢屋架；(d)汽车运输屋架构造

1—钢屋架；2—钢运输支架；3—垫木或枕木；4—废轮胎片；5—钢丝绳、倒链拉紧；6—钢支撑架

2. 钢构件堆放

(1)堆放场地应平整紧实，排水良好，以防因地面不均匀下沉造成构件裂缝或倾倒损坏。

(2)构件应按型号、编号、吊装顺序、方向，依次分类配套堆放。堆放位置应按吊装平面布置规定，并应在起重机回转半径范围内。先吊的放在靠近起重机一侧，后吊的依次排放。同时，考虑吊装和装车方向，避免吊装时转向和二次倒运，影响效率和易损坏构件。

(3)构件堆放应平稳，底部应设置垫木，避免搁空而引起翘曲。垫点应接近设计支撑位置。等截面构件垫点位置可设在离端部 $0.207L(L$ 为构件长度)处；柱子堆放应注意防止小柱断裂，支撑点宜设在距牛腿 30～40 cm 处。

(4)对侧向刚度较差、重心较高、支承面较窄的构件，如屋架、托架薄腹屋面梁等，宜直立放置，除两端设垫木支撑外，应在两侧加设撑木，或将数榀构件以方木、8 号铁丝绑扎连在一起，使其稳定，支撑及连接处不得少于三处。

(5)成垛堆放或叠层堆放构件，应以 10 cm×10 cm 方木隔开，各层垫木支点应在同一水平面上，并紧靠吊环的外侧，在同一条垂直线上。堆放高度应根据构件形状特点、重量、外形尺寸和堆垛的稳定性决定。一般柱子不宜超过 2 层，梁不超过 3 层，大型屋面板、圆孔板不超过 8 层，楼板、楼梯板不超过 6 层。钢屋架平放不超过 3 层，钢檩条不超过 6 层。钢结构堆垛高度一般不超过 2 m，堆垛间需留 2 m 通宽通道。

(6)构件堆放应有一定挂钩、绑扎操作净距和净空。相邻构件的间距不得小于 0.2 m，与建筑物相距 2.0～2.5 m，构件堆垛每隔 2～3 垛应有一条纵向通道，每隔 25 m 留一道横向通道，宽应不小于 0.7 m。堆放场地应修筑环行运输道路，其宽度单行道不少于 4 m，双行道不少于 6 m，钢结构堆放应靠近公路、铁路，并配必要的装卸机械。

(7)屋架运到安装地点就位排放(堆放)或二次倒运就位排放，可采用斜向或纵向排放。当单机吊装时，屋架应靠近柱列排放。相邻屋架间的净距保持不小于 0.5m；屋架间在上弦

用8号铁丝、方木或木杆连接绑扎固定，并与柱适当绑扎连接固定，使屋架保持稳定。当采用双机抬吊时，屋架应与柱列成斜角排放，在地上埋设木杆稳定屋架，埋设深80~100 cm，数目为3~4根。

9.6 多层及高层钢结构安装

9.6.1 安装阶段的测量放线

1. 建立基准控制点

根据施工现场条件，建筑物测量基准点有两种测设方法。

一种为外控法，即将测量基准点设在建筑物外部，适用于场地开阔的现场。根据建筑物平面形状，在轴线延长线上设立控制点，控制点一般距建筑物0.8~1.5倍的建筑物高度处。引出交线形成控制网，并设立控制桩。

另一种内控法，即将测量基准点设在建筑物内部，适用于无法采用外控法的较小现场。控制点的位置、多少根据建筑物平面形状而定。

2. 平面轴线控制点的竖向传递

地下部分：高层钢结构工程，通常有一定层数的地下部分，对地下部分可采用外控法，建立十字形或井字形控制点，组成一个平面控制网。

地上部分：控制点的竖向传递采用内控法时，投递仪器可采用全站仪或激光准直仪，在控制点架设仪器对中调平。在传递控制点的楼面上预留孔（如300 mm×300 mm），孔上设置光靶。传递时仪器从0°、90°、180°、270°四个方向向光靶投点，定出4点，找出4点对角线的交点作为传递上来的控制点。

3. 柱顶平面放线

利用传递上来的控制点，用全站仪或经纬仪进行平面控制网放线，把轴线放到柱顶上。

4. 悬吊钢尺传递高程

利用高程控制点，采用水准仪和钢尺测量的方法引测，如图9-45所示。

图9-45 悬吊钢尺传递高程

计算公式为

$$H_m = H_h + a + [(L_1 - L_2) + \Delta t + \Delta k] - b$$

式中　H_m——设置在建(构)筑物上水准点高程；

　　　H_h——地面上水准点高程；

　　　　a——地面上 A 点置镜时水准尺的读数；

　　　　b——建(构)筑物上 B 点置镜时水准尺的读数；

　　　L_1——建(构)筑物上 B 点置镜时钢尺的读数；

　　　L_2——地面上 A 点置镜时钢尺的读数；

　　　Δt——钢尺的温度改正值；

　　　Δk——钢尺的尺长改正值。

当超过钢尺长度时，可分段向上传递标高。

5. 钢柱垂直度测量

钢柱垂直度的测量可采用以下几种方法。

(1)激光准直仪法。将准直仪架设在控制点上，通过观测接收靶上接收到的激光束来判断柱子是否垂直。

(2)铅垂法。它是一种较为原始的方法，指用垂球吊校柱子，如图 9-46 所示。为避免垂线摆动，可加套塑料管，并将垂球放在维勃度较大的油中。

(3)经纬仪法。用两台经纬仪架设在轴线上，对柱子进行校正，是施工中常用的方法。

(4)建立标准柱法。根据建筑物的平面形状选择标准柱，如正方形框架选 4 根转角柱。

根据测设好的基准点，用激光经纬仪对标准柱的垂直度进行观测，在柱顶设测量目标，激光

图 9-46　钢柱安装铅垂仪布置

注：□为钢柱位置；▲为铅垂仪位置；
——为钢柱控制格图；- - -为铅垂仪控制格图。

仪每测一次转动 90°，测得 4 个点，取该 4 点相交点为测量安装误差(图 9-47)。除标准柱外，其他柱子的误差量测采用丈量法，即以标准柱为依据，沿外侧拉钢丝绳组成平面封闭状方格，用钢尺丈量，超过允许偏差则进行调整(图 9-48)。

图 9-47　钢柱顶的激光测量目标

图 9-48　钢柱校正用钢丝绳

1—花篮螺丝；2—钢丝绳
3—角柱

9.6.2　构件的安装顺序

在平面中，考虑钢结构安装过程中的整体稳定性和对称性，安装顺序一般由中央向四

周扩展，先从中间的一个节间开始，以一个节间的柱网为一个吊装单位，先吊装柱，后吊装梁，然后向四周扩展，如图 9-49 所示。在立面中，以一节钢柱高度内所有构件为一个流水段，一个立面内的安装顺序如图 9-50 所示。

图 9-49　高层钢结构柱、主梁安装顺序

注：1，2，3…为钢柱安装顺序；(1)，(2)，(3)…为钢梁安装顺序。

图 9-50　一个立面安装流水段内的安装顺序

9.6.3 构件接头的现场焊接顺序

高层钢结构的焊接顺序，应从建筑平面中心向四周扩展，采取结构对称、节点对称和全方位对称焊接，如图 9-51 所示。

图 9-51 高层钢结构的焊接顺序

柱与柱的焊接应由两名焊工在两相对面等温、等速对称施焊；一节柱的竖向焊接顺序是先焊顶部梁柱节点，再焊底部梁柱节点，最后焊接中间部分梁柱节点；梁和柱接头的焊缝，一般先焊梁的下翼缘板，再焊上翼缘板；梁的两端先焊一端，待其冷却至常温后再焊另一端，不宜对一根梁的两端同时施焊。

9.6.4 多层、高层钢结构安装要点

（1）安装前，应对建筑物的定位轴线、平面封闭角、底层柱的安装位置线、基础标高和基础混凝土强度进行检查，合格后才能进行安装。

（2）安装顺序应根据事先编制的安装顺序图表进行。

（3）凡在地面组拼的构件，需设置拼装架组拼（立拼），易变形的构件应先进行加固。组拼后的尺寸经校验无误后，方可安装。

（4）各类构件的吊点宜按规定设置。

（5）钢构件的零件及附件应随构件一并起吊；尺寸较大、重量较重的节点板，应用铰链固定在构件上。钢柱上的爬梯、大梁上的轻便走道应牢固固定在构件上一起起吊。调整柱子垂直度的缆风绳或支撑夹板，应在地面上与柱子绑扎好，同时起吊。

（6）当天安装的构件，应形成空间稳定体系，确保安装质量和结构安全。

（7）一节柱的各层梁安装校正后，应立即安装本节各层楼梯，铺好各层楼层的压型钢板。

（8）安装时，楼面上的施工荷载不得超过梁和压型钢板的承载力。

（9）预制外墙板应根据建筑物的平面形状对称安装，使建筑物各侧面均匀加载。

（10）叠合楼板的施工，要随着钢结构的安装进度进行。两个工作面相距不宜超过 5 个楼层。

（11）每个流水段一节柱的全部钢构件安装完毕并验收合格后，方能进行下一流水段钢结构的安装。

（12）高层钢结构安装时，需注意日照、焊接等温度产生热影响导致构件产生的伸长、缩短、弯曲所引起的偏差。施工中应有调整偏差的措施。

9.7 钢结构安装质量控制及质量通病防治

9.7.1 基础验收

(1)施工现场应使用准确的计量设施，并经准确计量。保持砂、石、水泥与水的配比合理，混凝土搅拌均匀。

(2)浇灌基础底层时，混凝土自由倾落高度不得超过 2 m。超过时应使用串筒式溜槽等设施来降低其倾落高度，以减缓混凝土过急冲击坠落，导致松散离析。

(3)浇灌混凝土前要认真检查模板支设的牢固性，并将模板的孔洞堵好，防止在浇灌和振捣等外力作用下，模板发生位移而脱离混凝土或漏浆。

(4)浇灌混凝土前，模板应充分均匀润湿，避免混凝土浆被模板吸收，导致贴合性差，与模板离析，发生松散的缺陷。

(5)混凝土浇灌应与振捣工作良好配合，振捣工作应分层进行，保证上下层混凝土捣固均匀，结合良好。

(6)混凝土振捣的效果判定：

1)混凝土不再出现气泡；

2)混凝土上表面较均匀，不再出现显著的下降和凹坑现象；

3)混凝土表面出浆处于水平状态；

4)模板内侧棱角被混凝土充分填充饱满；

5)混凝土表面的颜色均匀一致。

(7)浇好的混凝土要用润湿的稻草帘覆盖，并定时泼水保持湿润，以达到强度养护条件。

(8)拆模时间不宜过早，否则混凝土强度不足，在拆模时被损坏，发生蜂窝及孔洞等缺陷。

9.7.2 基础灌浆

(1)为达到基础二次灌浆的强度，在用垫铁调整或处理标高、垂直度时，应保持基础支撑面与钢柱底座板下表面之间的距离不小于 40 mm，以利于灌浆，并全部填满空隙。

(2)灌浆所用的水泥砂浆应采用高标号水泥或比原基础混凝土标号高一级。

(3)冬季施工时，基础二次灌浆配制的砂浆应掺入防冻剂、早强剂，以防止冻害或强度上升过缓的缺陷。

(4)为了防止腐蚀，对下列结构工程及所在的工作环境，二次灌浆使用的砂浆材料中，不得掺用氯盐：

1)在高温空气环境中的结构，如排出大量蒸汽的车间和经常处在空气相对湿度大于80%的环境；

2)处于水位升降的部位的结构及其结构基础；

3)露天结构或经常受水湿、雨淋的结构基础；

4)有镀锌钢材或有色金属结构的基础；

5)外露钢材及其预埋件而无防护措施的结构基础；

6)与含有酸、碱或硫酸盐等侵蚀性介质相接触的结构及有关基础；

7)使用的工程经常处于环境温度为 60 ℃ 及其以上的结构基础；

8)薄壁结构、中级或重级工作制的吊车梁、屋架、落锤或锻锤的结构基础；

9)电解车间直接靠近电源的构件基础；

10)直接靠近高压电源(发电站、变电所)等场合一类结构的基础；

11)预应力混凝土的结构基础。

(5)为保证基础二次灌浆达到强度要求，避免发生一系列质量通病，应按以下工艺进行。

1)基础支撑部位的混凝土面层上的杂物需认真清理干净，并在灌浆前用清水湿润后再进行灌浆。

2)灌浆前对基础上表面的四周应支设临时模板；基础灌浆时应连续进行，防止砂浆凝固，不能紧密结合。

3)对于灌浆空隙太小，底座板面积较大的基础灌浆时，为克服无法施工或灌浆中的空气、浆液过多，影响砂浆的灌入或分布不均等缺陷，宜参考如下方法进行。

①灌浆空隙较小的基础，可在柱底脚板上面各开一个适宜的大孔和小孔，大孔作灌浆用，小孔作排除空气和浆液用，在灌浆的同时可用加压法将砂浆填满空隙，并认真捣固，以达到强度。

②对于长度或宽度在 1 m 以上的大型柱底座板灌浆时，应在底座板上开一孔，用漏斗放于孔内，并采用压力将砂浆灌入，再用 1～2 个细钢管(其管壁钻若干个小孔)按纵、横方向平行放入基础砂浆内解决浆液和空气的排出。待浆液、空气排出后，抽除钢管并再加灌一些砂浆来填满钢管遗留的空隙。在养护强度达到后，将座板开孔处用钢板覆盖并焊接封堵。

③基础灌浆工作完成后，应将支承面四周边缘用工具抹成 45°散水坡，并认真湿润养护。

④如果在北方冬季或较低温环境下施工，应采取防冻或加温等保护措施。

(6)如果钢柱的制作质量完全符合设计要求，采用坐浆法使基础支承面一次达到设计安装标高的尺寸；经养护，强度达到 75％ 及其以上即可就位安装。可省略二次灌浆的系列工序过程，并节约垫铁等材料和消除灌浆存在的质量通病。

(7)坐浆或灌浆后的强度试验。

1)用坐浆或灌浆法处理后的安装基础的强度必须符合设计要求；基础的强度必须达到 7 d 的养护强度标准，其强度达到 75％ 及其以上时，方可安装钢结构。

2)如果设计要求需做强度试验，应在同批施工的基础中采用的同种材料、同一配合比、同一天施工及相同施工方法和条件下，制作两组砂浆试块。其中：一组与坐浆或灌浆同条件进行养护，在钢结构吊装前做强度试验；另一组试块进行 28 d 标准养护，做龄期强度备查。

3)如同一批坐浆或灌浆的基础数量较多，为了达到其准确的平均强度值，可适当增加砂浆试块数。

9.7.3 垫铁垫放

(1)为了使垫铁组平稳地传力给基础，应使垫铁面与基础面紧密贴合。因此，在垫放垫铁前，对不平的基础上表面，需用工具凿平。

（2）垫放垫铁的位置及分布应正确，具体垫法应根据钢柱底座板受力面积大小，垫在钢柱中心及两侧受力集中部位或靠近地脚螺栓的两侧。垫铁垫放时在不影响灌浆的前提下，相邻两垫铁组之间的距离越近越好，这样能使底座板、垫铁和基础起到全面承受压力荷载的作用，共同均匀受力；避免局部偏压、集中受力或底板在地脚螺栓紧固受力时发生变形。

（3）直接承受荷载的垫铁面积，应符合受力需要，否则面积太小，易使基础局部集中过载，影响基础全面均匀受力。因此，钢柱安装用垫铁调整标高或水平度时，首先应确定垫铁的面积。一般钢柱安装用垫铁均为非标准，不如安装动力设备垫铁的要求那么严格，故钢柱安装用垫铁在设计施工图上一般不作规定和说明，施工时可自行选用确定。垫铁的几何尺寸及受力面积，可根据安装构件的底座面积大小、标高、水平度和承受荷载等实际情况确定。

（4）垫铁厚度应根据基础上表面标高来确定。一般基础上表面的标高多数低于安装基准标高 40～60 mm。安装时依据这个标高尺寸用垫铁来调整确定极限标高和水平度。因此，安装时应根据实际标高尺寸确定垫铁组的高度，再选择每组垫铁厚、薄的配合比。规范规定，每组垫铁的块数不应超过三块。

（5）垫放垫铁时，应将厚垫铁垫在下面，薄垫铁放在最上面，最薄的垫铁宜垫放在中间；尽量少用或不用薄垫铁，否则将影响受力时的稳定性和焊接（点焊）质量；安装钢柱调整水平度，在确定平垫铁的厚度时，还应同时锻造、加工一些斜垫铁，其斜度一般为 1/10～1/20；垫放时应防止产生偏心悬空，斜垫铁应成对使用。

（6）垫铁在垫放前，应将其表面的铁锈、油污和加工的毛刺清理干净，以备灌浆时能与混凝土牢固结合；垫后的垫铁组露出底座板边缘外侧的长度为 10～20 mm，并在层间两侧用电焊点焊牢固。

（7）垫铁垫的高度应合理，过高会影响受力的稳定；过低则影响灌浆的填充饱满，甚至使灌浆无法进行。灌浆前，应认真检查垫铁组与底座板接触的牢固性，常用 0.25 kg 重的小锤轻击，用听声的办法来判断，接触牢固的声音是实音；接触不牢固的声音是碎哑音。

9.7.4 钢柱标高

（1）基础施工时，应按设计施工图规定的标高尺寸进行，以保证基础标高的准确性。

（2）安装单位对基础上表面标高尺寸，应结合各成品钢柱的实际长度或牛腿承面的标高尺寸进行处理，使安装后各钢柱的标高尺寸达到一致。这样可避免只顾基础上表面的标高，忽略了钢柱本身的偏差，导致各钢柱安装后的总标高或相对标高不统一。因此，在确定基础标高时，应按以下方法处理：

1）确定各钢柱与所在各基础的位置，进行对应配套编号；

2）根据各钢柱的实际长度尺寸（或牛腿承点位置）确定对应的基础标高尺寸；

3）当基础标高的尺寸与钢柱实际总长度或牛腿承点的尺寸不符时，应采用降低或增高基础上表面的标高尺寸的办法来调整确定安装标高的准确尺寸。

（3）钢柱基础标高的调整应根据安装构件及基础标高等条件来进行，常用的处理方法有如下几种：

1）成品钢柱的总长、垂直度、水平度完全符合设计规定的质量要求时，可将基础的支撑面一次浇灌到设计标高，不做任何调整即可直接就位安装。

2)基础混凝土浇灌到较设计标高低 40～60mm 的位置，然后用细石混凝土找平至设计安装标高。找平层应保证细石面层与基础混凝土严密结合，不许有夹层；如原混凝土表面光滑，应用钢凿凿成麻面，并经清理，再进行浇灌，使新旧混凝土紧密结合，从而达到基础的强度。

3)按设计标高安置好柱脚底座钢板，并在钢板下面烧灌水泥砂浆。

4)先将基础浇灌到比设计标高低 40～60mm，在钢柱安装到钢板上后，再浇灌细石混凝土，如图 9-52 所示。

（a） （b）

图 9-52　基础施工及标高处理方法

（a）第一种方法；（b）第二种方法

1—调整钢柱用的垫铁；2—钢柱安装后浇灌的细石混凝土

3—预先埋置的支座配件；4—钢柱安装后浇灌的水泥砂浆

9.7.5　地脚螺栓(锚栓)定位

(1)基础施工确定地脚螺栓或预留孔的位置时，应认真按施工图规定的轴线位置尺寸，放出基准线，同时在纵、横轴线(基准线)的两对应端，分别选择适宜位置，埋置铁板或型钢，标定出永久坐标点，以备在安装过程中随时测量参照使用。

(2)浇筑混凝土前，应按规定的基准位置支设、固定基础模板及其表面配件。

(3)浇筑混凝土时，应经常观察及测量模板的固定支架、预埋件和预留孔的情况。当发现有变形、位移时，应立即停止浇灌，进行调整、排除。

(4)为防止基础及地脚螺栓等的系列尺寸、位置出现位移或偏差过大，基础施工单位与安装单位应在基础施工放线定位时密切配合，共同控制各自的正确尺寸。地脚螺栓(锚栓)尺寸的允许偏差详见表 9-6。

表 9-6　地脚螺栓(锚栓)尺寸的允许偏差　　　　　　　　　　　　　　　　　　mm

项目	允许偏差
螺栓(锚栓)露出长度	+30.0 0.0
螺纹长度	+30.0 0.0

9.7.6　地脚螺栓(锚栓)纠偏

(1)经检查测量，如埋设的地脚螺栓有个别的垂直度偏差很小，应在混凝土养护强度达到 75% 及以上时进行调整。调整时可用氧-乙炔焰将不直的螺栓在螺杆处加热后采用木质材料垫护，用锤敲移、扶直到正确的垂直位置。

（2）对位移或不直度超差过大的地脚螺栓，可在其周围用钢凿将混凝土凿到适宜深度后，用气割割断，按规定的长度、直径尺寸及相同材质材料，加工后采用搭接焊上一段，并采取补强的措施，来调整达到规定的位置和垂直度。

（3）对位移偏差过大的个别地脚螺栓，除采用搭接焊法处理外，在允许的条件下，还可采用扩大底座板孔径侧壁来调整位移的偏差量，调整后用自制的厚板垫圈覆盖，进行焊接补强固定。

（4）预留地脚螺栓孔在灌浆埋设前，当螺栓在预留孔内位置偏移超差过大时，可采取扩大预留孔壁的措施来调整地脚螺栓的准确位置。

9.7.7 螺栓孔制作与布置

（1）不论粗制螺栓或精制螺栓，其螺栓孔在制作时尺寸、位置必须准确，对螺栓孔及安装面应做好修整，以便于安装。构件孔径的允许偏差和检验方法见表 9-7。

表 9-7　C 级螺栓孔的允许偏差和检验方法

项 次	项 目	允许偏差/mm	检验方法
1	直径	+1.0 0	用量规检查
2	圆度	2.0	
3	垂直度	$0.03t$ 且不应大于 2.0	

（2）钢结构构件每端至少应有两个安装孔。为了减少钢构件本身挠度导致孔位偏移，一般采用钢冲子预先使连接件上下孔重合。施拧螺栓工艺：第一个螺栓第一次必须拧紧，当第二个螺栓拧紧后，再检查第一个螺栓并继续拧紧，保持螺栓紧固程度一致。紧固力矩大小应该符合设计要求，不可擅自决定。

9.7.8 地脚螺栓埋设

（1）地脚螺栓的直径、长度均应按设计规定的尺寸制作；一般地脚螺栓与钢结构配套出厂，其材质、尺寸、规格、形状和螺纹的加工质量，均应符合设计施工图的规定。如钢结构出厂不带地脚螺栓，则需自行加工，地脚螺栓各部分尺寸应符合下列要求。

1）地脚螺栓的直径尺寸与钢柱底座板的孔径应相适配，为便于安装找正、调整，多数是底座孔径尺寸大于螺栓直径。

2）地脚螺栓长度尺寸可用下式确定：

$$L = H + S \text{ 或 } L = H - H_1 + S$$

式中　L——螺栓的总长度（mm）；

H——螺栓埋设深度（指一次性埋设）（mm）；

H_1——当预留地脚螺栓孔埋设时，螺栓根部与孔底的悬空距离（mm）一般不得小于 80mm；

S——高度、底座板厚度、垫圈厚度、压紧螺母厚度、防松锁紧副螺母（或弹簧垫圈）厚度和螺栓伸出螺母的长度（2～3 扣）的总和（mm）。

3)为使埋设的地脚螺栓有足够的附着力，其根部需经加热后加工成(或撖成)L、U等形状。

(2)样板尺寸放完后，在自检合格的基础上交监理抽检，进行单项验收。

(3)地脚螺栓不论一次埋设还是事先预留的孔二次埋设，埋设前，一定要将埋入混凝土中的一段螺杆表面的铁锈、油污清理干净，否则，浇灌后的混凝土与螺栓表面结合不牢，易出现缝隙或隔层，不能起到锚固底座的作用。清理的一般做法是用钢丝刷或砂纸去锈；油污一般是用火焰烧烤去除。

(4)地脚螺栓在预留孔内埋设时，其根部底面与孔底的距离不得小于 80 mm，地脚螺栓的中心应在预留孔中心位置，螺栓的外表与预留孔壁的距离不得小于 20 mm。

(5)埋设预留孔的地脚螺栓前，应将孔内杂物清理干净，一般做法是用长度较长的钢凿将孔底及孔壁结合薄弱的混凝土颗粒及贴附的杂物全部清除，然后用压缩空气吹净，浇灌前用清水充分湿润，再进行浇灌。

(6)为防止浇灌时地脚螺栓的垂直度及距孔内侧壁、底部的尺寸变化，浇灌前应将地脚螺栓找正后加以固定。

(7)固定螺栓可采用下列两种方法埋设：

1)先浇筑混凝土螺栓，在埋设螺栓时，采用型钢两次校正，检查无误后，浇筑预留孔洞。

2)将每根柱的地脚螺栓每 8 个或 4 个用预埋钢架固定，一次浇筑混凝土，定位钢板上的纵、横轴线允许误差为 0.3 mm。

(8)做好螺栓的保护措施。

(9)实测钢柱底座螺栓孔距及地脚螺栓位置，检查这两项数据是否符合质量标准。

(10)当螺栓位移超过允许误差时，可用氧-乙炔焰将底座板螺栓孔扩大，安装时另加长孔垫板焊好，也可将螺栓根部混凝土凿去 5~10 mm，然后将螺栓稍弯曲，再烤直。

9.7.9 地脚螺栓螺纹保护与修补

(1)与钢结构配套出厂的地脚螺栓在运输、装箱、拆箱时，均应加强对螺纹的保护。正确的保护方法是涂油后用油纸及麻线包装、绑扎，以防螺纹锈蚀和损坏；同时，应单独存放，不宜与其他零部件混装、混放，以免相互撞击而损坏螺纹。

(2)基础施工埋设固定的地脚螺栓，应在埋设过程中或埋设固定后，用罩式的护箱、盒加以保护。

(3)钢柱等带底座板的钢构件吊装就位前应对地脚螺栓的螺纹段采取以下保护措施：

1)不得利用地脚螺栓做弯曲加工的操作；

2)不得利用地脚螺栓作电焊机的接零线；

3)不得利用地脚螺栓作牵引拉力的绑扎点；

4)构件就位时，应用临时套管套入螺杆，并加工成锥形螺母带入螺杆顶端；

5)吊装构件时，防止水平侧向冲击力撞伤螺纹，应在构件底部拴好溜绳加以控制；

6)安装操作应统一指挥，相互协调一致，当构件底座孔位全部垂直对准螺栓时，将构件缓慢地下降就位；卸掉临时保护装置，带上全部螺母。

(4)当螺纹被损坏的长度不超过其有效长度时，可用钢锯将损坏部位锯掉，用什锦钢锉修整螺纹，达到顺利拧入螺母为止。

（5）如地脚螺栓的螺纹被损坏的长度超过规定的有效长度，可用气割割掉大于原螺纹段的长度，再用与原螺栓相同材质、规格的材料，一端加工成螺纹，并在对接的端头截面制成30°～45°的坡口与下端进行对接焊接后，再用相应直径规格、长度的钢管套入接点处进行焊接，加固补强。经套管补强加固后，螺栓直径会大于底座板孔径，可用气割扩大底座板孔的孔径。

9.7.10 钢柱垂直度

（1）钢柱在制作中的拼装、焊接，均应采取防变形措施；对制作时产生的变形，如超过设计规定的范围，应及时进行矫正，以防遗留给下道工序，发生更大的积累超差变形。

（2）对制作的成品钢柱，要加强管理，以防放置的垫基点、运输不合理，因自重压力作用产生弯矩而发生变形。

（3）因为钢柱较长，其刚性较差，在外力作用下易失稳变形，所以竖向吊装时的吊点选择应正确，一般应选在柱全长2/3的位置，以防止变形。

（4）吊装钢柱时还应注意起吊半径或旋转半径的正确，并在柱底端设置滑移设施，以防钢柱吊起扶直时发生拖动阻力及压力作用，促使柱体产生弯曲变形或损坏底座板。

（5）当钢柱被吊装到基础平面就位时，应将柱底座板下面的纵、横轴线对准基础轴线（一般由地脚螺栓与螺孔来控制），以防止其跨度尺寸产生偏差，导致柱头与屋架安装连接时发生水平方向向内拉力或向外撑力作用，使柱身弯曲变形。

（6）钢柱垂直度的校正应以纵、横轴线为准，先找正固定两端边柱作为样板柱，以样板柱为基准来校正其余各柱。调整垂直度时，垫放的垫铁厚度应合理，否则垫铁的厚度不均，也会使钢柱垂直度产生偏差。实际调整垂直度的做法，多用试垫厚、薄垫铁来进行，做法较麻烦；可根据钢柱的实际倾斜数值及其结构尺寸，用下式计算所需增、减垫铁厚度来调整垂直度：

$$\delta = \frac{\Delta S \times B}{2L}$$

式中　δ——垫板厚度调整值（mm）；

　　　ΔS——柱顶倾斜的数值（mm）；

　　　B——柱底板的宽度（mm）；

　　　L——柱身高度（mm）。

（7）钢柱就位校正时，应注意风力和日照温度、温差的影响，以防柱身发生弯曲变形。其预防措施如下：

1）风力对柱面产生压力，使柱身发生侧向弯曲。因此，在校正柱子时，当风力超过5级时不能进行。对已校正完的柱子，应进行侧向梁的安装或采取加固措施，以增加整体连接的刚性，防止风力作用而变形。

2）校正柱子应注意防止日照温差的影响，因为钢柱受阳光照射，正面与侧面产生温差，会发生弯曲变形。由于受阳光照射的一面温度较高，则阳面膨胀的程度就越大，柱靠上端部分向阴面弯曲就越严重，故校正柱子应避开阳光照射的炎热时间。

（8）处理钢柱垂直度超偏的矫正措施可参考如下方法：

1）矫正前，需先在钢柱弯曲部位上方或顶端加设临时支撑，以减轻其承载的重力。

2）单层厂房一节钢柱弯曲矫正时，可在弯曲处固定一侧向反力架，利用千斤顶进行矫正。因结构钢柱刚性较大，矫正时需用较大的外力，必要时可用氧-乙炔焰在弯处凸面进行加热后，再加施顶力进行矫正。

3)高层结构、多节钢柱某一处弯曲的矫正，与②的矫正方法相同，应按层、分节和分段进行。

(9)钢柱与屋架连接安装后再吊装屋面板，应由上弦中心两坡边缘向中间对称同步进行，严禁由一坡进行，以免产生侧向集中应力，导致钢柱发生弯曲变形。

(10)未经设计允许不许利用已安装好的钢柱及与其相连的其他构件，作水平拽拉或垂直吊装较重的构件和设备；如需吊装，应征得设计单位的同意并经过周密的计算，采取有效的加固增强措施，以防止弯曲变形，甚至损坏连接结构。

9.7.11　钢柱高度

(1)钢柱在制造过程中应严格控制长度尺寸，在正常情况下应控制以下三个尺寸：

1)控制设计规定的总长度及各位置的长度尺寸；

2)控制在允许的负偏差范围内的长度尺寸；

3)控制正偏差和不允许产生正超差值。

(2)制作时，控制钢柱总长度及各位置尺寸，可参考如下做法：

1)统一进行划线号料、剪切或切割；

2)统一拼接接点位置；

3)统一拼装工艺；

4)焊接环境、采用的焊接规范或工艺均应统一；

5)如果是焊接连接，应先焊钢柱的两端，留出一个拼接接点暂不焊，留作调整长度尺寸用，待两端焊接结束、冷却后，经过矫正，最后焊接接点，以保证其全长及牛腿位置的尺寸正确；

6)为控制无接点的钢柱全长和牛腿处的尺寸正确，可先焊柱身，柱底座板和柱头板暂不焊，一旦出现偏差，在焊柱的底端底座板或上端柱头板前进行调整，最后焊接柱底座板和柱头板。

(3)基础支撑面的标高与钢柱安装标高的调整处理，应根据成品钢柱实际制作尺寸进行，使实际安装后的钢柱总高度及各位置高度尺寸达到统一。

9.7.12　钢屋架拱度

(1)钢屋架在制作阶段应按设计规定的跨度比例($L/500$)进行起拱。

(2)起拱的弧度加工后不应存在应力，并使弧度曲线圆滑、均匀；如果存在应力或变形时，应认真矫正消除。矫正后的钢屋架拱度应用样板或量尺检查，其结果要符合施工图规定的起拱高度和弧度；凡是拱度及其他部位的结构发生变形，一定要经矫正符合要求后，方准进行吊装。

(3)钢屋架吊装前应制订合理的吊装方案，以保证其拱度及其他部位不发生变形。因屋架刚性较差，在外力作用下，使上、下弦产生压力和拉力，导致拱度及其他部位发生变形。故吊装前的屋架应按不同的跨度尺寸进行加固和选择正确的吊点，否则钢屋架的拱度发生上拱过大或下挠的变形，以致影响钢柱的垂直度。

9.7.13　钢屋架跨度尺寸

（1）钢屋架制作时应按施工规范规定的工艺进行，以控制屋架的跨度尺寸符合设计要求，其控制方法如下：

1）用同一底样或模具并采用挡铁定位进行拼装，以保证拱度的正确。

2）为了在制作时控制屋架的跨度符合设计要求，对屋架两端的不同支座，应采用不同的拼装形式。具体做法如下：

①屋架端部 T 形支座要采用小拼焊组合，组成的 T 形座及屋架，经过矫正后按其跨度尺寸位置相互拼装。

②非嵌入连接的支座，对屋架的变形经矫正后，按其跨度尺寸位置与屋架一次拼装。

③嵌入连接的支座，宜在屋架焊接、矫正后按其跨度尺寸位置拼装，以保证跨度、高度的正确及便于安装。

④为了便于安装时调整跨度尺寸，对嵌入式连接的支座，制作时先不与屋架组装，应用临时螺栓附在屋架上，以备在安装现场安装时按屋架跨度尺寸及其规定的位置进行连接。

（2）吊装前应认真检查屋架，其变形超过标准规定的范围时应经矫正，在保证跨度尺寸后再进行吊装。

（3）为了保证跨度尺寸的正确，应按合理的工艺进行安装。

1）屋架端部底座板的基准线必须与钢柱的柱头板的轴线及基础轴线位置一致；

2）保证各钢柱的垂直度及跨距符合设计要求或规范规定；

3）为使钢柱的垂直度、跨度不产生位移，在吊装屋架前应采用小型拉力工具在钢柱顶端按跨度值对应临时拉紧定位，以便于安装屋架时按规定的跨度进行入位、固定安装；

4）如果柱顶板孔位与屋架支座孔位不一致，不宜采用外力强制入位，应利用椭圆孔或扩孔法调整入位，并用厚板垫圈覆盖焊接，将螺栓紧固。不经扩孔调整或用较大的外力进行强制入位，将会使安装后的屋架跨度产生过大的正偏差或负偏差。

9.7.14　钢屋架垂直度

（1）在制作钢屋架阶段，对各道施工工序应严格控制质量，首先在拼装底样画线时，应认真检查各个零件结构的位置并做好自检、专检，以消除误差；拼装平台应具有足够承载力和水平度，以防承重后失稳下沉导致平面不平，使构件发生弯曲，造成垂直度超差。

（2）拼装用挡铁定位时，应按基准线放置。

（3）拼装钢屋架两端支座板时，应使支座板的下平面与钢屋架的下弦纵、横轴线严格垂直。

（4）拼装后的钢屋架吊出底样（模）时，应认真检查上、下弦及其他构件的焊点是否与底模、挡铁误焊或夹紧，经检查排除故障或离模后再吊装，否则易使钢屋架在吊装出模时产生侧向弯曲，甚至损坏屋架或发生事故。

（5）凡是在制作阶段的钢屋架、大窗架，产生各种变形，应在安装前、矫正后再吊装。

（6）钢屋架安装应执行合理的安装工艺，应保证如下构件的安装质量：

1）安装到各纵、横轴线位置的钢柱的垂直度偏差应控制在允许范围内，钢柱垂直度偏差也使钢屋架的垂直度产生偏差；

2）各钢柱顶端柱头板平面的高度（标高）、水平度，应控制在同一水平面；

3)安装后的钢屋架与檩条连接时，必须保证各相邻钢屋架的间距与檩条固定连接的距离位置相一致，不然两者距离尺寸过大或过小，都会使钢屋架的垂直度产生超差。

(7)各跨钢屋架发生垂直度超差时，应在吊装屋面板前，用吊车配合来调整处理。

1)应先调整钢柱达到垂直后，再用加焊厚、薄垫铁来调整各柱头板与钢屋架端部的支座板之间接触面的统一高度和水平度。

2)如果相邻钢屋架间距与檩条连接处的距离不符而影响垂直度时，可卸除檩条的连接螺栓，仍用厚、薄平垫铁或斜垫铁，先调整钢屋架达到垂直度，然后改变檩条与屋架上弦的对应垂直位置再连接。

3)天窗架垂直度偏差过大时，应将钢屋架调整达到垂直度并固定后，用经纬仪或线坠对天窗架两端支柱进行测量，根据垂直度偏差数值，用垫厚、薄垫铁的方法进行调整。

9.7.15　吊车梁垂直度、水平度

(1)钢柱在制作时应严格控制底座板至牛腿面的长度尺寸及扭曲变形，可防止垂直度、水平度发生超差。

(2)应严格控制钢柱制作、安装的定位轴线，防止钢柱安装后轴线位移，以致吊车梁安装时垂直度或水平度偏差。

(3)应认真搞好基础支承平面的标高，其垫放的垫铁应正确；二次灌浆工作应采用无收缩、微膨胀的水泥砂浆。避免基础标高超差，影响吊车梁安装水平度的超差。

(4)钢柱安装时，应认真按要求调整好垂直度和牛腿面的水平度，以保证下部吊车梁安装时达到要求的垂直度和水平度。

(5)预先测量吊车梁在支承处的高度和牛腿距柱底的高度，如产生偏差，可用垫铁在基础上平面或牛腿支撑面上予以调整。

(6)吊装吊车梁前，为防止垂直度、水平度超差，应认真检查其变形情况，如发生扭曲等变形，应予以矫正，并采取刚性加固措施防止吊装再变形；应根据梁的长度，采用单机或双机进行吊装。

(7)安装时应按梁的上翼缘平面事先画的中心线进行水平移位、梁端间隙的调整，达到规定的标准要求后，再进行梁端部与柱的斜撑等连接。

(8)吊车梁各部位基本固定后应认真复测有关安装的尺寸，按要求达到质量标准后，再进行制动架的安装和紧固。

(9)防止吊车梁垂直度、水平度超差，应认真搞好校正工作。其顺序是标高的校正，其他项目的调整、校正，待屋盖系统安装完成后再进行校正、调整。这样可防止因屋盖安装引起钢柱变形而直接影响吊车梁安装的垂直度或水平度的偏差。

(10)钢吊车梁安装的允许偏差应符合《钢结构工程施工质量验收规范》(GB 50205—2001)的规定。

9.7.16　吊车轨道安装

(1)安装吊车梁时应按设计规定进行，首先应控制钢柱底板到牛腿面的标高和水平度，如产生偏差，应用垫铁调整到所规定的垂直度。

(2)吊车梁安装前后不许存在弯曲、扭曲等变形。

(3)固定后的吊车梁调整程序应合理：一般是先就位做临时固定，调整工作要待钢屋架

及其他构件完全调整固定好之后进行。否则，其他构件安装调整将会使钢柱（牛腿）位移，直接影响吊车梁的安装质量。

(4)吊车梁的安装质量，要受吊车轨道的约束，同时吊车梁的设计起拱上挠值的大小与轨道的水平度有一定的影响。

(5)在安装吊车轨道前应严格复测吊车梁的安装质量，使其上平面的中心线、垂直度和水平度的偏差数值，控制在设计或施工规范的允许范围之内；同时对轨道的总长和分段（接头）位置尺寸分别测量，以保证全长尺寸、接头间隙的正确。

(6)为了保证各项技术指标达到设计和现行施工规范的标准，安装轨道时应满足如下要求：

1)轨道的中心线与吊车梁的中心线应控制在允许偏差的范围内，使轨道受力重心与吊车梁腹板中心的偏移量不大于腹板板厚的 1/2。调整时，为达到这一要求，应使两者（吊车梁及轨道）同时移动。

2)安装调整水平度或直线度用的斜、平垫铁与轨道和吊车梁应接触紧密，每组垫铁不应超过 2 块；长度应小于 100 mm，宽度应比轨道底宽 10～20 mm；两组垫铁间的距离不应小于 200 mm；垫铁应与吊车梁焊接牢固。

3)如果轨道在混凝土吊车梁上安装，垫放的垫铁应平整，且与轨道底面接触紧密，接触面积应大于 60%；垫板与混凝土吊车梁的间隙应大于 25 mm，并用无收缩水泥砂浆填实；小于 25 mm 时应用开口型垫铁垫实；垫铁一边伸出桥形垫板外约 10 mm，并焊牢固。

4)为使安装后的轨道水平度、直线度符合设计或规范的要求，固定轨道、矩形或桥形的紧固螺栓应有防松措施，一般应在螺母下加弹簧垫圈或用副螺母，以防吊车工作时螺母在荷载及振动等外力作用下松脱。

9.7.17 水平支撑安装

(1)严格控制下列构件制作、安装时的尺寸偏差：

1)控制钢屋架的制作尺寸和安装位置的准确；

2)控制水平支撑在制作时的尺寸不产生偏差。应根据连接方式采用下列方法予以控制：

①如采用螺栓连接，应通过放实样法制出样板来确定连接板的尺寸。

②如采用焊接连接，应用放实样法确定总长尺寸。

③号孔时应使用统一样板进行。

④钻孔时要使用统一固定模具钻孔。

⑤拼装时，应按实际连接的构件长度尺寸、连接的位置，在底样上用挡铁准确定位并进行拼装；为防止水平支撑产生上拱或下挠，在保证其总长尺寸不产生偏差的条件下，可将连接的孔板用螺栓临时连接在水平支撑的端部，待安装时与屋架相连。水平支撑的制作尺寸及屋架的安装位置都能保证准确时，也可将连接板按位置先焊在屋架上，安装时可直接将水平支撑与屋架孔板连接。

(2)吊架时，应采用合理的吊装工艺，防止产生弯曲变形，导致其下挠度的超差。可采用以下方法防止吊装变形：

1)吊点位置应合理，使其受力重心在平面均匀受力，吊起时以不产生下挠为准。

2)如十字水平支撑长度较长、型钢截面较小、刚性较差，吊装前应用圆木杆等材料进行加固。

(3)安装时应使水平支撑稍作上拱(略大于水平状态)与屋架连接,使安装后的水平支撑可以消除下挠;连接位置发生较大偏差不能安装就位时,不宜采用牵拉工具,用较大的外力强行入位连接,否则不但会使屋架下弦侧向弯曲或水平支撑发生过大的上拱或下挠,而且会使连接构件存在较大的结构应力。

9.7.18 梁-梁、柱-梁端部节点

(1)门式刚架跨度大于或等于 15 m 时,其横梁宜起拱,拱度可取跨度的 1/500,在制作、拼装时应确保起拱高度,注意拼装胎具下沉影响拼装过程起拱值。

(2)刚架横梁的高度与其跨度之比:格构式横梁可取 1/25~1/15;实腹式横梁可取 1/30~1/45。

(3)采用高强度螺栓,螺栓中心至翼缘板表面的距离,应满足拧紧螺栓时的施工要求。紧固件的中心距,理论值约为 $2.5d_0$,考虑施拧方便取 $3d_0$。

(4)梁-梁、柱-梁端部节点板焊接时,要将两梁端板拼在一起,有约束的情况下再进行焊接,即可消除变形。

(5)门式刚架梁-梁节点宜采用图 9-53 所示的形式。

图 9-53 门式刚架梁-梁节点的形式
(a)端板竖放;(b)端板横放;(c)端板斜放;(d)斜梁拼装

9.7.19 控制网

(1)控制网定位方法应依据结构平面而定。矩形建筑物的定位,宜选用直角坐标法;任意形状建筑物的定位,宜选用极坐标法。平面控制点距测点距离较长、量距困难或不便量距时,宜选用角度(方向)交会法;平面控制点距测点距离不超过所用钢尺的全长,且场地量距条件较好时,宜选用距离交会法。使用光电测距仪定位时,宜选极坐标法。

(2)根据结构平面特点及经验选择控制网点。有地下室的建筑物,开始时可用外控法,即在槽边±0.000 处建立控制网点,当地下室达到±0.000 后,可将外围点引到内部,即内控法。

(3)无论内控法还是外控法,必须将测量结果进行严密平差,计算点位坐标,与设计坐标进行修正,以达到控制网测距相对中误差小于 $L/25\,000$,测角中误差小于 $2''$。

(4)准点处预埋 100 mm×100 mm 钢板,必须用钢针划十字线定点,线宽 0.2 mm,并在交点上打样冲点。钢板以外的混凝土面上放出十字延长线。

(5)竖向传递必须与地面控制网点重合,主要做法如下:

1)控制点竖向传递,采用内控法。投点仪器选用全站仪、激光铅垂仪、光学铅垂仪等。控制点设置在距柱网轴线交点旁 300~400 mm 处,在楼面预留孔 300 mm×300 mm 设置光

靶，为削减铅垂仪误差，应将铅垂仪在0°、90°、180°、270°的四个位置上投点，并取其中点作为基准点的投递点。

2）可根据选用仪器的精度情况定出一次测得高度，如用全站仪、激光铅垂仪、光学铅垂仪，在100 mm范围内竖向投测精度较高。

3）定出基准控制点网，其全楼层面的投点，必须从基准控制点网引投到所需楼层上，严禁使用下一楼层的定位轴线。

（6）经复测发现地面控制网中测距相对中误差超过$L/25\,000$，测角中误差大于$2''$，竖向传递点与地面控制网点不重合，必须由测量专业人员找出原因，重新放线定出基准控制点网。

9.7.20 楼层轴线

（1）高层和超高层钢结构测设，可根据现场情况采用外控法和内控法。

1）外控法：现场较宽大，高度在100m内，地下室部分可根据楼层大小采用十字及井字控制，在柱子延长线上设置两个桩位，相邻柱中心间距的测量允许值为1 mm，第1根钢柱至第2根钢柱间距的测量允许值为1 mm。每节柱的定位轴线应从地面控制轴线引上来，不得从下层柱的轴线引出。

2）内控法：现场宽大，高度超过100m，地上部分在建筑物内部设辅助线，至少要设3个点，每2点连成的线最好要垂直，3点不得在一条线上。

（2）激光仪发射的激光点（标准点）应每次转动90°，并在目标上测4个激光点，其相交点即为正确点。除标准点外的其他各点，可用方格网法或极坐标法进行复核。

（3）内爬式塔吊或附着式塔吊，因与建筑物相连，在起吊重物时，易使钢结构本身产生水平晃动，此时应尽量停止放线。

（4）对结构自振周期引起的结构振动，可取其平均值。

（5）雾天、阴天因视线不清，不能放线。为防止阳光对钢结构照射产生变形，放线工作宜安排在日出或日落后进行。

（6）钢尺要统一，使用前要进行温度、拉力、挠度校正，在有条件的情况下应采用全站仪，接收靶测距精度最高。

（7）在钢结构上放线要用钢划针，线宽一般为0.2 mm。

（8）把轴线放到已安好的柱顶上，轴线应在柱顶上三面标出（图9-54）。假定X方向钢柱一侧位移值为a，另一侧四轴线位移值为b，实际上钢柱柱顶偏离轴的位移值为$(a+b)/2$，柱顶扭转值为$(a-b)/2$，沿Y方向的位移值为c值，应做修正。

图9-54 柱顶轴线位移

9.7.21 柱-柱安装

（1）钢柱安装过程采取在钢柱偏斜方向的一侧打入钢模或顶升千斤顶，如果连接板的高强度螺栓孔间隙有限，则可采取扩孔办法。也可以预先将连接板孔制作的比螺栓大4 mm，将柱尽量校正到零值，拧紧连接耳板的高强度螺栓。

（2）钢梁安装过程直接影响柱垂偏，首先掌握钢梁长度数据，并用两台经纬仪、一台水平仪跟踪校正柱垂偏及梁水平度控制。梁安装时可采用在梁柱间隙中加铁楔来校正柱，柱子垂直度要考虑梁柱焊接收缩值，一般为1.2 mm（根据经验预留值的大小）。梁水平度控制在$L/1\,000$内且不大于10 mm，如果水平偏差过大，则可采取换连接板或塞孔重新打孔办法解决。

（3）梁的焊接顺序是先从中间跨开始对称地向两端扩展，同一跨钢梁，先安上层梁，再安中、下层梁，把累积偏差减小到最小值。

（4）采用相对标高控制法，在连接耳板上下留 15～20 mm 间隙，柱吊装就位后临时固定上下连接板，利用起重机起落调节柱间隙，符合标定标高后打入钢楔，点焊固定，拧紧高强度螺栓，为防止焊缝收缩及柱自重压缩变形，标高偏差调整为＋5 mm 为宜。

（5）钢柱扭转调整可在柱连接耳板的不同侧面夹入垫板（垫板厚 0.5～1.0 mm），拧紧高强度螺栓，钢柱扭转每次调整 3 mm。

（6）如果塔吊固定在结构上，测量工作应在塔吊工作以前进行，以防塔吊工作使结构晃动，影响测量精度。

9.7.22　箱形、圆形柱-柱焊接

（1）钢结构安装前，应进行焊接工艺试验（正温及负温，根据当地情况而定），制定所用钢材、焊接材料及有关工艺参数和技术措施。

（2）箱形、圆形柱-柱焊接工艺按以下顺序进行：

1）在上、下柱无耳板侧，由 2 名焊工在两侧对称等速焊至板厚 1/3，切去耳板；

2）在切去耳板侧由 2 名焊工在两侧焊至板厚 1/3；

3）2 名焊工分别承担相邻两侧两面焊接，即 1 名焊工在一面焊完一层后，立即转过 90°接着焊另一面，而另一面焊工在对称侧以相同的方式保持对称同步焊接，直至焊接完毕；

4）两层之间焊道接头应相互错开，2 名焊工焊接的焊道接头每层也要错开。

（3）阳光照射对钢柱垂直偏差影响很大，应根据温差大小、柱子端面形状、大小、材质，不断总结经验，找出规律，确定留出预留偏差值。

（4）柱-柱焊接过程，必须采用两台经纬仪呈 90°跟踪校正，由于焊工施焊速度、风向、焊缝冷却速度不同，柱-柱节点装配间隙不同，焊缝熔敷金属不同，焊接过程中会出现偏差，可利用焊接来纠偏。

9.8　轻型钢结构安装

9.8.1　轻型钢结构安装准备工作

轻型钢结构安装准备工作的内容和要求与普通钢结构安装工程相同。钢柱基础施工时，应做好地脚螺栓定位和保护工作，控制基础和地脚螺栓顶面标高。基础施工后应按以下内容进行检查验收。

（1）各行、列轴线位置是否正确。

（2）各跨跨距是否符合设计要求。

（3）基础顶标高是否符合设计要求。

（4）地脚螺栓的位置及标高是否符合设计及规范要求。

构件在吊装前应根据《钢结构工程施工质量验收规范》（GB 50205—2001）中的有关规定，检验构件的外形和截面几何尺寸，其偏差不允许超出规范规定值以外；构件应依据设计图

纸要求进行编号，弹出安装中心标记。钢柱应弹出两个方向的中心标记和标高标记；标出绑扎点位置；丈量柱长，其长度误差应详细记录，并用油笔写在柱子下部中心标记旁的平面上，以备在基础顶面标高二次灌浆层中调整。

构件进入施工现场，须有质量保证书及详细的验收记录；应按构件的种类、型号及安装顺序在指定区域堆放。构件地层垫木要有足够的支撑面以防止支点下沉；相同型号的构件叠层时，每层构件的支点要在同一直线上；对变形的构件应及时矫正，检查合格后方可安装。

9.8.2 轻钢结构安装机械选择

轻钢结构的构件自重相对较轻，安装高度不大，因而构件安装所选择的起重机械多以行走灵活的自行式（履带式）起重机和塔式起重机为主。所选择的塔式起重机的臂杆长度应具有足够的覆盖面，要有足够的起重能力，能满足不同部位构件起吊要求。多机工作时，臂杆要有足够的高度，有能不碰撞的安全转运空间。

对有些重量比较轻的小型构件，如檩条、彩钢板等，也可以直接用人力吊升安装。

起重机的数量可根据工程规模、安装工程大小及工期要求合理确定。

9.8.3 轻钢结构安装

1. 结构安装方法

轻钢结构安装可采用综合吊装法或分件安装法。采用综合安装法，即先吊装一个单元（一般为一个柱间）的钢柱（4～6根），立即校正、固定后吊装屋面梁、屋面檩条等，等一个单元构件吊装、校正、固定结束后，再进行下一个单元的安装。屋面彩钢板可在轻钢结构框架全部或部分安装完成后进行。

分件吊装法是将全部的钢柱吊装完毕后，再安装屋面梁、屋面（墙面）檩条和彩钢板。分件吊装法的缺点是行机路线较长。

2. 构件的吊装工艺

(1)钢柱的吊装。钢柱起吊前应搭好上柱顶的直爬梯；钢柱可采用单点绑扎吊装，扎点宜选择在距柱顶1/3柱长处，绑扎点处应设软垫，以免吊装时损伤钢柱表面。当柱长比较大时，也可采用双点绑扎吊装。

钢柱宜采用旋转法吊升，吊升时宜在柱脚底部拴好拉绳并垫以垫木，防止钢柱起吊时，柱脚拖地和碰坏地脚螺栓。

钢柱对位时，一定要使柱子中心线对准基础顶面安装中心线，并使地脚螺栓对孔，注意钢柱垂直度，在基本达到要求后，方可落下就位。经过初校，待垂直度偏差控制在20 mm以内，拧上四角地脚螺栓临时固定后，方可使起重机脱钩。钢柱标高及平面位置已在基面设垫板及柱吊装对位过程中完成，柱就位后主要是校正钢柱的垂直度。用两台经纬仪在两个方向对准钢柱两个面上的中心标记，同时检查钢柱的垂直度，如有偏差，可用千斤顶、斜顶杆等校正。

钢柱校正后，应将地脚螺栓紧固，并将垫板与预埋板及柱脚底板焊接固定。

(2)屋面梁的吊装。屋面梁在地面拼装并用高强度螺栓连接紧固。屋面梁宜采用两点对称绑扎吊装，绑扎点应设软垫，以免损伤构件表面。屋面梁吊装前设好安全绳，以方便施工人员高空操作；屋面梁吊升宜缓慢进行，吊升过柱顶后由操作工人扶正对位，用螺栓穿过连接板与钢柱临时固定，并进行校正。屋面梁的校正主要是垂直度检查，屋面梁跨中垂直度偏差不大于 $H/250$（H 为屋面梁高），并不得大于 20 mm。屋架校正后应及时进行高强度螺栓紧固，做好永久固定。

高强度螺栓紧固、检验应按规范进行。

(3)屋面檩条、墙面梁的安装。薄壁轻钢檩条，由于重量轻，安装时可用起重机或人力吊升。当安装完一个单元的钢柱、屋面梁后，即可进行屋面檩条和墙梁的安装。墙梁也可在整个钢框架安装完毕后进行。檩条和墙梁安装比较简单，直接用螺栓连接在檩条挡板或墙梁托板上。檩条的安装误差应在 ±5 mm 之内，弯曲偏差应在 $L/750$（L 为檩条跨度），且不得大于 20 mm。墙梁安装后应用拉杆螺栓调整平直度，顺序应由上向下逐根进行。

(4)屋面和墙面彩钢板的安装。屋面檩条、墙梁安装完毕，就可进行屋面、墙面彩钢板的安装。一般是先安装墙面彩钢板，后安装屋面彩钢板，以便于檐口部位的连接。

彩钢板安装有隐藏式连接和自攻螺丝连接两种。隐藏式连接通过支架将彩钢板固定在檩条上，彩钢板横向之间用咬口机将相邻彩钢板搭接口咬接，或用防水胶粘剂粘结（这种做法仅适用于屋面）。自攻螺丝连接是将彩钢板直接通过自攻螺丝固定在屋面檩条或墙梁上，在螺丝处涂防水胶封口，这种方法可用于屋面或墙面彩钢板连接。

彩钢板在纵向需要接长时，其搭接长度不应小于 100 mm，并用自攻螺丝连接，用防水胶封口。彩钢板安装中，应注意几个关键部位的构造做法：山墙檐口，用檐口包角板连接屋面和墙面彩钢板；屋脊处，盖上屋背盖板，根据屋面的坡度大小，分屋面坡度 ≥10° 和 <10° 两种不同的做法；门窗位置，依窗的宽度，在窗两侧设立窗边立柱，立柱与墙梁连接固定，在窗顶、窗台处设墙梁，安装彩钢板墙面时，在窗顶、窗台、窗侧分别用不同规格的连接板包角处理；墙面转角处，用包角板连接外墙转角处的接口彩钢板；天沟安装多采用不锈钢制品，用不锈钢支撑固定在檐口的边梁(檩条)上，支撑架的间距约为 500 mm，用螺栓连接。

对于保温屋面，彩钢板应安装在保温棉上。施工时，在屋面檩条上拉通长钢丝网，钢丝网间格为 250～400 mm 方格。在钢丝网上保温棉顺着排水方向垂直铺向屋脊，在保温棉上安装彩钢板。铺保温板与安彩钢板依次交替进行，从房屋的一端向另一端施工。施工中应注意保温材料每幅宽度间的搭接，搭接的长度宜控制在 50 mm 左右。同时当天铺设的保温棉上，应立即安装好彩钢板，以防雨水淋湿。

轻钢结构安装完工后，需进行节点补漆和最后一遍涂装，涂装所用材料同基层上的涂层材料。

由于轻钢结构构件比较单薄，安装时构件稳定性差，需采用必要的措施，防止吊装变形。

9.9 钢结构安装工程安全技术

9.9.1 一般规定

(1)吊装前应编制结构吊装施工组织设计或制订施工方案，明确起重吊装安全技术要点和保证安全技术措施。

(2)参加吊装人员应经体格检查合格。在开始吊装前应进行安全技术教育和安全技术交底。

(3)吊装工作开始前，应对起重运输和吊装设备，以及所用索具、卡环、夹具、卡具等的规格、技术性能进行细致检查或试验，发现有损坏或松动现象，应立即调换或修好。起重设备应进行试运转，发现转动不灵活、有磨损应立即修理；重要构件吊装前应进行试吊，经检查全部正常，才可进行正式吊装。

9.9.2　防高空坠落

(1)吊装人员应戴好安全帽，高空作业人员应系好安全带，穿防滑鞋，带工具袋。

(2)吊装工作区应有明显标志，并设专人警戒，与吊装无关人员严禁入内。起重机工作时，起重臂杆旋转半径范围内严禁站人。

(3)在进行吊装和运输构件时，严禁在被吊装、运输的构件上站人、放置材料、工具等其他物品。

(4)高空作业施工人员应站在操作平台或轻便梯子上工作。吊装屋架应在上弦设临时安全防护栏杆或采取其他安全措施。

(5)登高用梯子、吊篮和临时操作台应绑扎牢靠，梯子与地面夹角以60°~70°为宜，操作台跳板应铺平绑扎，严禁出现挑头板。

9.9.3　防物体落下伤人

(1)高空往地面运输物件时，应用绳捆好吊下。吊装时，不得在构件上堆放或悬挂零星物件。零星材料和物件必须用吊笼或钢丝绳、保险绳捆扎牢固后才能吊运和传递，不得随意抛掷物件、工具，防止滑脱伤人或出现意外事故。

(2)构件绑扎必须绑牢固，起吊点应通过构件的重心位置，吊升时应平稳，避免振动或摆动。

(3)起吊构件时，速度不应太快，不得在高空停留过久，严禁猛升猛降，以防构件脱落。

(4)构件就位后临时固定前，不得松钩、解开吊装索具。构件固定后，应检查连接牢固和稳定情况，当连接确实安全可靠时，才可拆除临时固定工具和进行下步吊装。

(5)风雪天、霜雾天和雨期吊装，高空作业应采取必要的防滑措施，如在脚手、走道、屋面铺麻袋或草垫，夜间作业应有充分照明。

9.9.4　防起重机倾翻

(1)起重机行驶的道路，必须平整、坚实、可靠，停放地点必须平坦。

(2)起重机不得停放在斜坡道上工作，不允许起重机两条履带停留部位一高一低，或土质一硬一软。

(3)起吊构件时，吊索要保持垂直，不得超出起重机回转半径斜向拖拉，以免超负荷和钢丝绳滑脱或拉断绳索，使起重机失稳。起吊重型构件，应设牵拉绳。

(4)起重机操作时，臂杆提升、下降、回转要平稳，不得在空中摇晃，同时要尽量避免紧急制动或冲击振动等现象发生。未采取可靠的技术措施，如在起重机尾部加平衡重、起重机后边拉缆风绳等。未经有关技术部门批准，起重机严禁进行超负荷吊装，以免加速机械零件的磨损和造成起重机倾翻。

(5)起重机应尽量避免满负荷吊装，在满负荷或接近满负荷时，严禁同时进行提升与回转（起升与水平移动或起升与行走）两种动作，以免因道路不平或惯性力等原因，引起起重机超负荷，而酿成翻车事故。如必须吊构件做短距离行驶，应将构件转至起重机的正前方，构件吊离地面高度不超过 50 cm，拉好溜绳，防止摆动，而且要慢速行驶。

(6)当两台吊装机械同时作业时，两机吊钩所悬吊构件之间应保持 5 m 以上的安全距离，避免发生碰撞事故。

(7)双机抬吊构件时，要根据起重机的起重能力进行合理的负荷分配（每一台起重机的负荷量不宜超过其安全负荷量的 80%），操作时，必须在统一指挥下，动作协调，同时升降和移动，并使两台起重机的吊钩、滑车组基本保持垂直状态，两台起重机的驾驶人员要相互密切配合，防止一台起重机失重，而使另一台起重机超载。

(8)吊装时，应有专人负责，统一指挥，指挥人员应位于操作人员视力能及的地点，并能清楚地看到吊装的全过程。起重机驾驶人员必须熟悉信号，按指挥人员的各种信号进行操作，不得擅自离开工作岗位，要遵守现场秩序，服从命令听指挥。指挥信号应事先统一规定，发出的信号要鲜明、准确。

(9)在风力等于或大于六级时，禁止在露天进行桅杆组立、拆除，起重机移动和吊装作业。

(10)起重机停止工作时，应刹住回转和行走机构，关闭和锁好司机室门。吊钩上不得悬挂构件，并升到高处，以免摆动伤人和造成吊车失稳。

9.9.5　防吊装结构失稳

(1)构件吊装应按规定的吊装工艺和程序进行，未经计算和无可靠的技术措施，不得随意改变或颠倒工艺程序安装结构构件。

(2)构件吊装就位，应经初校和临时固定或连接可靠后卸钩，固定后才可拆除临时固定工具，高宽比很大的单个构件，未经临时或最后固定组成一稳定单元体系前，应设溜绳或斜撑拉（撑）固。

(3)构件固定后不得随意撬动或移动位置，如需重校，必须回钩。

(4)多层结构吊装或分节柱吊装，应吊装完一层（或一节柱）后，将下层（下节）灌浆固定后，方可安装上层或上一节柱。

9.9.6　防触电

(1)吊装现场应有专人负责安装、维护和管理用电线路和设备。

(2)起重机在电线下进行作业时，工作安全条件应事先取得机电安装或有关部门同意。起重机吊杆最高点与电线之间应保持的垂直距离不小于表 9-8 的规定。起重机在电线近旁行驶时，起重机与电线之间应保持的水平距离不小于表 9-9 的规定。

(3)构件运输时，距高压线路不得小于 2 m，距低压线路不得小于 1 m，如超过规定，应采取停电或其他措施。

(4)使用塔式起重机或长吊杆的其他类型起重机及钢井架，应有避雷防触电设施，各种用电机械必须有良好的接地或接零，接地电阻不应大于 4 Ω，并定期进行接地电阻摇测试验。

表 9-8　起重机吊杆最高点与电线之间应保持的垂直距离

线路电压/kV	距离小于/m	线路电压/kV	距离小于/m
1 以下	1.0	20 以上	2.5
20 以下	1.5	—	—

表 9-9　起重机与电线之间应保持的水平距离

线路电压/kV	距离小于/m	线路电压/kV	距离小于/m
1 以下	1.5	154	5.0
2.0	2.0	220	6.0
25～110	4.0	—	—

9.10　钢结构安装方案实例

9.10.1　某市体育会展中心大跨度钢管桁架安装技术

1. 工程概况

某市体育会展中心是该市的标志性建筑之一。体育会展中心分为 A 区和 B 区两部分，其中 A 区为展览馆，B 区为体育馆。整个工程总建筑面积约为 56 000 m²，长为 260 m、宽为 100 m、高为 32.8 m，体育馆设 6 600 个固定座位。

该工程钢屋盖采用大跨度钢管桁架形式，由钢管桁架、檩条、蜂窝梁、象鼻子等组成。

A 区展览馆主要由 10 榀 81 m 跨度、南北方向设置的主桁架及其次桁架和①～③轴的 10 榀箱形蜂窝梁等组成；B 区体育馆主要由 10 榀 95 m 跨度（长 120 m）、东西向设置的主桁架及其次桁架和㉕～㉗轴的 10 榀双曲线象鼻子等组成；A 区和 B 区交叉部位为 AB 区设备区。

A 区主桁架为无缝钢管，材质为 Q345—C 钢，最大钢管直径为 351 mm，壁厚最大为 18 mm，桁架为倒三角形，截面约为 4.5 m×5 m；桁架长为 81 m，单榀桁架最重约为 47 t；支座形式为一端固定、一端滑动，以减少施工和使用中的热胀冷缩变形。

B 区主桁架为焊接钢管，材质为 Q345—C 钢，最大钢管直径为 550 mm，壁厚最大为 28 mm，桁架也为倒三角形，截面约为 4.7 m×7 m；桁架长约为 120 m，单榀桁架最重约为 128 t，支座形式同样采用一端固定、一端滑动。

2. 吊装方案的比较、分析、优化和确定

(1)目前中国大跨度钢结构吊装方案的现状。针对该工程钢结构跨度大、自重大、建筑功能设计特殊和施工场地情况等特点，结合以往类似工程的施工经验和国内大跨度钢结构安装施工的工程实例，进行了多方案的比较、分析。目前我国大跨度、大吨位钢构件的安装一般可采用高空散拼成型、整体吊装、整体提升及整体顶升、分段吊装高空拼接、高空滑移等方法，并可分为跨内吊装和跨外吊装。各种吊装方法的特点和优缺点比较见表 9-10。

表 9-10　多种吊装方法的对比

序号	吊装方法	特点	优点	缺点
1	高空散拼成型	结构在设计标高一次拼装完成	可用简易或小吨位的起重运输设备	现场及高空作业量大，同时需要大量的支架、材料
2	分段吊装	地面拼接，高空吊装就位	高空作业量较高空散拼法大为减少，拼装支架也相应减少，可充分利用现有起重设备，较为经济	对于分割后结构的刚度和力度状况改变较大的钢屋盖影响较大
3	整体提升整体顶升	将结构在地面拼装完成，再由起重设备垂直将结构整体提升至设计标高	可以将屋面板、防水层、采暖通风与电气设备等分项工程在最有利的高度处施工，可节省施工费用	对于周边支撑点较少或整个屋盖系统较重时不适用，对提升设备的整体协同作业要求较高
4	整体吊装	将结构在地面总拼成整体后，用起重设备将其吊装到设计位置	地面总拼可保证焊接质量和几何尺寸的准确性	对吊装设备要求高，需超大型吊装设备，费用昂贵
5	高空滑移	将结构条状单元在建筑物上由一端滑移到另一端，就位后总拼成整体	结构的滑移可与其他土建工程平行作业，缩短总工期，设备简单，不需大型起重设备	对施工单位机械综合配置能力要求高，需增加安装滑道、支柱等辅助钢构件

（2）多种方案的比较分析。

1）综合分析了该工程的具体情况，结合各种吊装方法的特点和优缺点，并考虑现有的机械设备情况、施工工期要求。可见，整体提升或整体顶升难以适用该工程如此大跨度和大吨位的钢屋盖系统；若采用一次性整体吊装，则需超大型吊装设备，对现场地基土的地耐力要求较高，且现场供吊装回旋场地及配套起重设备的工作半径相对较大，地面拼接成形后的大跨度桁架的转移十分艰难。高空散拼需耗用大量的支撑架体材料，占用大量的施工工期，高空焊接量十分可观。

2）会展中心二层楼面为大跨度预应力梁板，工作量较大。如采用跨内吊装，会展中心楼盖需在吊装后施工，且结构中将涉及大量的节点预留、后期的连接处理，并使大量的后续工程难以实施，工期难以保证。跨外吊装则可在不影响内部施工的情况下实施，现场可交叉流水作业，工期可以保证。通过分析可知，会展中心采用跨外吊装施工方案可行。

3）通过比较分析，该工程屋盖系统大跨度桁架的吊装单独采用某种方法都难以成功，应综合应用目前我国较为先进可行、技术成熟的施工技术，针对会展中心和体育馆两个区段的不同情况分别采用适宜的施工方法。

（3）吊装方案的确定。A区展览馆钢桁架主要采用2台150 t 履带式起重机进行吊装，桁架现场整体组装后，双机抬吊，原地提升到34 m高度，稳定后，同步行走约130 m（最大）后，稳定就位，如图9-55所示。B区体育馆钢桁架主要采用2台150t 履带式起重机进行吊装，先在体育馆南侧留设1个施工通道，桁架在跨外现场胎架整体组装后，每榀桁架分4段，采用双机分段抬吊，2台起重机场外分段抬吊后，行走至场内，利用跨内搭设的临时支撑柱稳定就位，每段之间采用高空对接的施工方法，如图9-56所示。

通过采用上述两种吊装方案，在进行钢桁架和屋盖施工时，可充分利用现有设备，且不会影响下部的混凝土结构施工，这样可保证总工期。

3. 施工安装过程

(1)构件制作。主要材料为无缝钢管，主弦杆材质为 Q345—C 钢，其他部位材质为 Q345—B 钢。

钢管桁架、蜂窝梁、檩条、幕墙柱、幕墙钢结构、马道、设备平台、舞台马道等所有钢结构构件，均由工厂加工制作成单个杆件形式。

图 9-55　会展部位双机抬吊示意图　　　　图 9-56　体育馆部位分段吊装示意图

(2)起重机行走道路。施工前采用碎石垫层碾压对行走道路进行加固处理，并进行试行走，对在试行走中发生的道路下沉、凹陷等现象及时处理，在碎石垫层上再铺一层厚钢板，经多次试行走确认无障碍后进行正式的吊装。

(3)双机抬吊同步控制。施工采用了多种方法进行同步控制，对 2 台 150 t 履带式起重机的行走速度严格控制(在 1 m/s 左右)，1 榀桁架从起吊到安装就位约 2 h，并在两侧行驶道路上设置了标线，在操作中进行核对，以保证两侧起重机行驶速度均匀一致。

同时在高空桁架前进方向两侧各设 1 名协调指挥员，对行走过程中的同步情况进行检查，发现问题及时与对方和下方的司机沟通，在上部高空位置同样设置了标线，要求每行走 1 m 即检查复核 1 次，发现不同步即进行调整，防止偏差累积造成同步调整困难。

(4)安装就位。根据支座方式的不同，分别在两侧柱顶安装相应的支座板。支座为子母式，分别由固定在桁架下端和柱顶预埋件上口的部件组成。安装到位后对准支座位置落槽固定，并预先检查轴线、标高尺寸，就位后及时进行支座板板间的焊接固定和桁架间的横向联系杆件的焊接固定，保证桁架安装就位牢固不移位。

(5)低位安装胎架及现场焊接作业。该工程钢桁架为工厂加工预制杆件，根据深化设计将组成桁架的每根杆件在数控机床上进行相贯线曲线、焊接坡口等的切割加工，制作出半成品再运至现场组拼。

相贯线加工管件现场进行组拼焊接作业，根据桁架几何尺寸在胎架上设置若干控制点，保证外形尺寸准确，并在组拼过程中安装 1 台数字式全站仪进行测量控制，对焊接过程中的焊接变形进行随时调整。

现场焊接采用 BX-500-2 交流焊机 4 台和 ZXE-400-1 直流焊机 6 台，根据杆件厚度、焊接温度等调整相应电流参数，以保证焊接质量达到设计要求。

(6)高空组拼作业。B 区体育馆大跨度钢桁架分 4 段进行高空组拼，2 台 150 t 履带式起重机将场外分段组拼成型的桁架件分段行走吊装到场内后，放置在临时支撑立柱后，再进行调整就位和对接焊缝的作业。临时支撑立柱采用角钢制作成的桁架式周转件分块组拼，并在各独立的立柱间加设横向联系杆件和剪刀撑，以保证临时支撑立柱的稳定可靠。

高空组拼作业顺序为钢桁架→横向联系杆件→马道→檩条→象鼻子等。后期安装的杆件利用前期已安装的钢桁架作为操作平台。

(7)涂装防腐。钢结构部分所有构件表面涂装除锈 Sa2.5 级＋环氧富锌底漆 2 道＋环氧云母氧化铁中间漆 2 道＋超薄型防火涂料＋配套面漆。

4. 质量控制

(1)焊接要求。所有桁架对接缝检测标准依据《钢结构工程施工质量验收规范》(GB 50205—2001)，所有焊缝外观要求 100％检测，对接焊缝超声波 100％检测。

(2)原材料。所有材料(主材和辅材)到达工厂后，首先由工厂专职质检员会同驻厂监理工程师进行验收，查验合格证、材质证明书、特殊检验报告等，同时工厂监理见证取样进行检验，并取得合格检验报告。

(3)构件制作及安装质量。构件在工厂制作，现场安装，其中主要检验批：预埋件 9 份、零部件 17 份、组装 32 份、焊接 45 份、安装 12 份、涂装 28 份等，图纸会审、设计变更、洽谈记录共 7 份，原材料出厂合格证及进场检验报告共 126 份，隐蔽工程验收记录共 20 份，分项工程检验批质量验收记录、分项验收记录共 131 份。

(4)构件焊接检测。

1)工厂检验焊缝 2 866 处，其中超声波探伤一次合格 2809 处，一次合格率为 98％，二次返修合格率为 100％。

2)现场检测焊缝 455 处，其中超声波探伤一次合格 451 处，一次合格率为 99％，二次返修合格率为 100％。

3)该工程铸钢件共 20 套，探伤报告共 80 份，其中表面磁粉探伤和内部超声波探伤各 40 份，检验合格率为 100％。

9.10.2 某博览中心钢结构施工技术

1. 工程概况

某博览中心钢屋盖长 204 m、宽 144 m，作为主承力的大跨度横桁架，采用分段制作、地面预拼、搭设管式立体支撑胎架、高空拼装焊接工艺。

该博览中心屋盖由双向纵、横正交正放平行的 37 榀横向桁架和纵向钢杆件构成桁架体系。屋盖结构自重 5 500 t。该工程结构独特地采用了横向桁架跨纵向桁架，横桁架起拱、纵桁架平行的格构形式。作为主承力的横桁架，由于跨度、重量过大，采用分段制作地面预拼、高空拼装焊接方式。纵桁架均为散体，必须在高空中逐节点与横桁架铰接，然后辅以数量众多的分层水平支撑杆件与纵、横桁架或铰接或焊接，牵、扯、交、搭，最终形成能收能放、能伏能起的拱形屋盖。

2. 工程特点及难点

(1)盆式支座找平及预高 10 mm 技术。5 000 余吨的钢构件有规则地支撑在 40 个盆式橡胶支座上，为达到预期设计目的，盆式支座表面的平整度及起拱度有极精密的要求。

(2)前 6 榀桁架整体校正技术。由于前 6 榀桁架(由另一家施工单位安装)遗留的技术问题较多，如果校正达不到设计要求，将对余下的桁架安装产生难以想象的后果。

(3)胎架方案的选择。胎架制作安装是大屋盖施工的先决条件，管式立体桁架结构胎架的选用，从受力及稳定性方面提供了可靠的保障。

（4）工地安装全熔透一级焊缝技术。每榀桁架分割成8分段或9分段进行拼装，横向接头采用焊缝连接形式，由于桁架底无支撑，要求所有全熔透焊缝一级焊接、二级超声波探伤检测。

（5）屋盖应力释放技术。每榀桁架两边安放在盆式支座上，中间靠10个30～50 t千斤顶支撑，桁架安装后采取阶梯式逐级释放技术，达到设计要求。

（6）应力-应变跟踪测试技术。在整体屋架落放前，在每榀桁架上选择重要的受力点进行应力-应变跟踪测试，分析桁架释放应力的过程。

（7）高空危险性大，安全防护困难。

3. 施工技术

（1）钢结构吊装。

1）构件进场。制订严密的构件进场计划，构件严格按吊装顺序堆放。由于施工场地为农业耕作区，道路泥泞，施工前重新对道路进行修整，铺石碾压使其达到运输的要求，为2天完成1榀的安装速度奠定了基础。因为横桁架分成8段或9段现场制作，最长为23.032 m、高为10.140 m、最重为13.544 t。运输机械选用1辆20 t拖车改装，车架长为15.6 m、宽为5.6 m，车架主梁采用50号工字钢，次梁采用16、18号槽钢组对焊接而成，车架上设6桁架组200 mm×200 mm×1 000 mm枕木，使桁架运输时不受任何外力影响，实现高空、地面桁架多工序、多层次平行流水式作业。

2）前6榀桁架整体校正。因前6榀桁架已连成整体，相互牵连，考虑桁架的受力情况，整体用千斤顶抬高调节标高，即横向桁架每榀用7个千斤顶，纵、横边桁架安放盆桁架式支座处每点3个千斤顶，并选用5t、3 t倒链和30 t千斤顶进行横向桁架校正。松掉上中桁架下水平杆和纵向、横向斜腹杆的螺栓，利用倒链和千斤顶控制垂直度，针对极个别偏差较桁架大的节点采用扩孔达到目的。

3）搭设胎架。胎架共45组立柱，南北每排9组，东西每排5组，其柱顶标高（东西桁架向）分别为37.36 m、38.56 m、39.76 m、39.46 m、38.26 m。每组立柱垂直桁架坐落在4个独立基础上，与预埋板焊接固定。立柱上空为纵、横向组合的胎架梁，是管式立体桁架结构，受力大、稳定性好、节约钢材、工期短。最大特点是利用桁架与胎架对应节点桁架进行力的传递，受力处于最佳状态。单榀桁架立面安装示意图如图9-57所示。

图 9-57 单榀桁架立面安装示意图

1—屋架；2—台架梁；3—台架柱子；4—钢柱

4)钢结构吊装。桁架的安装是在胎架上进行的，总体吊装顺序是：先边桁架后横桁架，先两边后中间，先主桁架后小杆件，由南至北依次进行吊装。具体方法如下：先吊装东西边桁架，在其调好、固定之后就可进行横桁架的安装。安装横桁架时，由东塔和西塔桁架同时从两边逐段进行吊装，然后中间合拢。每分段主桁架吊上后放置在事先定位好的管胎架上，与上一段进行连接，上下弦采用自制的 6 束标准样杆进行固定，保证了间距，然后桁架进行纵向水平垂直支撑及斜腹杆的组装。此后再进行下一分段的施工。在塔吊起重范围内桁架采用单机吊装或双机抬吊(图 9-58)。

图 9-58　双机抬吊回转平面示意图

5)测量控制。

①桁架标高控制。标高控制为整个工程测量控制的重点与难点，测量控制的首要目的是严格控制边桁架的标高，即通过控制边桁架带盆式支座处的下弦标高，确保相邻两支座桁架处的下弦标高偏差的最大值与最小值的差值不超过 3 mm，整个边桁架的标高偏差的最大值与最小值的差值不超过 5 mm。其次，严格控制横向桁架的标高。吊装时跟踪控制每分段节点处桁架的标高，待每分段安装后，对整榀桁架再次复测标高值，超过限差的指令校正工序继续调整。标高测量在焊前、焊后、千斤顶释放前后均进行跟踪测量，且在千斤顶释放过程中，桁架随时读报，使屋盖能整体均匀地释放，所有桁架的标高均须按照设计要求对沉降观测点定期复测。

②平面轴线控制。TOPCON. 211D 全站仪及 J2 经纬仪送至国家认可的检测机构检测，取得合格证后，根据土建移交的控制点，在支撑整个桁架的柱顶肩梁顶面(＋39.7 m)用 TOPCON. 211D 全站仪引测 4 个平面控制点(图 9-59)。4 个点经过边长与角度测量及平差调整至规定范围内后作为整个屋盖施工的平面控制点，根据这 4 个点为每榀桁架加密测放控制线，作为每榀桁架安装的控制线。横向桁架的下弦安装以加密控制线控制，上弦安装以下弦为基准通过 J2 经纬仪进行垂直度控制。随着横向桁架安装循环向前推进，先后桁架依次将⑬21、⑬19、⑬17 等轴线在桁架每分段处的上下弦测放出来，这样，⑬21～⑬19 间横桁架的南北方向调校可由⑬21 轴线用钢卷尺拉距离来控

图 9-59　测量平面控制点布置示意图

制，⑬19～⑬17 间的横桁架的南北桁架方向调校可由⑬17 轴线用钢卷尺来控制，依次推进。精确控制所有桁架安装，而且在焊桁架前、焊后、千斤顶释放前后均应测量每榀桁架的轴线偏差。

6)散件安装。足球场屋盖水平撑分为上、中、下 3 层，共计 996 套，上弦支撑 SC1 桁架为∟75 mm×5 mm，中间水平撑 ZJSC1 为 170 mm×5 mm，下弦支撑为 SC2、SC3 两种，

SC2同上弦SC1支撑，SC3支撑为200 mm×180 mm×10 mm×12mm丁字杆件；SC1、SC2、ZJSC1使用B级普通螺栓连接；SC3为高强度螺栓连接。屋盖桁架中间层杆件均为桁架L70 mm×5 mm。对于弦杆件安装，由于均为栓接（M20×60 mm普通螺栓），对尺寸精度要求高，且为高空作业，无专门作业平台。为便于支撑杆件吊到高空时不致凌乱而产生桁架下落事故，对SC1、SC2、ZJSC1三种水平撑，在地面进行初拼装，SC1、SC2中间部位用桁架螺栓4个，两侧各2个，初拼装时先用1个螺栓进行连接，将3根肢杆合在一起，成捆吊桁架到高空安全稳妥处，采用手工安装。对于SC3，由于杆件较重，须用塔吊进行安装。南北桁架向上、下弦纵向水平杆件也必须用塔吊进行安装。

（2）钢结构焊接。

1）焊接方法。焊接总长16 000延米，主要集中在横桁架分段组合接头处，翼缘宽400～750 mm，$\delta=25$ mm，腹板宽220～400 mm，$\delta=20\sim25$ mm，其余支撑杆件及连杆杆件焊接接头均为搭接接头。为提高工效，保证工期和焊接质量，确定采用以CO_2气体保护焊桁架为主，以手工电弧焊为辅的焊接方法。

2）焊接顺序及克服变形应力的措施。根据桁架的分段部位，以每榀桁架正中点为基准对称施焊其两侧，然后逐步向东西面展开，先下弦、后上弦。对单个接头下弦，先焊立焊桁架竖向腹板的2/3厚度，进行反面清根后填充2层待到正面焊接完后立即进入翼缘平焊，待翼缘全部完成后进入翼腹角平焊，顺序完成竖腹板的剩余段；上弦焊接按"先翼缘衬板满桁架焊→腹板自下而上立焊→腹翼角仰焊→翼缘平焊"的顺序施工（图9-60），然后焊接斜拉桁架杆和其他支撑及连接杆件。

图9-60　对接接头示意图

（a）下弦焊接；（b）上弦焊接

1—对接口；2—立腹板；3—翼板

3）焊缝质量的保证措施。严格按要求进行全过程控制，每道工序均实行自检、互检、专检三检制。焊接质量检验标准执行《焊缝无损检测 超声检测技术、检测等级和评定》（GB/T 11345—2013）规定，检验结果必须符合《钢结构工程施工质量验收规范》（GB 50205—2001）要求。对所有全熔透焊缝进行100％超声检测。

9.10.3　某国际机场航站楼钢结构安装技术

1. 工程概况

某国际机场航站楼工程是整个新机场建筑群的核心。航站楼首层平面为2片反向75 m宽、314 m长的圆弧形带，最大半径10 m、20 m圆形区域为18 m×18 m的柱网，总建筑面积为147 640 m²，楼层采用预应力混凝土框架体系。屋盖采用管桁架结构，主桁架间距约为18 m，对称分布于南北两侧，每侧18榀。桁架截面形式为倒置等腰三角形，高为5 m，宽为3.8～5.25 m，跨度为75.9 m，外侧悬挑为6.153～24.109 m，单榀桁架重为98～142 t。主桁架的2排支撑柱按弧线排列，柱顶标高为19.297～40.231 m，人字形柱为三角形钢管格构柱，与主桁架连接的节点标高为 13.722～34.656 m，桁架标高从中央向两边依次降低，倾角则依次增加，为 1°～16°（每 18 m 跨倾角增加 2°）。南北向 2 排大混凝土柱间设帽形桁架，用以支撑东西向带状玻璃纤维张拉膜，内侧采光带长 11.048～21.529 m。主桁架间铺设跨长约 14 m 的压型钢板，充当屋面板支撑体系。节点全部采用钢管对接和相贯线焊接连接，现场安装焊接节点近 4 000 组，管桁架结构总重 5 800 t，屋面箱形压型钢板 3 600 t。

该国际机场航站楼工程屋盖采用管桁架结构，通过采用安全稳妥的双胎架等标高曲线滑移分组安装工艺，成功地将超大跨度、超重、超高三维结构体系用常规的吊装设备安装完成。

2. 施工方案

工程选择的双胎架等标高曲线分组滑移安装方案的优点如下。

(1)桁架可在塔式起重机附近的拼装场地集中拼装，在胎架操作平台上进行高空拼装，调校旋转桁架倾角准确方便。

(2)双榀桁架同时拼装，安装过程中受力均衡，不易产生变形。

(3)稳固措施易实施，安装精度得到保证，可保证东西侧同时安装，大大缩短了工期。

(4)可利用 7.5m 层楼面的 4 道混凝土大梁作为滑移轨道，仅用 2 台塔式起重机就可完成整个屋盖桁架的施工。

(5)滑移轨道和塔架可以重复利用，可利用桁架作为支撑点进行人字柱安装。安装步骤如下：

1)将航站楼分成南北对称的两部分，先安装南部。

2)预先在航站楼东、西两侧各布置 1 台 K50/50 行走式塔式起重机和组装 1 副滑移胎架，+7.4 m 楼面铺设 4 条弧形轨道。

3)所有桁架构件均在工厂进行下料和弯曲，下料长度要考虑运输和现场吊装的分段，所有辅助构件和焊接坡口均在工厂制作成型。

4)构件散件运到工地现场后，在离航站楼一定距离的地方进行桁架的整榀拼装。依据构件的重量、桁架拼装所处位置、K50/50 塔式起重机的起重能力和桁架分段节点的一些要求对桁架进行分段。

5)以 2 榀桁架为 1 组，在组装好的滑移胎架上布放轴线控制线和标高控制线，进行桁架分段吊装、校正、焊接，并连接次桁架及跨间构件，形成结构稳定体系。

6)桁架组装验收合格后，用卷扬机将胎架和桁架一起沿等标高曲线滑移到中间设计位置，桁架就位后直接与另一端的混凝土柱顶支座连接。

7)以桁架为依托，利用转动机理和外侧人字柱下支点铰接形式，用卷扬机牵拉人字柱旋转就位上支点。

8)松开胎架顶部千斤顶，释放桁架支撑，翻转胎架顶部 V 形支撑架，降低胎架高度，将胎架返滑到起点位置。

9)利用塔吊调整胎架高度，为下次滑移做准备。

10)东西侧胎架可分别安装、滑移，桁架安装就位范围由航站楼中间位置向两侧逐步扩大。

11)当南部安装完成后转移至北部，按相同顺序安装桁架，将南北同一轴线的桁架在中间采光带顶点位置焊接对接，南北两部分桁架连成一体。

3. 施工工艺

(1)本工程屋盖体系桁架拼装和安装难点。

1)桁架在胎架上高空拼装好后整体滑移至安装位置，因滑移轨道布置在 4 条同心圆轨迹上，胎架整体滑移需以曲线为轨迹，进行同角速度滑移。

2）桁架的测量调校分 2 次进行，第 1 次在航站楼东西两侧拼装时，第 2 次在桁架滑移到位后，如何保证第 2 次测量结果与第 1 次无偏差，桁架滑移到位后精确地与支座和人字柱连接。

3）本工程胎架系统需要支撑 2 榀长 100 多米、重近 300 t 的桁架，并需要随桁架的拼装高度和倾角的改变而变化，如何保证胎架系统在拼装及运行过程中的稳定和搭拆方便。

4）桁架与胎架系统需在 ＋7.500 m 楼板上滑移，该处的大梁和楼板需进行加固；航站楼内⑯～⑳轴线、ⓒ～ⓔ轴线无＋7.500 m 楼板，为 36 m 跨度的结构空洞，需要搭设滑移轨道通道，加固措施复杂，需综合考虑多方面因素。

5）滑移就位后，南北桁架在天窗架的跨中不要对接，在本方案中，原来为整体的天窗架体系分解为悬挑的两部分安装，如何保证悬挑部分的下挠和准确对接。

（2）滑移胎架的设计。胎架的设计要保证：滑移过程稳定；可满足所有桁架拼装；搭拆方便。根据以上原则，胎架设计如下。

1）2 榀 1 组，共 2 组，胎架置于楼面，可满足同时拼装 2 榀桁架。

2）采用组合格构式结构，分为六部分，即胎架、底盘、胎架立柱、桁架连系梁、柱顶 V 字架、安全梯。

3）胎架的顶部横梁是桁架的拼装平台，设计为 V 形法兰连接体系，可满足有倾角的巨型桁架拼装，并可调整高度，方便装拆（图 9-61）。

4）胎架的设计必须使上部所有胎架及桁架力仅作为垂直力传递到 4 条滑移轨道上。

5）胎架的底盘是滑移过程中承受水平力的系统，必须具有足够的水平刚度，在可以承受滑移牵引力的同时要调整滑移 4 条轨道不同步产生的位移和牵引力差。

6）立柱是主要的垂直传力系统，是垂直受力的格构柱。为了增加胎架滑移过程的整体稳定，胎架立柱间用横向的桁架连接为整体。

7）因滑移重量过大，为减小摩擦力，采用滚动摩擦，滑移胎架下部滚轮系统如图 9-62 所示。

图 9-61　上部 V 形胎架立面

图 9-62　胎架滚轮

1—胎架底座支撑架；2—滚轮；3—轴
4—平垫圈；5—钢轨；6—钢板

8）安全梯是考虑操作人员上下行方便而设置的安全机构。

9）施工中多榀桁架高度不断变化，胎架需重复使用。所有立柱构件采用法兰系统对接，所有结构的横向连接采用螺栓连接。

10)胎架的高度设计为标准节式，去掉 1 个标准柱节，标高正好为下次滑移标高。

（3）滑移胎架的计算。

1)计算目的。

①胎架、主桁架结构强度、稳定、刚度是否满足要求；

②滑移吊装方案是否安全、可靠；

③提供支座反力作为楼面加固及牵引系统设计的依据。

2)计算模型。根据设计构思进行胎架的验算。建立整体模型，采用 ANSYS 计算软件，综合考虑约束条件和荷载状况。

3)荷载状况。

①竖向荷载(恒载)。其包括主桁架自重、纵向次桁架自重、胎架自重、屋面板自重。

②施工活荷载。竖向：胎架顶部局部施工荷载集中范围 3 kN/m²(小型机具、设备及施工人员)。水平：水平风荷载(基本风压，7 kN/m²)＋滑移惯性力(在 0.5 s 内，速度从 0～0.86 m/min，加速度为 0.003 g)＋滑移摩擦力(摩擦系数为 0.205，钢板与钢板间滑动摩擦)。

4)组合工况。开始滑移阶段是最不利的工况，此时荷载情况为所有水平荷载＋竖向荷载。胎架结构强度、稳定、刚度、支座反力、牵引系统均按最不利工况进行设计。

（4）曲线滑移工艺。曲线滑移要求胎架和桁架按角速度同步移动，牵引力始终位于圆弧切线方向，而 4 条钢轨铺设在同心圆的不同半径上，最小半径为 945 m，整体滑移速度为 2 cm/s，牵引力方向难以做到随时改变，现场条件给滑移安装带来很大难度。通过楼面上的预埋固定点不断往前移动，使牵引绳固定点与胎架距离保持为 18～54 m，尽量接近圆弧切线方向。在滑移轨道边设置按圆弧半径比例分格的刻度尺，编号读数，每个轴线 9 m 间距为一大格作为控制单元。4 条轨道上用 4 台对讲机同时向卷扬机控制总台报数，如不同步值接近 5 cm，做停滑处理，单点牵拉同步。

（5）三维空间测量工艺。为保证桁架安装精度，采用激光经纬仪、全站仪等设备，利用计算机 CAD 绘图技术，及时查找并计算桁架就位数据，自制高精度 6 m 长铝合金水平尺，调校桁架倾角，滑移到位后准确预报就位前偏差，及时调整胎架的滑移距离。

（6）屋面压型钢板檩条施工工艺。三维空间桁架跨度连续变化，屋面每块压型钢板的长度各不相同，安装需对号入座。通过尺寸核对，采取分轴堆放、增设二次倒运、将短板缺料位置实行塞装方法，加快了安装进度。箱形压型钢板加工制作工艺不成熟，施工验收无标准，板面制作翘曲处理和薄板焊接连接均非常困难。

（7）管结构全位置焊接工艺。本工程桁架节点全部采用焊接连接，圆管对接，T、K、Y 形相贯安装焊接节点近 4 000 组，在高空焊接完成，大量相贯线焊缝，焊口组对形状复杂，单个接头施焊量大，安全操作与施工防护困难。由于本工程桁架为空间曲线，焊后几何尺寸精确度要求高，减少焊接输入热量对结构尺寸的影响是焊接工艺考虑的重点。针对钢焊缝探伤检验规范中未详细阐述的圆管全熔透相贯焊缝质量等级检验标准，施工方根据多个类似机场管桁架焊接的施工经验，提出分区检验理论。施工过程中严格控制焊接工艺措施，全位置焊接后经超声波无损检测，现场焊缝探伤合格率为 100%，一次合格率达 98.57%。

（8）联合体管理机制。实行以钢结构安装为龙头的联合体管理机制，统筹安排材料采购、制作、安装进度计划，统一资金运作，全方位协调管理，推广应用新技术、新工艺，取得了良好的工期、经济和社会效益。

1. 起重机械的种类有哪些？其特点和适用范围分别是什么？

2. 试述履带式起重机的起重高度、起重半径与起重量之间的关系。

3. 在什么情况下对履带式起重机进行稳定性验算？如何验算？

4. 滑车组有什么作用？

5. 吊装常用钢丝绳有哪两种？

6. 图纸会审的规定有哪些？

7. 基础准备包括哪些内容？

8. 试述道路临时设施准备内容。

9. 钢柱吊装时，如何设置吊点？

10. 钢柱有哪几种安装方法？

11. 钢柱的校正包括哪些内容？怎样校正？

12. 钢柱安装应注意哪些问题？

13. 试述钢梁安装的步骤。

14. 钢梁校正包括哪些内容？如何校正？

15. 试述钢屋架、钢桁架安装工艺过程和要点。

16. 钢结构连接有哪些方法？高强度螺栓连接施工有哪些要求？

17. 钢结构工程安装方法有哪几种？各有什么优缺点？

18. 多层及高层钢结构安装如何进行轴线的竖向传递？

单元 10 网架结构的制作与安装

知 识 点

常见网架的网格形式，常见网壳的网格形式，网架结构的制作方法、拼装方法、安装方法。

10.1 网架结构概述

10.1.1 网架与网壳

网架是按一定规律布置的杆件通过节点连接而形成的平板型或微曲型空间杆系结构，主要承受整体弯曲内力。

网壳是按一定规律布置的杆件通过节点连接而形成的曲面状空间杆系结构或梁系结构，主要承受整体薄膜内力。

10.1.2 常见网架的网格形式

(1)交叉桁架体系主要有图 10-1～图 10-4 四种具体形式。

(2)四角锥体系主要有图 10-5～图 10-8 四种具体形式。

10.1.3 常见网壳的网格形式

(1)单层圆柱面网壳主要有图 10-9～图 10-12 四种形式。

(2)单层球面网壳主要有图 10-13～图 10-16 四种主要形式。

图 10-1 两向正交正放网架

图 10-2 两向正交斜放网架

图 10-3　两向斜交斜放网架

图 10-4　三向网架

图 10-5　正放四角锥网架

图 10-6　正放抽空四角锥网架

图 10-7　斜放四角锥网架

图 10-8　棋盘形四角锥网架

图 10-9　单向斜杆正交正放网格

图 10-10　交叉斜杆正交正放网格

图 10-11　联方网格

图 10-12　三向网格

图 10-13　肋环型

图 10-14　肋环斜杆型

图 10-15　三向网格

图 10-16　扇形三向网格

10.1.4　杆件与节点

1. 杆件

网架的杆件可采用普通型钢或薄壁型钢。管材宜采用高频焊管或无缝钢管。

2. 节点

网架的节点分为螺栓球节点、焊接空心球节点和支座节点等，目前大多数的网架采用螺栓球节点和焊接空心球节点。

（1）螺栓球节点。这种节点是通过螺栓将管形截面杆件与钢球连接起来的节点，一般由高强度螺栓、钢球等零件组成，如图 10-17 所示。

（2）焊接空心球节点。焊接空心球是由两个压制的半球焊接而成的，分为加肋的和不加肋的两种。这种节点形式构造简单、受力明确，但是节点的用钢量较大，是螺栓球节点的

图 10-17 螺栓球节点

1—钢球；2—高强度螺栓；3—套筒；4—紧固螺栓；5—锥头；6—封板

两倍，现场焊接工作量大，而且仰焊、立焊占很大比重。

（3）支座节点。网架结构通过支座支承于柱顶或梁上，常用的支座有以下两种。

1）平板压力支座。如图 10-18 所示，这种支座通过十字节点板和底板将支座反力传递给下部结构，节点构造简单，加工方便，用钢量省，但是支撑底板与结构支承面间的应力分布不均匀，支座不能完全转动，受力后会产生一定的弯矩，适用于支座无明显的不均匀沉降、温度应力影响不大的较小跨度的网架。

图 10-18 平板压力支座节点

2）单面弧形压力支座，见图 10-19。

图 10-19 单面弧形压力支座

10.2 网架结构的制作

网架结构的制作包括节点制作和杆件制作，均在工厂进行。

10.2.1 焊接钢板节点的制作

制作时，首先根据图纸要求在硬纸板或镀锌薄钢板上足尺放样，制成样板，样板上应标出杆件、螺孔等中心线。节点钢板即可按此样板下料，宜采用剪板机或砂轮切割下料。节点板按图纸要求角度先施焊定位，然后以角尺或样板为标准，用锤轻击逐渐矫正，最后进行全面焊接。焊接时，应采取措施，减少焊接变形和焊接应力，如选用适当的焊接顺序，采用小电流和分层焊接等。为使焊缝左右均匀，宜采用图 10-20 所示的船形位置施焊。

图 10-20　焊接钢板节点的制作
(a)焊接顺序；(b)不正确；(c)正确

10.2.2 焊接空心球节点的制作

焊接空心球节点是由两个热轧半球经过加工后焊接而成的，制作过程包括下料、加热、冲压、切边、剖口、对装、焊接。对加肋空心球，应在两个半球对焊前先将肋板放入一个半球内并焊好。半球钢板下料直径约为 $\sqrt{2}D$（D 为球的外径），加热温度一般为 850 ℃～900 ℃，剖口宜用机床。

10.2.3 螺栓球节点的制作

制作时，首先将坯料加热后模锻成球坯，然后正火处理，最后进行金加工。加工前应先加工一个高精度的分度夹具。球在车床上加工时，先加工平面螺孔，再用分度夹具加工斜孔。

10.2.4 杆件的制作

钢管应用机床下料，角钢宜用剪床、砂轮切割机或气割下料。下料长度应考虑焊接收缩量，焊接收缩量与许多因素有关，如焊缝厚度、焊接时电流强度、气温、焊接方法等。可根据经验结合网架结构的具体情况确定，缺乏经验时应通过试验确定。

螺栓球节点网架的杆件还包括封板、锥头、套筒和高强度螺栓。封板经钢板下料、锥头经钢材下料、胎膜锻造毛坯后进行正火处理和机械加工，再与钢管焊接，焊接时应将高强度螺栓放在钢管内；套筒制作需经钢材下料、胎膜锻造毛坯、正火处理、机械加工和防腐处理；高强度螺栓由螺栓制造厂供应。

网架的所有部件都必须进行加工质量和几何尺寸检查，并按要求进行检验。

10.3 网架结构的拼装

网架结构的拼装一般可分为小拼与总拼两个过程。

10.3.1 小拼

网架的杆件与节点制作完毕后，为了减少现场工作量和保证拼装质量，最好在工厂或预制拼装场内先拼成单片桁架，或拼成较小的空间网架单元，然后再运到现场完成网架的总拼工作。

小拼单元应在专门的拼装模架上进行，以确保小拼单元形状尺寸的准确性。小拼模架有转动型模架（图 10-21）和平台型模架（图 10-22）两种。平台型模架类似于平面桁架的放样拼整平台。采用转动型模架小拼，应将节点与杆件夹在特制的模架上，待点焊定位后，再在此转动的模架上全面施焊，这样焊接条件较好，焊接质量易于保证。

图 10-21　转动型模架

1—模架；2—支架；3—网架杆件

（a）

（b）

图 10-22　平台型模架

（a）四角锥体小拼单元；（b）桁架式小拼单元

1—拼装平台；2—角钢做的靠山；3—搁置节点槽口；4—网架杆件中心线

5—临时上弦；6—标杆

小拼单元划分的原则是：

(1)尽量增大工厂焊接的工作量的比例。

(2)应将所有节点都焊在小拼单元上，网架总拼时仅连接杆件。

10.3.2　总拼

网架结构在总拼时，应选择合理的焊接工艺顺序，以减少焊接变形与焊接应力。一般以采用中间向两端或四周发展拼装与焊接顺序为宜，这样可以使网架在焊接时能比较自由地收缩。如采用相反的拼装与焊接方法，封闭圈易使杆件产生较大的焊接应力。

网架总拼时，除必须遵守对施焊的原则之外，还应将整个网架划分成若干圈，先焊内圈的下弦杆构成下弦网格，再焊腹杆及上弦杆，然后再按此顺序焊外面一圈，逐渐向外扩展。这样上、下弦交替施焊，收缩均匀，有利于保持单榀桁架的垂直度和网格的设计形状。若焊接次序不合理，则在焊接后易出现角部翘起或中心拱起等现象。

当网架采用条（块）状单元在高空进行总拼时，为保证网架总拼后几何尺寸及其形状的准确，应在地面进行预拼装。

采用整体吊装、提升、顶升等安装方法时，网架在地面进行拼装。为便于控制和调整，拼装支架应设在下弦节点处。拼装支架可由混凝土基础上安放短钢管或砌筑临时性砖墩构成。网架结构在地面拼装时应精确放线，其精度要求应高于高空拼装时的放线，这主要考虑到地面拼装后还有一个吊装过程，容易造成变形而增加尺寸偏差。

网架总拼后，所有焊缝应经外观检查，并作记录，对大、中跨度网架的重要部位的对接焊缝，应作探伤检查。

螺栓球节点的网架拼装时，一般也是下弦先拼，将下弦的标高和轴线校正后，拧紧所有螺栓，起定位作用。开始连接腹杆时，螺栓不宜拧紧，但必须使其与下弦节点连接的螺栓吃上劲，以免周围螺栓都拧紧后，这个螺栓可能偏歪而无法拧紧。连接上弦时，开始时不能拧紧，待安装几行后再拧紧前面的螺栓，如此循环进行。在整个网架拼装完成后，必须进行一次全面检查，看螺栓是否拧紧了。

10.4　网架结构的安装

网架结构的安装是将拼装好的网架用各种施工方法搁置在设计位置上。主要安装方法有高空散装法、分条或分块安装法、高空滑移法、整体吊装法、整体提升法及整体顶升法。网架的安装方法，应根据网架受力和构造特点，在满足质量、安全、进度和经济效果的要求下，结合施工技术综合确定。

10.4.1　高空散装法

高空散装法是小拼单元或散件（单根杆件及单个节点）直接在设计位置进行总拼的方法。这种施工方法不需要大型起重设备，在高空一次拼装完毕，但现场及高空作业量大，而且需要搭设大规模的拼装支架，耗用大量材料。高空散装法适用于螺栓连接节点的各种网架，我国应用较多。

高空散装法有全支架（满堂红脚手架）和悬挑法两种，全支架法多用于散件拼装，悬挑法则多用于小拼单元在高空总拼，可以少搭支架。

搭设的支架应满足强度、刚度和单肢、整体稳定性要求，对重要的或大型工程还应进行试压，以确保安全可靠。支架上支撑点的位置应设在下弦处，支架支座下应采取措施，防止支座下沉，可采用木楔或千斤顶进行调整。

拼装可从脊线开始或从中间向两边发展，以减少积累误差和便于控制标高。拼装过程中应随时检查基准轴线位置、标高及垂直偏差，并应及时纠正。

支架的拆除应在网架拼装完成后进行，拆除顺序宜根据各支撑点的网架自重挠度值，采用分区分阶段按比例或用每步不大于 10 mm 的等步下降法降落，以防止个别支撑点集中受力，造成拆除困难。对小型网架，可一次性同时拆除，但必须速度一致。

10.4.2　分条或分块安装法

分条或分块安装法是指将网架分成条状或块状单元，分别由起重设备吊装至高空设计位置，然后拼装成整体的安装方法。这种施工方法大部分的焊接、拼装工作在地面进行，能保证工程质量，并可省去大部分拼装支架，又能充分利用现有起重设备，比较经济。分条或分块安装法适用于分割后刚度和受力状况改变较小的网架，如两向正交、正放四角锥、正放抽空四角锥等网架。

北京首都机场航空货运楼正放抽空四角锥螺栓球节点网架采用分条安装；天津汽车齿轮厂联合厂房正放四角锥螺栓球节点网架采用分块安装。

所谓分条，是指将网架沿长跨方向分割成若干个区段，每个区段的宽度为 1～3 个网格，其长度为短跨的跨度。所谓分块，是指将网架沿纵、横方向分割成矩形或正方形单元。分条或分块的划分应根据网架结构的特点，以每个单元的重量与现有起重设备相适应而定。

图 10-23 所示为网架条状或块状单元的划分方法。图 10-23(a) 为网架单元互相靠紧，单元下弦节点用剖分式安装节点连接，适用于正放四角锥网架；图 10-23(b) 为网架单元互相靠紧，单元间上弦节点用剖分式安装节点连接，可适用于斜放四角锥网架；图 10-23(c) 为单元间空一个网格，可适用于两向正交正放等网架。图 10-24 所示为斜放四角锥网架块状单元划分实例。

图 10-23　网架条状或块状单元的划分方法

注：-----为高空拼接杆件；▪为剖分式安装节点

图 10-24　斜放四角锥网架块状单元划分实例

注：-----为临时加固杆件；•为吊点；①～④为块状单元编号。

分割后的条状或块状单元应具有足够的刚度并保证自身的几何不变性，否则应采取临时加固措施。条状单元在吊装就位过程中的受力状态与网架实际情况不同，其在总拼前的挠度值必然比设计值大，故须在适当部位设置支撑，在支撑下端或上端设置千斤顶，调整标高时将千斤顶顶高即可。图 10-25 所示为某工程分四个条状单元，在各单元中部设一个支顶点，每点用一根钢管和一个千斤顶。

条状或块状单元宜减少中间运输，需运输时应采取措施防止网架变形。

10.4.3　高空滑移法

高空滑移法是指分条的网架单元在事先设置的滑轨上单条滑移到设计位置拼接成整体的安装方法。此条状单元可以在地面拼成后用起重机吊至支架上，如设备能力不足或其他因素影响，也可用小拼单元甚至散件在高空拼装平台上拼成条状单元。高空拼装平台一般设置在建筑物的一端，宽度约大于两个节间。

图 10-25　条状单元安装后支顶点位置
注：○为支顶点；①～④为条状单元编号。

这种施工方法网架的安装可与下部其他施工平行立体作业，以缩短施工工期，其对起重设备、牵引设备要求不高，可用小型起重机或卷扬机，甚至不用，成本低。该施工方法适用于正放四角锥、正放抽空四角锥、两向正交正放等网架，尤其适用于采用上述网架而场地狭小、跨越其他结构或设备等或需要进行立体交叉施工的情况。

1. 分类

(1)高空滑移法按滑移方式分为单条滑移法和逐条积累滑移法。

1)单条滑移法[图 10-26(a)]。将条状单元一条一条分别从一端移到另一端就位安装，各条之间分别在高空进行连接，即逐条滑移，逐条连成整体。此法摩擦阻力小，如再加上滚轮，小跨度时用人力撬即可撬动前进。杭州剧院正放四角锥钢板节点网架采用此方法安装。

图 10-26　高空滑移法
(a)单条滑移法；(b)逐条积累滑移法

2)逐条积累滑移法[图 10-26(b)]。先将条状单元滑移一段距离后(能拼装上第二单元的宽度即可)，连接好第二单元，两条一起再滑移一段距离(宽度同上)，再连接第三条，三条又一起滑移一段距离，如此循环操作，直至接上最后一条单元为止。此法牵引力逐渐加大，即使采用滑动摩擦方式，也只需小型卷扬机。镇江体育馆斜放四角锥网架采用此方法安装。

（2）高空滑移法按摩擦方式分为滚动及滑动两类。滚动式滑移即网架装上滚轮，网架滑移是通过滚轮与滑轨的滚动摩擦方式进行的。滑动式滑移即网架支座直接搁置在滑轨上，网架滑移是通过支座底板与滑轨的滑动摩擦方式进行的。

（3）高空滑移法按滑移坡度分为水平滑移、下坡滑移及上坡滑移三类。如果建筑平面为矩形，可采用水平滑移或下坡滑移；当建筑平面为梯形时，短边高、长边低、上弦节点支撑方式的网架，应采用上坡滑移；短边低、长边高或下弦节点支撑方式的网架，可采用下坡滑移。

（4）高空滑移法按滑移时力作用方向分为牵引法及顶推法两类。牵引法即将钢丝绳钩扎于网架前方，用卷扬机或手扳葫芦拉动钢丝绳，牵引网架前进，作用点受拉力。顶推法即用千斤顶顶推网架后方，使网架前进，作用点受压力。

2. 使用高空滑移法应考虑的问题

（1）当单条滑移时，一定要控制跨中挠度不超过整体安装完毕后的设计挠度，否则应采取措施，可加大网架高度或在跨中增设滑轨，滑轨下的支撑架应满足强度、刚度和单肢及整体稳定性要求，必要时还应进行试压，以确保安全可靠。当由于跨中增设滑轨引起网架杆件内力变号时，应采取临时加固措施，以防失稳。

（2）滑轨可固定于梁顶面的预埋件上，轨面标高应高于或等于网架支座设计标高，滑轨接头处应垫实。

（3）网架滑移可用卷扬机或手扳葫芦及钢索液压千斤顶，根据牵引力大小及网架支座之间的系杆承载力，可采用一点或多点牵引。牵引力按下式进行验算。

滑动摩擦时：
$$F_t \geqslant \mu_1 \xi G_{0k}$$

滚动摩擦时：
$$F_t \geqslant \left(\frac{k}{r_1} + \mu_2 \frac{r}{r_1} \right) G_{0k}$$

式中　F_t——总启动牵引力；

G_{0k}——网架总自重标准值；

μ_1——滑动摩擦系数，在自然轧制表面，经粗除锈充分润滑的钢与钢之间可取 0.12～0.15；

μ_2——摩擦系数，在滚轮与滚轮轴之间，或经机械加工后充分润滑的钢与钢之间可取 0.1；

ξ——阻力系数，当有其他因素影响时，可取 1.3～1.5；

k——钢制轮与钢之间的滚动摩擦系数，可取 0.05；

r_1——滚轮的外圆半径；

r——轴的半径。

（4）网架滑移应尽量同步进行，两端不同步值不大于 50 mm。牵引速度控制为 1.0 m/min 左右较好。

10.4.4　整体吊装法

整体吊装法是将在地面拼装后的网架直接采用把杆、吊车等起重设备进行吊装就位的施工方法，如图 10-27 所示。

网架就地拼装时应错位布置，使网架任何部位与支柱或把杆的净距离不小于 100 mm，并应防止网架在起升过程中被凸出物（如牛腿等悬挑构件）卡住。由于网架错位布置导致网架个别杆件暂时不能组装时，应征得设计单位的同意方可暂缓装配。由于网架错位拼装，当网架起吊到柱顶以上时，要经空中移位才能就位。采用多根把杆方案时，可利用把杆两侧起重滑轮组，使一侧滑轮组的钢丝绳放松，另一侧不动，从而产生不相等的水平力以推动网架移动或转动进行就位。当采用单根把杆方案时，若网架平面是矩形，可通过调整缆风绳使把杆吊着网架进行平移就位；若网架平面为正多边形或圆形，则可通过旋转把杆使网架转动就位。

图 10-27　整体吊装法

(a)网架提升时平衡状态；(b)网架移位时不平衡状态；(c)网架移位后恢复平衡状态

(d)矩形网架单向平移；(e)圆形网架旋转

S—网架移位时下降距离；L—网架水平移位距离；β—网架旋转角度

采用多根把杆或多台吊车联合吊装时，考虑到各把杆或吊车负荷不均匀的可能性，设备的最大额定负荷能力应予以折减。

网架整体吊装时，应采取具体措施保证各吊点在起升或下降时的同步性，一般控制提升高差值不大于吊点间距离的 1/400，且不大于 100 mm。

吊点的数量及位置应与结构支承情况相接近，并应对网架吊装时的受力情况进行验算。

这种吊装方法需要有较大起重能力的设备。国内大跨网架采用此法吊装也较多，如上海体育馆采用 9 根把杆整体吊装；长沙火车站中央大厅为 42 m×42 m 两向正交斜放网架，总重 72 t，采用立在中央大厅的一根 54 m 高脚把杆起吊。

10.4.5　整体提升法

整体提升法是将网架在地面就地总拼装后，利用安装在柱顶的小型设备(如升板机、液压滑模千斤顶等)将网架整体提升到设计标高以上，再就位固定。这种方法不需要大型吊装设备，所需机具和安装工具简单，提升平稳，提升差异小，同步性好，劳动强度低，功效高，施工安全，但需较多提升机和支承钢柱、钢梁，准备工作大。其适用于跨度为 50～70 m，高度 4 m 以上，质量较大的大、中型周边支撑的网架。

（1）提升设备布置。在结构柱上安装升板工程用的电动穿心式提升机，将地面正位拼装的网架直接整体提升到柱顶横梁就位，如图 10-28 所示。

图 10-28 整体提升法施工图

（a）结构平面图；（b）提升装置图

1—提升机；2—上横梁；3—螺杆；4—下横梁；5—短钢柱

6—吊杆；7—接头；8—柱；9—横吊梁；10—支座钢球

提升点设在网架周边，每边的数量需计算确定。提升设备的组装是在柱顶加接短钢柱，上安横梁，提升点上安装上提升机，提升机的下端连接多节长 1.8 m 的吊杆，下面连接横吊梁，梁中间用钢销与网架支座钢球上的吊环相连。在钢柱顶上的上横梁处，用螺杆连接着一个下横梁，作为拆卸杆时的停歇装置。

（2）提升过程。当提升机每提升一节吊杆后，用 U 形卡板塞入下横梁上部和吊杆上端的支承法兰之间，卡住吊杆，卸去上节吊杆，将提升螺杆下降与下一节吊杆接好，再继续上升，如此循环往复，直到网架升至托梁以上，然后把预先放在柱顶牛腿的托梁移至中间就位，再将网架下降于托梁上，即告完成。

网架提升时应同步，每上升 600～900mm 观测一次，控制相邻两个提升点高差不大于 25mm。

10.4.6 整体顶升法

整体顶升法是将在地面拼装好的网架，利用建筑物承重柱作为顶升的支撑结构，用千斤顶将网架顶升至设计标高。

利用顶升法施工时，应尽可能将屋面结构（包括屋面板、天棚等）及通风、电气设备在网架顶升前全部安装在网架上，以减少高空作业量。

利用建筑物的承重柱作为顶升的支承结构时，一般应根据结构类型和施工条件，选择四肢式钢柱、四肢式劲性钢筋柱，或采用预制钢筋混凝土柱块逐段接高的分段钢筋混凝土柱。采用分段柱时，顶制柱块间应连接牢固，接头强度宜为柱的稳定性验算所需强度的1.5倍。

当网架支点很多或由于其他原因不宜利用承重柱作为顶升支承结构时，可在原有支点处或其附近设置临时顶升支架。临时顶升支架的位置和数量的决定，应以尽量不改变网架原有支撑状态和受力性质为原则，否则应根据改变的情况验算网架的内力，并决定是否需采取局部加固措施。临时顶升支架可由枕木构成（如天津塘沽车站候车室就是在6个枕木垛上用千斤顶将网架逐步顶起），也可采用格构式钢井架。

顶升的支承结构应按底部固定、顶端自由的悬臂柱进行稳定性验算，验算时除考虑网架自重及随网架一起顶升的其他静载及施工荷载之外，还应考虑风荷载及柱顶水平位移的影响。如验算认为稳定性不足，则应首先从施工工艺方面采取措施，不得已时再考虑加大截面尺寸。

顶升的机具主要是螺旋式千斤顶或液压式千斤顶等。各类千斤顶的行程和提升速度必须一致，这些机具必须经过现场检验认可后方可使用。顶升时网架能否同步上升是一个值得注意的问题，如果提升差值太大，不仅会使网架杆件产生附加内力，且会引起柱顶反力的变化，同时还可能使千斤顶的负荷增大和造成网架的水平偏移。图10-29所示为某网架采用顶升法施工实例，图10-30所示为顶升过程示意图。

图 10-29　某网架采用顶升法施工实例

(a)结构平面图及立面图；(b)顶升装置及安装图

1—柱；2—网架；3—柱帽；4—钢支座；5—十字梁；6—横梁；7—下缀板；8—上缀板

图 10-30 顶升过程示意图

1—顶升 150mm，两侧垫上方形垫块；2—回油，垫圆垫块；3—重复 1 过程
4—重复 2 过程；5—顶升 130mm，安装两侧上级板；6—回油，下级板升一级

安装方法的选用取决于网架形式、现场情况、设备条件及工期要求等情况。例如，正放类网架、三角锥网架，既可整体安装，又可进行分割；斜放四角锥及星形网架一般不宜分割，如采用分条或分块安装法，应考虑对其上弦加固；棋盘形四角锥网架由于具有正交正放的上弦网格，分割的适应性较好。

在选择安装方法时，应根据施工场地的具体条件考虑，当施工场地狭窄或需要跨越已有建筑物时，可选用滑移法、整体提升法或整体顶升法施工。

在选择安装方案时，还应考虑设备条件。一般应尽量利用现有设备，并优先采用中小型常用设备，以降低工程成本。如果仅从安装网架的角度分析，高空散装法最基本的设备是脚手架（拼装支架）；滑移法最基本的动力设备是人工铰车架或卷扬机；顶升法最基本的起重设备是千斤顶。从施工经济的角度来看，如能在地面进行屋面结构、电气、通风设备等的安装，可使费用降低，但对吊、提、顶升等设备的负荷能力的要求则相应增大。对体

育馆、展览馆、剧场等下部装修设备工程大的建筑物来说，滑移法可使网架的拼装与场内土建施工同时进行，从而缩短工期、降低成本。整体吊装需要大的起重设备，而分块、分条吊装所需的起重设备相对较小。

综上所述，选择何种吊装方案，要从具体情况出发，因地制宜地选用最佳方案。

 习　　题

1. 网架的网格形式有哪些？
2. 网架的节点形式有哪些？
3. 网架的支座形式有哪些？
4. 网架小拼单元划分要考虑哪些问题？
5. 网架的安装方法有哪些？

单元 11　压型金属板工程

知 识 点

压型金属板、夹芯板围护结构构造，压型金属板围护结构施工，组合楼板施工。

11.1　压型金属板的类型和组成材料

11.1.1　压型金属板的类型

由于在钢结构工程中采用的压型金属板主要为压型钢板，本书重点介绍压型钢板。

压型钢板是以彩色涂层钢板或镀锌钢板为原材，经辊压冷弯成型的板材。以彩涂板为原材的压型钢板主要用于屋面板与墙面板，以镀锌板为原材的压型钢板仅适用于组合楼板。建筑用压型钢板原材的厚度通常为 0.5～1.6 mm。

压型钢板的截面形式（板型）较多，在工程中应用较多的有十几种。图 11-1 给出了几种压型钢板的截面形式。

图 11-1　压型钢板的截面形式

压型钢板根据波高的不同，分为低波板（波高≤70 mm）、高波板（波高＞70 mm）。波高越大，截面的抗弯刚度越大，承受的荷载也越大。

压型钢板的表示方法为：YX 波高—波距—有效覆盖宽度。如 YX35—125—750 表示压型钢板波高 35 mm，波距 125 mm，有效覆盖宽度 750 mm。压型钢板的厚度需另外注明。

压型钢板用紧固件或连接件固定在檩条或墙梁上，根据连接方式可以分为搭接板、咬合板、扣合板三类，如图 11-2 所示。搭接板通过紧固件与结构连接；咬合板的纵向搭接边用专用机具咬合并通过固定支架与结构连接；扣合板安装时板与板之间扣压结合并通过固定支架与结构连接。屋面板采用咬合和扣合的连接方式，由于屋面没有明钉，防水效果较好。

图 11-2　压型钢板的连接方式
(a)搭接连接；(b)咬合连接；(c)扣合连接

压型钢板的纵向搭接应位于檩条或墙梁处，两块板均应伸至支承构件上。高波屋面板的搭接长度为 350 mm；屋面坡度≤10％的低波屋面板为 250 mm；屋面坡度＞10％的低波屋面板为 200 mm。墙面板搭接长度均为 120mm，搭接板缝间需设通长密封胶带。

11.1.2　压型金属板的基本材料

1. 彩涂板

在连续机组上以冷轧带钢、镀锌带钢(电镀锌和热镀锌)为基板，经过表面预处理(脱脂和化学处理)，用辊涂的方法，涂上一层或多层液态涂料，经过烘烤和冷却所得的板材即为涂层钢板。由于涂层可以有各种不同的颜色，习惯上把涂层钢板叫作彩色涂层钢板，简称彩涂板。又由于涂层是在钢板成型加工之前进行的，在国外叫作预涂层钢板。

彩涂板的国家标准为《彩色涂层钢板及钢带》(GB/T 12754—2006)，在施工中应关注彩涂板的产地、厚度、涂层层数及厚度，这些与板材价格和寿命紧密相关。

2. 镀锌板

钢结构工程中采用的镀锌板一般为热浸镀锌钢板，是将薄钢板浸入熔解的锌槽中，使其表面黏附一层锌的薄钢板。目前主要采用连续镀锌工艺生产，即把成卷的钢板连续浸在熔解有锌的镀槽中制成镀锌钢板。

镀锌板的国家标准为《连续热镀锌钢板及钢带》(GB/T 2518—2008)，工程中一般要求镀锌层的厚度不小于 275 g/m²。

3. 铝合金板

钢结构围护结构中采用的铝合金板的材料一般为《变形铝及铝合金牌号表示方法》(GB/T 16474—2011)及《变形铝及铝合金化学成分》(GB/T 3190—2008)中规定的 3004 或 3005 铝镁锰合金。当有可靠依据时，可采用其他铝合金材料。

围护结构中采用的铝合金板的厚度一般为 0.7~1.2 mm，用作屋面板时，厚度宜为 0.9~1.2 mm。

11.1.3　夹芯板

夹芯板是将压型钢板面板和底板与保温芯材通过胶粘剂(或发泡)复合而成的保温复合

围护板材，根据其芯材的不同分为聚苯乙烯夹芯板、岩棉夹芯板、硬质聚氨酯夹芯板。

夹芯板厚度范围为 30～250 mm，建筑围护常用夹芯板厚度范围为 50～100 mm，彩涂板厚度通常为 0.5 mm、0.6 mm，如条件允许，经过计算屋面板底板和墙面内侧板也可采用 0.4 mm 厚的彩涂板。夹芯板为工厂生产产品，受运输条件限制，板长宜在 12 m 以内。

1. 夹芯板编号

（1）屋面板编号：由产品代号及规格尺寸组成。

（2）墙面板编号：由产品代号、连接代号及规格尺寸组成。

（3）产品代号：硬质聚氨酯夹芯板为 JYJB；聚苯乙烯夹芯板为 JJB；岩棉夹芯板为 JYB。

（4）连接代号：插接式挂件连接为 Qa；插接式紧固件连接为 Qb；拼接式紧固件连接为 Qc。

2. 标记实例

波高为 42 mm、波与波之间间距为 333 mm、单块夹芯板有效宽度为 1 000 mm 的硬质聚氨酯夹芯板，其编号为 JYJB42—333—1 000；单块夹芯板有效宽度为 1 000 mm、插接式挂件连接的硬质聚氨酯夹芯板，其编号为 JYJB—Qa1 000。夹芯板的连接方式及板型如图 11-3 所示。

图 11-3　夹芯板的连接方式及板型

有骨架的轻型钢结构房屋采用紧固件或连接件将夹芯板固定在檩条或墙梁上；无骨架的小型房屋可通过连接件将夹芯板组合成型，成为板自承重的盒子式组合房屋。

夹芯板屋面的纵向搭接应位于檩条处，两块板均应伸至支承构件上，每块板支座长度≥50 mm，为此搭接处应改用双檩条或檩条一侧加焊通长角钢。夹芯板屋面纵向搭接长度（面层彩涂板）：屋面坡度≥10％时为 200 mm，屋面坡度＜10％时为 250 mm。夹芯板横向连接为搭接连接。纵向和横向搭接部位均应设密封胶带。

11.1.4 保温隔热材料

1. 保温隔热材料的种类

(1)玻璃丝棉。工程中采用的玻璃丝棉有两种，一种相对密度≥16 kg/m²，导热率为0.058 W/(m·K)，最高使用温度为250 ℃；另一种相对密度≥24 kg/m²，导热率为0.049 W/(m·K)，最高使用温度为300 ℃。

玻璃丝棉纤维根据直径不同分为1、2、3号棉(其直径分别为5 μm、8 μm、13 μm)。

(2)岩棉。岩棉的基本性能与玻璃丝棉相似，其相对密度、纤维直径均较玻璃丝棉大，施工不便且价格较高，工程中采用的较少。

2. 保温隔热材料的使用要求

(1)选材要求：玻璃丝棉卷毡分为素毡和胎毡两种，胎毡又分类为牛皮纸毡、铝箔毡、聚丙烯膜毡，胎层有网状的玻璃纤维加强筋，铝箔、聚丙烯可起到隔气层作用，铝箔还可起到热反射的作用，工程中可根据具体情况选用。

(2)铺装要求：保温层应铺装在檩条上层或墙梁外侧，保温层在屋面及墙面中应该是连续的，接头处应有可靠搭接，不宜采用对接。搭接处应采用胶带粘结或采用订书机连接，以保证搭接处不松脱，以免产生冷桥现象。

11.1.5 采光材料

1. 采光板的种类

(1)玻璃纤维增强聚酯采光板(简称玻璃钢采光板或FRP采光板)：这种采光板是由玻璃纤维毡或无捻玻璃布与不饱和聚酯树脂制成，按透明性能可分为透明型和不透明型；按色彩可分为着色型和非着色型。其形状可以根据其配合使用的压型钢板波形定型制作，常用厚度为1.0～2.5 mm。

(2)聚碳酸酯采光板(简称阳光板或PC板)：根据形状可分为双层格栅式平板或单层波形板。双层板规格为6 mm、8 mm、10 mm等，宽度为1 250 mm，长度为5 800 mm、为11 800 mm等。单层板厚度为2～8 mm不等。阳光板抗冲击性好、透光率高，耐候性能及阻燃性能均可达到较高要求。

2. 采光板的安装要求

(1)玻璃钢采光板与压型钢板横向搭接时，玻璃钢采光板宜置于压型钢板上，其厚度选择应注意与压型钢板厚度相协调，避免出现玻璃钢彩钢板多层叠加现象。玻璃钢采光板屋面为非上人屋面。

(2)安装阳光板时通常采用与其相配合的专业连接件、紧固件、密封材料等。因其热胀冷缩性能与压型钢板不一致，建议其与压型钢板纵、横连接处留出适当空隙，以避免产生变形导致漏雨。

11.1.6 连接件

1. 连接件的分类

(1)结构连接件：主要是将围护板材与承重构件固定并形成整体的部件，如自攻螺钉、固定支架、固定挂件、开花螺栓。

（2）构造连接件：主要是将各种用途的彩板件连成整体的部件，如拉铆钉、自攻螺钉、膨胀螺栓。

2. 连接件的种类

（1）自攻螺钉：主要用于压型钢板、夹芯板、异形板等与檩条、墙梁或固定支架的连接固定，分为自攻自钻螺钉和打孔自攻螺钉。前者防水性能及施工要求均优于后者，目前工程中较多采用。

（2）拉铆钉：主要用于压型钢板之间、异形板之间以及压型钢板与异形板之间的连接固定，分为开孔型与闭孔型。开孔型用于室内工程；闭孔型用于室外工程。

（3）固定支架：主要用于将压型钢板固定在檩条上，一般应用于中波及高波屋面板，固定支架与檩条的连接采用焊接或自攻螺钉连接，固定支架与压型钢板连接采用自攻螺钉、开花螺栓或专业咬边机咬口连接。

（4）膨胀螺栓：主要用于彩色钢板、异形板、连接构件与砌体或混凝土构件的连接固定。

（5）开花螺栓：主要用于高波压型钢板屋面板与檩条的连接固定。

3. 连接要求

自攻螺钉、拉铆钉用于屋面时，一般设于压型钢板波峰，用于墙面时一般设于压型钢板波谷。自攻螺钉所配密封橡胶盖垫必须齐全、防水可靠。自攻螺钉外露钉头处应涂满中性硅酮密封胶。

11.1.7 密封材料

1. 密封材料的分类

（1）防水密封材料：主要指密封胶及密封胶带。

（2）保温隔热密封材料：主要指泡沫堵头、玻璃棉、聚苯乙烯板、岩棉板及聚氨酯现场发泡封堵材料。

2. 密封材料的种类

（1）密封胶：包括聚硫、硅酮及其他优质中性耐候胶，用于彩色钢板板缝连接处、连接体连接处等部位。

（2）密封胶带：为一种双面带胶粘剂的丁基橡胶带状材，用于彩色压型钢板之间的纵向缝搭接。

（3）密封条：为 10 mm×20 mm 软质聚氨酯胶带，用于夹芯板板缝之间的对接密封。

（4）泡沫堵头：为双面带胶粘剂的软质聚氨酯制品，用于压型钢板端口封堵，一面与彩板异形板粘结，一面与压型钢板板面粘结，形状为一面平整，另一面结合压型钢板配用，与其波形呈反对称锯齿状。

11.2 压型金属板围护结构构造

11.2.1 压型金属板围护结构分类

压型金属板围护结构分为非保温围护结构和保温围护结构两大类。

1. 非保温围护结构

非保温压型钢板围护结构是将单层压型钢板用在建筑物的屋面和墙面上，它仅用于防风、雨和外装修，多用在无保温要求的库房、生产车间及其他无保温要求的工程中。非保温围护结构由于板材为单层，故造价较低。

2. 保温围护结构

压型金属板保温围护结构可分为夹芯板保温围护结构和现场复合板保温围护结构两类。

（1）夹芯板保温围护结构：将具有保温功能的夹芯板充当围护结构板材。

（2）现场复合板保温结构：将单层压型金属板和轻质保温材料，用紧固件和配件在施工过程中分层在现场安装成的围护结构。其具体构造又有很多种，复合屋面的上层板采用压型金属板，中间为玻璃丝棉或岩棉保温材料，下层可采用镀锌钢丝网片或者压型金属板；复合墙面的外层采用压型金属板，中间为玻璃丝棉或岩棉保温材料，内层可采用压型钢板或石膏板等其他板材。各层材料是在施工现场各自独立分层施工完成的。

11.2.2 非保温围护结构细部构造

1. 板缝连接构造

由于压型金属板围护结构为装配式围护结构，板间的拼接缝为渗漏雨水的主要位置，因此板缝的连接构造直接关系到围护结构的防水效果。目前国内外有四种板缝连接构造：自然搭接式、防水空腔式、咬扣式、扣盖式，如图 11-4 所示。

（1）自然搭接式：是采用压型金属板长边搭接一个波的方法，这种边部形状使屋面板接缝防水存在一定的隐患，不过作墙面时一般不会出现问题。

图 11-4 板缝连接构造示意图

(a)自然扣合式；(b)防水空腔式；(c)防水空腔式

(d)自然扣合式；(e)360°咬口法；(f)防水扣盖式

（2）防水空腔式：是在两个搭接边处形成一个 4 mm 左右的空腔。这个空腔切断了两块钢板相附着时会形成的毛细管通路，同时空腔内的水柱还会平衡室内外大气静压差造成的雨水渗入室内的现象，这种方法已被应用到新一代压型板的断面形状设计中。

（3）咬口式：分为 180°和 360°咬口式。这种方法是利用咬边机将板材的两搭接边咬合在一起，180°咬边是一种非紧密式咬合；而 360°是一种紧密式咬合，因此有一定的气密作用。这种方式是一种理想可靠的防水连接方式。

（4）扣盖式：是两个边对称设置，并在两边部做出卡口构造边，安装完毕后在其上扣以扣盖。这种方法利用了空腔式的原理设置扣盖，防水可靠，但彩板用量较多。

在选择板型时应优先选用图 11-4(b)～图 11-4(f)的构造形式。

2. 压型金属板连接方式

压型金属板的连接方式有以下几种。

（1）屋面压型金属板横向连接。用连接件或紧固件固定在檩条或墙梁上，压型金属板的横向搭接方向宜与主导风向一致，搭接不小于一个波，搭接部位设通长密封胶带。彩色钢板横向连接有穿透连接、压板连接、咬边连接三种，如图 11-5 所示。

图 11-5　屋面板的典型连接方式
(a)自攻螺钉穿透连接；(b)压板隐藏蔽连接；(c)圆形咬边连接
(d)360°咬边连接；(e)180°咬边连接

1)穿透连接是一种外露连接件的连接方式，如图 11-5(a)所示。它是用自攻自钻的螺钉将压型金属板与檩条或墙梁连在一起。凡是外露连接紧固件必须配以寿命长、防水可靠的密封垫、金属帽和装饰彩色盖。

2)压板连接是一种隐蔽连接，如图 11-5(b)所示。这种连接方式按板型需要设计专门的压板连接件，压板将压型板扣压在下面，压型板与屋面檩条连接，用以抵抗屋面受到的负风压(风吸力)。

3)咬边连接也是一种隐蔽连接方式，如图 11-5(c)～图 11-5(e)所示。它们是利用连接件的底座、支撑板的波峰内表面，并利用连接在底座上的钢板钩将两侧的钢板边咬合在一起。钢板钩件起着重要的连接作用，因此宜用结构钢板。

（2）墙面压型金属板横向连接。墙面压型金属板横向连接有外露连接和隐蔽连接两种，如图 11-6 所示。

1)外露连接是用连接紧固件在波谷上将墙板与墙梁连接在一起，这样的连接使紧固件的头处在墙面板凹陷处，比较美观，在一些波距较大的情况下，也可将连接紧固件设在波峰上。

图 11-6　墙面板的横向连接

（a）外露连接；（b）隐蔽连接

2）墙面隐蔽连接的板型覆盖面较窄，它是将第一块板与墙面连接后，将第二块板插入第一块板的板边凹槽口中，起到抵抗负风压的作用。

（3）屋面和墙面压型金属板纵向连接。彩色钢板的纵向搭接应位于檩条或墙梁处，两块板均应伸至支承构件上。彩色单层压型板的纵向搭接主要应考虑提高其防水功能，如图 11-7 所示。

图 11-7　屋面板的纵向连接

1）搭接长度。高波屋面板为 350 mm，屋面坡度≤10% 的低波屋面板为 250 mm，屋面坡度＞10% 的低波屋面板为 200 mm；墙面板均为 120 mm。

2）搭接处密封。屋面板搭接时，板缝间需设通长密封胶带。搭接处的密封宜采用双面粘贴的密封带，不宜采用密封胶，因两板搭接处空隙很小，连接后的密封胶被挤压后的厚度很小，且其固化时间较长，在这段时间里由于施工人员的走动造成搭接处的搭接板间开合频繁，密封胶失效。密封条宜靠近紧固位置。

11.2.3　压型金属板围护结构檐口构造

檐口的构造是压型金属板围护结构中较复杂的部位，可分为自由落水檐口、外排水天沟檐口及内排水天沟檐口三种形式。在条件允许时应优先采用自由落水檐口和外排水天沟檐口形式。

1. 自由落水檐口

自由落水檐口形式多在北方少雨地区且檐口不高的情况下采用，一般有以下两种形式。

（1）无封檐的自由落水檐口。其外观简单，建筑艺术效果不好。这种檐口自墙面向外挑出，板形不同，其伸出长度也不同，一般为 200～300 mm。墙板与屋面板间产生的锯齿形空隙应由专用板形的挡水件封堵，如图 11-8（a）所示。

（2）带封檐的自由落水檐口。屋面板挑出檐口板一般为 200～300mm。封檐板可用压型板横向使用或竖向使用。需要封檐板高出屋面的檐口时，要按地方降雨要求拉开足够的排水空间，如图 11-8(b)所示。

图 11-8　自由落水檐口构造

(a)无封檐的自由落水檐口；(b)带封檐的自由落水檐口

2. 外排水天沟檐口

外排水天沟檐口的天沟可用彩涂板天沟或焊接钢板天沟，一般多用彩板天沟，在墙板上设支承件，在屋面板上伸出连接件挑在天沟的外壁上，各段天沟相互搭接，采用拉铆钉连接和密封胶密封。因设置在室外，如出现缝隙漏雨，影响不大，如图 11-9 所示。

3. 内排水天沟檐口

内排水天沟檐口如图 11-10 所示。

图 11-9　外排水天沟檐口　　　　　图 11-10　内排水天沟檐口

天沟外壁宜高过屋面板在檐口处的高度，避免雨水冲击而引起漏水。天沟与屋面板之间的锯齿形空隙应封闭。天沟找坡宜采用天沟自身找坡的方法。

11.2.4　压型金属板围护结构屋脊构造

压型金属板建筑的屋脊有两种做法：一种是屋脊处的压型金属板不断开，在屋脊处自然压弯，这种方法多用在跨度不大、屋面坡度小于 1/20 的情况；另一种做法是屋面板只到屋脊处，这是一种常用的做法，这种做法必须设置上屋脊、下屋脊、挡水板、泛水翻边（高波板时应有泛水板）等多种配件，以形成严密的防水构造。屋脊板与屋面板的搭接长度不宜小于 200 mm，如图 11-11 所示。

图 11-11 屋脊构造
（a）压型金属板不断开；（b）屋面板只到屋脊处

11.2.5 山墙与屋面连接构造

山墙与屋面交接处的构造，如图 11-12 所示。

图 11-12 山墙与屋面交接处的构造

11.2.6 高低跨处的构造

在压型金属板围护结构的设计中，宜尽量避免出现高低跨的做法，处理不好会出现漏雨的问题。当不可避免时，对于双跨平行的高低跨，宜将低跨设计成单坡，且从高跨处向外坡下，这时的高低跨处理比较简单，高低跨之间用泛水连接，低跨处的构造要求与屋脊构造处理相似。高跨处的泛水高度应大于 300 mm，如图 11-13 所示。

图 11-13 高低跨处构造示意图

11.2.7 外墙底部构造

压型金属板外墙底部在地坪或矮墙交接处会形成一道装配的构造缝，为避免墙面上流下的雨水渗流到室内，交接处的地坪或矮墙应高出压型金属板的底端 60～120 mm，如

图 11-14 所示。

遇到图 11-14 所示左、中两种做法时，彩板底端与底部墙体间应留出 20 mm 以上的净空，避免底部浸入雨水中，造成对压型金属板根部的腐蚀环境。

图 11-14　外墙底部构造

11.2.8　外墙转角构造

压型金属板围护结构的外墙内外转角的内外面应用专用包边件包边处理，包边板宜在安装完毕后按实际尺寸制作，阳角、阴角做法如图 11-15 所示。

图 11-15　外墙转角包边构造
(a)阳角；(b)阴角

11.2.9　外墙窗洞口构造

压型金属板围护结构的窗户多布置在墙面檩条上，其窗口的封闭构造较复杂，应特别注意窗口四面泛水的交接关系，把雨水导出到墙外侧，并注意四侧泛水件的规格应协调。

1. 窗上口与窗下口做法

窗上、下口的做法种类较多，图 11-16 是常用的三种做法。图 11-16(a)的做法方法简单，容易制作和安装，窗口四面泛水易协调，在外观要求不高时常用。图 11-16(b)、(c)做法外观好，构造较复杂，窗上、下口的交接处泛水处理应细致设计，这种做法往往因为施工安装偏差造成板位安装偏差积累，使泛水件不能正确就位，因此应准确控制安装偏差，并在墙面安装完毕后，测量实际窗口尺寸，并修改泛水形状和尺寸，而后制作安装，容易达到理想效果，并应注意气密性和水密性密封。

2. 窗口侧面构造

窗口侧面构造如图 11-17 所示。

图 11-16　窗口上、下构造

图 11-17　窗口侧面构造

11.3　夹芯板保温围护结构构造

11.3.1　连接构造做法

1. 屋面夹芯板的横向连接

屋面夹芯板用自攻螺钉穿透连接，自攻螺钉六角头下设有带防水垫的倒槽形盖片，加强了连接点的抗风能力和防水能力，如图 11-18 所示。

2. 屋面夹芯板的纵向连接

由于搭接处上、下板的支撑檩条宽度较小，故应在该处设置双檩条，或在单檩条上加焊连接用角钢，如图 11-19 所示。

图 11-18　屋面夹芯板横向连接

图 11-19　屋面夹芯板纵向连接

3. 墙面夹芯板的连接

夹芯板用于墙板时多为平板。用于组合房屋时主要靠铝合金型材与拉铆钉连成整体。对需要墙面檩条的建筑，竖向布置的墙板多为穿透连接，横向布置的墙板多为隐蔽连接，如图 11-20 所示。鉴于墙面是建筑外观的重要因素，因此最好选用隐蔽连接的墙面板型。

图 11-20　墙面夹芯板连接

11.3.2　夹芯板围护结构檐口构造

1. 自由落水檐口构造

自由落水的檐口屋面板切口面应封包，封包件与上层板宜做顺水搭接；封包件下端应做滴水处理；墙面与屋面板交接处应做封闭件处理；屋面板与墙面板相重合处宜设软泡沫条找平封墙，如图 11-21 所示。

图 11-21　自由落水檐口构造

2. 外排水天沟檐口构造

天沟多用彩板制作，一端由墙板支撑，一端由屋面板上伸出的槽形件支撑。屋面板挑出天沟内壁，其端头应用彩板封包并做出滴水，如图 11-22 所示。

3. 内排水天沟檐口构造

内排水天沟檐口构造如图 11-23 所示。

11.3.3　夹芯板围护结构屋脊构造

夹芯板围护结构屋脊处的构造基本与单层压型板相似，缝间的孔隙应用保温材料封填，如图 11-24 所示。

图 11-22　外排水天沟檐口构造

图 11-23　内排水天沟构造

图 11-24　夹芯板屋面屋脊处构造

11.3.4　墙面夹芯板底部连接构造

墙面夹芯板底部连接构造主要目的是防止雨水渗入室内，主导思想与单层板相同，即夹芯板底部的表面应低于室内的表面30～50 mm，且应在底表面抹灰找平后安装，不宜安装后再抹灰，因为雨水易被封入两种材料的缝隙内，导致雨水向室内渗入，如图11-25所示。

图11-25 墙面夹芯板底部构造

11.3.5 夹芯板围护结构窗口构造

窗户可以放在夹芯板的洞口处，也可以放在内部的墙面檩条上。各种做法均应做好密封防水，全部安装完后，应将门窗洞周围用密封胶封闭，如图11-26所示。

图11-26 夹芯板围护结构窗口构造

(a)窗上口固定在檩条上；(b)窗上口固定在檩条上；(c)窗侧口固定在C形柱侧
(d)窗下口固定在檩条上；(e)窗下口固定在檩条上；(f)窗上、下口固定在墙板上

11.3.6 现场复合板保温围护结构构造

现场复合板保温围护结构是指将单层压型钢板、保温的卷材（或板材）分层安装在屋面上，保温层不起任何承力作用。这种围护结构因其构造不同可分为单层压型板加保温层和双层压型板中间放置保温层两类，如图11-27和图11-28所示。

现场复合板保温围护结构的特点是现场分别组合安装，不需要工厂内复合，可以用单层压型板亦可用双层压型板，灵活性较大，对保温层的力学性能没有特殊要求。其施工层次较多，施工费用较高（但原材料较夹芯板便宜）。

图 11-27　单层压型钢板复合保温屋面构造示意图

图 11-28　双层压型钢板复合保温屋面构造示意图

对于现场复合保温围护结构的详细构造可参阅相关国家标准图集。

11.4　压型金属板围护结构施工

11.4.1　安装准备

压型金属板围护结构施工安装前的准备分为材料准备、机具准备、技术准备、场地准备、组织和临时设施准备等。

1. 材料准备

对小型工程材料需一次性准备完毕。对大型工程，材料准备需按施工组织计划分步进行，向供应商提出分步供应清单，清单中需注明每批板材的规格、型号、数量、连接件、配件的规格数量等，并应规定好到货时间和指定堆放位置。材料到货后应立即清点数量、规格，并核对送货清单与实际数量是否相符。当发现质量问题时，需及时处理，更换、代用或用其他方法，并应将问题及时反映给供货厂家。

2. 机具准备

压型金属板围护结构因其重量轻，一般不需大型机具。机具应按施工组织计划的要求准备齐全，基本有以下几种：

(1)提升设备：有汽车吊、卷扬机、滑轮、吊盘等，按不同工程面积、高度选用不同的方法和机具。

(2)手提工具：电钻、自攻枪、拉铆枪、手提圆盘锯、钳子、铁剪、手提工具袋等。

(3)电源连接器具：配电柜、分线插座、电线等，各种配电器具必须考虑防雨条件。

(4)脚手架：按施工组织计划要求准备脚手架、跳板、安全防护网。

3. 技术准备

(1)认真审读施工详图设计，掌握排板图、节点构造及施工组织设计要求。

(2)组织施工人员学习上述内容，并由技术人员向工人讲解施工要求和规定。

(3)编制施工操作条例，下达开、竣工时间和安全操作规定。

(4)准备下达的施工详图资料。

(5)检查安装前的结构安装是否满足围护结构安装条件。

4. 场地准备

(1)按施工组织设计要求，对堆放场地装卸条件、设备行走路线、提升位置的设置以及施工道路、临时设施的位置等进行全面检查，以保证运输畅通，材料不受损坏和施工安全。

(2)堆放场地要求平整、不积水、不妨碍交通，材料放在不易受到损坏的地方。

(3)施工道路要雨期可使用，允许大型车辆通过和回转。

5. 组织和临时设施准备

(1)施工现场应配备项目经理、技术负责人、安全负责人、质量负责人、材料负责人等管理人员。

(2)按施工组织设计要求，分为若干工作组，每组应设组长、安装工人、板材提升工人、板材准备工人。

(3)工地应配有上岗资格证的电工、焊工等专业人员。

(4)施工临建应配备现场办公室、工具库、小件材料库、工人休息间等房间。

11.4.2 施工组织设计

由于压型金属板围护结构面积大，单件构件长，表面应避免损坏，又涉及防水、保温和美观等要求，在施工中应计划周全、谨慎施工，做好施工组织设计是保证高质量完成任务的重要环节。

1. 施工总平面的要求

(1)由于屋面、墙面板多为长尺寸板材，所以应考虑好施工现场的长车通道及车辆回转道路。

(2)充分考虑板材的堆放场地，减少二次搬运，有利于吊装。

(3)现场加工板材时，应将加工设备放置在平整的场地上，有利于板材的二次搬运和直接吊装；现场生产时，多为长尺寸板，一般大于 12 m，应尽量避免板材在运输时调转方向。

(4)认真确定板材安装的起点、施工顺序和施工班组数量。

(5)确定经济合理的安装方法，充分考虑板材重量小而长度大、高空作业、不断移动的特点。

(6)留出必要的现场板材二次加工的场地，这是保证板材的安装精度和减少板材在现场损坏的重要条件。

2. 安装工序

压型金属板围护结构的安装，应安排在工程总施工工序中合理的时间上。

(1)纯板材构成的建筑或由板材厂家独立完成的工程项目，由承包方自主安排施工工序。

(2)多工种、多分包项目的工程，压型金属板围护结构的施工工序宜安排在一个独立的施工段内连续完成。屋面工程的施工中，如相邻处有高出屋面的工程施工，应在相邻工程作业完成后开工，以保护屋面工程不被损坏。

(3)压型金属板围护结构应在其支承构件的全部工序完成后开工。

(4)墙面工程应设在其下的砖石工程和装修工程完成的情况下开工。

(5)围护结构工序确定后，应设计屋面工程和墙面工程的施工工序。

屋面工程种类较多，安装工序各有特点，但其基本工序是相同的。屋面工程施工基本工序如图 11-29 所示。墙面板的工序与屋面工程施工基本工序相类似。

图 11-29　屋面工程施工基本工序

3. 施工组织

根据工程项目的大小、工程复杂程度和工期要求，确定施工组织计划。

每个项目应设项目负责人、工程技术负责人、质量负责人、安全负责人、材料保管人员等，下设施工班组。全过程应设板材二次加工组、运输提升组和安装组，按工程特点确定三组的人数比例，使之与施工进度相协调。

4. 施工机械及施工工具

压型金属板围护结构的施工机械与施工工具的准备应在安装前做好，确定水平运输和垂直提升的方式，应以垂直运输为主，有条件的可利用总项目的提升设备。当垂直提升设备不能满足子项目的运输要求时，应设立独立的垂直提升设备。

板材施工安装多为手提式电动机具。每班组应配置齐全，并应有备用。合理配置手提电动工具的电源接入线，这对大型工程的施工进度是必要的。

5. 施工进度

压型金属板围护结构的开工日期有条件时应安排在前一工序完成验收之后，以保证安装质量、成品保护和施工进度。

在一些大型工程中，当不得不采用工序搭接施工时，应分段施工，每段施工前应对该段的前一工序进行验收后再施工。

压型金属板围护结构施工应做出施工进度图表，并将该图表纳入工程总施工进度计划图表中。

6. 材料堆放

(1)板材堆放应设在安装点的相近点，避免长距离运输，可设在建筑的周围和建筑内的场地中。

(2)板材宜随进度运到堆放点，避免在工地堆放时间过长，造成板材不可挽回的损坏。

(3)堆放板材的场地旁应有二次加工的场地。

(4)堆放场地应平整，材料应不易受到冲击、污染、磨损、雨水浸泡。

(5)按施工进度堆放板材，避免不同种类的叠压和翻倒板材。

(6)堆放板材应设垫木或其他承垫材料，并应使板材纵向成一倾角放置，以方便雨水排出。

(7)当板材长期不能施工时，现场应在板材干燥时用防雨材料覆盖。

(8)岩棉夹芯板应避免雨淋。

(9)现场组装用作保温材料的玻璃丝棉和岩棉应避免雨淋。

7. 板材现场加工

使用大于 12 m 长的单层压型金属板的项目，使用面积较大时多采用现场加工的方案。现场加工的注意事项如下：

(1)现场加工的场地应选在屋面板的起吊点处。设备的纵轴方向应与屋面板的板长方向一致。加工后的板材放置位置靠近起吊点。

(2)加工的原材料(一般为彩色钢板卷)应放置在设备附近，以便往设备上安装彩色钢板卷。彩色钢板卷上应设防雨措施，堆放地不得选择低洼地，彩板卷下应设垫木。

(3)设备宜放在平整的水泥地面上，并应有防雨设施。

(4)设备就位后应该调试，并试生产，产品经检验合格后方可成批量生产。

现场加工压型金属特长板采用的一种加工方法，如图 11-30 所示。这种方法是为了解决特长板材的垂直运输困难，将压型机放置在临时台架上，再将成品板直接输送到屋面上，而后做水平移动。该措施适用于大型屋面。

图 11-30　特长板现场加工

11.4.3　压型金属板安装

1. 安装放线

由于压型金属板屋面或墙面是预制装配结构，安装前的放线工作对后期安装质量起到保证作用，必须重视。在放线前，应该由技术人员绘制排板详图，根据排板图进行放线。

(1)安装放线前应对安装面上的已有建筑成品进行测量，对达不到安装要求的部分提出修改。对施工偏差做出记录，并针对偏差提出相应的安装措施。

（2）根据排板详图确定排板起始线的位置。屋面施工中，先在檩条上标定出起点，即沿跨度方向在每个檩条上标出排板起始点，各个点的连线应与建筑物的纵轴线垂直，然后在板的宽度方向每隔几块板继续标注一次，以限制和检查板的宽度安装偏差积累。正确放线方法如图 11-31(a)所示，不按规定放线将出现如图 11-31(b)所示的锯齿现象和超宽现象。

图 11-31　安装放线
(a)正确放线；(b)非正确放线

同样，墙板安装也应用类似的方法放线，除此之外还应标定其支撑面的垂直度，以保证安装后的墙板形成垂直平面。

（3）屋面板及墙面板安装完毕后，应对配件的安装做二次放线，以保证檐口线、屋脊线、窗口门口和转角线等的水平度和垂直度。忽视这一步骤，仅用目测和经验的方法是达不到安装质量要求的。

2. 板材吊装

金属压型板和夹芯板的吊装方法很多，如汽车式起重机吊升、塔式起重机吊升、卷扬帆吊升和人工提升等方法。

（1）塔式起重机、汽车式起重机的提升方法，多使用吊具多点提升，如图 11-32 所示。这种吊装法一次可提升多块板，提升方便，被提升的板材不易损坏。但在大面积工程中，提升的板材往往不易送到安装点，增大了屋面的长距离人工搬运，屋面上行走困难，易破坏已安装好的彩板，不能发挥大型起重机大吨位提升能力的特长，使用率低，机械费用高。

图 11-32　板材吊装示意图

（2）使用卷扬机提升的方法，由于不用大型机械，设备可灵活移动到需要安装的地点，所以方便经济。这种方法每次提升数量少，但是屋面运距短，是一种经常采用的方法。

（3）人工提升的方法常用于板材不长的工程中，这种方法最方便和经济，但必须谨慎，否则易损伤板材，同时使用的人力较多，劳动强度较大。

（4）提升特长板用以上几种方法都较困难，可以采用钢丝滑升法，如图 11-33 所示。这种方法是在建筑的山墙处设若干道钢丝，钢丝上设套管，板置于钢管上，屋面上工人用绳沿钢丝拉动钢管，则特长板被提升到屋面上后，由人工搬运到安装地点。

3. 板材安装

（1）实测安装板材的长度，按实测长度核对对应板号的板材长度，需要时对该板材进行裁剪。

（2）将提升到屋面的板材就位，使板材的宽度覆盖标注线、对准起始线，并在板长方向两端排出设计的构造长度，如图 11-34 所示。

图 11-33　钢丝滑升法示意图

图 11-34　板材安装示意图

（3）用紧固件紧固两端后，再安装第二块板，其安装顺序为先从左（右）到右（左），后自下而上。

（4）安装到下一放线标志点处，复查板材安装的偏差，当满足设计要求后全面紧固板材；不能满足要求时，应在下一标志段内调整。当在本标志段内可调整时，可调整本标志段后再全面紧固，依次全面展开安装。

（5）安装夹芯板时，应挤密板间缝隙，当就位准确、仍有缝隙时，应用保温材料填充。

（6）安装现场复合的板材时，上、下两层压型金属板均按前述方法安装。保温棉铺设应保持其连续性。

（7）安装完的屋面应及时检查有无遗漏紧固点，保温屋面屋脊的空隙处应用保温材料填满。

（8）在紧固自攻螺钉时，应掌握好紧固的程度，如图 11-35 所示。不可过度紧固，过度紧固会使密封垫圈上翻，甚至将板面压得下凹而积水；紧固不够会使密封不到位而出现漏雨。我国已生产出新一代自攻螺钉，在接近紧固完毕时可发出一响声，从而控制紧固的程度。

图 11-35　自攻螺钉紧固程度示意图
(a)不正确的紧固（过紧）；(b)不正确的紧固（过松）；(c)正确的紧固

(9)板的纵向搭接应按设计铺设密封条和涂密封胶，并在搭接处用自攻螺钉或带密封垫的拉铆钉连接，紧固件应设在密封条处。

4. 采光板安装

采光板的厚度一般为 1～2mm，所以在板的四块板搭接处将产生较大的板间缝隙，从而造成漏雨隐患，故应采用切角方法处理。采光板应尽量选用机制板，以减少安装中的搭接不合口现象。采光板一般采用屋面板安装中留出洞口然后安装的方法。

固定采光板紧固件下应增设面积较大的彩板钢垫，以免在长时间的风荷载作用下将玻璃钢的连接孔洞扩大，使紧固件失去连接和密封作用。

保温屋面需设双层采光板时，应对双层采光板的四个侧面密封，否则保温效果减弱出现结露和滴水现象。

5. 门窗安装

(1)在压型金属板围护结构中，门窗的外廓尺寸与洞口尺寸应紧密配合，一般应控制门窗尺寸比洞口尺寸小 5 mm 左右。过大的差值会导致安装困难。

(2)门窗一般安装在钢墙梁上，在夹芯板墙面板的建筑中也有门窗安装在墙板上的做法，这时应按门窗外廓的尺寸在墙板上开洞。

(3)门窗安装在墙梁上时，应先安装门窗四周的包边件，并使泛水边压在门窗的外边沿处。

(4)门窗就位并做临时固定后，应对门窗的垂直和水平度进行测量，无误后再做固定。

(5)安装完的门窗应对门窗周边做密封。

6. 泛水板安装

(1)在泛水板安装前，应在泛水板的安装处放出准线，如屋脊线、槽口线、窗上下口线等。

(2)安装前检查泛水板的端头尺寸，挑选搭接口处的合适搭接头。

(3)安装泛水件的搭接口时，应在被搭接处涂上密封胶或设置双面胶条，搭接后立即紧固。

(4)安装搭接至拐角处时，应按交接处的搭接断面形状加工拐角处的接头，以保证拐角处有良好的防水效果和外观效果。

(5)应特别注意门窗洞口的泛水板转角处搭接防水口的相互构造方法，以保证建筑的立面外观效果。

7. 安装注意事项

(1)压型金属板围护结构安装完毕后即为最终成品，保证安装全过程不损坏压型金属板表面是十分重要的环节，因此应注意以下几点：

1)现场搬运压型金属板制品应轻抬轻放，不得拖拉，不得在上面随意走动。

2)现场切割过程中，切割机械的底面不宜与金属板表面直接接触，最好垫以薄三合板材。

3)吊装中压型金属板不要与脚手架、柱子、墙体等碰撞和摩擦。

4)在屋面上施工的工人应穿胶底不带钉子的鞋。

5)操作工人携带的工具等应放在工具袋中，如放在屋面上，应放在专用的布或其他片材上。

6)不得将其他材料散落在屋面上或污染板材。

(2)压型金属板围护结构是以厚 1 mm 左右的金属板制成的,屋面的施工荷载不能过大,因此保证结构安装的施工安全是十分重要的。

1)施工中工人不可聚集在一起,以免集中荷载过大,造成板面损坏。

2)施工的工人不得在屋面上奔跑、打闹、抽烟和乱扔垃圾。

3)当天吊至屋面上的板材应安装完毕,如有未安装完的板材,应做临时固定,以免被风刮下造成安全事故。

4)早上屋面易有露水,坡屋面上金属板面滑,应特别注意防护。

(3)压型金属板围护结构在施工中应注意的其他问题。

1)压型金属板在切割和钻孔中会产生金属屑,这些金属屑必须及时清除,不可过夜。例如铁屑在潮湿空气条件下或雨天中会立即锈蚀,在板面上形成一片片红色锈斑,形成后很难清除。同样,其他切除的金属板头、铝合金拉铆钉上拉断的铁杆等均应及时清理。

2)在用密封胶封堵缝时,应将附着面擦干净,以便密封胶在金属板上有良好的结合面。

3)用过的密封胶筒等杂物应及时装在各自的随身垃圾袋中带出现场。

4)电动工具的连接插座应加防雨措施,以免造成安全事故。

5)压型金属板表面上的塑料保护膜在竣工后应全部清除。

11.4.4 压型金属板工程验收

压型金属板工程验收的依据是《钢结构工程施工质量验收规范》(GB 50205—2001)。在该验收规范中详细列举了压型金属板工程的有关验收规定。

1. 压型金属板制作

(1)主控项目。

1)压型金属板成型后,其基板不应有裂纹。

检查数量:按计件数抽查 5%,且不应少于 10 件。

检查方法:观察和用 10 倍放大镜检查。

2)有涂层、镀层压型金属板成型后,涂、镀层不应有肉眼可见的裂纹、剥落和擦痕等缺陷。

检查数量:按计件数抽查 5%,且不应少于 10 件。

检查方法:观察检查。

(2)一般项目。

1)压型金属板的尺寸允许偏差应符合表 11-1 的规定。

检查数量:按计件数抽查 5%,且不应少于 10 件。

检查方法:用拉线和钢尺检查。

表 11-1 压型金属板的尺寸允许偏差 mm

项　目			允许偏差
波距			±2.0
波高	压型钢板	截面高度≤70	±1.5
		截面高度>70	±2.0
侧向弯曲	在测量长度 l_1 的范围内		20.0
注: l_1 为测量长度,指板长扣除两端各 0.5 m 后的实际长度(小于 10 m)或扣除后任选的 10 m 长度。			

2)压型金属板成型后，表面应干净，不应有明显凹凸和皱褶。

检查数量：按计件数抽查5%，且不应少于10件。

检查方法：观察检查。

3)压型金属板施工现场制作的允许偏差应符合表11-2的规定。

表11-2　压型金属板施工现场制作的允许偏差

项　目		允许偏差
压型金属板的覆盖宽度	截面高度≤70 mm	+10.0 mm，−2.0 mm
	截面高度>70 mm	+6.0 mm，−2.0 mm
板长		±9.0 mm
横向剪切偏差		6.0 mm
泛水板、包角板尺寸	板长	±6.0 mm
	折弯面宽度	±3.0 mm
	折弯面夹角	2°

检查数量：按计件数抽查5%，且不应少于10件。

检查方法：用钢尺、角尺检查。

2. 压型金属板安装

(1)主控项目。

1)压型金属板、泛水板和包角板等应固定可靠、牢固，防腐涂料涂刷和密封材料敷设应完好，连接件数量、间距应符合设计要求和国家现行有关标准规定。

检查数量：全数检查。

检查方法：观察和用钢尺检查。

2)压型金属板应在支承构件上可靠搭接，搭接长度应符合设计要求，且不应小于表11-3所规定的数值。

检查数量：按搭接部位总长度抽查10%，且不应少于10 m。

检查方法：观察和用钢尺检查。

表11-3　压型金属板在支承构件上的搭接长度　　　　　　　　　　　　　　　　mm

项　目		搭接长度
截面高度>70		375
截面高度≤70	屋面坡度<1/10	250
	屋面坡度≥1/10	200
墙面		120

3)组合楼板中压型钢板与主体结构(梁)的锚固支承长度应符合设计要求，且不应小于50 mm，端部锚固件连接应可靠，设置位置应符合设计要求。

检查数量：沿连接纵向长度抽查10%，且不应少于10 m。

检查方法：观察和用钢尺检查。

(2)一般项目。

1)压型金属板安装应平整、顺直，板面不应有施工残留物和污物。檐口和墙面下端应呈直线，不应有未经处理的错钻孔洞。

检查数量：按面积抽查 10%，且不应少于 10 m²。

检查方法：观察检查。

2)压型金属板安装的允许偏差应符合表 11-4 的规定。

检查数量：檐口与屋脊的平行度：按长度抽查 10%，且不应少于 10 m。其他项目：每 20 m 长度应抽查 1 处，不应少于 2 处。

检查方法：用拉线、吊线和钢尺检查。

表 11-4　压型金属板安装的允许偏差　　　　　　　　　　　　mm

项　　目		允许偏差
屋面	檐口与屋脊的平行度	12.0
	压型金属板波纹线对屋脊的垂直度	$L/800$，且不应大于 25.0
	檐口相邻两块压型金属板端部错位	6.0
	压型金属板卷边板件最大波高	4.0
墙面	墙板波纹线的垂直度	$H/800$，且不应大于 25.0
	墙板包角板的垂直度	$H/800$，且不应大于 25.0
	相邻两块压型金属板的下端错位	6.0

注：L 为屋面半坡或单坡长度；H 为墙面高度。

11.5　组合楼板施工

在钢结构工程中，楼板通常采用压型钢板与混凝土共同形成的楼板，在设计理论中，这种楼板根据设计时是否考虑压型钢板的共同作用分为组合楼板与非组合楼板，在这里我们统称为组合楼板。由于在浇筑混凝土前用焊钉把压型钢板固定在钢梁上，压型钢板就充当了组合楼板的永久性模板，但是否需要加支撑应根据计算确定。组合楼板较现浇混凝土楼板施工速度快，但造价偏高。

11.5.1　组合楼板构造

组合楼板的构造形式为压型钢板＋栓钉＋钢筋＋混凝土。楼层结构由栓钉将组合楼板与钢梁连接在一起。

压型钢板一般由 1.0 mm 左右的镀锌钢板压制而成，钢板具体厚度由计算确定，压型钢板有多种板型可以选择。压型钢板在钢梁上的搁置情况如图 11-36 所示。

11.5.2　组合楼板施工

1. 支撑的设置

因结构梁是由钢梁通过剪力栓钉与混凝土楼面结合而成的组合梁，在浇捣混凝土并达到一定强度前，抗剪强度和刚度较差，为解决钢梁和永久模板的抗剪强度不足，以支撑施工期间楼面混凝土的自重，通常需设置简单钢管排架支撑或桁架支撑。

通常，采用连续四层楼面支撑的方法，使四个楼面的结构梁共同支撑楼面混凝土的自重，如图 11-37 所示。

图 11-36　压型钢板搁置在钢梁上

(a)示意图；(b)侧视图；(c)剖面图

1—钢梁；2—压型钢板；3—点焊；4—剪力钉；5—楼板混凝土

图 11-37　楼面支撑压型钢板的形式

(a)用排架支撑；(b)用桁架支撑；(c)钢梁焊接桁架

1—楼板；2—钢梁；3—钢管排架；4—支点垫木；5—梁中顶撑；6—托撑；7—钢桁架；8—钢柱；9—腹杆

2. 楼面施工工序

楼面施工工序是由下而上，逐层支撑，顺序施工。压型钢板铺设后，将两端点焊接于钢梁翼缘上，并用专用的焊枪进行栓钉焊接。施工时，钢筋绑扎和模板支撑可同时交叉进行。混凝土宜采用泵送浇筑。

11.5.3　压型钢板栓焊施工

1. 栓钉的规格

栓钉是组合楼板的剪力连接件，用以传递水平荷载到框架梁上，它的规格、数量按楼面与钢梁连接处的剪力大小确定。栓钉直径有 13 mm、16 mm、19 mm、22 mm 四种。

2. 组合楼板栓钉直径及间距要求

(1)当栓钉焊于钢梁受拉翼缘时，其直径不得大于翼缘厚度的 1.5 倍，当栓钉焊于无拉应力部位时，其直径不得大于翼缘板厚的 2.5 倍。

（2）栓钉沿梁轴线方向布置，其间距不得小于 $5d$（d 为栓钉的直径）；栓钉垂直于轴线布置，其间距不得小于 $4d$，边距不得小于 35 mm。

（3）当栓钉穿透钢板焊于钢梁时，其直径不得小于 19 mm，焊后栓钉高度应大于压型钢板波高加 30 mm。

（4）栓钉顶面的混凝土保护层厚度不应小于 15 mm。

（5）对穿透压型钢板跨度小于 3 m 的板，栓钉直径宜为 13 mm 或 16 mm；跨度为 3～6 m 时，栓钉直径宜为 16 mm 或 19 mm；跨度大于 6 m 的板，栓钉直径宜为 19 mm。

（6）对已焊好的栓钉，如有直径不一致、间距位置不准，应打掉重新按设计要求焊好。

3. 栓钉焊接施工

（1）栓钉应采用自动定时的栓焊设备进行施焊，栓焊机必须连接在单独的电源上。

（2）栓钉材质应合格，无锈蚀氧化皮、油污；端部无涂漆、镀锌或镀铬等。

（3）焊钉施焊前必须严格检查焊接药座，不得使用焊接药座破裂或缺损的栓钉，被焊母材必须清理表面氧化皮、油污等，并且在低于 −18 ℃或遇雨雪天气时不得施焊。

（4）当穿透压型钢板焊于母材上时，焊钉施焊前应认真检查压型钢板是否与母材点固焊牢。被焊压型钢板在栓钉位置有锈或镀锌层时，应采用角向砂轮打磨干净。

（5）焊接时应保持焊枪与工件垂直，焊接完成后，应进行外观检查。

4. 栓焊焊接质量验收

栓焊焊接质量验收的依据是《钢结构工程施工质量验收规范》（GB 50205—2001）。在该验收规范中对栓焊的质量验收有以下规定。

（1）主控项目。

1）施工单位对其采用的焊钉和钢材焊接应进行焊接工艺评定，其结果应符合设计要求和国家现行有关标准的规定。瓷环应按其产品说明书进行烘焙。

检查数量：全数检查。

检查方法：检查焊接工艺评定报告和烘焙记录。

2）焊钉焊接后应进行弯曲试验检查，其焊缝和热影响区不应有肉眼可见的裂纹。

检查数量：每批同类构件抽查 10％，且不应少于 10 件；被抽查构件中，每件检查焊钉数量的 1‰，但不应少于 1 个。

检查方法：焊钉弯曲 30°后用角尺检查和观察检查。

（2）一般项目。

焊钉根部焊脚应均匀，焊脚立面的局部未熔合或不足 360°的焊脚应进行修补。

检查数量：按总焊钉数量抽查 1‰，且不应少于 10 个。

检查方法：观察检查。

📁 ➤ **习　题**

1. 屋面板与墙面板对压型钢板的要求有哪些区别？

2. 压型钢板的连接件有哪些？

3. 组合楼盖压型钢板施工的工艺过程是怎样的？

附　录

附录1　《钢结构设计规范》(GB 50017—2003)中有关表格摘录

附表1.1　钢材的强度设计值

钢材		抗拉、抗压和抗弯 $f/(N \cdot mm^{-2})$	抗剪 $f_v/(N \cdot mm^{-2})$	端面承压(刨平顶紧) $f_{ce}/(N \cdot mm^{-2})$
牌号	厚度或直径/mm			
Q235 钢	≤16	215	125	325
	>16~40	205	120	
	>40~60	200	115	
	>60~100	190	110	
Q345 钢	≤16	310	180	400
	>16~35	295	170	
	>35~50	265	155	
	>50~100	250	145	
Q390 钢	≤16	350	205	415
	>16~35	335	190	
	>35~50	315	180	
	>50~100	295	170	
Q420 钢	≤16	380	220	440
	>16~35	360	210	
	>35~50	340	195	
	>50~100	325	185	

注：表中厚度是指计算点的钢材厚度，对轴心受拉和轴心受压构件是指截面中较厚板件的厚度。

附表1.2　焊缝的强度设计值

焊接方法和焊条型号	构件钢材		对接焊缝			角焊缝
	牌号	厚度或直径/mm	抗压 f_c^w /(N·mm⁻²)	焊缝质量为下列等级时，抗拉 f_t^w /(N·mm⁻²)		抗拉、抗压和抗剪 f_f^w /(N·mm⁻²)
				一级、二级	三级	抗剪 f_v^w /(N·mm⁻²)
自动焊、半自动焊和 E43 型焊条的手工焊	Q235 钢	≤16	215	215	185	125
		>16~40	205	205	175	120
		>40~60	200	200	170	115	160
		>60~100	190	190	160	110

焊接方法和焊条型号	构件钢材		对接焊缝				角焊缝
	牌号	厚度或直径 /mm	抗压 f_c^w /(N·mm^{-2})	焊缝质量为下列等级时，抗拉 f_t^w /(N·mm^{-2})		抗剪 f_v^w /(N·mm^{-2})	抗拉、抗压和抗剪 f_f^w /(N·mm^{-2})
				一级、二级	三级		
自动焊、半自动焊和 E50 型焊条的手工焊	Q345 钢	≤16	310	310	265	180	200
		>16~35	295	295	250	170	
		>35~50	265	265	225	155	
		>50~100	250	250	210	145	
自动焊、半自动焊和 E55 型焊条的手工焊	Q390 钢	≤16	350	350	300	205	220
		>16~35	335	335	285	190	
		>35~50	315	315	270	180	
		>50~100	295	295	250	170	
自动焊、半自动焊和 E55 型焊条的手工焊	Q420 钢	≤16	380	380	320	220	220
		>16~35	360	360	305	210	
		>35~50	340	340	290	195	
		>50~100	325	325	275	185	

注：1. 自动焊和半自动焊所采用的焊丝和焊剂，应保证其熔敷金属的力学性能不低于现行国家标准《埋弧焊用碳钢焊丝和焊剂》(GB/T 5293—1999)和《埋弧焊用低合金钢焊丝和焊剂》(GB/T 12470—2003)中相关的规定。

2. 焊缝质量等级应符合现行国家标准《钢结构工程施工质量验收规范》(GB 50205—2001)的规定。其中厚度小于 8 mm 钢材的对接焊缝，不应用超声波探伤确定焊缝质量等级。

3. 对接焊缝在受压区的抗弯强度设计值取 f_c^w，在受拉区的抗弯强度设计值取 f_t^w。

4. 同附表 1.1 注。

附表 1.3　螺栓连接的强度设计值　　　　　　　　　　　　　N/mm²

螺栓的性能等级、锚栓和构件钢材的牌号		普通螺栓						锚栓	承压型连接高强度螺栓		
		C 级螺栓			A、B 级螺栓						
		抗拉 f_t^b	抗剪 f_v^b	承压 f_c^b	抗拉 f_t^b	抗剪 f_v^b	承压 f_c^b	抗拉 f_t^a	抗拉 f_t^b	抗剪 f_v^b	承压 f_c^b
普通螺栓	4.6、4.8 级	170	140		—	—	—	—	—	—	—
	5.6 级	—	—	—	210	190	—	—	—	—	—
	8.8 级	—	—	—	400	320	—	—	—	—	—
锚栓	Q235 级	—	—	—	—	—	—	140	—	—	—
	Q345 级	—	—	—	—	—	—	180	—	—	—
承压型连接高强度螺栓	8.8 级	—	—	—	—	—	—	—	400	250	—
	10.9 级	—	—	—	—	—	—	—	500	310	—

螺栓的性能等级、锚栓和构件钢材的牌号		普通螺栓						锚栓	承压型连接高强度螺栓		
		C 级螺栓			A、B 级螺栓						
		抗拉 f_t^b	抗剪 f_v^b	承压 f_c^b	抗拉 f_t^b	抗剪 f_v^b	承压 f_c^b	抗拉 f_t^a	抗拉 f_t^b	抗剪 f_v^b	承压 f_c^b
构件	Q235 钢	—	—	305	—	—	405	—	—	—	470
	Q345 钢	—	—	385	—	—	510	—	—	—	590
	Q390 钢	—	—	400	—	—	530	—	—	—	615
	Q420 钢	—	—	425	—	—	560	—	—	—	655

注：1. A 级螺栓用于 $d \leqslant 24$ mm 和 $l \leqslant 10d$ 或 $l \leqslant 150$ mm(按较小值)的螺栓；B 级螺栓用于 $d > 24$ mm 和 $l > 10d$ 或 $l > 150$ mm(按较小值)的螺栓。d 为公称直径，l 为螺杆公称长度。

2. A、B 级螺栓孔的精度和孔壁表面粗糙度，C 级螺栓孔的允许偏差和孔壁表面粗糙度，均应符合现行国家标准《钢结构工程施工质量验收规范》(GB 50205—2001)的要求。

3. 属于下列情况者为 I 类孔：

(1)在装配好的构件上按设计孔径钻成的孔；

(2)在单个零件和构件上按设计孔径分别用钻模钻成的孔；

(3)在单个零件上先钻成或冲成较小的孔径，然后在装配好的构件上再扩钻至设计孔径的孔。

4. 在单个零件上一次冲成和不用钻模成设计孔径的孔属于 II 类孔。(注 3 和 4 摘自规范表 3.4.1—5 下的注)

附表 1.4　结构构件和连接的强度设计值折减系数

情　　况	折减系数	备注
1. 单面连接的单角钢		
(1)按轴心受力计算强度和连接	0.85	
(2)按轴心受压计算稳定性		
①等边角钢	$0.6 + 0.001\,5\lambda$	但不大于 1.0
②短边相连的不等边角钢	$0.6 + 0.001\,5\lambda$	但不大于 1.0
③长边相连的不等边角钢	0.70	
2. 无垫板的单面施工对接焊缝	0.85	
3. 施工条件较差的高空安装焊缝和铆钉连接	0.90	
4. 沉头和半沉头铆钉连接	0.80	

注：1. λ 为长细比，对中间无连系的单角钢压杆，应按最小回转半径计算，当 $\lambda < 20$ 时，取 $\lambda = 20$；

2. 当几种情况同时存在时，折减系数应连乘。

附表 1.5　钢材和钢铸件的物理性能指标

弹性模量 $E/(\text{N} \cdot \text{mm}^{-2})$	剪变模量 $G/(\text{N} \cdot \text{mm}^{-2})$	线膨胀系数(以每℃计)	质量密度/$(\text{kg} \cdot \text{m}^{-3})$
206×10^3	79×10^3	12×10^{-6}	7 850

项次	侧向支承	荷载		$\xi \leqslant 2.0$	$\xi > 2.0$	适用范围
1	跨中无侧向支承	均布荷载作用在	上翼缘	$0.69+0.13\xi$	0.95	双轴对称和加强受压翼缘的单轴对称 I 形截面
2			下翼缘	$1.73-0.20\xi$	1.33	
3		集中荷载作用在	上翼缘	$0.73+0.18\xi$	1.09	
4			下翼缘	$2.23-0.28\xi$	1.67	
5	跨度中点有一个侧向支承点	均布荷载作用在	上翼缘	1.15		双轴对称和所有单轴对称 I 形截面
6			下翼缘	1.40		
7		集中荷载作用在截面高度上任意位置		1.75		
8	跨中有不少于两个等距离侧向支承点	任意荷载作用在	上翼缘	1.20		
9			下翼缘	1.40		
10	梁端有弯矩，但跨中无荷载作用			$1.75-1.05\left(\dfrac{M_2}{M_1}\right)+0.3\left(\dfrac{M_2}{M_1}\right)^2$，但 $\leqslant 2.3$		

注：1. $\xi=\dfrac{l_1 t_1}{b_1 h}$ 为参数。

2. M_1、M_2 为梁的端弯矩，使梁产生同向曲率时 M_1 和 M_2 取同号，产生反向曲率时取异号，$|M_1|\geqslant|M_2|$。

3. 表中项次 3、4 和 7 的集中荷载是指一个或少数几个集中荷载位于跨中央附近的情况，对其他情况的集中荷载，应按表中项次 1、2、5、6 内的数值采用。

4. 表中项次 8、9 的 β_b，当集中荷载作用在侧向支承点处时，取 $\beta_b=1.20$。

5. 荷载作用在上翼缘是指荷载作用点在翼缘表面，方向指向截面形心；荷载作用在下翼缘是指荷载作用点在翼缘表面，方向背向截面形心。

6. 对 $\alpha_b>0.8$ 的加强受压翼缘 I 形截面，下列情况的 β_b 值应乘以相应的系数：

项次 1　当 $\xi\leqslant 1.0$ 时　0.95

项次 3　当 $\xi\leqslant 0.5$ 时　0.90

当 $0.5<\xi\leqslant 1.0$ 时　0.95

附表 1.7　轧制普通工字钢简支梁的整体稳定系数 φ_b

项次	荷载情况		工字钢型号	自由长度 l_1/m								
				2	3	4	5	6	7	8	9	10
1	跨中无侧向支承点的梁	集中荷载作用在	上翼缘	10~20	2.00	1.30	0.99	0.80	0.68	0.58	0.53	0.48	0.43
				22~32	2.40	1.48	1.09	0.86	0.72	0.62	0.54	0.49	0.45
				36~63	2.80	1.60	1.07	0.83	0.68	0.56	0.50	0.45	0.40
2			下翼缘	10~20	3.10	1.95	1.34	1.01	0.82	0.69	0.63	0.57	0.52
				22~40	5.50	2.80	1.84	1.37	1.07	0.86	0.73	0.64	0.56
				45~63	7.30	3.60	2.30	1.62	1.20	0.96	0.80	0.69	0.60
3		均布荷载作用在	上翼缘	10~20	1.70	1.12	0.84	0.68	0.57	0.50	0.45	0.41	0.37
				22~40	2.10	1.30	0.93	0.73	0.60	0.51	0.45	0.40	0.36
				45~63	2.60	1.45	0.97	0.73	0.59	0.50	0.44	0.38	0.35
4			下翼缘	10~20	2.50	1.55	1.08	0.83	0.68	0.56	0.52	0.47	0.42
				22~40	4.00	2.20	1.45	1.10	0.85	0.70	0.60	0.52	0.46
				45~63	5.60	2.80	1.80	1.25	0.95	0.78	0.65	0.55	0.49

项次	荷载情况	工字钢型号	自由长度 l_1/m								
			2	3	4	5	6	7	8	9	10
5	跨中有侧向支承点的梁(不论荷载作用点在截面高度上的位置)	10~20	2.20	1.39	1.01	0.79	0.66	0.57	0.52	0.47	0.42
		22~40	3.00	1.80	1.24	0.96	0.76	0.65	0.56	0.49	0.43
		45~63	4.00	2.20	1.38	1.01	0.80	0.66	0.56	0.49	0.43

注：1. 同附表 1.6 的注 3、5。

    2. 表中的 φ_b 适用于 Q235 钢。对其他钢号，表中数值应乘以 $235/f_y$。

附表 1.8 双轴对称 I 形等截面(含 H 型钢)悬臂梁的等效临界弯矩系数 β_b

项次	荷载形式		$0.6 \leqslant \xi \leqslant 1.24$	$1.24 < \xi \leqslant 1.96$	$1.96 < \xi \leqslant 3.10$
1	自由端一个集中荷载作用在	上翼缘	$0.21+0.67\xi$	$0.27+0.26\xi$	$1.17+0.03\xi$
2		下翼缘	$2.94-0.65\xi$	$2.64-0.40\xi$	$2.15-0.15\xi$
3	均布荷载作用在上翼缘		$0.62+0.82\xi$	$1.25+0.31\xi$	$1.66+0.10\xi$

注：1. 本表是按支承端为固定端的情况确定的，当用于由邻跨延伸出来的伸臂梁时，应在构造上采取措施加强支承处的抗扭能力。

    2. 表中 ξ 见附表 1.6 注 1。

附表 1.9 截面塑性发展系数 γ_x、γ_y

项次	截 面 形 式	γ_x	γ_y
1			1.2
2		1.05	1.05
3		$\gamma_{x1}=1.05$ $\gamma_{x2}=1.2$	1.2
4			1.05
5		1.2	1.2
6		1.15	1.15

项次	截 面 形 式	γ_x	γ_y
7		1.0	1.05
8			1.0

附表 1.10 桁架弦杆和单系腹杆的计算长度 l_0

项次	弯曲方向	弦杆	腹杆	
			支座斜杆和支座竖杆	其他腹杆
1	在桁架平面内	l	l	$0.8l$
2	在桁架平面外	l_1	l	l
3	斜平面	—	l	$0.8l$

注：1. l 为构件的几何长度（节点中心距离）；l_1 为桁架弦杆侧向支承点之间的距离。

2. 斜平面是指与桁架平面斜交的平面，适用于构件截面两主轴均不在桁架平面内的单角钢腹杆和双角钢十字形截面腹杆。

3. 无节点板的腹杆计算长度在任意平面内均取其等于几何长度。

附表 1.11 塑性设计时板件宽厚比

截面形式	翼缘	腹板
	$\dfrac{b}{t} \leqslant 9\sqrt{\dfrac{235}{f_y}}$	当 $\dfrac{N}{Af} < 0.37$ 时： $\dfrac{h_0}{t_w}\left(\dfrac{h_1}{t_w}, \dfrac{h_2}{t_w}\right) \leqslant \left(72 - 100\dfrac{N}{Af}\right)\sqrt{\dfrac{235}{f_y}}$ 当 $\dfrac{N}{Af} \geqslant 0.37$ 时： $\dfrac{h_0}{t_w}\left(\dfrac{h_1}{t_w}, \dfrac{h_2}{t_w}\right) \leqslant 35\sqrt{\dfrac{235}{f_y}}$
	$\dfrac{b_0}{t} \leqslant 30\sqrt{\dfrac{235}{f_y}}$	与前项 I 形截面的腹板相同

注：N——构件轴心压力；A——毛截面面积；

f——钢材抗拉、抗压和抗弯强度设计值，按附表 1.1 的规定采用。

附表 1.12　a 类截面轴心受压构件的稳定系数 φ

$\lambda\sqrt{\frac{f_y}{235}}$	0	1	2	3	4	5	6	7	8	9
0	1.000	1.000	1.000	1.000	0.999	0.999	0.998	0.998	0.997	0.996
10	0.995	0.994	0.993	0.992	0.991	0.989	0.988	0.986	0.985	0.983
20	0.981	0.979	0.977	0.976	0.974	0.972	0.970	0.968	0.966	0.964
30	0.963	0.961	0.959	0.957	0.955	0.952	0.950	0.948	0.946	0.944
40	0.941	0.939	0.937	0.934	0.932	0.929	0.927˙	0.924	0.921	0.919
50	0.916	0.913	0.910	0.907	0.904	0.900	0.897	0.894	0.890	0.886
60	0.883	0.879	0.875	0.871	0.867	0.863	0.858	0.854	0.849	0.844
70	0.839	0.834	0.829	0.824	0.818	0.813	0.807	0.801	0.795	0.789
80	0.783	0.776	0.770	0.763	0.757	0.750	0.743	0.736	0.728	0.721
90	0.714	0.706	0.699	0.691	0.684	0.676	0.668	0.661	0.653	0.645
100	0.638	0.630	0.622	0.615	0.607	0.600	0.592	0.585	0.577	0.570
110	0.563	0.555	0.548	0.541	0.534	0.527	0.520	0.514	0.507	0.500
120	0.494	0.488	0.481	0.475	0.469	0.463	0.457	0.451	0.445	0.440
130	0.434	0.429	0.423	0.418	0.412	0.407	0.402	0.397	0.392	0.387
140	0.383	0.378	0.373	0.369	0.364	0.360	0.356	0.351	0.347	0.343
150	0.339	0.335	0.331	0.327	0.323	0.320	0.316	0.312	0.309	0.305
160	0.302	0.298	0.295	0.292	0.289	0.285	0.282	0.279	0.276	0.273
170	0.207	0.267	0.264	0.262	0.259	0.256	0.253	0.251	0.248	0.246
180	0.243	0.241	0.238	0.236	0.233	0.231	0.229	0.226	0.224	0.222
190	0.220	0.218	0.215	0.213	0.211	0.209	0.207	0.205	0.203	0.201
200	0.199	0.198	0.196	0.194	0.192	0.190	0.189	0.187	0.185	0.183
210	0.182	0.180	0.179	0.177	0.175	0.174	0.172	0.171	0.169	0.168
220	0.166	0.165	0.164	0.162	0.161	0.159	0.158	0.157	0.155	0.154
230	0.153	0.152	0.150	0.149	0.148	0.147	0.146	0.144	0.143	0.142
240	0.141	0.140	0.139	0.138	0.136	0.135	0.134	0.133	0.132	0.131
250	0.130	—	—	—	—	—	—	—	—	—

附表 1.13　b 类截面轴心受压构件的稳定系数 φ

$\lambda\sqrt{\frac{f_y}{235}}$	0	1	2	3	4	5	6	7	8	9
0	1.000	1.000	1.000	0.999	0.999	0.998	0.997	0.996	0.995	0.994
10	0.992	0.991	0.989	0.987	0.985	0.983	0.981	0.978	0.976	0.973
20	0.970	0.967	0.963	0.960	0.957	0.953	0.950	0.946	0.943	0.939
30	0.936	0.932	0.929	0.925	0.922	0.918	0.914	0.910	0.906	0.903
40	0.899	0.895	0.891	0.887	0.882	0.878	0.874	0.870	0.865	0.861
50	0.856	0.852	0.847	0.842	0.838	0.833	0.828	0.823	0.818	0.813

$\lambda\sqrt{\dfrac{f_y}{235}}$	0	1	2	3	4	5	6	7	8	9
60	0.807	0.802	0.797	0.791	0.786	0.780	0.774	0.769	0.763	0.757
70	0.751	0.745	0.739	0.732	0.726	0.720	0.714	0.707	0.701	0.694
80	0.688	0.681	0.675	0.668	0.661	0.655	0.648	0.641	0.635	0.628
90	0.621	0.614	0.608	0.601	0.594	0.588	0.581	0.575	0.568	0.561
100	0.555	0.549	0.542	0.536	0.529	0.523	0.517	0.511	0.505	0.499
110	0.493	0.487	0.481	0.475	0.470	0.464	0.458	0.453	0.447	0.442
120	0.437	0.432	0.426	0.421	0.416	0.411	0.406	0.402	0.397	0.392
130	0.387	0.383	0.378	0.374	0.370	0.365	0.361	0.357	0.353	0.349
140	0.345	0.341	0.337	0.333	0.329	0.326	0.322	0.318	0.315	0.311
150	0.308	0.304	0.301	0.298	0.295	0.291	0.288	0.285	0.282	0.279
160	0.276	0.273	0.270	0.267	0.265	0.262	0.259	0.256	0.254	0.251
170	0.249	0.246	0.244	0.241	0.239	0.236	0.234	0.232	0.229	0.227
180	0.225	0.223	0.220	0.218	0.216	0.214	0.212	0.210	0.208	0.206
190	0.204	0.202	0.200	0.198	0.197	0.195	0.193	0.191	0.190	0.188
200	0.186	0.184	0.183	0.181	0.180	0.178	0.176	0.175	0.173	0.172
210	0.170	0.169	0.167	0.166	0.165	0.163	0.162	0.160	0.159	0.158
220	0.156	0.155	0.154	0.153	0.151	0.150	0.149	0.148	0.146	0.145
230	0.144	0.143	0.142	0.141	0.140	0.138	0.137	0.136	0.135	0.134
240	0.133	0.132	0.131	0.130	0.129	0.128	0.127	0.126	0.125	0.124
250	0.123	—	—	—	—	—	—	—	—	—

附表 1.14　c 类截面轴心受压构件的稳定系数 φ

$\lambda\sqrt{\dfrac{f_y}{235}}$	0	1	2	3	4	5	6	7	8	9
0	1.000	1.000	1.000	0.999	0.999	0.998	0.997	0.996	0.995	0.993
10	0.992	0.990	0.988	0.986	0.983	0.981	0.978	0.976	0.973	0.970
20	0.966	0.959	0.953	0.947	0.940	0.934	0.928	0.921	0.915	0.909
30	0.902	0.896	0.890	0.884	0.877	0.871	0.865	0.858	0.852	0.846
40	0.839	0.833	0.826	0.820	0.814	0.807	0.801	0.794	0.788	0.781
50	0.775	0.768	0.762	0.755	0.748	0.742	0.735	0.729	0.722	0.715
60	0.709	0.702	0.695	0.689	0.682	0.676	0.669	0.662	0.656	0.649
70	0.643	0.636	0.629	0.623	0.616	0.610	0.604	0.597	0.591	0.584
80	0.578	0.572	0.566	0.559	0.553	0.547	0.541	0.535	0.529	0.523
90	0.517	0.511	0.505	0.500	0.494	0.488	0.483	0.477	0.472	0.467
100	0.463	0.458	0.454	0.449	0.445	0.441	0.436	0.432	0.428	0.423

$\lambda\sqrt{\dfrac{f_y}{235}}$	0	1	2	3	4	5	6	7	8	9
110	0.419	0.415	0.411	0.407	0.403	0.399	0.395	0.391	0.387	0.383
120	0.379	0.375	0.371	0.367	0.364	0.360	0.356	0.353	0.349	0.346
130	0.342	0.339	0.335	0.332	0.328	0.325	0.322	0.319	0.315	0.312
140	0.309	0.306	0.303	0.300	0.297	0.294	0.291	0.288	0.285	0.282
150	0.280	0.277	0.274	0.271	0.269	0.266	0.264	0.261	0.258	0.256
160	0.254	0.251	0.249	0.246	0.244	0.242	0.239	0.237	0.235	0.233
170	0.230	0.228	0.226	0.224	0.222	0.220	0.218	0.216	0.214	0.212
180	0.210	0.208	0.206	0.205	0.203	0.201	0.199	0.197	0.196	0.194
190	0.192	0.190	0.189	0.187	0.186	0.184	0.182	0.181	0.179	0.178
200	0.176	0.175	0.173	0.172	0.170	0.169	0.168	0.166	0.165	0.163
210	0.162	0.161	0.159	0.158	0.157	0.156	0.154	0.153	0.152	0.151
220	0.150	0.148	0.147	0.146	0.145	0.144	0.143	0.142	0.140	0.139
230	0.138	0.137	0.136	0.135	0.134	0.133	0.132	0.131	0.130	0.129
240	0.128	0.127	0.126	0.125	0.124	0.124	0.123	0.122	0.121	0.120
250	0.119	—	—	—	—	—	—	—	—	—

附表 1.15　d 类截面轴心受压构件的稳定系数 φ

$\lambda\sqrt{\dfrac{f_y}{235}}$	0	1	2	3	4	5	6	7	8	9
0	1.000	1.000	0.999	0.999	0.998	0.996	0.994	0.992	0.990	0.987
10	0.984	0.981	0.978	0.974	0.969	0.965	0.960	0.955	0.949	0.944
20	0.937	0.927	0.918	0.909	0.900	0.891	0.883	0.874	0.865	0.857
30	0.848	0.840	0.831	0.823	0.815	0.807	0.799	0.790	0.782	0.774
40	0.766	0.759	0.751	0.743	0.735	0.728	0.720	0.712	0.705	0.697
50	0.690	0.683	0.675	0.668	0.661	0.654	0.646	0.639	0.632	0.625
60	0.618	0.612	0.605	0.598	0.591	0.585	0.578	0.572	0.565	0.559
70	0.552	0.546	0.540	0.534	0.528	0.522	0.516	0.510	0.504	0.498
80	0.493	0.487	0.481	0.476	0.470	0.465	0.460	0.454	0.449	0.444
90	0.439	0.434	0.429	0.424	0.419	0.414	0.410	0.405	0.401	0.397
100	0.394	0.390	0.387	0.383	0.380	0.376	0.373	0.370	0.366	0.363
110	0.359	0.356	0.353	0.350	0.346	0.343	0.340	0.337	0.334	0.331
120	0.328	0.325	0.322	0.319	0.316	0.313	0.310	0.307	0.304	0.301
130	0.299	0.296	0.293	0.290	0.288	0.285	0.282	0.280	0.277	0.275
140	0.272	0.270	0.267	0.265	0.262	0.260	0.258	0.255	0.253	0.251
150	0.248	0.246	0.244	0.242	0.240	0.237	0.235	0.233	0.231	0.229

$\lambda\sqrt{\dfrac{f_y}{235}}$	0	1	2	3	4	5	6	7	8	9
160	0.227	0.225	0.223	0.221	0.219	0.217	0.215	0.213	0.212	0.210
170	0.208	0.206	0.204	0.203	0.201	0.199	0.197	0.196	0.194	0.192
180	0.191	0.189	0.188	0.186	0.184	0.183	0.181	0.180	0.178	0.177
190	0.176	0.174	0.173	0.171	0.170	0.168	0.167	0.166	0.164	0.163
200	0.162	—	—	—	—	—	—	—	—	—

注：1. 附表 1.12 至附表 1.15 中的 φ 值系按下列公式算得：

当 $\lambda_n = \dfrac{\lambda}{\pi}\sqrt{\dfrac{f_y}{E}} \leqslant 0.215$ 时，$\varphi = 1 - \alpha_1\lambda_n^2$

当 $\lambda_n > 0.215$ 时，$\varphi = \dfrac{1}{2\lambda_n^2}\left[(\alpha_2 + \alpha_3\lambda_n + \lambda_n^2) - \sqrt{(\alpha_2 + \alpha_3\lambda_n + \lambda_n^2)^2 + 4\lambda_n^2}\right]$

式中 α_1、α_2、α_3 为系数，根据截面分类，按附表 1.16 采用。

2. 当构件的 $\lambda\sqrt{\dfrac{f_y}{235}}$ 值超出附表 1.12 至附表 1.15 的范围时，则 φ 值按注 1 所列的公式计算。

附表 1.16　系数 α_1、α_2、α_3

截面类别		α_1	α_2	α_3
a 类		0.41	0.986	0.152
b 类		0.65	0.965	0.300
c 类	$\lambda_n \leqslant 1.05$	0.73	0.906	0.595
	$\lambda_n > 1.05$		1.216	0.302
d 类	$\lambda_n \leqslant 1.05$	1.35	0.868	0.915
	$\lambda_n > 1.05$		1.375	0.432

附表 1.17　无侧移框架柱的计算长度系数 μ

K_1 ＼ K_2	0	0.05	0.1	0.2	0.3	0.4	0.5	1	2	3	4	5	≥10
0	1.000	0.990	0.981	0.964	0.949	0.935	0.922	0.875	0.820	0.791	0.773	0.760	0.732
0.05	0.990	0.981	0.971	0.955	0.940	0.926	0.914	0.867	0.814	0.784	0.766	0.754	0.726
0.1	0.981	0.971	0.962	0.946	0.931	0.918	0.906	0.860	0.807	0.778	0.760	0.748	0.721
0.2	0.964	0.955	0.946	0.930	0.916	0.903	0.891	0.846	0.795	0.767	0.749	0.737	0.711
0.3	0.949	0.940	0.931	0.916	0.902	0.889	0.878	0.834	0.784	0.756	0.739	0.728	0.701
0.4	0.935	0.926	0.918	0.903	0.889	0.877	0.866	0.823	0.774	0.747	0.730	0.719	0.693
0.5	0.922	0.914	0.906	0.891	0.878	0.866	0.855	0.813	0.765	0.738	0.721	0.710	0.685
1	0.875	0.867	0.860	0.846	0.834	0.823	0.813	0.774	0.729	0.704	0.688	0.677	0.654
2	0.820	0.814	0.807	0.795	0.784	0.774	0.765	0.729	0.686	0.663	0.648	0.638	0.615
3	0.791	0.784	0.778	0.767	0.756	0.747	0.738	0.704	0.663	0.640	0.625	0.616	0.593
4	0.773	0.766	0.760	0.749	0.739	0.730	0.721	0.688	0.648	0.625	0.611	0.601	0.580
5	0.760	0.754	0.748	0.737	0.728	0.719	0.710	0.677	0.638	0.616	0.601	0.592	0.570

K_1 K_2	0	0.05	0.1	0.2	0.3	0.4	0.5	1	2	3	4	5	$\geqslant 10$
$\geqslant 10$	0.732	0.726	0.721	0.711	0.701	0.693	0.685	0.654	0.615	0.593	0.580	0.570	0.549

注：1. 表中的计算长度系数 μ 值按下式算得：

$$\left[\left(\frac{\pi}{\mu}\right)^2+2(K_1+K_2)-4K_1K_2\right]\frac{\pi}{\mu}\cdot\sin\frac{\pi}{\mu}-2\left[(K_1+K_2)\left(\frac{\pi}{\mu}\right)^2+4K_1K_2\right]\cos\frac{\pi}{\mu}+8K_1K_2=0$$

式中　K_1、K_2——相交于柱上端、柱下端的横梁线刚度之和与柱线刚度之和的比值。当梁远端为铰接时，应将横梁线刚度乘以 1.5；当横梁远端为嵌固时，则将横梁线刚度乘以 2.0。

2. 当横梁与柱铰接时，取横梁线刚度为零。

3. 对底层框架柱：当柱与基础铰接时，取 $K_2=0$（对平板支座可取 $K_2=0.1$）；当柱与基础刚接时，取 $K_2=10$。

4. 当与柱刚性连接的横梁所受轴心压力 N_b 较大时，横梁线刚度应乘以折减系数 α_N：

横梁远端与柱刚接和横梁远端铰接时　　　$\alpha_N=1-N_b/N_{Eb}$

横梁远端嵌固时　　　$\alpha_N=1-N_b/(2N_{Eb})$

式中，$N_{Eb}=\pi^2EI_b/l^2$，I_b 为横梁截面惯性矩，l 为横梁长度。

附表 1.18　有侧移框架柱的计算长度系数 μ

K_1 K_2	0	0.05	0.1	0.2	0.3	0.4	0.5	1	2	3	4	5	$\geqslant 10$
0	∞	6.02	4.46	3.42	3.01	2.78	2.64	2.33	2.17	2.11	2.08	2.07	2.03
0.05	6.02	4.16	3.47	2.86	2.58	2.42	2.31	2.07	1.94	1.90	1.87	1.86	1.83
0.1	4.46	3.47	3.01	2.56	2.33	2.20	2.11	1.90	1.79	1.75	1.73	1.72	1.70
0.2	3.42	2.86	2.56	2.23	2.05	1.94	1.87	1.70	1.60	1.57	1.55	1.54	1.52
0.3	3.01	2.58	2.33	2.05	1.90	1.80	1.74	1.58	1.49	1.46	1.45	1.44	1.42
0.4	2.78	2.42	2.20	1.94	1.80	1.71	1.65	1.50	1.42	1.39	1.37	1.37	1.35
0.5	2.64	2.31	2.11	1.87	1.74	1.65	1.59	1.45	1.37	1.34	1.32	1.32	1.30
1	2.33	2.07	1.90	1.70	1.58	1.50	1.45	1.32	1.24	1.21	1.20	1.19	1.17
2	2.17	1.94	1.79	1.60	1.49	1.42	1.37	1.24	1.16	1.14	1.12	1.12	1.10
3	2.11	1.90	1.75	1.57	1.46	1.39	1.34	1.21	1.14	1.11	1.10	1.09	1.07
4	2.08	1.87	1.73	1.55	1.45	1.37	1.32	1.20	1.12	1.10	1.08	1.08	1.06
5	2.07	1.86	1.72	1.54	1.44	1.37	1.32	1.19	1.12	1.09	1.08	1.07	1.05
$\geqslant 10$	2.03	1.83	1.70	1.52	1.42	1.35	1.30	1.17	1.10	1.07	1.06	1.05	1.03

注：1. 表中的计算长度系数 μ 值按下式算得：

$$\left[36K_1K_2-\left(\frac{\pi}{\mu}\right)^2\right]\sin\frac{\pi}{\mu}+6(K_1+K_2)\frac{\pi}{\mu}\cdot\cos\frac{\pi}{\mu}=0$$

式中　K_1、K_2——为相交于柱上端、柱下端的横梁线刚度之和与柱线刚度之和的比值。当梁远端为铰接时，应将横梁线刚度乘以 0.5；当横梁远端为嵌固时，则将横梁线刚度乘以 2/3。

2. 当横梁与柱铰接时，取横梁线刚度为零。

3. 对底层框架柱：当柱与基础铰接时，取 $K_2=0$（对平板支座可取 $K_2=0.1$）；当柱与基础刚接时，取 $K_2=10$。

4. 当与柱刚性连接的横梁所受轴心压力 N_b 较大时，横梁线刚度应乘以折减系数 α_N：

横梁远端与柱刚接时　　　$\alpha_N=1-N_b/(4N_{Eb})$

横梁远端铰接时　　　$\alpha_N=1-N_b/N_{Eb}$

横梁远端嵌固时　　　$\alpha_N=1-N_b/(2N_{Eb})$

N_{Eb} 的计算式见附表 1.17 注 4。

附录 2　型钢规格表

附 2.1　普通工字钢

符号：h——高度；
　　　b——宽度；
　　　t_w——腹板厚度；
　　　t——翼缘平均厚度；
　　　I——惯性矩；
　　　W——截面模量；

i——回转半径；
S_x——半截面的面积矩；
长度：
型号 10～18，长 5～19 m；
型号 20～63，长 6～19 m

附图 2.1　普通工字钢尺寸

附表 2.1　普通工字钢规格

型号		尺寸					截面积 /cm²	质量/ (kg·m⁻¹)	x—x 轴				y—y 轴		
		h	b	t_w	t	R			I_x	W_x	i_x	I_x/S_x	I_y	W_y	i_y
		/mm							/cm⁴	/cm³	/cm		/cm⁴	/cm³	/cm
10		100	68	4.5	7.6	6.5	14.3	11.2	245	49	4.14	8.69	33	9.6	1.51
12.6		126	74	5.0	8.4	7.0	18.1	14.2	488	77	5.19	11.0	47	12.7	1.61
14		140	80	5.5	9.1	7.5	21.5	16.9	712	102	5.75	12.2	64	16.1	1.73
16		160	88	6.0	9.9	8.0	26.1	20.5	1 127	141	6.57	13.9	93	21.1	1.89
18		180	94	6.5	10.7	8.5	30.7	24.1	1 699	185	7.37	15.4	123	26.2	2.00
20	a	200	100	7.0	11.4	9.0	35.5	27.9	2 369	237	8.16	17.4	158	31.6	2.11
	b		102	9.0			39.5	31.1	2 502	250	7.95	17.1	169	33.1	2.07
22	a	220	110	7.5	12.3	9.5	42.1	33.0	3 406	310	8.99	19.2	226	41.1	2.32
	b		112	9.5			46.5	36.5	3 583	326	8.78	18.9	240	42.9	2.27
25	a	250	116	8.0	13.0	10.0	48.5	38.1	5 017	401	10.2	21.7	280	48.4	2.40
	b		118	10.0			53.5	42.0	5 278	422	9.93	21.4	297	50.4	2.36
28	a	280	122	8.5	13.7	10.5	55.4	43.5	7 115	508	11.3	24.3	344	56.4	2.49
	b		124	10.5			61.0	47.9	7 481	534	11.1	24.0	364	58.7	2.44
32	a	320	130	9.5	15.0	11.5	67.1	52.7	11 080	692	12.8	27.7	459	70.6	2.62
	b		132	11.5			73.5	57.7	11 626	727	12.6	27.3	484	73.3	2.57
	c		134	13.5			79.9	62.7	12 173	761	12.3	26.9	510	76.1	2.53
36	a	360	136	10.0	15.8	12.0	76.4	60.0	15 796	878	14.4	31.0	555	81.6	2.69
	b		138	12.0			83.6	65.6	16 574	921	14.1	30.6	584	84.6	2.64
	c		140	14.0			90.8	71.3	17 351	964	13.8	30.2	614	87.7	2.60

型号		尺寸 h	b	t_w	t	R	截面积 /cm²	质量/ (kg·m⁻¹)	x—x轴 I_x/cm⁴	W_x/cm³	i_x/cm	I_x/S_x/cm	y—y轴 I_y/cm⁴	W_y/cm³	i_y/cm
40	a	400	142	10.5	16.5	12.5	86.1	67.6	21 714	1 086	15.9	34.4	660	92.9	2.77
	b		144	12.5			94.1	73.8	22 781	1 139	15.6	33.9	693	96.2	2.71
	c		146	14.5			102	80.1	23 847	1 192	15.3	33.5	727	99.7	2.67
45	a	450	150	11.5	18.0	13.5	102	80.4	32 241	1 433	17.7	38.5	855	114	2.89
	b		152	13.5			111	87.4	33 759	1 500	17.4	38.1	895	118	2.84
	c		154	15.5			120	94.5	35 278	1 568	17.1	37.6	938	122	2.79
50	a	500	158	12.0	20.0	14.0	119	93.6	46 472	1 859	19.7	42.9	1 122	142	3.07
	b		160	14.0			129	101	48 556	1 942	19.4	42.3	1 171	146	3.01
	c		162	16.0			139	109	50 639	2 026	19.1	41.9	1 224	151	2.96
56	a	560	166	12.5	21.0	14.5	135	106	65 576	2 342	22.0	47.9	1 366	165	3.18
	b		168	14.5			147	115	68 503	2 447	21.6	47.3	1 424	170	3.12
	c		170	16.5			158	124	71 430	2 551	21.3	46.8	1 485	175	3.07
63	a	630	176	13.0	22.0	15.0	155	122	94 004	2 984	24.7	53.8	1 702	194	3.32
	b		178	15.0			167	131	98 171	3 117	24.2	53.2	1 771	199	3.25
	c		780	17.0			180	141	102 339	3 249	23.9	52.6	1 842	205	3.20

附 2.2　普通槽钢

符号：

　　同普通工字钢，但 W_y 为对应翼缘肢尖的截面模量

长度：

型号 5～8，长 5～12 m；

型号 10～18，长 5～19 m；

型号 20～40，长 6～19 m

附图 2.2　普通槽钢尺寸

附表 2.2　普通槽钢规格

型号	尺寸 h	b	t_w	t	R	截面积 /cm²	质量 /(kg·m⁻¹)	x—x轴 I_x/cm⁴	W_x/cm³	i_x/cm	y—y轴 I_y/cm⁴	W_y/cm³	i_y/cm	$y_1—y_1$轴 I_{y1}/cm⁴	Z_0/cm
5	50	37	4.5	7.0	7.0	6.92	5.44	26	10.4	1.94	8.3	3.5	1.10	20.9	1.35
6.3	63	40	4.8	7.5	7.5	8.45	6.63	51	16.3	2.46	11.9	4.6	1.19	28.3	1.39
8	80	43	5.0	8.0	8.0	10.24	8.04	101	25.3	3.14	16.6	5.8	1.27	37.4	1.42
10	100	48	5.3	8.5	8.5	12.74	10.00	198	39.7	3.94	25.6	7.8	1.42	54.9	1.52
12.6	126	53	5.5	9.0	9.0	15.69	12.31	389	61.7	4.98	38.0	10.3	1.56	77.8	1.59

型号		尺寸					截面积	质量	x—x 轴			y—y 轴			y_1—y_1 轴	Z_0
		h	b	t_w	t	R	/cm²	/(kg·m⁻¹)	I_x	W_x	i_x	I_y	W_y	i_y	I_{y1}	/cm
				/mm					/cm⁴	/cm³	/cm	/cm⁴	/cm³	/cm	/cm⁴	
14	a	140	58	6.0	9.5	9.5	18.51	14.53	564	80.5	5.52	53.2	13.0	1.70	107.2	1.71
	b		60	8.0	9.5	9.5	21.31	16.73	609	87.1	5.35	61.2	14.1	1.69	120.6	1.67
16	a	160	63	6.5	10.0	10.0	21.95	17.23	866	108.3	6.28	73.4	16.3	1.83	144.1	1.79
	b		65	8.5	10.0	10.0	25.15	19.75	935	116.8	6.10	83.4	17.6	1.82	160.8	1.75
18	a	180	68	7.0	10.5	10.5	25.69	20.17	1 273	141.4	7.04	98.6	20.0	1.96	189.7	1.88
	b		70	9.0	10.5	10.5	29.29	22.99	1 370	152.2	6.84	111.0	21.5	1.95	210.1	1.84
20	a	200	73	7.0	11.0	11.0	28.83	22.63	1 780	178.0	7.86	128.0	24.2	2.11	244.0	2.01
	b		75	9.0	11.0	11.0	32.83	25.77	1 914	191.4	7.64	143.6	25.9	2.09	268.4	1.95
22	a	220	77	7.0	11.5	11.5	31.84	24.99	2 394	217.6	8.67	157.8	28.2	2.23	298.2	2.10
	b		79	9.0	11.5	11.5	36.24	28.45	2 571	233.8	8.42	176.5	30.1	2.21	326.3	2.03
25	a	250	78	7.0	12.0	12.0	34.91	27.40	3 359	268.7	9.81	175.9	30.7	2.24	324.8	2.07
	b		80	9.0	12.0	12.0	39.91	31.33	3 619	289.6	9.52	196.4	32.7	2.22	355.1	1.99
	c		82	11.0	12.0	12.0	44.91	35.25	3 880	310.4	9.30	215.9	34.6	2.19	388.6	1.96
28	a	280	82	7.5	12.5	12.5	40.02	31.42	4 753	339.5	10.90	217.9	35.7	2.33	393.3	2.09
	b		84	9.5	12.5	12.5	45.62	35.81	5 118	365.6	10.59	241.5	37.9	2.30	428.5	2.02
	c		86	11.5	12.5	12.5	51.22	40.21	5 484	391.7	10.35	264.1	40.0	2.27	467.3	1.99
32	a	320	88	8.0	14.0	14.0	48.50	38.07	7 511	469.4	12.44	304.7	46.4	2.51	547.5	2.24
	b		90	10.0	14.0	14.0	54.90	43.10	8 057	503.5	12.11	335.6	49.1	2.47	592.9	2.16
	c		92	12.0	14.0	14.0	61.30	48.12	8 603	537.7	11.85	365.0	51.6	2.44	642.7	2.13
36	a	360	96	9.0	16.0	16.0	60.89	47.80	11 874	659.7	13.96	455.0	63.6	2.73	818.5	2.44
	b		98	11.0	16.0	16.0	68.09	53.45	12 652	702.9	13.63	496.7	66.9	2.70	880.5	2.37
	c		100	13.0	16.0	16.0	75.29	59.10	13 429	746.1	13.36	536.6	70.0	2.67	948.0	2.34
40	a	400	100	10.5	18.0	18.0	75.04	58.91	17 578	878.9	15.30	592.0	78.8	2.81	1 057.9	2.49
	b		102	12.5	18.0	18.0	83.04	65.19	18 644	932.2	14.98	640.6	82.6	2.78	1 135.8	2.44
	c		104	14.5	18.0	18.0	91.04	71.47	19 711	985.6	14.71	687.8	86.2	2.75	1 220.3	2.42

附 2.3　等边角钢

单角钢　　　　　双角钢

附图 2.3　等边角钢尺寸

附表 2.3 等边角钢规格

型号		圆角 R	重心矩 Z_0	截面积 A	质量	惯性矩 I_x	截面模量		回转半径			i_y，当 a 为下列数值				
							W_x^{max}	W_x^{min}	i_x	i_{x0}	i_{y0}	6 mm	8 mm	10 mm	12 mm	14 mm
		/mm		/cm²	/(kg·m⁻¹)	/cm⁴	/cm³		/cm			/cm				
∟20×	3	3.5	6.0	1.13	0.89	0.40	0.66	0.29	0.59	0.75	0.39	1.08	1.17	1.25	1.34	1.43
	4		6.4	1.46	1.15	0.50	0.78	0.36	0.58	0.73	0.38	1.11	1.19	1.28	1.37	1.46
∟25×	3	3.5	7.3	1.43	1.12	0.82	1.12	0.46	0.76	0.95	0.49	1.27	1.36	1.44	1.53	1.61
	4		7.6	1.86	1.46	1.03	1.34	0.59	0.74	0.93	0.48	1.30	1.38	1.47	1.55	1.64
∟30×	3	4.5	8.5	1.75	1.37	1.46	1.72	0.68	0.91	1.15	0.59	1.47	1.55	1.63	1.71	1.80
	4		8.9	2.28	1.79	1.84	2.08	0.87	0.90	1.13	0.58	1.49	1.57	1.65	1.74	1.82
∟36×	3	4.5	10.0	2.11	1.66	2.58	2.59	0.99	1.11	1.39	0.71	1.70	1.78	1.86	1.94	2.03
	4		10.4	2.76	2.16	3.29	3.18	1.28	1.09	1.38	0.70	1.73	1.80	1.89	1.97	2.05
	5		10.7	2.38	2.65	3.95	3.68	1.56	1.08	1.36	0.70	1.75	1.83	1.91	1.99	2.08
∟40×	3	5	10.9	2.36	1.85	3.59	3.28	1.23	1.23	1.55	0.79	1.86	1.94	2.01	2.09	2.18
	4		11.3	3.09	2.42	4.60	4.05	1.60	1.22	1.54	0.79	1.88	1.96	2.04	2.12	2.20
	5		11.7	3.79	2.98	5.53	4.72	1.96	1.21	1.52	0.78	1.90	1.98	2.06	2.14	2.23
∟45×	3	5	12.2	2.66	2.09	5.17	4.25	1.58	1.39	1.76	0.90	2.06	2.14	2.21	2.29	2.37
	4		12.6	3.49	2.74	6.65	5.29	2.05	1.38	1.74	0.89	2.08	2.16	2.24	2.32	2.40
	5		13.0	4.29	3.37	8.04	6.20	2.51	1.37	1.72	0.88	2.10	2.18	2.26	2.34	2.42
	6		13.3	5.08	3.99	9.33	6.99	2.95	1.36	1.71	0.88	2.12	2.20	2.28	2.36	2.44
∟50×	3	5.5	13.4	2.97	2.33	7.18	5.36	1.96	1.55	1.96	1.00	2.26	2.33	2.41	2.48	2.56
	4		13.8	3.90	3.06	9.26	6.70	2.56	1.54	1.94	0.99	2.28	2.36	2.43	2.51	2.59
	5		14.2	4.80	3.77	11.21	7.90	3.13	1.53	1.92	0.98	2.30	2.38	2.45	2.53	2.61
	6		14.6	5.69	4.46	13.05	8.95	3.68	1.51	1.91	0.98	2.32	2.40	2.48	2.56	2.64
∟56×	3	6	14.8	3.34	2.62	10.19	6.86	2.48	1.75	2.20	1.13	2.50	2.57	2.64	2.72	2.80
	4		15.3	4.39	3.45	13.18	8.63	3.24	1.73	2.18	1.11	2.52	2.59	2.67	2.74	2.82
	5		15.7	5.42	4.25	16.02	10.22	3.97	1.72	2.17	1.10	2.54	2.61	2.69	2.77	2.85
	8		16.8	8.37	6.57	23.63	14.06	6.03	1.68	2.11	1.09	2.60	2.67	2.75	2.83	2.91
∟63×	4	7	17.0	4.98	3.91	19.03	11.22	4.13	1.96	2.46	1.26	2.79	2.87	2.94	3.02	3.09
	5		17.4	6.14	4.82	23.17	13.33	5.08	1.94	2.45	1.25	2.82	2.89	2.96	3.04	3.12
	6		17.8	7.29	5.72	27.12	15.26	6.00	1.93	2.43	1.24	2.83	2.91	2.98	3.06	3.14
	8		18.5	9.51	7.47	34.45	18.59	7.75	1.90	2.39	1.23	2.87	2.95	3.03	3.10	3.18
	10		19.3	11.66	9.15	41.09	21.34	9.39	1.88	2.36	1.22	2.91	2.99	3.07	3.15	3.23
∟70×	4	8	18.6	5.57	4.37	26.39	14.16	5.14	2.18	2.74	1.40	3.07	3.14	3.21	3.29	3.36
	5		19.1	6.88	5.40	32.21	16.89	6.32	2.16	2.73	1.39	3.09	3.16	3.24	3.31	3.39
	6		19.5	8.16	6.41	37.77	19.39	7.48	2.15	2.71	1.38	3.11	3.18	3.26	3.33	3.41
	7		19.9	9.42	7.40	43.09	21.68	8.59	2.14	2.69	1.38	3.13	3.20	3.28	3.36	3.43
	8		20.3	10.67	8.37	48.17	23.79	9.68	2.13	2.68	1.37	3.15	3.22	3.30	3.38	3.46
∟75×	5	9	20.3	7.41	5.82	39.96	19.73	7.30	2.32	2.92	1.50	3.29	3.36	3.43	3.50	3.58
	6		20.7	8.80	6.91	46.91	22.69	8.63	2.31	2.91	1.49	3.31	3.38	3.45	3.53	3.60
	7		21.1	10.16	7.98	53.57	25.42	9.93	2.30	2.89	1.48	3.33	3.40	3.47	3.55	3.63
	8		21.5	11.50	9.03	59.96	27.93	11.20	2.28	2.87	1.47	3.35	3.42	3.50	3.57	3.65
	10		22.2	14.13	11.09	71.98	32.40	13.64	2.26	2.84	1.46	3.38	3.46	3.54	3.61	3.69

型号		圆角 R	重心矩 Z_0	截面积 A	质量	惯性矩 I_x	截面模量 W_x^{max}	截面模量 W_x^{min}	回转半径 i_x	i_{z0}	i_{y0}	i_y，当 a 为下列数值 6 mm	8 mm	10 mm	12 mm	14 mm
		/mm	/mm	/cm²	/(kg·m⁻¹)	/cm⁴	/cm³	/cm³	/cm	/cm	/cm	/cm				
∟80×	5	9	21.5	7.91	6.21	48.79	22.70	8.34	2.48	3.13	1.60	3.49	3.56	3.63	3.71	3.78
	6		21.9	9.40	7.38	57.35	26.16	9.87	2.47	3.11	1.59	3.51	3.58	3.65	3.73	3.80
	7		22.3	10.86	8.53	65.58	29.38	11.37	2.46	3.10	1.58	3.53	3.60	3.67	3.75	3.83
	8		22.7	12.30	9.66	73.50	32.36	12.83	2.44	3.08	1.57	3.55	3.62	3.70	3.77	3.85
	10		23.5	15.13	11.87	88.43	37.68	15.64	2.42	3.04	1.56	3.58	3.66	3.74	3.81	3.89
∟90×	6	10	24.4	10.64	8.35	82.77	33.99	12.61	2.79	3.51	1.80	3.91	3.98	4.05	4.12	4.20
	7		24.8	12.30	9.66	94.83	38.28	14.54	2.78	3.50	1.78	3.93	4.00	4.07	4.14	4.22
	8		25.2	13.94	10.95	106.5	42.30	16.42	2.76	3.48	1.78	3.95	4.02	4.09	4.17	4.24
	10		25.9	17.17	13.48	128.6	49.57	20.07	2.74	3.45	1.76	3.98	4.06	4.13	4.21	4.28
	12		26.7	20.31	15.94	149.2	55.93	23.57	2.71	3.41	1.75	4.02	4.09	4.17	4.25	4.32
∟100×	6	12	26.7	11.93	9.37	115.0	43.04	15.68	3.10	3.91	2.00	4.30	4.37	4.44	4.51	4.58
	7		27.1	13.80	10.83	131.0	48.57	18.10	3.09	3.89	1.99	4.32	4.39	4.46	4.53	4.61
	8		27.6	15.64	12.28	148.2	53.78	20.47	3.08	3.88	1.98	4.34	4.41	4.48	4.55	4.63
	10		28.4	19.26	15.12	179.5	63.29	25.06	3.05	3.84	1.96	4.38	4.45	4.52	4.60	4.67
	12		29.1	22.80	17.90	208.9	71.72	29.47	3.03	3.81	1.95	4.41	4.49	4.56	4.64	4.71
	14		29.9	26.26	20.61	236.5	79.19	33.73	3.00	3.77	1.94	4.45	4.53	4.60	4.68	4.75
	16		30.6	29.63	23.26	262.5	85.81	37.82	2.98	3.74	1.93	4.49	4.56	4.64	4.72	4.80
∟110×	7	12	29.6	15.20	11.93	177.2	59.78	22.05	3.41	4.30	2.20	4.72	4.79	4.86	4.94	5.01
	8		30.1	17.24	13.53	199.5	66.36	24.95	3.40	4.28	2.19	4.74	4.81	4.88	4.96	5.03
	10		30.9	21.26	16.69	242.2	78.48	30.60	3.38	4.25	2.17	4.78	4.85	4.92	5.00	5.07
	12		31.6	25.20	19.78	282.6	89.34	36.05	3.35	4.22	2.15	4.82	4.89	4.96	5.04	5.11
	14		32.4	29.06	22.81	320.7	99.07	41.31	3.32	4.18	2.14	4.85	4.93	5.00	5.08	5.15
∟125×	8	14	33.7	19.75	15.50	297.0	88.20	32.52	3.88	4.88	2.50	5.34	5.41	5.48	5.55	5.62
	10		34.5	24.37	19.13	361.7	104.8	39.97	3.85	4.85	2.48	5.38	5.45	5.52	5.59	5.66
	12		35.3	28.91	22.70	423.2	119.9	47.17	3.83	4.82	2.46	5.41	5.48	5.56	5.63	5.70
	14		36.1	33.37	26.19	481.7	133.6	54.16	3.80	4.78	2.45	5.45	5.52	5.59	5.67	5.74
∟140×	10	14	38.2	27.37	21.49	514.7	134.6	50.58	4.34	5.46	2.78	5.98	6.05	6.12	6.20	6.27
	12		39.0	32.51	25.52	603.2	154.6	59.80	4.31	5.43	2.77	6.02	6.09	6.16	6.23	6.31
	14		39.8	37.57	29.49	688.8	173.0	68.75	4.28	5.40	2.75	6.06	6.13	6.20	6.27	6.34
	16		40.6	42.54	33.39	770.2	189.9	77.46	4.26	5.36	2.74	6.09	6.16	6.23	6.31	6.38
∟160×	10	16	43.1	31.50	24.73	779.5	180.8	66.70	4.97	6.27	3.20	6.78	6.85	6.92	6.99	7.06
	12		43.9	37.44	29.39	916.6	208.6	78.98	4.95	6.24	3.18	6.82	6.89	6.96	7.03	7.10
	14		44.7	43.30	33.99	1 048	234.4	90.95	4.92	6.20	3.16	6.86	6.93	7.00	7.07	7.14
	16		45.5	49.07	38.52	1 175	258.3	102.6	4.89	6.17	3.14	6.89	6.96	7.03	7.10	7.18
∟180×	12	16	48.9	42.24	33.16	1 321	270.0	100.8	5.59	7.05	3.58	7.63	7.70	7.77	7.84	7.91
	14		49.7	48.90	38.38	1 514	304.6	116.3	5.57	7.02	3.57	7.67	7.74	7.81	7.88	7.95
	16		50.5	55.47	43.54	1 701	336.9	131.4	5.54	6.98	3.55	7.70	7.77	7.84	7.91	7.98
	18		51.3	61.95	48.63	1 881	367.1	146.1	5.51	6.94	3.53	7.73	7.80	7.87	7.95	8.02

型号		圆角 R	重心矩 Z_0	截面积 A	质量	惯性矩 I_x	截面模量		回转半径			i_y，当 a 为下列数值				
							W_x^{max}	W_x^{min}	i_x	i_{x0}	i_{y0}	6 mm	8 mm	10 mm	12 mm	14 mm
		/mm		/cm²	/(kg·m⁻¹)	/cm⁴	/cm³		/cm			/cm				
∟200×	14		54.6	54.64	42.89	2 104	385.1	144.7	6.20	7.82	3.98	8.47	8.54	8.61	8.67	8.75
	16		55.4	62.01	48.68	2 366	427.0	163.7	6.18	7.79	3.96	8.50	8.57	8.64	8.71	8.78
	18	18	56.2	69.30	54.40	2 621	466.5	182.2	6.15	7.75	3.94	8.53	8.60	8.67	8.75	8.82
	20		56.9	76.50	60.06	2 867	503.6	200.4	6.12	7.72	3.93	8.57	8.64	8.71	8.78	8.85
	24		58.4	90.66	71.17	3 338	571.5	235.8	6.07	7.64	3.90	8.63	8.71	8.78	8.85	8.92

附 2.4 不等边角钢

单角钢　　　　双角钢

附图 2.4 不等边角钢尺寸

附表 2.4 不等边角钢规格

角钢型号 $B×b×t$		圆角 R	重心矩		截面积 A	质量	回转半径			i_{y1}，当 a 为下列数值				i_{y2}，当 a 为下列数值			
			Z_x	Z_y			i_x	i_y	i_{y0}	6 mm	8 mm	10 mm	12 mm	6 mm	8 mm	10 mm	12 mm
		/mm	/mm		/cm²	/(kg·m⁻¹)	/cm			/cm				/cm			
∟25×16×	3	3.5	4.2	8.6	1.16	0.91	0.44	0.78	0.34	0.84	0.93	1.02	1.11	1.40	1.48	1.57	1.65
	4		4.6	9.0	1.50	1.18	0.43	0.77	0.34	0.87	0.96	1.05	1.14	1.42	1.51	1.60	1.68
∟32×20×	3	3.5	4.9	10.8	1.49	1.17	0.55	1.01	0.43	0.97	1.05	1.14	1.23	1.71	1.79	1.88	1.96
	4		5.3	11.2	1.94	1.52	0.54	1.00	0.43	0.99	1.08	1.16	1.25	1.74	1.82	1.90	1.99
∟40×25×	3	4	5.9	13.2	1.89	1.48	0.70	1.28	0.54	1.13	1.21	1.30	1.38	2.07	2.14	2.23	2.31
	4		6.3	13.7	2.47	1.94	0.69	1.26	0.54	1.16	1.24	1.32	1.41	2.09	2.17	2.25	2.34
∟45×28×	3	5	6.4	14.7	2.15	1.69	0.79	1.44	0.61	1.23	1.31	1.39	1.47	2.28	2.36	2.44	2.52
	4		6.8	15.1	2.81	2.20	0.78	1.43	0.60	1.25	1.33	1.41	1.50	2.31	2.39	2.47	2.55
∟50×32×	3	5.5	7.3	16.0	2.43	1.91	0.91	1.60	0.70	1.38	1.45	1.53	1.61	2.49	2.56	2.64	2.72
	4		7.7	16.5	3.18	2.49	0.90	1.59	0.69	1.40	1.47	1.55	1.64	2.51	2.59	2.67	2.75
∟56×36×	3	6	8.0	17.8	2.74	2.15	1.03	1.80	0.79	1.51	1.59	1.66	1.74	2.75	2.82	2.90	2.98
	4		8.5	18.2	3.59	2.82	1.02	1.79	0.79	1.53	1.61	1.69	1.77	2.77	2.85	2.93	3.01
	5		8.8	18.7	4.42	3.47	1.01	1.77	0.78	1.56	1.63	1.71	1.79	2.80	2.88	2.96	3.04
∟63×40×	4	7	9.2	20.4	4.06	3.19	1.14	2.02	0.88	1.66	1.74	1.81	1.89	3.09	3.16	3.24	3.32
	5		9.5	20.8	4.99	3.92	1.12	2.00	0.87	1.68	1.76	1.84	1.92	3.11	3.19	3.27	3.35
	6		9.9	21.2	5.91	4.64	1.11	1.99	0.86	1.71	1.78	1.86	1.94	3.13	3.21	3.29	3.37
	7		10.3	21.6	6.80	5.34	1.10	1.96	0.86	1.73	1.80	1.88	1.97	3.15	3.23	3.30	3.39

角钢型号 $B \times b \times t$	圆角 R	重心矩 Z_x	Z_y	截面积 A	质量	回转半径 i_y	i_y	i_{y0}	i_{y1}，当a为下列数值 6 mm	8 mm	10 mm	12 mm	i_{y2}，当a为下列数值 6 mm	8 mm	10 mm	12 mm
		/mm		/cm²	/(kg·m⁻¹)	/cm			/cm				/cm			
∟70×45× 4	7.5	10.2	22.3	4.55	3.57	1.29	2.25	0.99	1.84	1.91	1.99	2.07	3.39	3.46	3.54	3.62
5		10.6	22.8	5.61	4.40	1.28	2.23	0.98	1.86	1.94	2.01	2.09	3.41	3.49	3.57	3.64
6		11.0	23.2	6.64	5.22	1.26	2.22	0.97	1.88	1.96	2.04	2.11	3.44	3.51	3.59	3.67
7		11.3	23.6	7.66	6.01	1.25	2.20	0.97	1.90	1.98	2.06	2.14	3.46	3.54	3.61	3.69
∟75×50× 5	8	11.7	24.0	6.13	4.81	1.43	2.39	1.09	2.06	2.13	2.20	2.28	3.60	3.68	3.76	3.83
6		12.1	24.4	7.26	5.70	1.42	2.38	1.08	2.08	2.15	2.23	2.30	3.63	3.70	3.78	3.86
8		12.9	25.2	9.47	7.43	1.40	2.35	1.07	2.12	2.19	2.27	2.35	3.67	3.75	3.83	3.91
10		13.6	26.0	11.6	9.10	1.38	2.33	1.06	2.16	2.24	2.31	2.40	3.71	3.79	3.87	3.96
∟80×50× 5	8	11.4	26.0	6.38	5.00	1.42	2.57	1.10	2.02	2.09	2.17	2.24	3.88	3.95	4.03	4.10
6		11.8	26.5	7.56	5.93	1.41	2.55	1.09	2.04	2.11	2.19	2.27	3.90	3.98	4.05	4.13
7		12.1	26.9	8.72	6.85	1.39	2.54	1.08	2.06	2.13	2.21	2.29	3.92	4.00	4.08	4.16
8		12.5	27.3	9.87	7.75	1.38	2.52	1.07	2.08	2.15	2.23	2.31	3.94	4.02	4.10	4.18
∟90×56× 5	9	12.5	29.1	7.21	5.66	1.59	2.90	1.23	2.22	2.29	2.36	2.44	4.32	4.39	4.47	4.55
6		12.9	29.5	8.56	6.72	1.58	2.88	1.22	2.24	2.31	2.39	2.46	4.34	4.42	4.50	4.57
7		13.3	30.0	9.88	7.76	1.57	2.87	1.22	2.26	2.33	2.41	2.49	4.37	4.44	4.52	4.60
8		13.6	30.4	11.2	8.78	1.56	2.85	1.21	2.28	2.35	2.43	2.51	4.39	4.47	4.54	4.62
∟100×63× 6	10	14.3	32.4	9.62	7.55	1.79	3.21	1.38	2.49	2.56	2.63	2.71	4.77	4.85	4.92	5.00
7		14.7	32.8	11.1	8.72	1.78	3.20	1.37	2.51	2.58	2.65	2.73	4.80	4.87	4.95	5.03
8		15.0	33.2	12.6	9.88	1.77	3.18	1.37	2.53	2.60	2.67	2.75	4.82	4.90	4.97	5.05
10		15.8	34.0	15.5	12.1	1.75	3.15	1.35	2.57	2.64	2.72	2.79	4.86	4.94	5.02	5.10
∟100×80× 6	10	19.7	29.5	10.6	8.35	2.40	3.17	1.73	3.31	3.38	3.45	3.52	4.54	4.62	4.69	4.76
7		20.1	30.0	12.3	9.66	2.39	3.16	1.71	3.32	3.39	3.47	3.54	4.57	4.64	4.71	4.79
8		20.5	30.4	13.9	10.9	2.37	3.15	1.71	3.34	3.41	3.49	3.56	4.59	4.66	4.73	4.81
10		21.3	31.2	17.2	13.5	2.35	3.12	1.69	3.38	3.45	3.53	3.60	4.63	4.70	4.78	4.85
∟110×70× 6	10	15.7	35.3	10.6	8.35	2.01	3.54	1.54	2.74	2.81	2.88	2.96	5.21	5.29	5.36	5.44
7		16.1	35.7	12.3	9.66	2.00	3.53	1.53	2.76	2.83	2.90	2.98	5.24	5.31	5.39	5.46
8		16.5	36.2	13.9	10.9	1.98	3.51	1.53	2.78	2.85	2.92	3.00	5.26	5.34	5.41	5.49
10		17.2	37.0	17.2	13.5	1.96	3.48	1.51	2.82	2.89	2.96	3.04	5.30	5.38	5.46	5.53
∟125×80× 7	11	18.0	40.1	14.1	11.1	2.30	4.02	1.76	3.11	3.18	3.25	3.33	5.90	5.97	6.04	6.12
8		18.4	40.6	16.0	12.6	2.29	4.01	1.75	3.13	3.20	3.27	3.35	5.92	5.99	6.07	6.14
10		19.2	41.4	19.7	15.5	2.26	3.98	1.74	3.17	3.24	3.31	3.39	5.96	6.04	6.11	6.19
12		20.0	42.2	23.4	18.3	2.24	3.95	1.72	3.21	3.28	3.35	3.43	6.00	6.08	6.16	6.23
∟140×90× 8	12	20.4	45.0	18.0	14.2	2.59	4.50	1.98	3.49	3.56	3.63	3.70	6.58	6.65	6.73	6.80
10		21.2	45.8	22.3	17.5	2.56	4.47	1.96	3.52	3.59	3.66	3.73	6.62	6.70	6.77	6.85
12		21.9	46.6	26.4	20.7	2.54	4.44	1.95	3.56	3.63	3.70	3.77	6.66	6.74	6.81	6.89
14		22.7	47.4	30.5	23.9	2.51	4.42	1.94	3.59	3.66	3.74	3.81	6.70	6.78	6.86	6.93
∟160×100× 10	13	22.8	52.4	25.3	19.9	2.85	5.14	2.19	3.84	3.91	3.98	4.05	7.55	7.63	7.70	7.78
12		23.6	53.2	30.1	23.6	2.82	5.11	2.18	3.87	3.94	4.01	4.09	7.60	7.67	7.75	7.82
14		24.3	54.0	34.7	27.2	2.80	5.08	2.16	3.91	3.98	4.05	4.12	7.64	7.71	7.79	7.86
16		25.1	54.8	39.3	30.8	2.77	5.05	2.15	3.94	4.02	4.09	4.16	7.68	7.75	7.83	7.90
∟180×110× 10	14	24.4	58.9	28.4	22.3	3.13	5.81	2.42	4.16	4.23	4.30	4.36	8.49	8.56	8.63	8.71
12		25.2	59.8	33.7	26.5	3.10	5.78	2.40	4.19	4.26	4.33	4.40	8.53	8.60	8.68	8.75
14		25.9	60.6	39.0	30.6	3.08	5.75	2.39	4.23	4.30	4.37	4.44	8.57	8.64	8.72	8.79
16		26.7	61.4	44.1	34.6	3.05	5.72	2.37	4.26	4.33	4.40	4.47	8.61	8.68	8.76	8.84

角钢型号 $B×b×t$	圆角 R	重心矩 Z_x	重心矩 Z_y	截面积 A	质量	回转半径 i_x	回转半径 i_y	回转半径 i_{y0}	i_{y1}，当 a 为下列数值 6 mm	8 mm	10 mm	12 mm	i_{y2}，当 a 为下列数值 6 mm	8 mm	10 mm	12 mm
		/mm		/cm²	/(kg·m⁻¹)	/cm			/cm				/cm			
∟200×125× 12	14	28.3	65.4	37.9	29.8	3.57	6.44	2.75	4.75	4.82	4.88	4.95	9.39	9.47	9.54	9.62
14		29.1	66.2	43.9	34.4	3.54	6.41	2.73	4.78	4.85	4.92	4.99	9.43	9.51	9.58	9.66
16		29.9	67.0	49.7	39.0	3.52	6.38	2.71	4.81	4.88	4.95	5.02	9.47	9.55	9.62	9.70
18		30.6	67.8	55.5	43.6	3.49	6.35	2.70	4.85	4.92	4.99	5.06	9.51	9.59	9.66	9.74

注：一个角钢的惯性矩 $I_x=Ai_x^2$，$I_y=Ai_y^2$；一个角钢的截面模量 $W_x^{max}=I_x/Z_x$，$W_x^{min}=I_x/(b-Z_x)$，$W_y^{max}=I_y/Z_y$，$W_y^{min}=I_y/(B-Z_y)$。

附 2.5　H 型钢

符号：h——高度；
　　　b——宽度；
　　　t_1——腹板厚度；
　　　t_2——翼缘厚度；

I——惯性矩；
W——截面模量；
i——回转半径；
S_x——半截面的面积矩。

附图 2.5　H 型钢尺寸

附表 2.5　H 型钢规格

类别	H 型钢规格 $(h×b×t_1×t_2)$	截面积 A	质量 q	x—x 轴 I_x	W_x	i_x	y—y 轴 I_y	W_y	i_y
		/cm²	/(kg·m⁻¹)	/cm⁴	/cm³	/cm	/cm⁴	/cm³	/cm
HW	100×100×6×8	21.90	17.2	383	76.5	4.18	134	26.7	2.47
	125×125×6.5×9	30.31	23.8	847	136	5.29	294	47.0	3.11
	150×150×7×10	40.55	31.9	1 660	221	6.39	564	75.1	3.73
	175×175×7.5×11	51.43	40.3	2 900	331	7.50	984	112	4.37
	200×200×8×12	64.28	50.5	4 770	477	8.61	1 600	160	4.99
	♯200×204×12×12	72.28	56.7	5 030	503	8.35	1 700	167	4.85
	250×250×9×14	92.18	72.4	10 800	867	10.8	3 650	292	6.29
	♯250×255×14×14	104.7	82.2	11 500	919	10.5	3 880	304	6.09
	♯294×302×12×12	108.3	85.0	17 000	1 160	12.5	5 520	365	7.14
	300×300×10×15	120.4	94.5	20 500	1 370	13.1	6 760	450	7.49
	300×305×15×15	135.4	106	21 600	1 440	12.6	7 100	466	7.24
	♯344×348×10×16	146.0	115	33 300	1 940	15.1	11 200	646	8.78
	350×350×12×19	173.9	137	40 300	2 300	15.2	13 600	776	8.84
	♯388×402×15×15	179.2	141	49 200	2 540	16.6	16 300	809	9.52
	♯394×398×11×18	187.6	147	56 400	2 860	17.3	18 900	951	10.0
	400×400×13×21	219.5	172	66 900	3 340	17.5	22 400	1 120	10.1
	♯400×408×21×21	251.5	197	71 100	3 560	16.8	23 800	1 170	9.73
	♯414×405×18×28	296.2	233	93 000	4 490	17.7	31 000	1 530	10.2
	♯428×407×20×35	361.4	284	119 000	5 580	18.2	39 400	1 930	10.4

类别	H 型钢规格 $(h \times b \times t_1 \times t_2)$	截面积 A /cm²	质量 q /(kg·m⁻¹)	x—x 轴			y—y 轴		
				I_x /cm⁴	W_x /cm³	i_x /cm	I_y /cm⁴	W_y /cm³	i_y /cm
HM	148×100×6×9	27.25	21.4	1 040	140	6.17	151	30.2	2.35
	194×150×6×9	39.76	31.2	2 740	283	8.30	508	67.7	3.57
	244×175×7×11	56.24	44.1	6 120	502	10.4	985	113	4.18
	294×200×8×12	73.03	57.3	11 400	779	12.5	1 600	160	4.69
	340×250×9×14	101.5	79.7	21 700	1 280	14.6	3 650	292	6.00
	390×300×10×16	136.7	107	38 900	2 000	16.9	7 210	481	7.26
	440×300×11×18	157.4	124	56 100	2 550	18.9	8 110	541	7.18
	482×300×11×15	146.4	115	60 800	2 520	20.4	6 770	451	6.80
	488×300×11×18	164.4	129	71 400	2 930	20.8	8 120	541	7.03
	582×300×12×17	174.5	137	103 000	3 530	24.3	7 670	511	6.63
	588×300×12×20	192.5	151	118 000	4 020	24.8	9 020	601	6.85
	#594×302×14×23	222.4	175	137 000	4 620	24.9	10 600	701	6.90
HN	100×50×5×7	12.16	9.54	192	38.5	3.98	14.9	5.96	1.11
	125×60×6×8	17.01	13.3	417	66.8	4.95	29.3	9.75	1.31
	150×75×5×7	18.16	14.3	679	90.6	6.12	49.6	13.2	1.65
	175×90×5×8	23.21	18.2	1 220	140	7.26	97.6	21.7	2.05
	198×99×4.5×7	23.59	18.5	1 610	163	8.27	114	23.0	2.20
	200×100×5.5×8	27.57	21.7	1 880	188	8.25	134	26.8	2.21
	248×124×5×8	32.89	25.8	3 560	287	10.4	255	41.1	2.78
	250×125×6×9	37.87	29.7	4 080	326	10.4	294	47.0	2.79
	298×149×5.5×8	41.55	32.6	6 460	433	12.4	443	59.4	3.26
	300×150×6.5×9	47.53	37.3	7 350	490	12.4	508	67.7	3.27
	346×174×6×9	53.19	41.8	11 200	649	14.5	792	91.0	3.86
	350×175×7×11	63.66	50.0	13 700	782	14.7	985	113	3.93
	#400×150×8×13	71.12	55.8	18 800	942	16.3	734	97.9	3.21
	396×199×7×11	72.16	56.7	20 000	1 010	16.7	1 450	145	4.48
	400×200×8×13	84.12	66.0	23 700	1 190	16.8	1 740	174	4.54
	#450×150×9×14	83.41	65.5	27 100	1200	18.0	793	106	3.08
	446×199×8×12	84.95	66.7	29 000	1 300	18.5	1 580	159	4.31
	450×200×9×14	97.41	76.5	33 700	1 500	18.6	1 870	187	4.38
	#500×150×10×16	98.23	77.1	38 500	1540	19.8	907	121	3.04
	496×199×9×14	101.3	79.5	41 900	1 690	20.3	1 840	185	4.27
	500×200×10×16	114.2	89.6	47 800	1 910	20.5	2 140	214	4.33
	#506×201×11×19	131.3	103	56 500	2 230	20.8	2 580	257	4.43
	596×199×10×15	121.2	95.1	69 300	2 330	23.9	1 980	199	4.04
	600×200×11×17	135.2	106	78 200	2 610	24.1	2 280	228	4.11
	#606×201×12×20	153.3	120	91 000	3 000	24.4	2 720	271	4.21
	#692×300×13×20	211.5	166	172 000	4 980	28.6	9 020	602	6.53
	700×300×13×24	235.5	185	201 000	5 760	29.3	10 800	722	6.78

注："#"表示的规格为非常用规格。

附 2.6 无缝钢管

I——截面惯性矩；

W——截面模量；

i——截面回转半径；

d——外径；

t——壁厚

附图 2.6 无缝钢管尺寸

附表 2.6 无缝钢管规格

尺寸/mm		截面面积 A /cm²	每米重量/ (kg·m⁻¹)	截面特性			尺寸/mm		截面面积 A /cm²	每米重量/ (kg·m⁻¹)	截面特性		
d	t			I /cm⁴	W /cm³	i /cm	d	t			I /cm⁴	W /cm³	i /cm
32	2.5	2.32	1.82	2.54	1.59	1.05	57	3.0	5.09	4.00	18.81	6.53	1.91
	3.0	2.73	2.15	2.90	1.82	1.03		3.5	5.88	4.62	21.14	7.42	1.90
	3.5	3.13	2.46	3.32	2.02	1.02		4.0	6.66	5.23	23.52	8.25	1.88
	4.0	3.52	2.76	3.52	2.20	1.00		4.5	7.42	5.83	25.76	9.04	1.86
38	2.5	2.79	2.19	4.41	2.32	1.26		5.0	8.17	6.41	27.86	9.78	1.85
	3.0	3.30	2.59	5.09	2.68	1.24		5.5	8.90	6.99	29.84	10.47	1.83
	3.5	3.79	2.98	5.70	3.00	1.23		6.0	9.61	7.55	31.69	11.12	1.82
	4.0	4.27	3.35	6.26	3.29	1.21	60	3.0	5.37	4.22	21.88	7.29	2.02
42	2.5	3.10	2.44	6.07	2.89	1.40		3.5	6.21	4.88	24.88	8.29	2.00
	3.0	3.68	2.89	7.03	3.35	1.38		4.0	7.04	5.52	27.73	9.24	1.98
	3.5	4.23	3.32	7.91	3.77	1.37		4.5	7.85	6.16	30.41	10.14	1.97
	4.0	4.78	3.75	8.71	4.15	1.35		5.0	8.64	6.78	32.94	10.98	1.95
45	2.5	3.34	2.62	7.56	3.36	1.51		5.5	9.42	7.39	35.32	11.77	1.94
	3.0	3.96	3.11	8.77	3.90	1.49		6.0	10.18	7.99	37.56	12.52	1.92
	3.5	4.56	3.58	9.89	4.40	1.47	63.5	3.0	5.70	4.48	26.15	8.24	2.14
	4.0	5.15	4.04	10.93	4.86	1.46		3.5	6.60	5.18	29.79	9.38	2.12
50	2.5	3.73	2.93	10.55	4.22	1.68		4.0	7.48	5.87	33.24	10.47	2.11
	3.0	4.43	3.48	12.28	4.91	1.67		4.5	8.34	6.55	36.50	11.50	2.09
	3.5	5.11	4.01	13.90	5.56	1.65		5.0	9.19	7.21	39.60	12.47	2.08
	4.0	5.78	4.54	15.41	6.16	1.63		5.5	10.02	7.87	42.52	13.39	2.06
	4.5	6.43	5.05	16.81	6.72	1.62		6.0	10.84	8.51	45.28	14.26	2.04
	5.0	7.07	5.55	18.11	7.25	1.60	68	3.0	6.13	4.81	32.42	9.54	2.30
54	3.0	4.81	3.77	15.68	5.81	1.81		3.5	7.09	5.57	36.99	10.88	2.28
	3.5	5.55	4.36	17.79	6.59	1.79		4.0	8.04	6.31	41.34	12.16	2.27
	4.0	6.28	4.93	19.76	7.32	1.77		4.5	8.98	7.05	45.47	13.37	2.25
	4.5	7.00	5.49	21.61	8.00	1.76		5.0	9.90	7.77	49.41	14.53	2.23
	5.0	7.70	6.04	23.34	8.64	1.74		5.5	10.84	8.48	53.14	15.63	2.22
	5.5	8.38	6.58	24.96	9.24	1.73		6.0	11.69	9.17	56.68	16.67	2.20
	6.0	9.05	7.10	26.46	9.80	1.71							

尺寸/mm		截面面积A /cm²	每米重量/ (kg·m⁻¹)	截面特性			尺寸/mm		截面面积A /cm²	每米重量/ (kg·m⁻¹)	截面特性		
d	t			I /cm⁴	W /cm³	i /cm	d	t			I /cm⁴	W /cm³	i /cm
70	3.0	6.31	4.96	35.50	10.14	2.37	95	3.5	10.06	7.90	105.45	22.20	3.24
	3.5	7.31	5.74	40.53	11.58	2.35		4.0	11.14	8.98	118.60	24.97	3.22
	4.0	8.29	6.51	45.33	12.95	2.34		4.5	12.79	10.04	131.31	27.64	3.20
	4.5	9.26	7.27	49.89	14.26	2.32		5.0	14.14	11.10	143.58	30.23	3.19
	5.0	10.21	8.01	54.24	15.50	2.30		5.5	15.46	12.14	155.43	32.72	3.17
	5.5	11.14	8.75	58.38	16.68	2.29		6.0	16.78	13.17	166.86	35.13	3.15
	6.0	12.06	9.47	62.31	17.80	2.27		6.5	18.07	14.19	177.89	37.45	3.14
								7.0	19.35	15.19	188.51	39.69	3.12
73	3.0	6.60	5.18	40.48	11.09	2.48	102	3.5	10.83	8.50	131.52	25.79	3.48
	3.5	7.64	6.00	46.26	12.67	2.46		4.0	12.32	9.67	148.09	29.04	3.47
	4.0	8.67	6.81	51.78	14.19	2.44		4.5	13.78	10.82	164.14	32.18	3.45
	4.5	9.68	7.60	57.04	15.63	2.43		5.0	15.24	11.96	179.68	35.23	3.43
	5.0	10.68	8.38	62.07	17.01	2.41		5.5	16.67	13.09	194.72	38.18	3.42
	5.5	11.66	9.16	66.87	18.32	2.39		6.0	18.10	14.21	209.28	41.03	3.40
	6.0	12.63	9.91	71.43	19.57	2.38		6.5	19.50	15.31	223.35	43.79	3.38
								7.0	20.89	16.40	236.96	46.46	3.37
76	3.0	6.88	5.40	45.91	12.08	2.58	114	4.0	13.82	10.85	209.35	36.73	3.89
	3.5	7.97	6.26	52.50	13.82	2.57		4.5	15.48	12.15	232.41	40.77	3.87
	4.0	9.05	7.10	58.81	15.48	2.55		5.0	17.12	13.44	254.81	44.70	3.86
	4.5	10.11	7.93	64.85	17.07	2.53		5.5	18.75	14.72	276.58	48.52	3.84
	5.0	11.15	8.75	70.62	18.59	2.52		6.0	20.36	15.89	297.73	52.23	3.82
	5.5	12.18	9.56	76.14	20.04	2.50		6.5	21.95	17.23	318.26	55.84	3.81
	6.0	13.19	10.36	81.41	21.42	2.48		7.0	23.53	18.47	338.19	59.33	3.79
								7.5	25.09	19.70	357.58	62.73	3.77
								8.0	26.64	20.91	376.30	66.02	3.76
83	3.5	8.74	6.86	69.19	16.67	2.81	121	4.0	14.70	11.54	251.87	41.63	4.14
	4.0	9.93	7.79	77.64	18.71	2.80		4.5	16.47	12.93	279.83	46.25	4.12
	4.5	11.10	8.71	85.76	20.67	2.78		5.0	18.22	14.30	307.05	50.75	4.11
	5.0	12.25	9.62	93.56	22.54	2.76		5.5	19.96	15.67	333.54	55.13	4.09
	5.5	13.39	10.51	101.04	24.35	2.75		6.0	21.68	17.02	359.32	59.39	4.07
	6.0	14.51	11.39	108.22	26.08	2.73		6.5	23.38	18.35	384.40	63.54	4.05
	6.5	15.62	12.26	115.10	27.74	2.71		7.0	25.07	19.68	408.80	67.57	4.04
	7.0	16.71	13.12	121.69	29.32	2.70		7.5	26.74	20.99	432.51	71.49	4.02
								8.0	28.40	22.29	455.57	75.30	4.01
89	3.5	9.40	7.38	86.05	19.34	3.03	127	4.0	15.46	12.13	292.61	46.08	4.35
	4.0	10.68	8.38	96.68	21.73	3.01		4.5	17.32	13.59	325.29	51.23	4.33
	4.5	11.95	9.38	106.92	24.03	2.99		5.0	19.16	15.04	357.14	56.24	4.32
	5.0	13.19	10.36	116.79	26.24	2.98		5.5	20.99	16.48	388.19	61.13	4.30
	5.5	14.43	11.33	126.29	28.38	2.96		6.0	22.81	17.09	418.44	65.90	4.28
	6.0	16.65	12.28	135.43	30.43	2.94		6.5	24.61	19.32	447.92	70.54	4.27
	6.5	16.85	13.22	144.32	32.41	2.93		7.0	26.39	20.72	476.63	75.06	4.25
	7.0	18.03	14.16	152.67	34.31	2.91		7.5	28.16	22.10	504.58	79.46	4.23
								8.0	29.91	23.48	531.80	83.75	4.22

尺寸/mm		截面面积A	每米重量/	截面特性			尺寸/mm		截面面积A	每米重量/	截面特性		
				I	W	i					I	W	i
d	t	/cm²	(kg·m⁻¹)	/cm⁴	/cm³	/cm	d	t	/cm²	(kg·m⁻¹)	/cm⁴	/cm³	/cm
133	4.0	16.21	12.73	337.53	50.76	4.56	159	4.5	21.84	17.15	652.27	82.05	5.46
	4.5	18.17	14.26	375.42	56.45	4.55		5.0	24.19	18.99	717.88	90.30	5.45
	5.0	20.11	15.78	412.40	62.02	4.53		5.5	26.52	20.82	782.18	98.39	5.43
	5.5	22.03	17.29	448.50	67.44	4.51		6.0	28.84	22.64	845.19	106.31	5.41
	6.0	23.94	18.79	483.72	72.74	4.50		6.5	31.14	24.45	906.92	114.08	5.40
	6.5	25.83	20.28	518.07	77.91	4.48		7.0	33.43	26.24	967.41	121.69	5.38
	7.0	27.71	21.75	551.58	82.94	4.46		7.5	35.70	28.02	1 026.65	129.14	5.36
	7.5	29.57	23.21	584.25	87.86	4.65		8.0	37.95	29.79	1 084.67	136.44	5.35
	8.0	31.42	24.66	616.11	92.65	4.43		9.0	42.41	33.29	1 197.12	150.58	5.31
								10	46.81	36.75	1 304.88	164.14	5.28
140	4.5	19.16	15.04	440.12	62.87	4.79	168	4.5	23.11	18.14	772.96	92.02	5.78
	5.0	21.21	16.65	483.76	69.11	4.78		5.0	25.60	20.14	851.14	101.33	5.77
	5.5	23.24	18.24	526.40	75.20	4.76		5.5	28.08	22.04	927.85	110.46	5.75
	6.0	25.26	19.83	568.06	81.15	4.74		6.0	30.54	23.97	1 003.12	119.42	5.73
	6.5	27.26	21.40	608.76	86.97	4.73		6.5	32.98	25.89	1 076.95	128.21	5.71
	7.0	29.25	22.96	648.51	92.64	4.71		7.0	35.41	27.79	1 149.36	136.83	5.70
	7.5	31.22	24.51	687.32	98.19	4.69		7.5	37.82	29.69	1 220.38	145.28	5.68
	8.0	33.18	26.04	725.21	103.60	4.68		8.0	40.21	31.57	1 290.01	153.57	5.66
	9.0	37.04	29.08	798.29	114.04	4.64		9.0	44.96	35.29	1 425.22	169.67	5.63
	10	40.84	32.06	867.86	123.98	4.61		10	49.64	38.97	1 555.13	185.13	5.60
146	4.5	20.00	15.70	501.16	68.65	5.01	180	5.0	27.49	21.58	1 053.17	117.02	6.19
	5.0	22.15	17.39	551.10	75.49	4.99		5.5	30.15	23.67	1 148.79	127.64	6.17
	5.5	24.28	19.06	599.95	82.19	4.97		6.0	32.80	25.75	1 242.72	138.08	6.16
	6.0	26.39	20.72	647.73	88.73	4.95		6.5	35.43	27.81	1 335.00	148.33	6.14
	6.5	28.49	22.36	649.44	95.13	4.94		7.0	38.04	29.87	1 425.63	158.40	6.12
	7.0	30.57	24.00	740.12	101.39	4.92		7.5	40.64	31.91	1 514.64	168.29	6.10
	7.5	32.63	25.62	784.77	107.50	4.90		8.0	43.23	33.93	1 602.04	178.00	6.09
	8.0	34.68	27.23	828.41	113.48	4.89		9.0	48.35	37.95	1 772.12	196.90	6.05
	9.0	38.74	30.41	912.71	125.03	4.85		10	53.41	41.92	1 936.01	215.11	6.02
	10	42.73	33.54	993.16	136.05	4.82		12	63.33	49.72	2 245.84	249.54	5.95
152	4.5	20.85	16.37	567.61	74.69	5.22	194	5.0	29.69	23.31	1 326.54	136.76	6.68
	5.0	23.09	18.13	624.43	82.16	5.20		5.5	32.57	25.57	1 447.86	149.26	6.67
	5.5	25.31	19.87	680.06	89.48	5.18		6.0	35.44	27.82	1 567.21	161.57	6.65
	6.0	27.52	21.60	734.52	96.65	5.17		6.5	38.29	30.06	1 684.61	173.67	6.63
	6.5	29.71	23.32	787.82	103.66	5.15		7.0	41.12	32.28	1 800.08	185.57	6.62
	7.0	31.89	25.03	839.99	110.52	5.13		7.5	43.94	34.50	1 913.64	197.28	6.60
	7.5	34.05	26.73	891.03	117.24	5.12		8.0	46.75	36.70	2 025.31	208.79	6.58
	8.0	36.19	28.41	940.97	123.81	5.10		9.0	52.31	41.06	2 243.00	231.25	6.55
	9.0	40.43	31.74	1 037.59	136.53	5.07		10	57.81	45.38	2 453.55	252.94	6.51
	10	44.61	35.02	1 129.99	148.68	5.03		12	68.61	53.86	2 853.25	294.15	6.45

尺寸/mm		截面面积 A	每米重量/	截面特性			尺寸/mm		截面面积 A	每米重量/	截面特性		
				I	W	i					I	W	i
d	t	/cm²	(kg·m⁻¹)	/cm⁴	/cm³	/cm	d	t	/cm²	(kg·m⁻¹)	/cm⁴	/cm³	/cm
219	9.0	59.38	46.61	3 279.12	299.46	7.43	203	6.0	37.13	29.15	1 803.07	177.64	6.97
	10	65.66	51.54	3 593.29	328.15	7.40		6.5	40.13	31.50	1 938.81	191.02	6.95
	12	78.04	61.26	4 193.81	383.00	7.33		7.0	43.10	33.84	2 027.43	204.18	6.93
	14	90.16	70.78	4 758.50	434.57	7.26		7.5	46.06	36.16	2 203.94	217.14	6.92
	16	102.04	80.10	5 288.81	483.00	7.20		8.0	49.01	38.47	2 333.37	229.89	6.90
245	6.5	48.70	38.23	3 465.46	282.89	8.44		9.0	54.85	43.06	2 586.08	254.79	6.80
	7.0	52.34	41.08	3 709.06	302.78	8.42		10	60.63	47.60	2 830.72	278.89	6.83
	7.5	55.96	43.93	3 949.52	322.41	8.40		12	72.01	56.62	3 296.49	324.78	6.77
	8.0	59.56	46.76	4 186.87	341.79	8.38		14	83.13	65.25	3 732.07	367.69	6.70
	9.0	66.73	52.38	4 652.32	379.78	8.35		16	94.00	73.79	4 138.78	407.76	6.64
	10	73.83	57.95	5 105.63	416.79	8.32	219	6.0	40.15	31.52	2 278.74	208.10	7.53
	12	87.84	68.95	5 976.67	487.89	8.25		6.5	43.39	34.06	2 451.64	223.89	7.52
	14	101.60	79.76	6 801.68	555.24	8.18		7.0	46.62	36.60	2 622.04	239.46	7.50
	16	115.11	90.36	7 582.30	618.96	8.12		7.5	49.83	39.12	2 789.96	254.79	7.48
273	6.5	54.42	42.72	4 834.18	354.15	9.42		8.0	53.03	41.63	2 955.43	269.90	7.47
	7.0	58.50	45.92	5 177.30	379.29	9.41	325	7.5	74.81	58.73	9 431.80	580.42	11.23
	7.5	62.56	49.11	5 516.47	404.14	9.39		8.0	79.67	62.54	10 013.92	616.24	11.21
	8.0	66.60	52.28	5 851.71	428.70	9.37		9.0	89.35	70.14	11 161.32	686.85	11.18
	9.0	74.64	58.60	6 510.56	476.96	9.34		10	98.96	77.68	12 286.52	756.09	11.14
	10	82.62	64.86	7 154.09	524.11	9.31		12	118.00	92.63	14 471.45	890.55	11.07
	12	98.39	77.24	8 396.14	615.10	9.24		14	136.78	107.38	16 570.98	1 019.75	11.01
	14	113.91	89.42	9 579.75	701.81	9.17		16	155.32	121.93	18 587.38	1 143.84	10.94
	16	129.18	101.41	10 706.79	784.38	9.10	351	8.0	86.21	67.67	12 684.36	722.76	12.13
299	7.5	68.68	53.92	7 300.02	488.30	10.31		9.0	96.70	75.91	14 147.55	806.13	12.10
	8.0	73.14	57.41	7 747.42	518.22	10.29		10	107.13	84.10	15 584.62	888.01	12.06
	9.0	82.00	64.37	8 628.09	577.13	10.26		12	127.80	100.32	18 381.63	1 047.39	11.99
	10	90.79	71.27	9 490.15	634.79	10.22		14	148.22	116.35	21 077.86	1 201.02	11.93
	12	108.20	84.93	11 159.52	746.46	10.16		16	168.39	132.19	23 675.75	1 349.05	11.86
	14	125.35	98.40	12 757.61	853.35	10.09							
	16	142.25	111.67	14 286.48	955.62	10.02							

参 考 文 献

[1] 中华人民共和国国家标准. GB 50017—2003 钢结构设计规范[S]. 北京：中国计划
出版社，2003.

[2] 中华人民共和国国家标准. GB 50205—2001 钢结构工程施工质量验收规范[S]. 北
京：中国计划出版社，2002.

[3] 中国工程建设标准化协会. CECS 102—2002 门式刚架轻型房屋钢结构技术规程
(2012 年版)[S]. 北京：中国计划出版社，2002.

[4] 中国行业标准. JGJ 7—2010 空间网格结构技术规程[S]. 北京：中国建筑工业出版
社，2010.

[5] 李顺秋. 钢结构制造与安装[M]. 北京：中国建筑工业出版社，2005.

[6] 李社生. 钢结构工程施工[M]. 北京：化学工业出版社，2013.